·学习万用表的必读开悟书·

图解万用表使用技巧

门宏◎编著

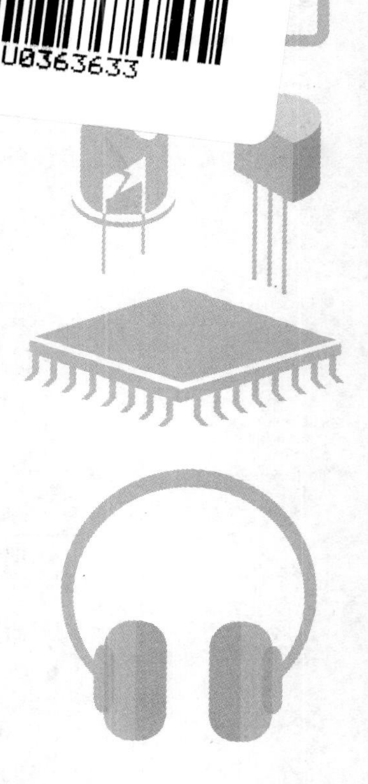

人 民 邮 电 出 版 社
北 京

图书在版编目（CIP）数据

图解万用表使用技巧 / 门宏编著. -- 北京 : 人民邮电出版社, 2019.5
ISBN 978-7-115-50944-4

Ⅰ. ①图… Ⅱ. ①门… Ⅲ. ①复用电表－使用方法－图解 Ⅳ. ①TM938.107-64

中国版本图书馆CIP数据核字(2019)第044606号

内 容 提 要

本书是一本专为电子技术爱好者和电子电工从业人员量身打造的、将万用表固有功能与使用技巧相结合的实用性宝典，秉持“实用”的宗旨，以“图解”的形式和直观易懂的阐述，帮助你正确掌握、轻松驾驭和灵活巧妙使用万用表。全书共分11章，内容涵盖了指针式万用表和数字万用表的测量原理、使用方法、电流测量、电压测量、电阻测量、各种元器件与电器设备检测的技能技巧。各章都配有大量图片，通过实例详细讲解万用表应用的实际操作技能和技巧。

本书适合广大电子技术爱好者、电子技术专业人员、家电维修人员和电子电工行业从业人员阅读，并可作为职业技术学校和务工人员上岗培训的基础教材。

◆ 编　　著　门　宏
责任编辑　黄汉兵
责任印制　周昇亮

◆ 人民邮电出版社出版发行　　北京市丰台区成寿寺路 11 号
邮编　100164　　电子邮件　315@ptpress.com.cn
网址　http://www.ptpress.com.cn
北京天宇星印刷厂印刷

◆ 开本：787×1092　1/16
印张：16.5　　2019 年 5 月第 1 版
字数：432 千字　　2019 年 5 月北京第 1 次印刷

定价：69.00 元

读者服务热线：(010)81055488　印装质量热线：(010)81055316
反盗版热线：(010)81055315
广告经营许可证：京东工商广登字 20170147 号

前言

万用表是一种最常用、最普及的具有多种用途的电子电工测量仪表，也是电子技术爱好者和电子电工从业人员首先接触和使用的检测工具。万用表包括指针式万用表和数字万用表两大类，本质上是电压表、电流表、欧姆表的有机组合，使用时根据需要通过转换开关进行转换，因为功能多而号称“万用”表。无论是电气测量与检测元器件，还是电子制作与家电维修，万用表都是我们必不可少的基本装备。

由于万用表是具有多种测量功能的复合型仪表，使用时必须根据测量需要选择合理的挡位和量程，才能得出正确的测量结果，因此正确掌握万用表的使用方法就显得十分重要。另外，虽然万用表的挡位和量程是有限的，但我们仍然可以通过灵活运用来完成更多更广的测量任务，万用表的实际用途将因使用者的聪明才智而大大扩展。

《图解万用表使用技巧》是一本专为电子技术爱好者和电子电工从业人员量身打造的、将万用表固有功能与使用技巧相结合的实用性宝典。本书秉持“实用”的宗旨，以“图解”的形式和直观易懂的阐述，帮助你正确掌握、轻松驾驭和灵活巧妙使用万用表。

全书共分 11 章，内容涵盖了指针式万用表和数字万用表的测量原理、使用方法、电流测量、电压测量、电阻测量、各种元器件与电器设备检测的技能技巧。第 1 章讲解万用表的基本知识，第 2 章讲解指针式万用表，第 3 章讲解数字万用表，第 4 章讲解电流测量，第 5 章讲解电压测量，第 6 章讲解电阻测量，第 7 章讲解电子电工元器件检测，第 8 章讲解半导体管检测，第 9 章讲解集成电路检测，第 10 章讲解低压电器检测，第 11 章讲解家电设备检测。各章都配有大量图片，通过实例详细讲解万用表使用的实际操作技能和技巧。

本书适合广大电子技术爱好者、电子技术专业人员、家电维修人员和电子电工行业从业人员阅读学习，并可作为职业技术学校和务工人员上岗培训的基础教材。书中如有不当之处，欢迎读者朋友批评指正。

作　者

2018 年 12 月

目录 contents

第1章　认识和了解万用表

1.1　万用表的种类与特点 /2
1.1.1　指针式万用表 /2
1.1.2　数字万用表 /2
1.2　万用表的基本结构与功能 /3
1.2.1　指针式万用表的结构 /3
1.2.2　指针式万用表的功能 /5
1.2.3　数字万用表的结构 /8
1.2.4　数字万用表的功能 /10
1.3　万用表的基本使用方法 /12
1.3.1　指针式万用表测量前的准备工作 /13
1.3.2　数字万用表测量前的准备工作 /13
1.3.3　串联测量法 /14
1.3.4　并联测量法 /15
1.3.5　选择合适的挡位 /15
1.3.6　正确读数 /17
1.4　相关的基础知识 /17
1.4.1　电压 /17
1.4.2　电流 /18
1.4.3　电阻 /19
1.4.4　欧姆定律 /19
1.4.5　功率 /19

第2章　指针式万用表

2.1　指针式万用表的测量原理 /22
2.1.1　直流电流表 /22
2.1.2　直流电压表 /23
2.1.3　交流电压表 /23
2.1.4　欧姆表 /24
2.2　指针式万用表的使用方法 /25
2.2.1　测量直流电流 /25
2.2.2　测量直流电压 /26
2.2.3　测量交流电压 /26
2.2.4　测量电阻 /27
2.2.5　测量音频电平 /28
2.2.6　测量电容 /28
2.2.7　测量电感 /29
2.2.8　测量晶体管直流参数 /29

第3章　数字万用表

3.1　数字万用表的测量原理 /32
3.1.1　直流电压表 /32
3.1.2　直流电流表 /32
3.1.3　交流电压表 /33
3.1.4　交流电流表 /33
3.1.5　欧姆表 /33
3.1.6　电容表 /34
3.2　数字万用表的使用方法 /35
3.2.1　测量直流电压 /35
3.2.2　测量交流电压 /36
3.2.3　测量直流电流 /36
3.2.4　测量交流电流 /36
3.2.5　测量电阻 /37
3.2.6　测量电容 /37
3.2.7　测量晶体二极管和测通断 /37
3.2.8　测量晶体三极管 /38
3.3　数字示波万用表 /38
3.3.1　数字示波万用表的特点与功能 /38
3.3.2　数字示波万用表的工作原理 /39
3.3.3　数字示波万用表的使用方法 /40

第4章　电流测量

4.1　直流电流测量 /44

4.1.1 指针式万用表测量 /44
4.1.2 数字万用表测量 /45
4.2 交流电流测量 /46
4.2.1 指针式万用表测量 /46
4.2.2 数字万用表测量 /46
4.3 特殊电流测量技巧 /47
4.3.1 分流法测量大电流 /47
4.3.2 用电压表间接测量电流 /47
4.3.3 间接测量晶体管的集电极电流 /48
4.3.4 间接测量家用电器的电流 /48
4.3.5 测量表头的满度电流 /48
4.3.6 测量遥控器的工作电流 /49
4.3.7 测量继电器的吸合电流与释放电流 /49
4.3.8 测量收音机工作点电流 /50
4.3.9 测量集成电路收音机工作点电流 /50
4.3.10 测量超外差收音机静态电流 /51
4.3.11 测量短波收音机工作点电流 /52
4.3.12 测量超再生收音机工作点电流 /53
4.3.13 电流法检测无线话筒是否起振 /54
4.3.14 测量集成电路无线话筒静态电流 /55

第 5 章 电压测量

5.1 直流电压测量 /58
5.1.1 指针式万用表测量 /58
5.1.2 数字万用表测量 /59
5.2 交流电压测量 /59
5.2.1 指针式万用表测量 /60
5.2.2 数字万用表测量 /61
5.3 特殊电压测量技巧 /61
5.3.1 分压法测量电压 /61
5.3.2 倍压法测量电压 /62
5.3.3 测量表头的满度电压 /62
5.3.4 测量继电器的吸合电压与释放电压 /62
5.3.5 检测振荡电路是否起振 /63
5.3.6 检测无线话筒是否起振 /64
5.3.7 调试高频信号发生器电路 /65
5.3.8 电压法调整晶体管工作点 /67

第 6 章 电阻测量

6.1 电阻测量的基本方法 /70
6.1.1 指针式万用表测量 /70
6.1.2 数字万用表测量 /70
6.2 电阻器检测 /71
6.2.1 检测标称阻值 /72
6.2.2 数字万用表检测 /74
6.3 电位器检测 /75
6.3.1 检测标称阻值 /75
6.3.2 动态检测 /76
6.3.3 检测绝缘性能 /76
6.3.4 检测开关性能 /77
6.3.5 检测微调电位器 /77
6.4 敏感电阻器检测 /78
6.4.1 检测压敏电阻器 /78
6.4.2 检测热敏电阻器 /79
6.4.3 检测光敏电阻器 /80
6.5 特殊电阻测量技巧 /81
6.5.1 间接测量大阻值电阻 /81
6.5.2 间接测量极小阻值电阻 /82
6.5.3 伏安法间接测量电阻 /82
6.5.4 恒流法间接测量电阻 /83
6.5.5 测量白炽灯泡的热态电阻 /84
6.5.6 测量表头的内阻 /84
6.5.7 测量电池的内阻 /85
6.5.8 测量整流电源的内阻 /85
6.5.9 测量扬声器的阻抗 /86

第 7 章 电子电工元器件检测

7.1 电容器检测 /88
7.1.1 指针式万用表测量电容方法 /88
7.1.2 数字万用表测量电容方法 /89
7.1.3 检测电容器容量 /90
7.1.4 检测电容器充放电性能 /92
7.1.5 检测小容量电容器 /93
7.1.6 串联法测量大容量电容器 /93
7.1.7 判别电解电容器正负极 /94
7.1.8 检测可变电容器 /94

7.1.9 检测微调电容器 /96
7.2 电感器检测 /97
7.2.1 数字万用表检测电感器 /98
7.2.2 电容挡间接检测电感器 /99
7.2.3 二极管和通断挡检测电感器 /99
7.2.4 指针式万用表检测电感器 /100
7.2.5 交流电压挡测量电感器 /100
7.2.6 检测电感器绝缘性能 /101
7.2.7 检测可调电感器 /101
7.3 变压器检测 /102
7.3.1 检测变压器绕组线圈 /103
7.3.2 检测绝缘电阻 /103
7.3.3 测量变压器初级空载电流 /104
7.3.4 鉴别音频输入与输出变压器 /104
7.3.5 检测中频变压器 /105
7.3.6 检测高频变压器 /106
7.4 晶体检测 /107
7.4.1 万用表直接检测 /108
7.4.2 通过测试电路检测 /108
7.5 扬声器与耳机检测 /109
7.5.1 检测扬声器 /109
7.5.2 测量扬声器音圈电阻 /111
7.5.3 判别扬声器相位 /111
7.5.4 检测耳机 /111
7.5.5 检测双声道耳机 /112
7.6 讯响器与蜂鸣器检测 /112
7.6.1 检测不带音源讯响器 /113
7.6.2 检测自带音源讯响器 /113
7.6.3 检测压电蜂鸣器 /114
7.7 传声器检测 /115
7.7.1 检测动圈式传声器 /116
7.7.2 检测二端驻极体传声器 /117
7.7.3 检测三端驻极体传声器 /118

第 8 章 半导体管检测

8.1 检测半导体管的基本方法 /120
8.1.1 指针式万用表电阻挡检测 /120
8.1.2 指针式万用表晶体管挡检测 /120
8.1.3 数字万用表二极管挡检测 /121
8.1.4 数字万用表晶体管挡检测 /121
8.2 晶体二极管检测 /122
8.2.1 判别晶体二极管管脚 /123
8.2.2 检测晶体二极管 /123
8.2.3 区分锗二极管与硅二极管 /124
8.2.4 检测整流桥堆 /124
8.2.5 检测高压硅堆 /125
8.2.6 测量稳压二极管的稳压值 /125
8.2.7 数字万用表检测二极管 /126
8.3 晶体三极管检测 /126
8.3.1 判别晶体三极管管脚 /127
8.3.2 检测晶体三极管 /128
8.3.3 测量晶体三极管放大倍数 /128
8.3.4 数字万用表测量放大倍数 /129
8.3.5 区分锗三极管与硅三极管 /129
8.4 场效应管检测 /130
8.4.1 判别场效应管管脚 /131
8.4.2 检测场效应管 /131
8.4.3 估测结型场效应管放大能力 /132
8.4.4 估测绝缘栅型场效应管放大能力 /132
8.4.5 区分N沟道与P沟道场效应管 /133
8.5 单结晶体管检测 /133
8.5.1 检测两基极间电阻 /134
8.5.2 检测PN结 /134
8.5.3 测量单结晶体管分压比 /135
8.6 晶体闸流管检测 /135
8.6.1 检测单向晶闸管 /136
8.6.2 检测单向晶闸管导通特性 /137
8.6.3 检测双向晶闸管 /137
8.6.4 检测双向晶闸管导通特性 /138
8.6.5 检测可关断晶闸管 /138
8.7 光电二极管检测 /140
8.7.1 检测光电二极管的PN结 /140
8.7.2 检测光电性能 /141
8.8 光电三极管检测 /141
8.8.1 检测反向电阻 /142
8.8.2 检测无光时的正向电阻 /142
8.8.3 检测光电性能 /143

8.8.4 区别光电二极管与光电三极管 /143
8.9 光电耦合器检测 /143
8.9.1 检测输入端 /144
8.9.2 检测输出端 /145
8.9.3 检测光电传输性能 /145
8.9.4 检测绝缘性能 /146
8.10 发光二极管检测 /146
8.10.1 检测一般发光二极管 /147
8.10.2 检测双色发光二极管 /148
8.10.3 检测变色发光二极管 /148
8.10.4 检测三色发光二极管 /149
8.11 LED数码管检测 /149
8.11.1 检测共阴极LED数码管 /150
8.11.2 检测共阳极LED数码管 /151
第9章 集成电路检测
9.1 检测集成电路的必备知识 /154
9.1.1 集成电路的种类 /154
9.1.2 集成电路的符号 /154
9.1.3 集成电路的封装形式 /156
9.1.4 集成电路的引脚识别 /157
9.2 检测集成电路的一般方法 /159
9.2.1 万用表表笔的改进 /159
9.2.2 电阻法检测集成电路 /160
9.2.3 电压法检测集成电路 /161
9.2.4 电流法检测集成电路 /161
9.2.5 信号法检测集成电路 /162
9.2.6 逻辑状态法检测数字集成电路 /162
9.3 检测集成运算放大器 /162
9.3.1 检测集成运放各引脚的对地电阻 /163
9.3.2 检测集成运放各引脚的电压 /164
9.3.3 检测集成运放的静态电流 /165
9.3.4 估测集成运放的放大能力 /166
9.3.5 检测集成运放的同相放大特性 /166
9.3.6 检测集成运放的反相放大特性 /166
9.4 检测时基集成电路 /167
9.4.1 检测时基电路各引脚的正反向电阻 /169
9.4.2 检测时基电路各引脚的电压 /170
9.4.3 检测时基电路的静态电流 /170
9.4.4 区分双极型和CMOS时基电路 /170
9.4.5 检测时基电路输出电平 /170
9.4.6 动态检测时基电路 /171
9.5 检测集成稳压器 /171
9.5.1 检测集成稳压器静态电流 /173
9.5.2 检测7800系列集成稳压器 /173
9.5.3 检测7900系列集成稳压器 /174
9.5.4 检测三端可调正输出集成稳压器 /175
9.5.5 检测三端可调负输出集成稳压器 /176
9.6 检测数字集成电路 /177
9.6.1 判别CMOS电路与TTL电路 /178
9.6.2 检测数字电路空载电流 /179
9.6.3 检测TTL电路各引脚对地的正反向电阻 /179
9.6.4 检测CMOS电路各引脚对地的正反向电阻 /179
9.6.5 检测门电路 /180
9.6.6 检测RS触发器 /182
9.6.7 检测D触发器 /183
9.6.8 检测单稳态触发器 /184
9.6.9 检测施密特触发器 /184
9.6.10 检测模拟开关集成电路 /185
9.7 检测音响集成电路 /186
9.7.1 检测集成功率放大器 /186
9.7.2 检测集成前置放大器 /187
9.7.3 检测调幅高中频集成电路 /188
9.7.4 检测调频/调幅中频放大集成电路 /189
9.7.5 检测单片收音机集成电路 /190
9.7.6 检测调频立体声解码集成电路 /191
9.7.7 检测音量音调控制集成电路 /191
9.7.8 检测调频噪声抑制集成电路 /192
9.7.9 检测LED电平显示驱动集成电路 /192
9.8 检测音乐与语音集成电路 /193
9.8.1 检测音乐集成电路 /194
9.8.2 检测模拟声音与语音集成电路 /195

第10章　低压电器检测

10.1　检测熔断器与断路器 /198

10.1.1　检测保险丝管 /198

10.1.2　检测熔断器 /199

10.1.3　检测熔断指示电路 /200

10.1.4　检测可恢复保险丝 /201

10.1.5　检测熔断电阻 /201

10.1.6　检测热熔断器 /202

10.1.7　检测自动断路器 /203

10.1.8　检测漏电保护器 /204

10.2　检测继电器 /206

10.2.1　检测继电器线圈 /207

10.2.2　检测继电器接点 /207

10.2.3　检测固态继电器 /207

10.3　检测互感器 /209

10.3.1　检测电压互感器 /209

10.3.2　检测电流互感器 /210

10.3.3　检测互感器绝缘性能 /210

10.4　检测接触器 /211

10.4.1　检测接触器线圈 /211

10.4.2　检测接触器触点 /212

10.4.3　检测接触器绝缘性能 /212

10.5　检测电磁铁与电磁阀 /213

10.5.1　检测电磁铁驱动线圈 /215

10.5.2　检测电磁铁绝缘性能 /216

10.5.3　检查电磁铁机械动作 /216

第11章　家电设备检测

11.1　检测照明灯具 /218

11.1.1　检测白炽灯泡 /218

11.1.2　判别白炽灯泡的额定功率 /219

11.1.3　检测日光灯管 /219

11.1.4　检测日光灯镇流器 /220

11.1.5　检测照明灯具的实际功率 /222

11.1.6　检测电子节能灯 /223

11.1.7　检测LED灯 /224

11.2　检测接插件 /225

11.2.1　检测电源插头插座 /226

11.2.2　检测带开关电源插座 /227

11.2.3　检测电源转换插头座 /228

11.2.4　检测音频接插件 /229

11.2.5　检测音频转换插座 /229

11.2.6　检测电话线插头插座 /230

11.2.7　检测视频插头插座 /230

11.2.8　检测网络插头插座 /230

11.3　检测开关 /231

11.3.1　检测拨动开关 /231

11.3.2　检测旋转开关 /232

11.3.3　检测按钮开关 /234

11.3.4　检测开关的绝缘性能 /235

11.3.5　检测延时开关 /235

11.4　其他家用电器检测 /237

11.4.1　检测家用电器的耗电量 /237

11.4.2　检测家用电器的绝缘情况 /237

11.4.3　判别220V市电的相线与零线 /238

11.4.4　检测电热类小家电 /239

11.4.5　检测红外遥控器 /240

11.4.6　检测电池的电量 /241

11.4.7　检测手机充电器 /241

11.4.8　检测全波段收音机 /244

11.4.9　检测自动电饭煲 /247

11.4.10　检测电磁炉 /249

第1章 认识和了解万用表

万用表是万用电表的习惯简称，是一种最常用、最普及、具有多种用途的电子测量仪表，因为功能多而号称“万用”表。无论是电器测量与检测元器件，还是电子制作与调试电路，万用表都是我们必不可少的基本装备。要用好、用巧万用表，首先要认识和了解万用表。

1.1 万用表的种类与特点

形象地说，万用表就好比组合刀具，如图 1-1 所示。万用表既是电压表、又是电流表、也是欧姆表，还可以测量电平、电容、电感等，类似于组合刀具，既是小刀、又是剪刀、也是螺丝刀，还是锉子、锥子、开塞器等。

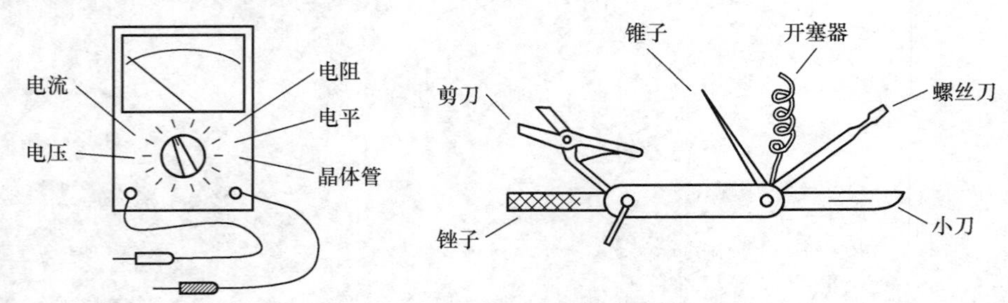

图 1-1　万用表好比组合刀具

万用表具有多种类型，性能指标各有差异，总体上分为指针式万用表和数字万用表两大类。

1.1.1　指针式万用表

顾名思义，指针式万用表就是采用微安表头的指针作为测量指示的万用表，如图 1-2 所示。指针式万用表最明显的特征是，表面上具有一个微安表头，由表头指针的偏转指示测量结果。

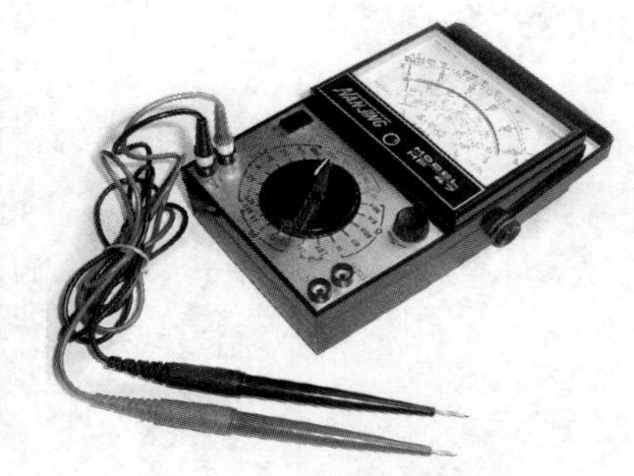

图 1-2　指针式万用表

指针式万用表电路主要是由电阻组成的分压器、分流器等，通过波段开关转换测量功能。平时我们所说的“万用表”，就是指指针式万用表。

指针式万用表可以测量直流电压、交流电压、直流电流、电阻等，有些型号的指针式万用表还可以测量音频电平、电容、电感、晶体管直流参数等。除测量电阻和晶体管外，其他测量功能无需安装电池。

万用表问世以来，很长一段时间都是指针式万用表的一统天下，因此指针式万用表也称为传统万用表、模拟万用表。指针式万用表通常直接简称为“万用表”。

1.1.2　数字万用表

数字万用表，顾名思义就是采用数字显示屏作为测量指示的万用表，如图 1-3 所示。数字万用表最明显的特征是，表面上具有一个液晶显示屏，由显示屏上的字符显示测量结果。

数字万用表是一种数字化的新型万用表，采用专用集成电路为核心构成内部电路，通过波段开关转换测量功能。数字万用表的显著特点是测量精度和输入阻抗高，读数显示准确直观。

数字万用表可以测量直流电压、交流电压、直流电流、交流电流、电阻等，有的还具有测量电容、电感、晶体管、频率、温度等功能。与指针式万用表不同的是，数字万用表的所有测量功能都必须安装电池后才能工作。

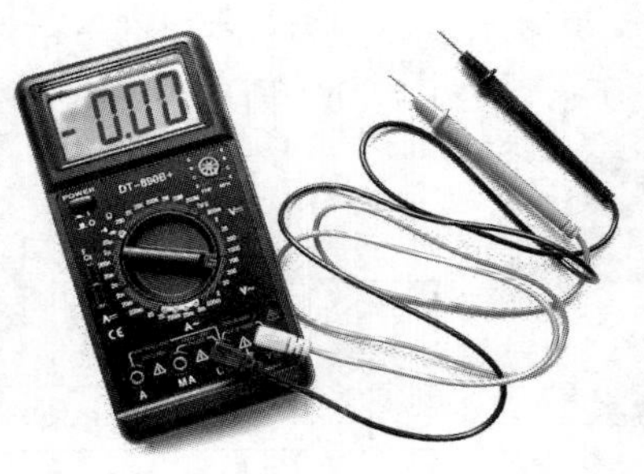

图 1–3 数字万用表

1.2 万用表的基本结构与功能

万用表实质上是电压表、电流表、欧姆表的有机组合，使用时根据需要，通过转换开关进行转换，如图 1-4 所示，因此也有人将万用表称之为三用表。

万用表的功能较多，各种型号万用表的功能不尽相同，但都包括以下基本功能：测量直流电流、测量直流电压、测量交流电压、测量电阻。许多万用表还具有以下派生功能：测量音频电平、测量电容、测量电感、测量晶体管放大倍数等，如图 1-5 所示。

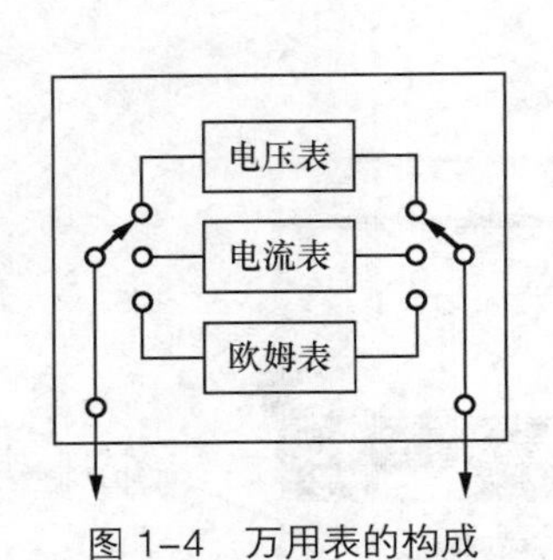

图 1–4 万用表的构成

万用表
基本功能
测直流电流
测直流电压
测交流电压
测电阻
派生功能
测音频电平
测电容
测电感
测晶体管

图 1–5 万用表的功能

1.2.1 指针式万用表的结构

图 1-6 所示为指针式万用表的基本电路结构方框图，它由五大部分组成：一是表头及表头电路，用于指示测量结果；二是分压器，主要用于测量交、直流电压；三是分流器，主要用于测量直流电流；四是电池、调零电位器等，用于测量电阻；五是测量选择电路，用于选择挡位和量程。

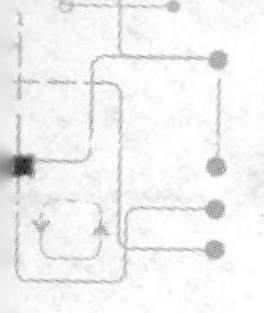

指针式万用表基本上都采用磁电式微安表头，其文字符号为“PA”，图形符号如图 1-7（a）所示。图 1-7（b）所示为磁电式微安表头结构和工作原理示意图。

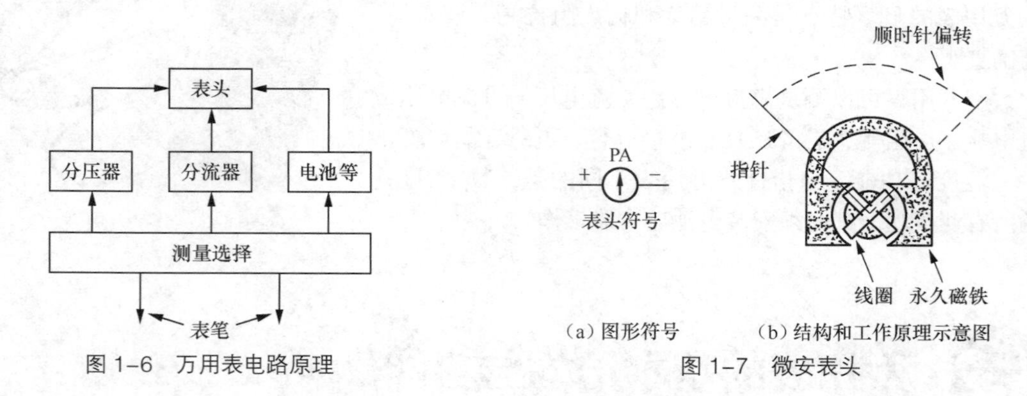

图 1–6　万用表电路原理

图 1–7　微安表头

在马蹄形永久磁铁极掌间的强磁场中，放置一线圈，当有电流通过该线圈时，电磁作用力使线圈顺时针偏转，偏转角度与通过该线圈的电流成正比。在线圈上垂直粘有一指针，指针偏转的角度可准确指示出通过线圈的电流大小。

为防止万用表在使用中用错挡位而烧毁表头，一般都设计有表头保护电路。图 1-8 所示为硅二极管保护电路，二极管 VD_1、VD_2 互为反向地并接在表头两端，使表头两端电压不超过 0.7V，确保电流过载时不会损坏表头。

万用表的型号很多，下面以 MF47 型万用表为例进行介绍。MF47 型万用表是设计新颖的磁电系整流式多量程万用电表，具有灵敏度高、体积轻巧、性能稳定、过载保护可靠、读数清晰、使用方便等特点，比较适合一般电工工作者使用。

MF47 型万用表外形如图 1-9 所示，由提把、表头、测量选择开关、欧姆挡调零旋钮、表笔插孔、晶体管插孔等部分构成。

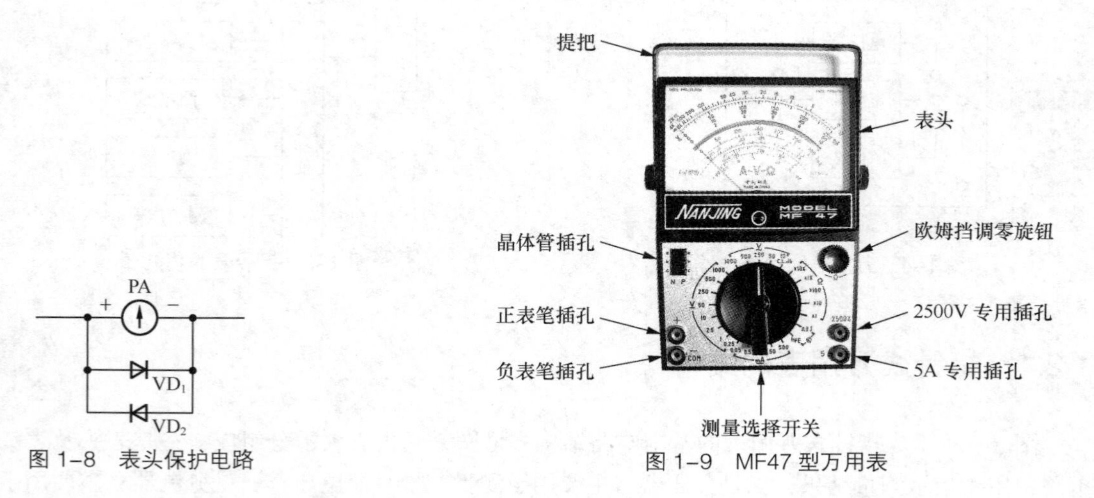

图 1–8　表头保护电路

图 1–9　MF47 型万用表

万用表面板上部为微安表头。表头的下边中间有一个机械调零器，用以校准表针的机械零位，如图 1-10 所示。表针下面的标度盘上共有 6 条刻度线，从上往下依次是：电阻刻度线、电压电流刻度线、晶体管 β 值刻度线、电容刻度线、电感刻度线、电平刻度线。标度盘上还装有反光镜，用以消除视差。

面板下部中间是测量选择开关，只须转动一个旋钮即可选择各量程挡位，使用方便。测量选择开关指示盘与表头标度盘相对应，按交流红色、晶体管绿色、其余黑色的规律印制成 3 种颜色，使用中不易搞错。

MF47 万用表共有 4 个表笔插孔。面板左下角有正、负表笔插孔，一般习惯上将红表笔插入正插孔，黑表笔插入负插孔。面板右下角有 2500V 和 5A 专用插孔，当测量 1000 ～ 2500V 交、直流电压时，正表笔应改为插入 2500V 插孔；当测量 500mA ～ 5A 直流电流时，正表笔应改为插入 5A 插孔，如图 1-11 所示。

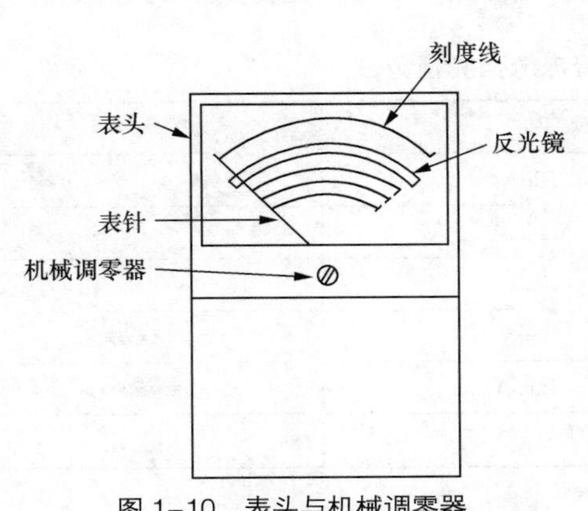

图 1–10 表头与机械调零器

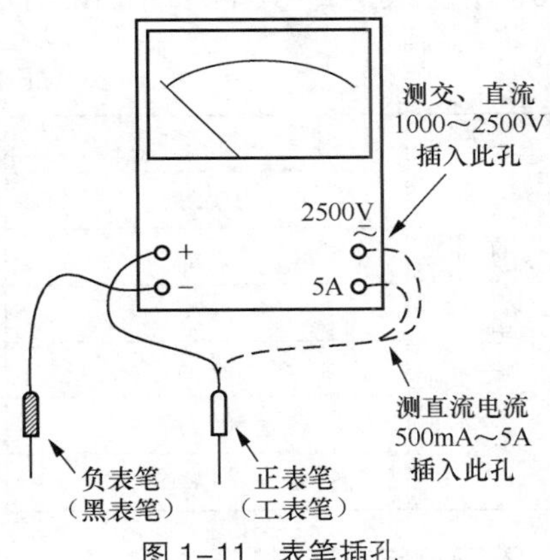

图 1–11 表笔插孔

面板下部右上角是欧姆挡调零旋钮，用于校准欧姆挡“0Ω”的指示。

面板下部左上角是晶体管插孔。插孔左边标注为“N”，检测 NPN 型晶体管时插入此孔。插孔右边标注为“P”，检测 PNP 型晶体管时插入此孔，如图 1-12 所示。

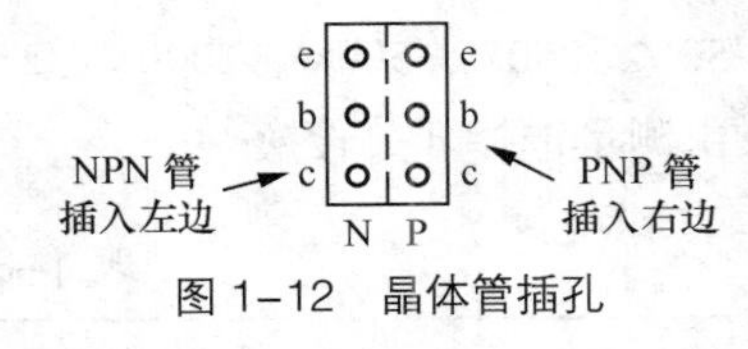

图 1–12 晶体管插孔

1.2.2 指针式万用表的功能

MF47 万用表量程齐全，共具有 8 大类 34 个测量挡位，见表 1-1，包括测量直流电流、直流电压、交流电压、电阻的 26 个基本量程，以及测量音频电平、电容、电感、晶体管直流参数等 8 个附加量程。

表 1–1 MF47 型万用表测量范围

测量对象	测量范围	挡位数
直流电流	0 ～ 5A	6
直流电压	0 ～ 2500V	9
交流电压	0 ～ 2500V	6
电阻	0 ～ ∞（可读 0 ～ 40MΩ）	5

续表

测量对象	测量范围	挡位数
音频电平	-10 ～ +62dB	5
电容	0.001 ～ 0.3μF	1
电感	20 ～ 1000H	1
晶体管	β：0 ～ 300，I_{cbo}，I_{ceo}	1

1. 直流电流挡

直流电流挡测量范围为 0 ～ 5A，分为：0.05mA、0.5 mA、5 mA、50 mA、500 mA、5A 等 6 挡，见表 1-2。其中，5A 挡使用专用插孔，其余各挡由测量选择开关转换。

表 1–2　MF47 型万用表直流电流挡测量范围

	挡位	量程	备注
直流电流	0.05mA	0 ～ 50μA	
	0.5mA	0 ～ 0.5mA	
	5mA	0 ～ 5mA	
	50mA	0 ～ 50mA	
	500mA	0 ～ 500mA	
	5A	0 ～ 5A	专用插孔

2. 直流电压挡

直流电压挡测量范围为 0 ～ 2500V，灵敏度为 20kΩ/V，分为：0.25V、1V、2.5V、10V、50V、250V、500V、1000V、2500V 9 挡，见表 1-3。其中，2500V 挡使用专用插孔，其余各挡由测量选择开关转换。

表 1–3　MF47 型万用表直流电压挡测量范围

	挡位	量程	备注
直流电压	0.25V	0 ～ 250mV	
	1V	0 ～ 1V	
	2.5V	0 ～ 2.5V	
	10V	0 ～ 10V	
	50V	0 ～ 50V	
	250V	0 ～ 250V	
	500V	0 ～ 500V	
	1000V	0 ～ 1000V	
	2500V	0 ～ 2500V	专用插孔

3. 交流电压挡

交流电压挡测量范围为 0 ～ 2500V，灵敏度为 4kΩ/V，分为：10V、50V、250V、500V、1000V、2500V 等 6 挡，见表 1-4。其中，2500V 挡使用专用插孔，其余各挡由测量选择开关转换。

表 1-4　MF47 型万用表交流电压挡测量范围

	挡位	量程	备注
交流电压	10V	0 ～ 10V	
	50V	0 ～ 50V	
	250V	0 ～ 250V	
	500V	0 ～ 500V	
	1000V	0 ～ 1000V	
	2500V	0 ～ 2500V	专用插孔

4. 电阻挡

电阻挡具有 ×1、×10、×100、×1k 、×10k 等 5 挡，见表 1-5。各挡中心阻值分别为：22Ω、220Ω、2.2kΩ、22kΩ、220kΩ。最大可读量程为 40MΩ。

表 1-5　MF47 型万用表电阻挡测量范围

	挡位	可读量程	中心阻值
电阻	×1	0 ～ 4kΩ	22Ω
	×10	0 ～ 40kΩ	220Ω
	×100	0 ～ 400kΩ	2.2kΩ
	×1k	0 ～ 4MΩ	22kΩ
	×10k	0 ～ 40MΩ	220kΩ

5. 音频电平挡

音频电平使用交流电压挡测量，测量范围为 -10 ～ +62dB（0dB=0.775V），共分为 5 挡，见表 1-6。

表 1-6　MF47 型万用表音频电平挡测量范围

	挡位	量程
音频电平	10 V~	-10 ～ +22dB
	50 V~	+4 ～ +36dB
	250 V~	+18 ～ +50dB
	500 V~	+24 ～ +56dB
	1000 V~	+30 ～ +62dB

6. 电容挡

电容测量使用交流 10V 挡，测量范围为 1000pF ～ 0.3μF，见表 1-7。

7. 电感挡

电感测量也使用交流 10V 挡，测量范围为 20 ～ 1000H，见表 1-7。

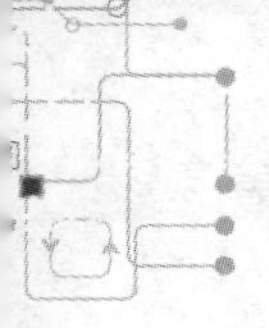

表 1–7　MF47 型万用表电容挡、电感挡测量范围

测量对象	挡位	量程
电容	10 V~	1000pF ～ 0.3μF
电感		20 ～ 1000H

8. 晶体管挡

测量晶体管直流参数时，β 值的测量具有 1 个校准挡位（ADJ）和 1 个测量挡位（h_{FE}），测量范围为 0 ～ 300（倍）。I_{cbo} 和 I_{ceo} 的测量使用“R×1k”挡，测量范围为 0 ～ 60μA。如果 I_{ceo} 较大，可使用“R×100”挡，测量范围相应为 0 ～ 600μA，见表 1-8。

表 1–8　MF47 型万用表晶体管直流参数测量范围

	项目	挡位	量程
晶体管	β	h_{FE}	0 ～ 300
	I_{cbo}	R×1k	0 ～ 60μA
	I_{ceo}	R×1k	0 ～ 60μA
		R×100	0 ～ 600μA

1.2.3　数字万用表的结构

数字万用表与传统的指针式万用表最大的不同，就是没有微安表头，而是采用数字显示屏显示测量结果。图 1-13 所示为数字万用表的基本组成框图，除用数字电压表取代传统万用表的表头外，其余部分均相类似。

数字万用表的型号种类也很多，但其结构功能大同小异，下面以较常用的 DT890B 型数字万用表为例进行介绍。

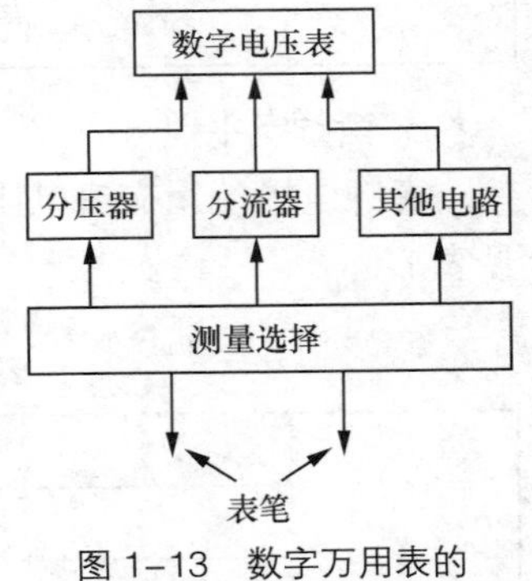

图 1–13　数字万用表的基本组成框图

DT890B 是三位半便携式数字万用表，LCD（液晶）显示屏最大显示读数为“±1999”（“+”符号不显示出来）。整机采用 9V 层叠电池作为电源，功耗约 30mW。该表具有全量程过载保护、自动调零、自动显示极性、闲置时自动关机、防跌落等功能，显示字符较大，操作使用方便，性能稳定可靠。

DT890B 数字万用表的基本电路结构如图 1-14 所示，由以下八个部分组成：一是 200mV 数字电压表（数字表头），用于显示测量结果；二是分压器，主要用于测量电压；三是电流→电压变换器，用于测量电流；四是交流→直流变换器，用于测量交流电压和电流；五是电阻→电压变换器，用于测量电阻；六是电容→电压变换器，用于测量电容；七是 h_{FE} 测量电路，用于测量晶体管；八是测量选择电路，用于选择挡位和量程。

200mV 数字电压表构成了数字万用表的基本测量显示部件（相当于指针式万用表的表头），其电路原理如图 1-15 所示，由双积分 A/D 转换器（模拟 / 数字转换器）、译码驱动器和三位半 LCD 显示屏组成，其中 A/D 转换器和译码驱动器等包含在专用集成电路 IC7106 当中。被测电压由“IN”端输入，经 A/D 转换器将模拟电压转换为数字信号，译码驱动器译码后驱动 LCD

显示屏显示测量结果，最大量程为 200mV。

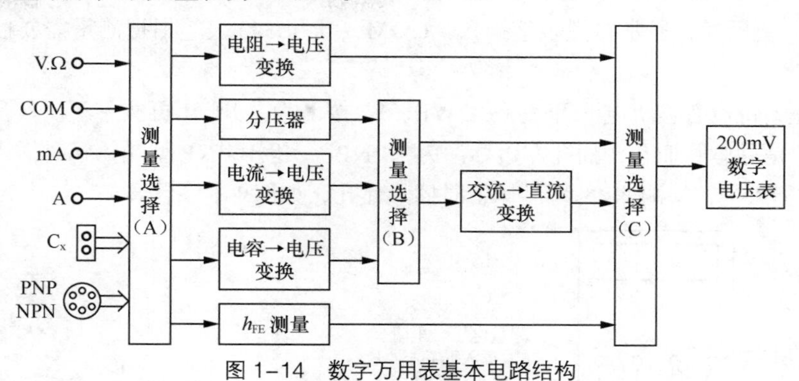

图 1–14　数字万用表基本电路结构

数字电压表再配以由分压器、电流→电压变换器、交流→直流变换器、电阻→电压变换器、电容→电压变换器、h_{FE} 测量电路等组成的量程扩展电路，即构成了多量程的数字万用表。

数字万用表采用数字电压表作为基本测量显示部件，属于电压型测量。而传统的指针式万用表采用微安表作为基本测量显示部件，属于电流型测量，如图 1-16 所示。因此数字万用表比指针式万用表具有更高的输入阻抗和灵敏度，对被测电路的影响更小，测量的精度更高。

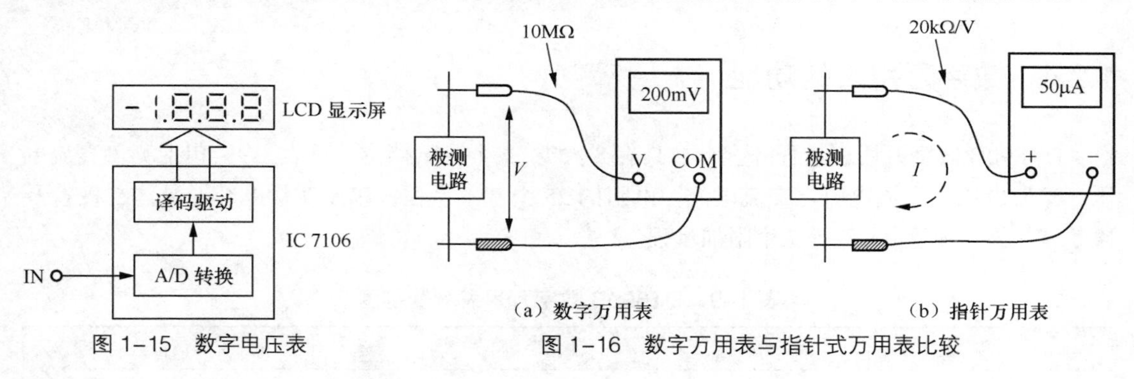

图 1–15　数字电压表

图 1–16　数字万用表与指针式万用表比较

DT890B 数字万用表外形如图 1-17 所示，由 LCD 显示屏、电源开关、测量选择开关、测试表笔插孔、电容器插孔和晶体管插孔等部分构成。

数字万用表上部为 LCD 显示屏，可以直接显示三位半数字字符，小数点根据需要自动移动，负号“-”根据测量结果自动显示。显示屏下面是控制面板。面板中央为测量选择开关，只须转动一个旋钮即可选择各量程挡位，使用方便。测量选择开关指示盘按测量类别分别用红色、绿色、白色 3 种颜色间隔印制，使用中不易搞错。

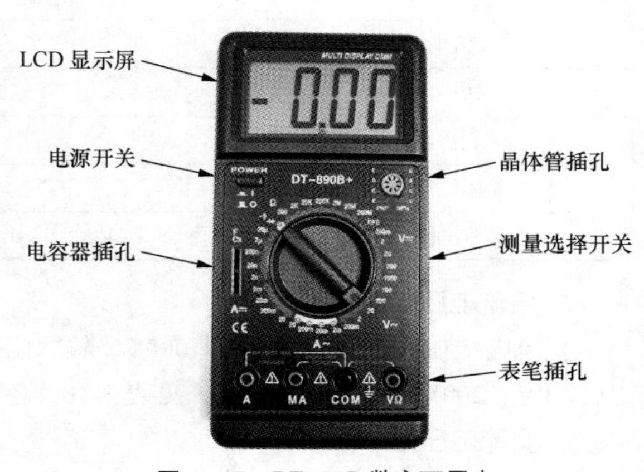

图 1–17　DT890B 数字万用表

面板下部有 4 个测试表笔插孔。一个黑色的是负表笔插孔（也叫公共端插孔）“COM”。三个红色的是正表笔插孔，分别

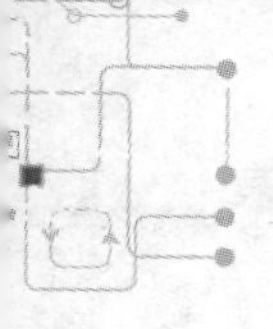

是电压电阻测量插孔“VΩ”、毫安级电流测量插孔“mA”、安培级电流测量插孔“A”，如图 1-18 所示。使用时，通常将黑表笔插入“COM”插孔，红表笔根据测量需要插入相应的正表笔插孔。

面板的左上角设有整机电源开关（POWER），按下为“开”，再按一下使其弹起为“关”。面板的右上角是晶体管插孔，插孔左边标注为“PNP”，检测 PNP 型晶体管时插入此孔；插孔右边标注为“NPN”，检测 NPN 型晶体管时插入此孔，如图 1-19 所示。

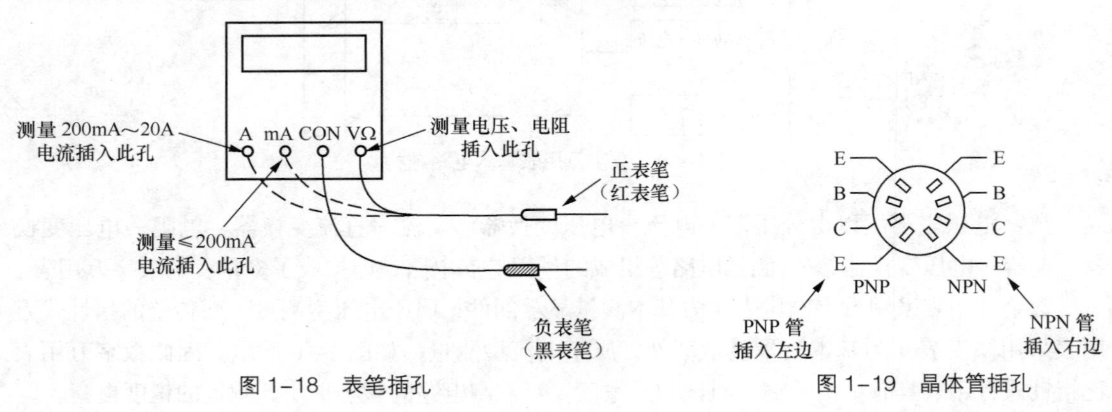

图 1-18 表笔插孔　　　图 1-19 晶体管插孔

1.2.4 数字万用表的功能

DT890B 数字万用表量程齐全，共具有 8 大类 32 个测量挡位，见表 1-9。包括测量直流电压、交流电压、直流电流、交流电流、电阻的 25 个基本量程，以及测量电容、晶体二极管及通断、晶体三极管 h_{FE} 值等 7 个附加量程。

表 1-9 DT890B 数字万用表测量范围

测量对象	测量范围	挡位数
直流电压	0 ～ 1000V	5
交流电压	0 ～ 700V	5
直流电流	0 ～ 20A	4
交流电流	0 ～ 20A	4
电阻	0 ～ 200MΩ	7
电容	1pF ～ 20μF	5
晶体二极管	正向压降	1
晶体三极管	β : 0 ～ 1000	1

1. 直流电压挡

直流电压挡测量范围为 0 ～ 1000V，输入阻抗 10MΩ，最小分辨率 0.1mV，分为 200mV、2V、20V、200V、1000V 等 5 挡，见表 1-10，各挡位由测量选择开关转换。

2. 交流电压挡

交流电压挡测量范围为 0 ～ 700V，输入阻抗 10MΩ，最小分辨率 0.1mV，分为 200mV、

2V、20V、200V、700V 等 5 挡，见表 1-11，各挡位由测量选择开关转换。

表 1-10 DT890B 数字万用表直流电压挡测量范围

测量对象	挡位	量程	分辨率
直流电压	200mV	0 ～ 199.9mV	0.1mV
	2V	0 ～ 1.999V	1mV
	20V	0 ～ 19.99V	10mV
	200V	0 ～ 199.9V	0.1V
	1000V	0 ～ 1000V	1V

表 1-11 DT890B 数字万用表交流电压挡测量范围

测量对象	挡位	量程	分辨率
交流电压	200mV	0 ～ 199.9mV	0.1mV
	2V	0 ～ 1.999V	1mV
	20V	0 ～ 19.99V	10mV
	200V	0 ～ 199.9V	0.1V
	700V	0 ～ 700V	1V

3. 直流电流挡

直流电流挡测量范围为 0 ～ 20A，最小分辨率 1μA，分为 2mA、20mA、200mA、20A 等 4 挡，见表 1-12。其中，200mA 以下使用“mA”插孔，200mA 以上使用“A”插孔，并由测量选择开关转换。

表 1-12 DT890B 数字万用表交、直流电流挡测量范围

测量对象	挡位	量程	分辨率
交、直流电流	2mA	0 ～ 1.999mA	1μA
	20mA	0 ～ 19.99mA	10μA
	200mA	0 ～ 199.9mA	0.1mA
	20A	0 ～ 19.99A	10mA

4. 交流电流挡

交流电流挡测量范围为 0 ～ 20A，最小分辨率 1μA，分为 2mA、20mA、200mA、20A 等 4 挡，见表 1-12。其中，200mA 以下使用“mA”插孔，200mA 以上使用“A”插孔，并由测量选择开关转换。

5. 电阻挡

电阻挡测量范围为 0 ～ 200MΩ，最小分辨率 0.1Ω，分为 200Ω、2kΩ、20kΩ、200kΩ、2MΩ、20MΩ、200MΩ 等 7 挡，见表 1-13，各挡位由测量选择开关转换。

6. 电容挡

电容挡测量范围为 1pF ～ 20μF，最小分辨率 1pF，分为 2nF、20nF、200nF、2μF、20μF 5

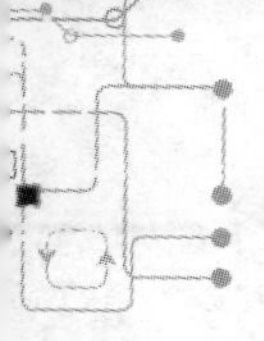

挡，见表 1-14，被测电容器插入“Cx”专用插孔，各挡位由测量选择开关转换。

表 1–13　DT890B 数字万用表电阻挡测量范围

测量对象	挡位	量程	分辨率
电阻	200Ω	0 ～ 199.9Ω	0.1Ω
	2kΩ	0 ～ 1.999kΩ	1Ω
	20kΩ	0 ～ 19.99kΩ	10Ω
	200kΩ	0 ～ 199.9kΩ	0.1kΩ
	2MΩ	0 ～ 1.999MΩ	1kΩ
	20MΩ	0 ～ 19.99MΩ	10kΩ
	200MΩ	0 ～ 199.9MΩ	0.1MΩ

表 1–14　DT890B 数字万用表电容挡测量范围

测量对象	挡位	量程	分辨率
电容	2nF	0 ～ 1.999nF	1pF
	20nF	0 ～ 19.99nF	10pF
	200nF	0 ～ 199.9nF	0.1nF
	2μF	0 ～ 1.999μF	1nF
	20μF	0 ～ 19.99μF	10nF

7. 晶体二极管及通断挡

晶体二极管及通断挡可以测量二极管的正向压降，或判断被测线路的通断，见表 1-15。

表 1–15　DT890B 数字万用表晶体管测量范围

测量对象	挡位	量程	分辨率
晶体二极管	▶|	正向压降	
晶体三极管	h_{FE}	0 ～ 1000	1

8. 晶体三极管 h_{FE} 挡

晶体三极管 h_{FE} 挡测量范围为 1 ～ 1000，最小分辨率为 1，见表 1-15。

1.3 万用表的基本使用方法

万用表是具有多种测量功能的仪表，使用时应根据测量需要选择合适的挡位和量程，才能得出正确的测量结果。掌握万用表的基本使用方法和技巧，就可以轻松驾驭和合理使用万用表。

在使用万用表进行测量前，有一些必须的准备工作需要完成，包括电池的安装、表笔的连接、挡位的选择等。指针式万用表和数字万用表在测量前的准备工作有所不同。

1.3.1 指针式万用表测量前的准备工作

使用指针式万用表前，首先应安装电池、连接表笔、机械调零，然后根据需要选择挡位和量程进行测量。

1. 安装电池

由于电阻挡必须使用直流电源，因此使用前应给指针式万用表装上电池。一般万用表的电池盒设计在表背面，图 1-20 所示为 MF47 型万用表背面的电池盒。

打开电池盒盖后，可见两个电池仓。左边是低压电池仓，装入一枚 1.5V 的 2 号电池。右边是高压电池仓，装入一枚 15V 的层叠电池。

2. 连接表笔

接下来将表笔（测试棒）插入万用表插孔中。一般习惯上将红表笔插入“+”表笔插孔，黑表笔插入“-”表笔插孔。

3. 机械调零

指针式万用表在使用前，还应检查表针是否指在机械零位上。即表针在静止时，是否准确指在刻度线最左边的“0”位上。如果表针没有指在机械零位上，如图 1-21 所示，用小螺丝刀缓慢旋转表头下边的机械调零器，调节表针的静止位置，使其准确指向刻度线最左边的“0”位。

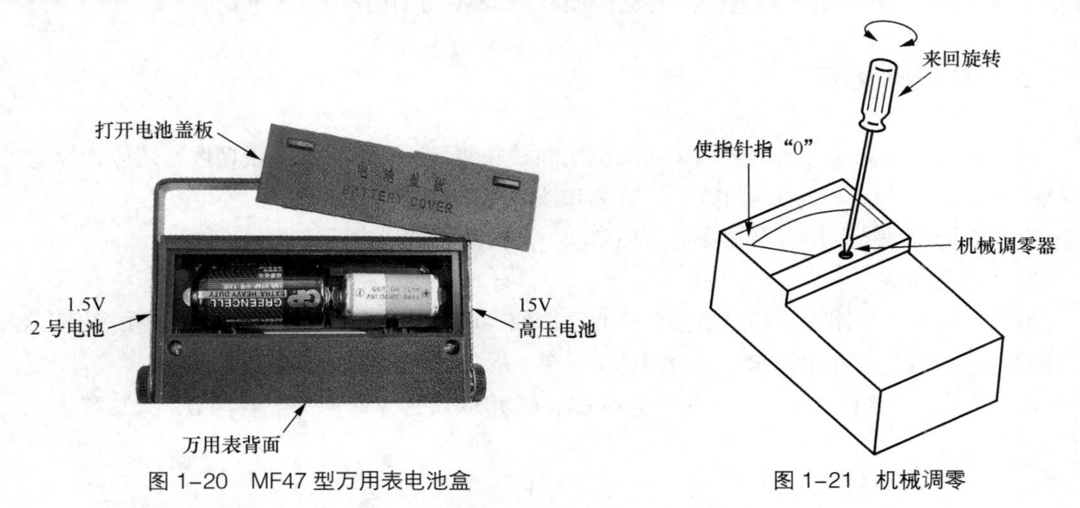

图 1-20 MF47 型万用表电池盒

图 1-21 机械调零

1.3.2 数字万用表测量前的准备工作

数字万用表是有源仪表，必须接通电源才能工作，因此使用数字万用表时应首先装上电池，然后连接表笔，选择适当的挡位和量程进行测量。

1. 安装电池

大多数数字万用表使用层叠电池。例如，DT890B 型数字万用表使用 9V 层叠电池，如图 1-22 所示，打开数字万用表后盖，按图 1-23 所示装入一枚 9V 层叠电池，再将后盖盖好。

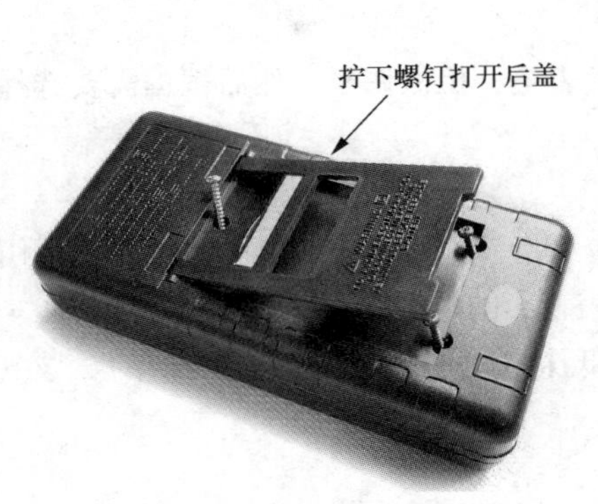

图 1-22 打开数字万用表后盖

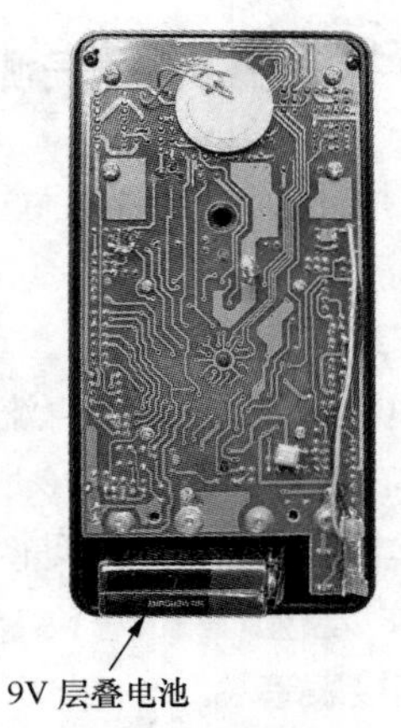

图 1-23 装入电池

按下控制面板上的电源开关 POWER，LCD 显示屏应有“000”字符显示。如果显示出“BAT”字样，表示电池电压不足，应更换新电池。

2. 连接表笔

将测试表笔插入数字万用表的插孔中。一般习惯上将红表笔按测量需要插入“VΩ”或“mA”或“A”插孔作为正表笔，将黑表笔插入“COM”插孔作为负表笔。

1.3.3 串联测量法

万用表基本的测量方法主要是串联测量法和并联测量法。为保证测量精度，还应选择适当的挡位和量程，掌握正确的读数方法，避免和减小测量误差。

串联测量法是指万用表与被测电路相串联，主要用于测量电流等。

1. 串联的概念

串联是指两个物体首尾相连串接在一起。例如，电阻的串联如图 1-24 所示，两个电阻 R_1、R_2 串联后，等效为一个电阻 R，其总阻值 $R = R_1 + R_2$。当 $R_1 = R_2$ 时，$R = 2R_1$。

电容的串联如图 1-25 所示，两个电容 C_1、C_2 串联后，等效为一个电容 C，其总容量 $C = \frac{C_1C_2}{C_1+C_2}$。当$C_1 = C_2$时，$C = \frac{1}{2}C_1$。

图 1-24 电阻的串联

图 1-25 电容的串联

电灯的串联如图 1-26 所示，两个功率相等的灯泡 EL_1、EL_2 串联连接在 220V 电源上，每个灯泡得到一半电压，即 110V 电压。

2. 串联测量电流

测量电流一般采用串联方式，如图 1-27 所示，万用表构成的电流表 PA 串接在灯泡 EL 的电路中，即可测量灯泡的电流。

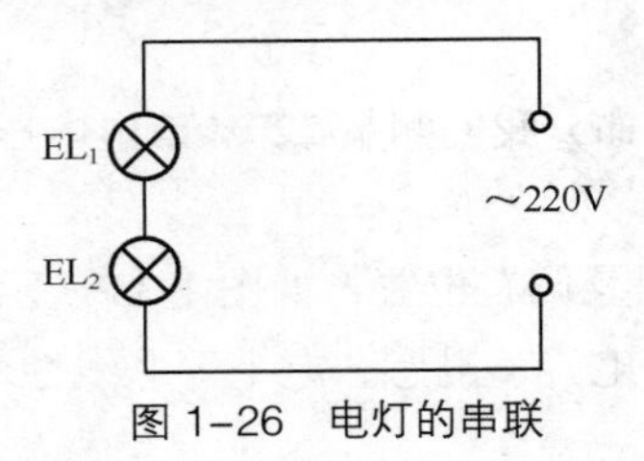

图 1-26　电灯的串联

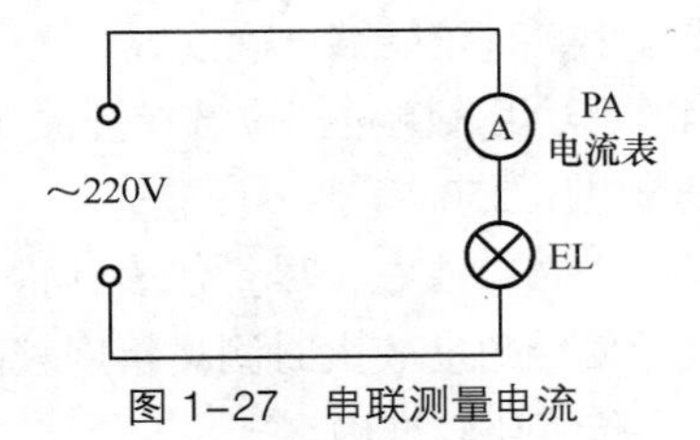

图 1-27　串联测量电流

1.3.4　并联测量法

并联测量法是指万用表与被测对象相并联，主要用于测量电压、电阻等。

1. 并联的概念

并联是指两个物体并行连接在一起。例如，电阻的并联如图 1-28 所示，两个电阻 R_1、R_2 并联后，等效为一个电阻R，其总阻值$R=\frac{R_1R_2}{R_1+R_2}$。当$R_1=R_2$时，$R=\frac{1}{2}R_1$。

电容的并联如图 1-29 所示，两个电容 C_1、C_2 并联后，等效为一个电容 C，其总容量 $C=C_1+C_2$。当 $C_1=C_2$ 时，$C=2C_1$。

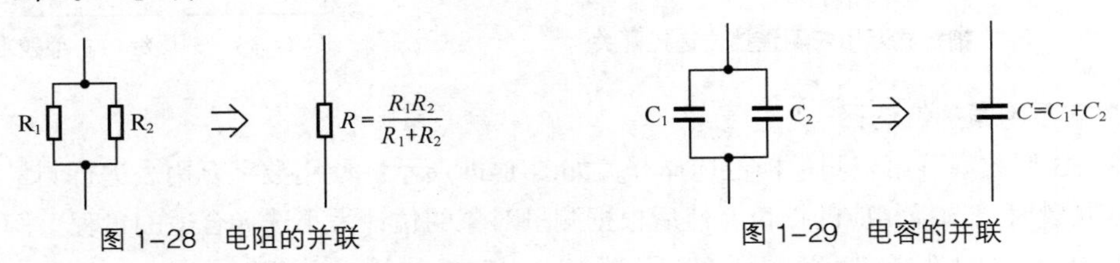

图 1-28　电阻的并联　　图 1-29　电容的并联

电灯的并联如图 1-30 所示，两个灯泡 EL_1、EL_2 并联连接在 220V 电源上，每个灯泡都得到 220V 电压。

2. 并联测量电压

测量电压时一般采用并联方式，如图 1-31 所示，万用表构成的电压表 PV 并接在灯泡 EL 两端，即可测量灯泡上的电压。

图 1-30　电灯的并联　　图 1-31　并联测量电压

1.3.5　选择合适的挡位

选择合适的挡位，是得到正确的和精确的测量结果的前提条件。

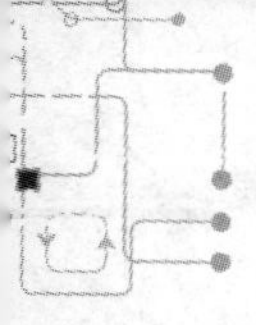

1. 指针式万用表挡位选择

使用指针式万用表进行测量时，首先应根据测量对象选择相应的挡位，然后根据测量对象的估计大小选择合适的量程。如果无法估计测量对象的大小，则应先选择该挡位的最大量程，然后逐步减小，直至能够准确读数。

MF47 型万用表测量挡位选择开关如图 1-32 所示。例如，我们测量 220V 市电电压时，可选择“交流电压 250V”挡。

选择量程时应注意，尽量使表针指示在刻度线的中间及偏右位置，如图 1-33 所示。因为万用表表针偏转角度较大时测量精度较高，特别是电阻、电容、电感、电平等非线性刻度线，中间及偏右位置比较准确。

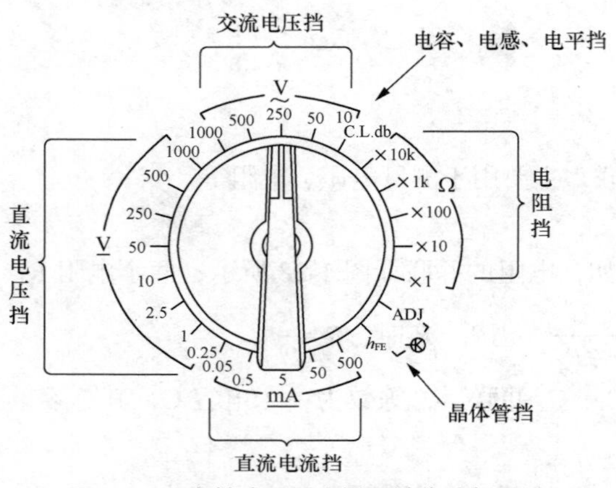

图 1-32　指针式万用表测量挡位选择开关

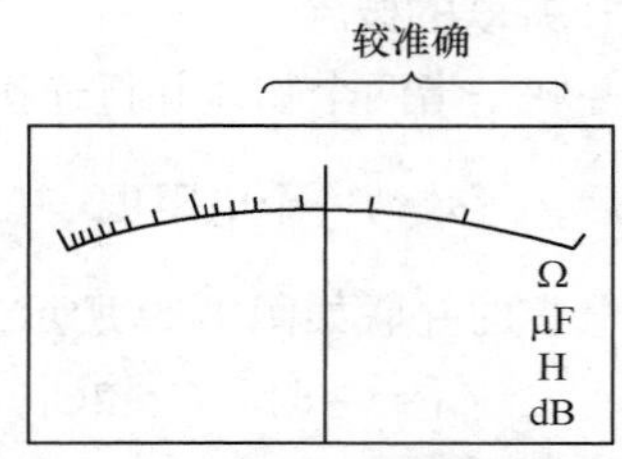

图 1-33　刻度线中右部较准确

2. 数字万用表挡位选择

DT890B 型数字万用表测量挡位选择开关如图 1-34 所示。使用数字万用表进行测量时，首先应根据测量对象选择相应的挡位，然后根据测量对象的估计大小选择合适的量程。例如，测量 9V 电池电压，可选择“直流电压 20V”挡。

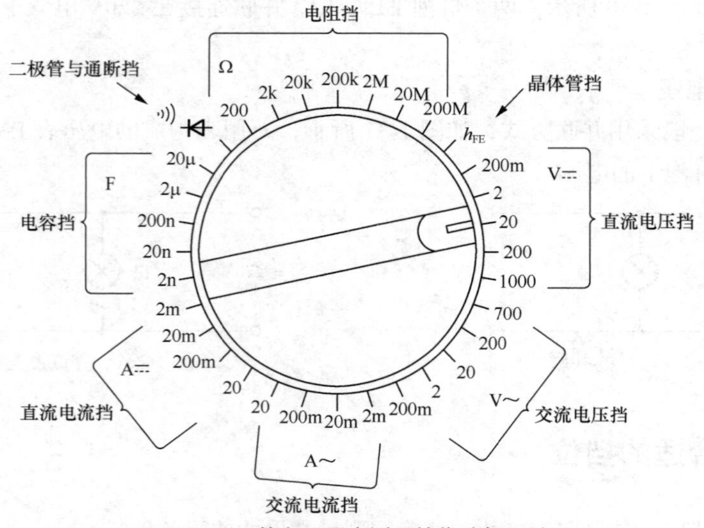

图 1-34　数字万用表测量挡位选择开关

如果无法估计测量对象的大小，则应先选择该挡位的最大量程，然后根据显示情况逐步减小量程，直至能够准确显示读数。

选择测量量程时，应尽量使 LCD 显示屏中显示较多的有效数字，以提高测量精度。例如，测量某 1.5V 电池的开路电压，选择“直流电压”的 200V、20V、2V 挡均可测量，但 2V 挡显示的有效数字最多，因此测量精度较高，如图 1-35 所示。

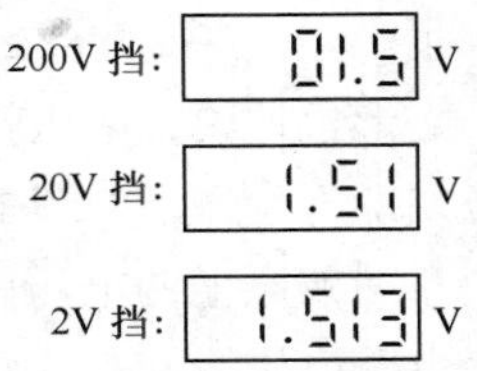

200V 挡：01.5 V
20V 挡：1.51 V
2V 挡：1.513 V

图 1–35　挡位与有效数字

如果显示屏仅在最高位显示“1”，表示测量对象超过所选量程，应选择更高量程进行测量。

1.3.6　正确读数

万用表测量中，应注意正确读取测量结果，防止出现读数误差，这点对于指针式万用表尤为重要。

指针式万用表读数时，眼睛应垂直于表面观察表针。如果视线不垂直，将会产生视差，使得读数出现误差，如图 1-36 所示。

为了消除视差，MF47 型等万用表在表面的标度盘上都装有反光镜，如图 1-37 所示。读数时，应移动视线使表针与反光镜中的表针镜像重合，这时的读数即无视差。

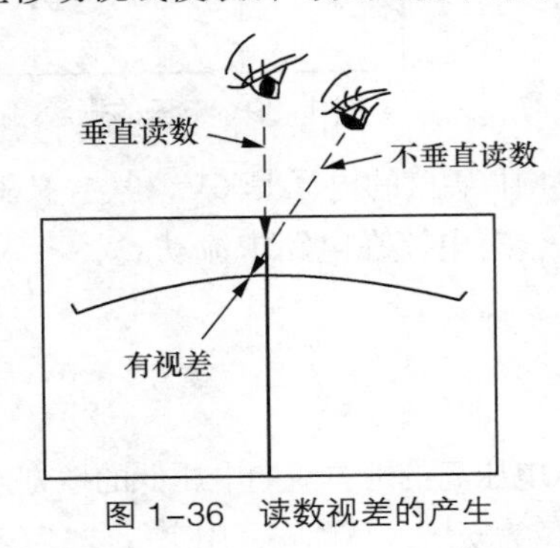

图 1–36　读数视差的产生

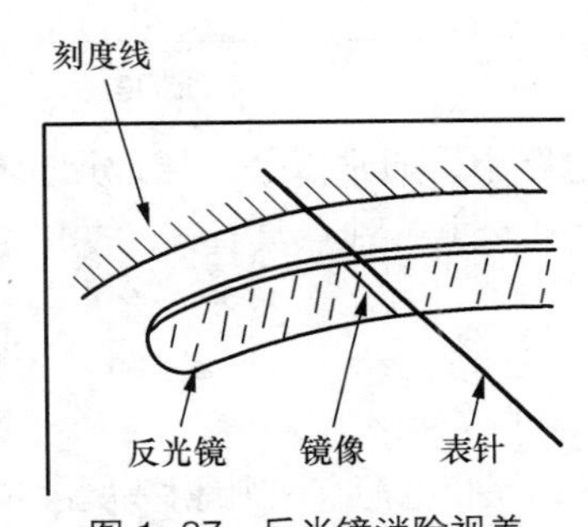

图 1–37　反光镜消除视差

1.4 相关的基础知识

电压、电流、电阻、电功率等是电子电路中最基础、最重要的参数，通过这些参数可以了解电子电路的内在特性和工作状态。这些参数也是万用表测量的主要对象，我们应该对这些参数的概念有一个基本的了解。

1.4.1　电压

电压，是指某点相对于参考点的电位差。某点电位高于参考点电位称为正电压，某点电位低于参考点电位称为负电压。电压的符号是“U”。电压的单位为伏特，简称伏，用字母“V”

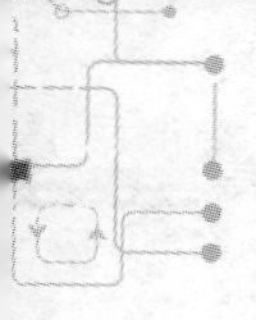

表示。

形象地说，电压就好比自来水管中的水压。水塔的水位高于水龙头的水位，它们之间的水位差即为水压，如图 1-38 所示。有了水压，自来水才能从水龙头里流出来。

一节电池的电压就是电池正、负极之间的电位差，如图 1-39 所示。一般以电池负极为参考点（电位为 0V），那么电池正极的电压为“1.5V”。如果以电池正极为参考点，则电池负极的电压为“−1.5V”。

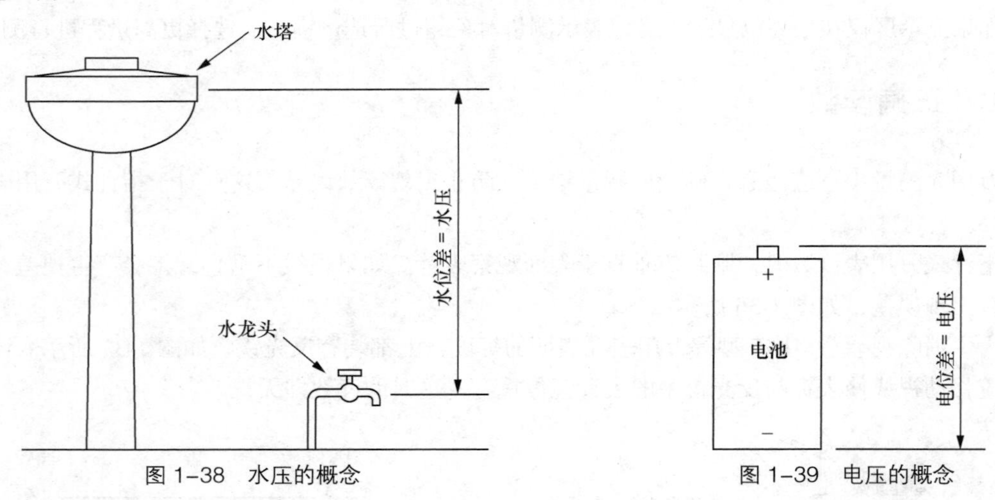

图 1–38　水压的概念　　图 1–39　电压的概念

在电路中，通常以公共接地点为参考点。如果说电路中某点的电压是 6V，其含义就是说该点相对于公共接地点具有 6V 的电位差。有了电压，才会有电流在电路中流动。

1.4.2　电流

电流，是指电荷有规则地移动。在电路中，电流总是从电压高的地方流向电压低的地方，就像水总是从高处流向低处一样。电流的符号是“I”。电流的单位为安培，简称安，用字母“A”表示。

有时我们为了分析电路需要，可以预先设定一个电流的方向。这时，实际电流的方向与预设方向相同的称为正电流，实际电流的方向与预设方向相反的称为负电流。

图 1-40 所示手电筒电路中，如果我们规定电流的方向为从上到下，那么图 1-40（a）中电流 $I = 0.25$A。如果我们将电池颠倒过来装入手电筒，如图 1-40（b）所示，那么电流 $I = -0.25$A。

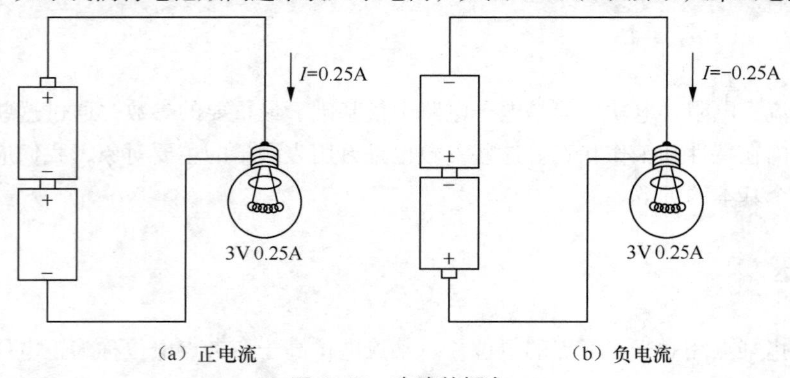

图 1–40　电流的概念

1.4.3 电阻

电阻，是指电流在电路中所遇到的阻力，或者说是指物体对电流的阻碍能力。电阻越大，电流所受到的阻力就越大，电流就越小。电阻的符号是“*R*”。电阻的单位为欧姆，简称欧，用字母“Ω”表示。

1.4.4 欧姆定律

电流在电压的驱动下、在电阻的限制下流动。电压、电流、电阻三者之间存在着必然的、内在的、互相制约的关系，欧姆定律就是反映电压、电流、电阻三者之间关系的数学公式。

欧姆定律：电路中电流的大小等于电压与电阻的比值，即 $I=\frac{U}{R}$。

实际上，我们只要知道了电压、电流、电阻三项中的任意两项，就可以通过欧姆定律求出另外一项。即欧姆定律还可以写作以下两种形式：$U=IR$，$R=\frac{U}{I}$。

1.4.5 功率

电功率简称功率，是指电能在单位时间内所做的功，或者说是表示电能转换为其他形式能量的速率。功率的符号是“*P*”。功率的单位为瓦特，简称瓦，用字母“W”表示。功率在数值上等于电压与电流的乘积，即 $P=UI$。

例如，某盏电灯在点亮时的电流约为 0.455A，那么这盏电灯在点亮时的功率为 $P=220\text{V}\times0.455\text{A}=100\text{W}$，如图 1-41 所示。

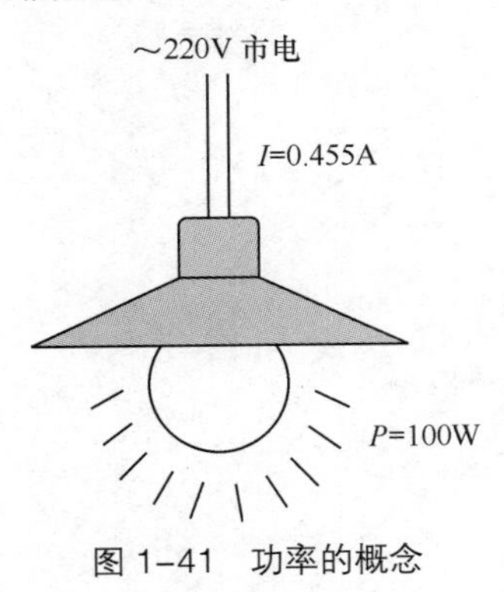

图 1-41 功率的概念

电路中的元器件在工作时会产生热量，这些热量是由电能转换而来的，它与元器件在工作时所消耗的功率，或者说所加的电压和所通过的电流有关。

第2章 指针式万用表

指针式万用表采用微安表头作为测量指示，由电阻等元器件组成分压器、分流器等电路，通过波段开关转换测量功能，能够测量直流电压、交流电压、直流电流、电阻等，有些型号的指针式万用表还可以测量音频电平、电容、电感、晶体管直流参数等。指针式万用表的特点是测量电压和电流时无需安装电池，可以通过指针的移动观察充放电过程。

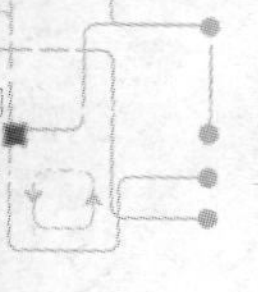

2.1 指针式万用表的测量原理

电流表、电压表、欧姆表是万用表的三种基本形态，通过测量选择开关进行转换。指针式万用表的测量原理可以按照电流表、电压表、欧姆表三种测量电路进行分析。

2.1.1 直流电流表

测量直流电流时，通过测量选择开关的转换，电路构成电流表，如图 2-1 所示。表头 PA 与分流器 R 并联，被测电流 I 由 A 端进、B 端出。

1. 量程转换原理

I 分为通过表头的电流 I_P 和通过分流器的电流 I_R 两个支路，分配比例由表头内阻 R_0 与分流器 R 的阻值比的倒数决定。表头 PA 按比例指示电流的大小。

在并联电路中，支路电流的大小与支路电阻的大小成反比。因此，改变 I_P 和 I_R 两支路阻值的大小，即可改变电流分配比例，实现量程的转换，如图 2-2 所示。

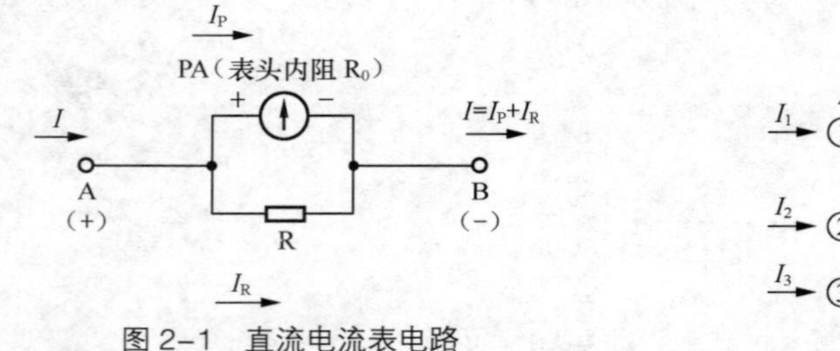

图 2-1　直流电流表电路

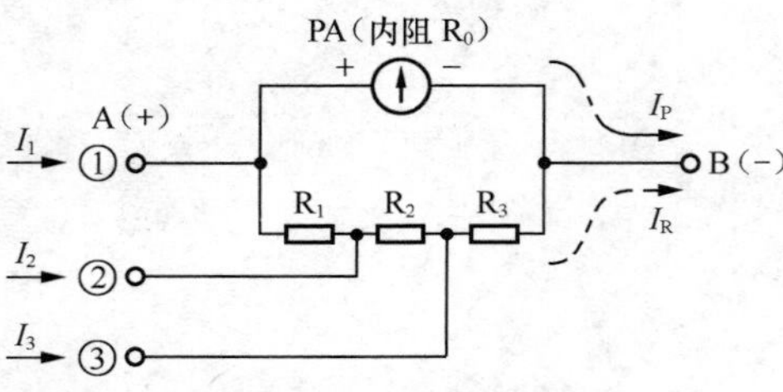

图 2-2　电流表量程转换原理

当被测电流 I_1 从 A ①端输入时，I_P 支路电阻为 R_0，I_R 支路电阻为 $R_1 + R_2 + R_3$。而当被测电流 I_3 从 A ③端输入时，I_P 支路电阻为 $R_2 + R_1 + R_0$，I_R 支路电阻为 R_3。可见，当表头指示相同（I_P 相同）时，$I_3 > I_1$，扩大了量程。

2. 读数方法

电流表指示的读数方法是，满度值（刻度线最右边）等于所选量程挡位数，根据表针指示位置折算出测量结果。

在图 2-3 示例中，当测量选择开关位于“0.05mA”挡时，指示值为 35μA；当测量选择开关位于“5mA”挡时，指示值为 3.5mA；当测量选择开关位于“500mA”挡时，指示值为 350mA，依此类推。

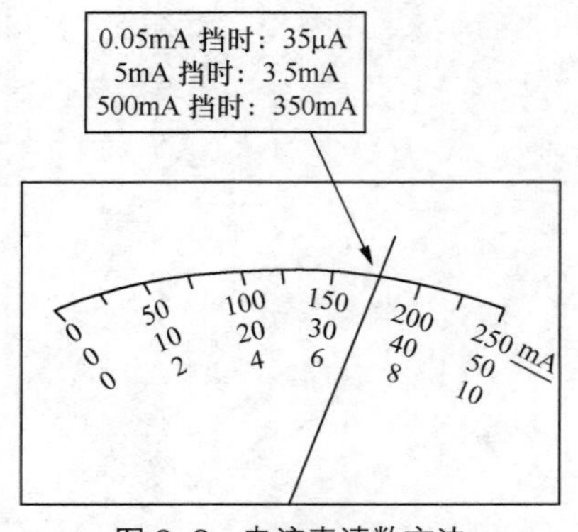

图 2-3　电流表读数方法

2.1.2 直流电压表

测量直流电压时，通过测量选择开关的转换，电路构成直流电压表，如图 2-4 所示。表头 PA 与分压器 R 串联，被测电压 U 加在 A、B 两端间，A 端为正，B 端为负。

1. 量程转换原理

U 等于分压器压降 U_R 与表头压降 U_P 之和，分配比例由表头内阻 R_0 与分压器 R 的阻值比决定。表头 PA 按比例指示电压的大小。

在串联电路中，某部分电压降的大小与其阻值成正比。因此，改变 U_P 和 U_R 两部分阻值的大小，即可改变电压分配比例，实现量程的转换，如图 2-5 所示。

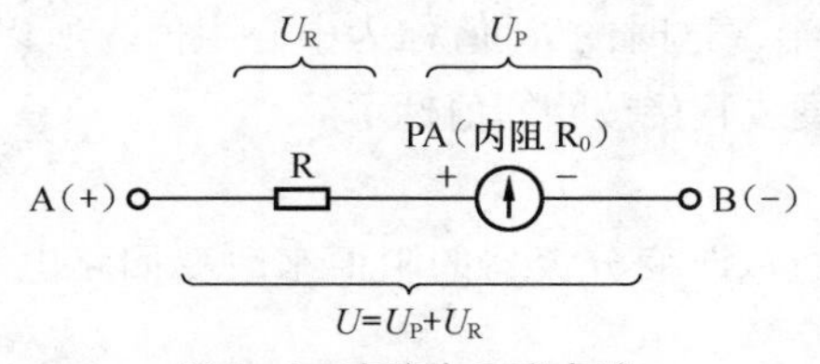

图 2-4 直流电压表电路

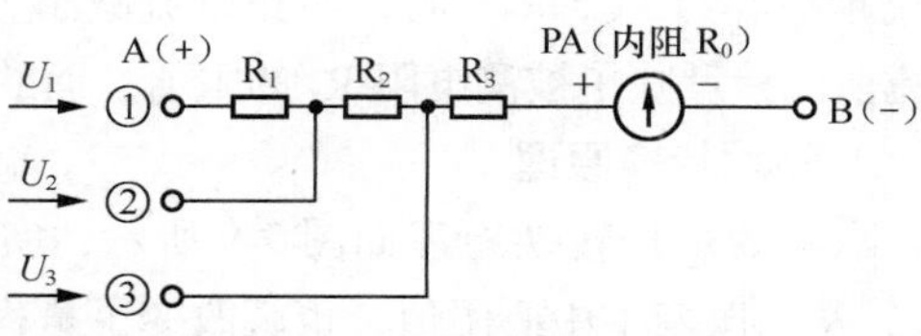

图 2-5 电压表量程转换原理

当被测电压 U_3 接于 A ③端与 B 端之间时，$U_P=U_{R0}$，$U_R=U_{R3}$；而当被测电压 U_1 接于 A ①端与 B 端之间时，$U_P=U_{R0}$，$U_R=U_{R1}+U_{R2}+U_{R3}$。可见，当表头指示相同（U_P 相同）时，$U_1>U_3$，扩大了量程。

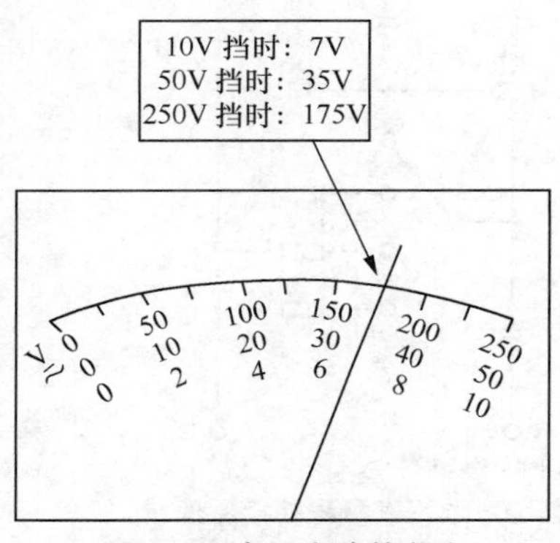

图 2-6 电压表读数方法

2. 读数方法

电压表指示的读数方法是，满度值（刻度线最右边）等于所选量程挡位数，根据表针指示位置折算出测量结果。

在图 2-6 示例中，当测量选择开关位于“10V”挡时，指示值为 7V；当测量选择开关位于“50V”挡时，指示值为 35V；当测量选择开关位于“250V”挡时，指示值为 175V，依此类推。

2.1.3 交流电压表

测量交流电压时，通过测量选择开关的转换，电路构成交流电压表，如图 2-7 所示。分压器经过半波整流器 VD_1、VD_2 与表头 PA 串联，交流电正半周时经 VD_1 整流后通过表头，VD_2 为负半周续流二极管。测量原理、量程转换原理和读数方法均与测量直流电压时相同。

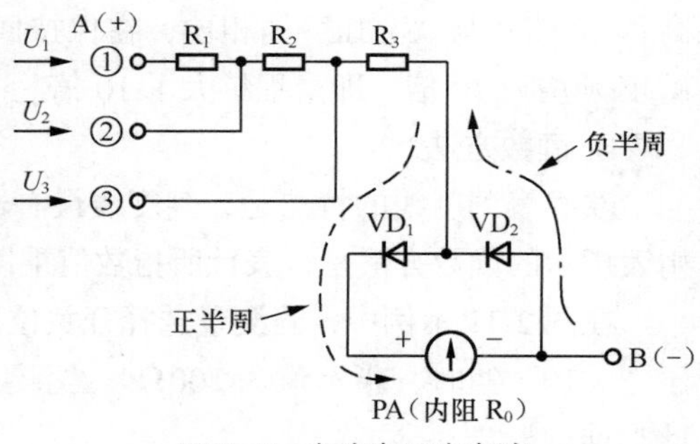

图 2-7 交流电压表电路

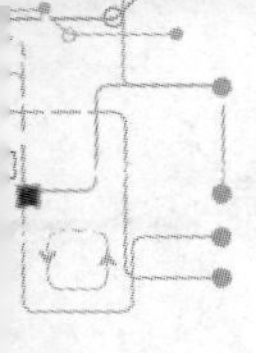

2.1.4 欧姆表

测量电阻时，通过测量选择开关的转换，电路构成了欧姆表，如图 2-8 所示。欧姆表电路由表头 PA、分流器 R_1、调零电位器 RP 和电池等组成。

1. 测量原理

当 A、B 两端（正、负表笔）短接时，1.5V 电池回路包括表头 PA 和分流器 R_1 两个电流支路，调节 RP 使表头指针满度，即为“0Ω”。回路电阻 R_0’ 等于表头支路电阻（R_0+ *RP* 左边）与分流器电阻（R_1 + *RP* 右边）的并联值。

当在 A、B 两端间接入被测电阻 R_x 时（R_x 串入了回路），回路电流减小。R_x 越大，回路电流越小。当 $R_x = R_0$’ 时，回路电流减小为原来的一半，这时的 R_x 值称为中心阻值。所以，电流值间接反映了被测电阻 R_x 的阻值，而欧姆表的刻度线直接按欧姆值标示。

2. 量程转换原理

欧姆表量程转换原理如图 2-9 所示，实际上就是通过改变分流器的阻值来改变回路电阻 R_0’，从而改变了中心阻值，也就改变了量程。

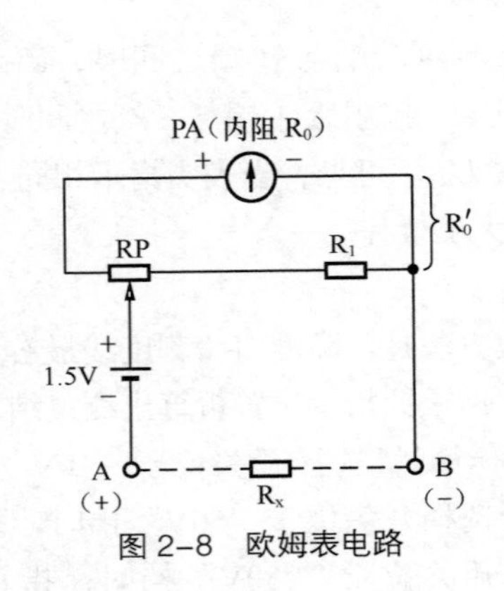

图 2-8　欧姆表电路

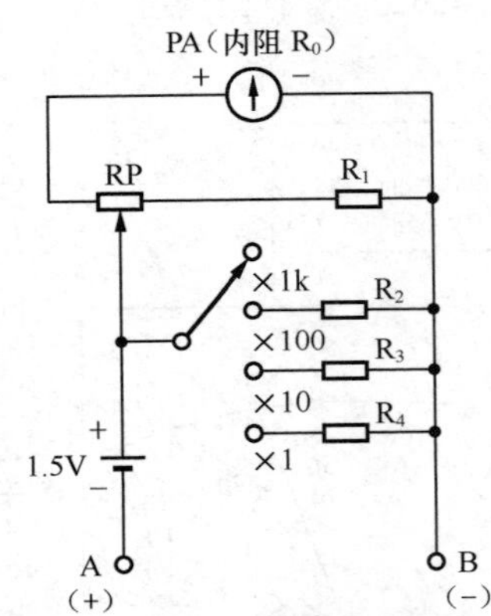

图 2-9　欧姆表量程转换原理

例如，当欧姆表置于“×1k”挡时，分流器的阻值为 R_1。而置于“×100”挡时，R_2 与 R_1 并联，使R_0’ 减小为原来的$\frac{1}{10}$，中心阻值相应地也减小为原来的$\frac{1}{100}$。

当欧姆表置于“×10k”挡时，表内换用 15V 高压电池，如图 2-10 所示。由于回路电压提高了 10 倍，与“×1k”挡相比，在保持回路电流不变的情况下（表针指示不变），被测电阻 R_x 必须增大 10 倍，即量程扩大了 10 倍。

3. 读数方法

欧姆表刻度线的特点是，刻度线最右边为“0Ω”，最左边为“∞”，且为非线性刻度。欧姆表指示的读数方法是，表针所指数值乘以量程挡位，即为被测电阻的阻值。

在图 2-11 示例中，当测量选择开关位于“×1”挡时，指示值为 20Ω。当测量选择开关位于“×10”挡时，指示值为 200Ω。当测量选择开关位于“×1k”挡时，指示值为 20kΩ，依此类推。

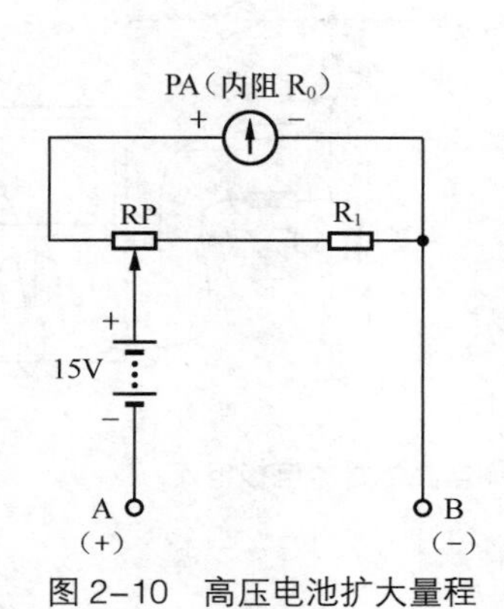

图 2-10　高压电池扩大量程

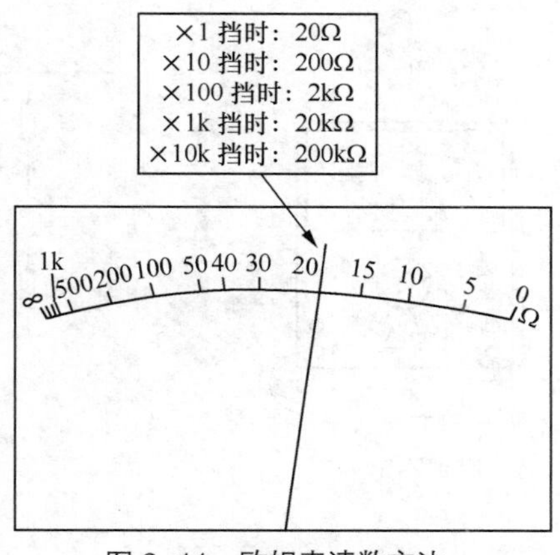

图 2-11　欧姆表读数方法

2.2 指针式万用表的使用方法

使用万用表前，首先应进行装电池、插表笔、调零等准备工作，然后根据测量对象选择挡位和量程。测量中还应注意防止读数误差。

2.2.1　测量直流电流

测量直流电流时，万用表构成的电流表应串入被测电路，如图 2-12 所示。既可以串入电源正极与被测电路之间，也可以串入被测电路与电源负极之间。

测量 500mA 及其以下直流电流时，转动万用表上的测量选择开关至所需的“mA”挡，如图 2-13 所示。测量 500mA 以上至 5A 的直流电流时，将测量选择开关置于“500mA”挡，并将正表笔改插入“5A”专用插孔，如图 2-14 所示。

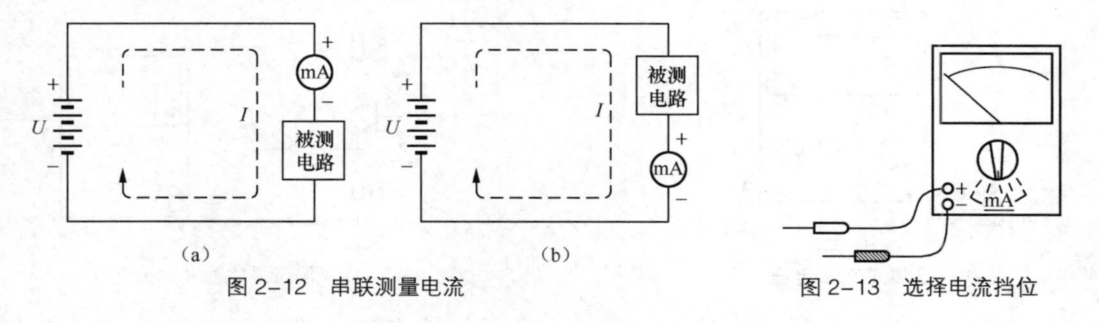

图 2-12　串联测量电流

图 2-13　选择电流挡位

图 2-15 所示为测量晶体管集电极电流示意图。首先断开电源开关 S，并切断电阻 R_c 与 VT 集电极之间的连接，在集电极回路形成一个开口。然后将万用表正表笔接回路开口处 R_c 一侧，负表笔接 VT 集电极，接通电源开关 S，表针即指示出被测晶体管的集电极电流值。

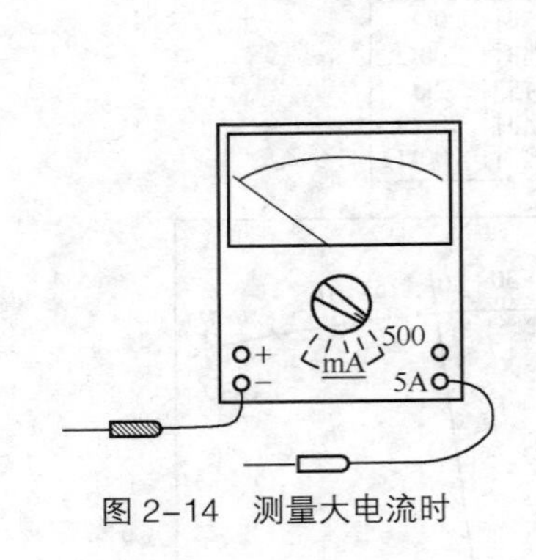

图 2-14　测量大电流时

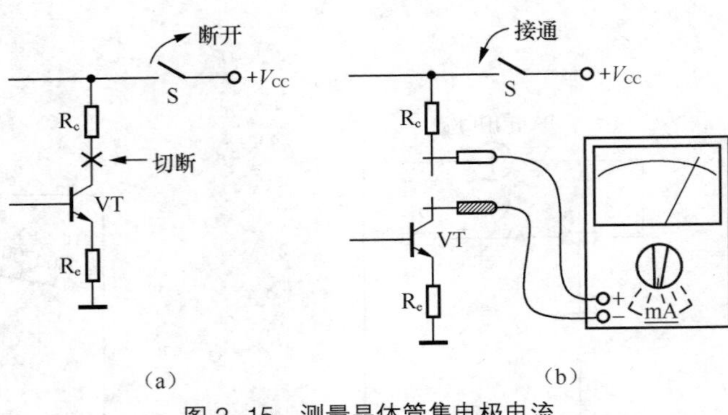

图 2-15　测量晶体管集电极电流

2.2.2　测量直流电压

测量直流电压时，万用表构成直流电压表，直接并接于被测电压两端。例如，在图 2-16 所示电路中，需测量电阻 R_2 上的压降，将电压表并接于 R_2 两端即可。

测量 1000V 及其以下直流电压时，转动万用表上的测量选择开关至所需的“直流 V”挡，如图 2-17 所示。测量 1000V 以上至 2500V 的直流电压时，将测量选择开关置于“直流 1000V”挡，并将正表笔改插入“2500V”专用插孔，如图 2-18 所示。

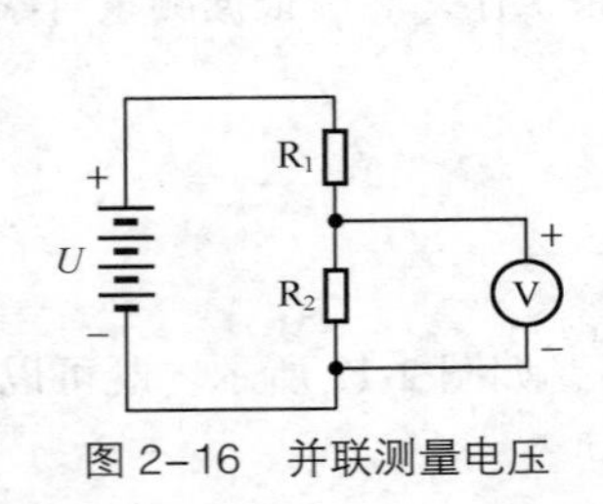

图 2-16　并联测量电压

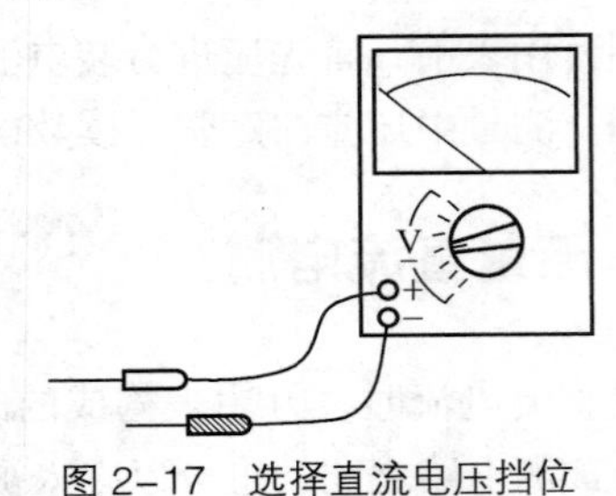

图 2-17　选择直流电压挡位

图 2-19 所示为测量晶体管发射极电压（R_e 上的压降）的示意图。将正表笔接 VT 发射极、负表笔接地（即万用表并接于电阻 R_e 上），表针即指示出被测晶体管的发射极电压值。

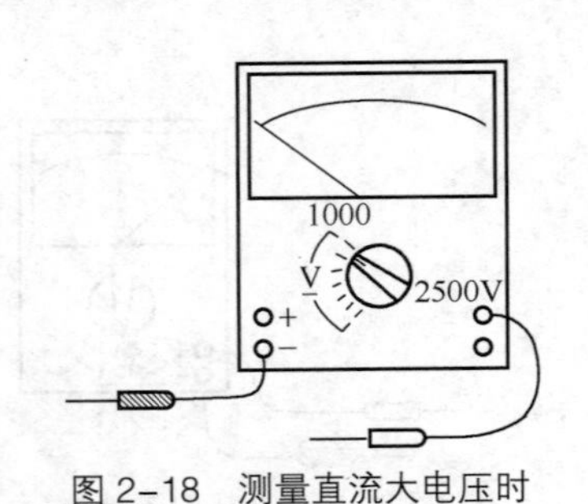

图 2-18　测量直流大电压时

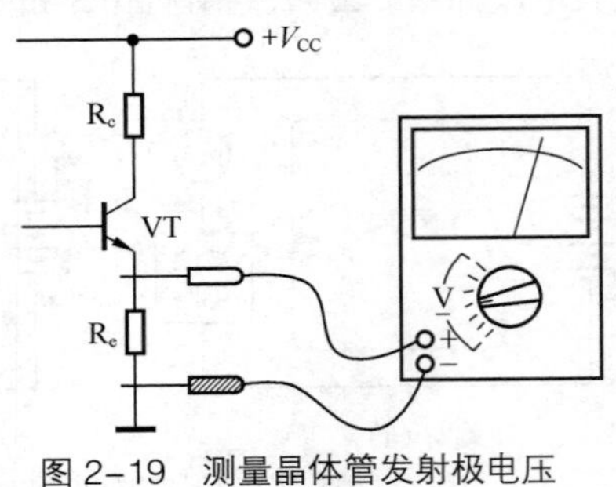

图 2-19　测量晶体管发射极电压

2.2.3　测量交流电压

测量交流电压与测量直流电压相似，不同之处是两表笔可以不分正、负。测量 1000V 及其以下交流电压时，转动万用表上的测量选择开关至所需的“交流 V”挡，如图 2-20 所示。测量 1000V 以上至 2500V 的交流电压时，将测量选择开关置于“交流 1000V”挡，并将正表笔改插入“2500V”专用插孔，如图 2-21 所示。

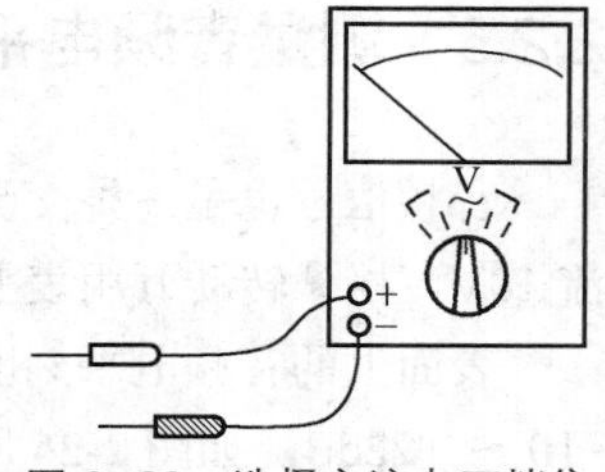

图 2-20　选择交流电压挡位

图 2-22 所示为测量电源变压器次级电压示意图。万用表两表笔不分正、负分别接电源变压器次级两引出端，表针即指示出被测交流电压值。

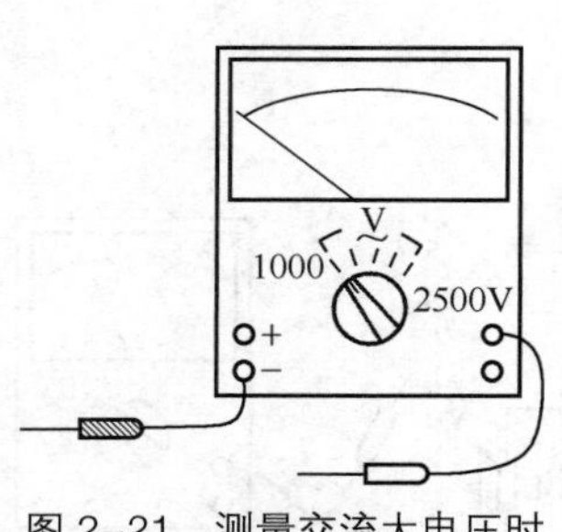

图 2-21　测量交流大电压时

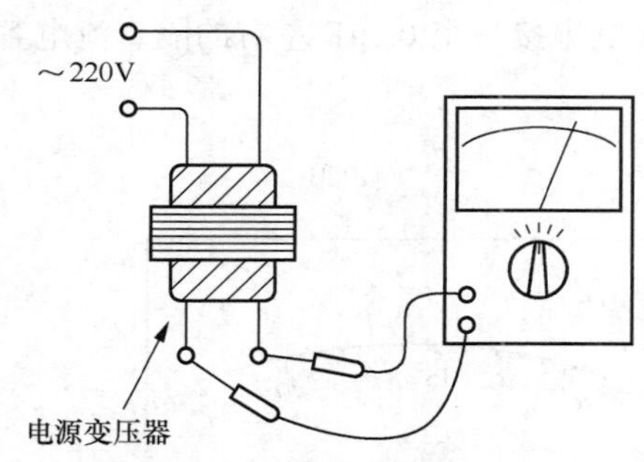

图 2-22　测量变压器次级电压

2.2.4　测量电阻

测量电阻时，根据被测电阻的估计值，转动万用表上的测量选择开关至适当的“Ω”挡。接着要先进行欧姆挡校零，方法是：将万用表两表笔短接，调节欧姆挡调零旋钮，使表针准确指向“0Ω”（位于刻度线最右边），如图 2-23 所示。测量中每次变换挡位后，均应重新校零。

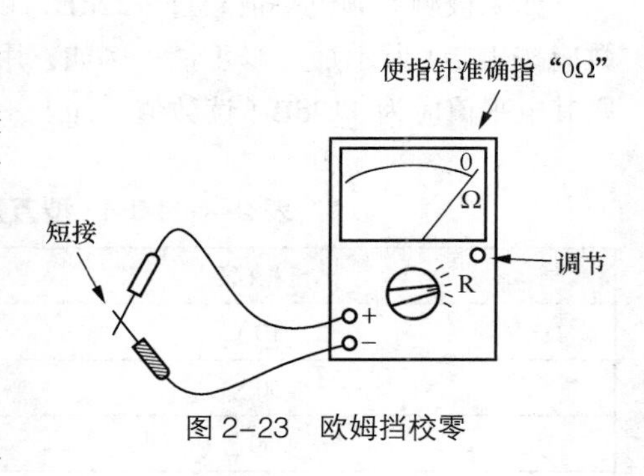

图 2-23　欧姆挡校零

测量非在路的电阻时，将万用表两表笔（不分正、负）分别接被测电阻的两端，表针即指示出被测电阻的阻值，如图 2-24 所示。

测量电路板上的在路电阻时，如图 2-25 所示，将被测电阻的一端从电路板上焊开，然后再进行测量。否则由于电路和其他元器件的影响，测得的电阻值将误差很大。应该注意的是，测量电路电阻时应先切断电路电源，如电路中有电容则应先行放电，以免损坏万用表。

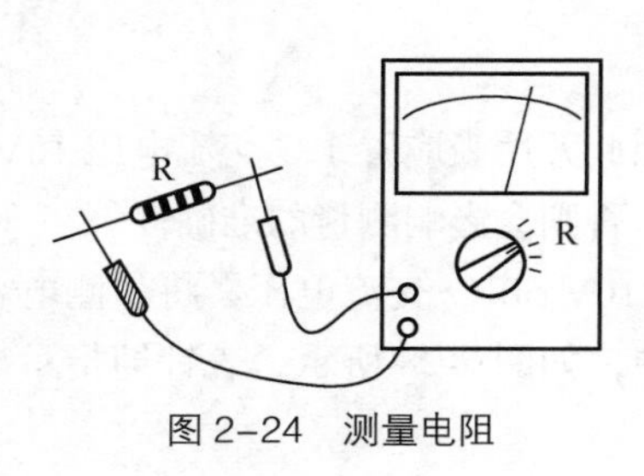

图 2-24　测量电阻

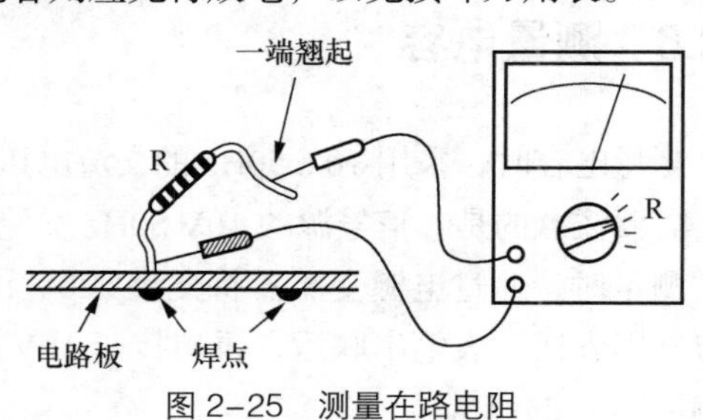

图 2-25　测量在路电阻

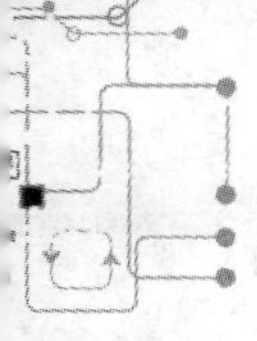

2.2.5 测量音频电平

音频信号也是一种交流信号，因此测量音频电平使用万用表的交流电压挡，一般使用“交流 10V”挡，转动万用表上的测量选择开关至“交流 10V”挡即可。

表面上的音频电平刻度线是以交流电压 10V 挡为基准刻度的，0dB = 0.775V，刻度范围为 −10 ～ +22dB。如图 2-26 所示，读数为 +17dB。

图 2-27 所示为测量音频放大器输出电平示意图。万用表两表笔不分正、负，一表笔接地，另一表笔串接一个 0.1μF 左右的隔直流电容 C 后接放大器输出端，表针即指示出被测音频电平值。

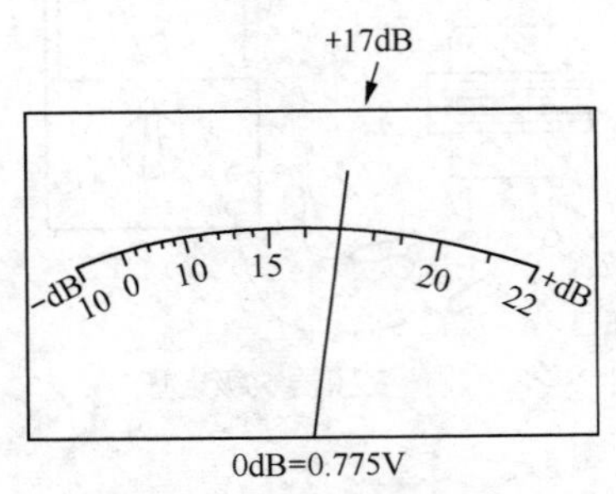

图 2-26 电平测量读数方法

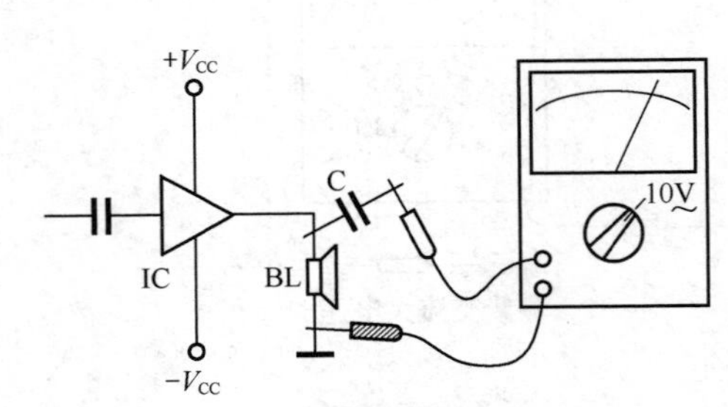

图 2-27 测量放大器输出电平

如果被测音频电平值超过 +22dB，可选用交流电压挡的“50V”及其以上各挡位，但其读数应按表 2-1 所示加上修正量。例如，用“交流电压 50V”挡测量时表针指示如图 2-26 所示，则其电平值应为 +17dB（读数值）加上 +14dB（50V 挡修正量）等于 +31dB。

表 2-1 MF47 型万用表测量音频电平时读数的修正量

量程挡位	读数修正量
10 V~	0
50 V~	+14dB
250 V~	+28dB
500 V~	+34dB
1000 V~	+40dB

2.2.6 测量电容

测量电容时，采用 10V 50Hz 的交流电压作为信号源，因此万用表应置于“交流电压 10V”挡。需要注意的是，信号源的 10V 50Hz 交流电压必须准确，否则会影响测量的准确性。

测量时，通过电源变压器将交流 220V 市电降压后获得 10V 50Hz 交流电压。将被测电容 C 与万用表任一表笔串联后，再串接于 10V 交流电压回路中，如图 2-28 所示，表针即指示出被测电容 C 的容量。

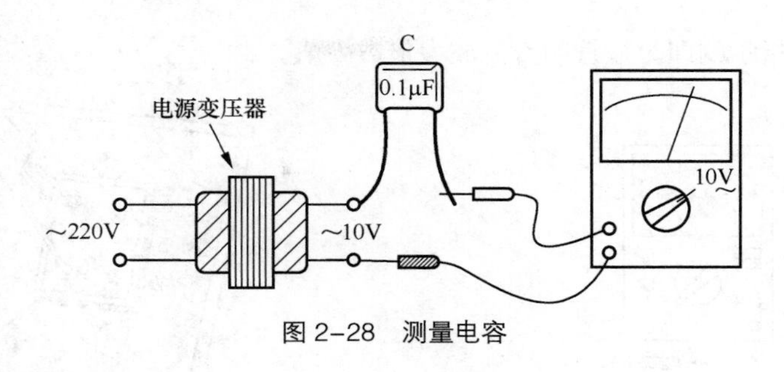

图 2-28　测量电容

2.2.7　测量电感

测量电感也采用 10V 50Hz 的交流电压作为信号源，方法与测量电容相同。将被测电感 L 与万用表任一表笔串联后，再串接于 10V 交流电压回路中，如图 2-29 所示，表针便指示出被测电感 L 的电感量。

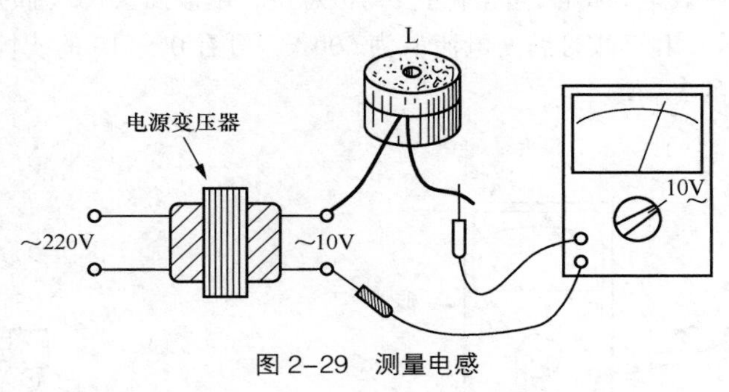

图 2-29　测量电感

2.2.8　测量晶体管直流参数

晶体管直流参数较常用的有：晶体管直流放大倍数 β、发射极开路时的集电极与基极间反向截止电流 I_{cbo}、基极开路时的集电极与发射极间反向截止电流 I_{ceo}。

1. 测量晶体管直流放大倍数

测量晶体管直流放大倍数 β 时，首先将万用表上的测量选择开关转动至“ADJ”（校准）挡位，两表笔短接，调节欧姆挡调零旋钮使表针对准 h_{FE} 刻度线的“300”刻度，如图 2-30 所示。

图 2-30　测量前先校准

然后分开两表笔，将测量选择开关转动至“h_{FE}”挡位，即可插入晶体管进行测量，如图 2-31 所示。万用表上的晶体管插孔，左半边供测量 NPN 型管用，右半边供测量 PNP 型管用。

例如，图 2-32 所示为测量 S9012 晶体管，因为 S9012 是 PNP 型管，所以插入右半边插孔，

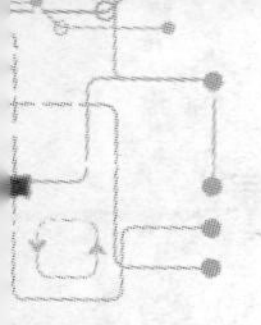

这时万用表表针所指示的即为该管的直流放大倍数 β 值。

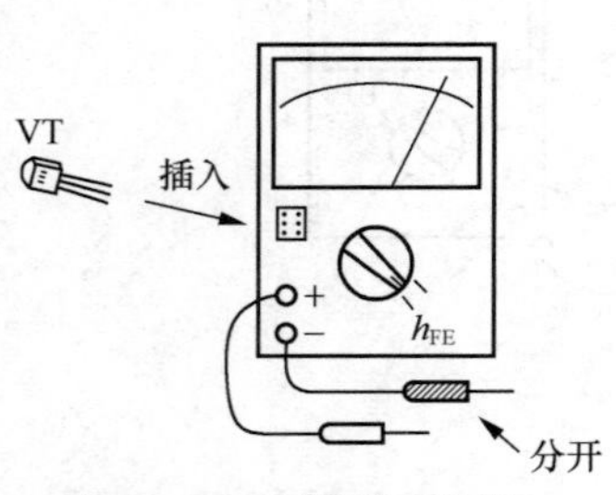

图 2-31　测量放大倍数

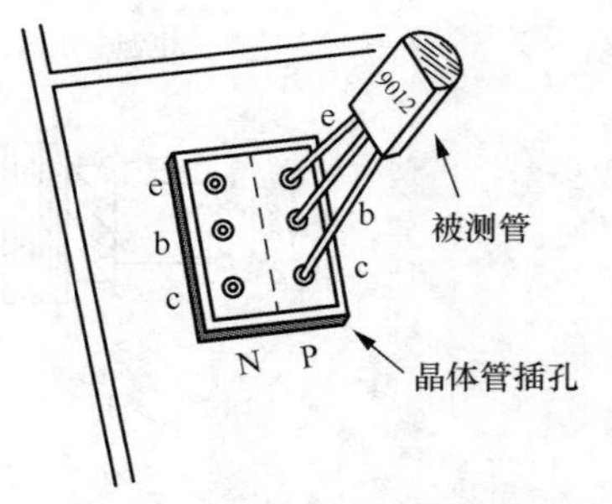

图 2-32　测量晶体管示例

2. 测量晶体管集电极与基极间反向截止电流

测量晶体管集电极与基极间反向截止电流 I_{cbo} 时，万用表置于"Ω × 1k"挡，再短接两表笔后调节欧姆挡调零旋钮，使表针准确地指在"0 Ω"，如图 2-33 所示。

调零结束后分开两表笔。将被测晶体管发射极悬空，基极插入"e"插孔，集电极插入"c"插孔，如图 2-34 所示。由于此时满度电流值为 60μA，可看 0 ～ 10 的线性刻度，将读数乘以 6μA 即是被测晶体管的 I_{cbo} 值。

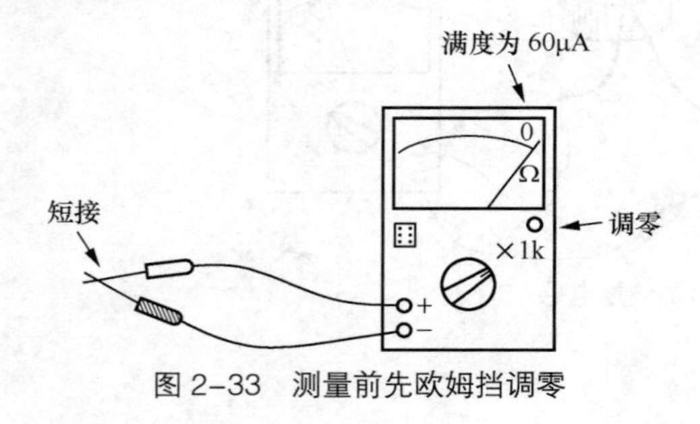

图 2-33　测量前先欧姆挡调零

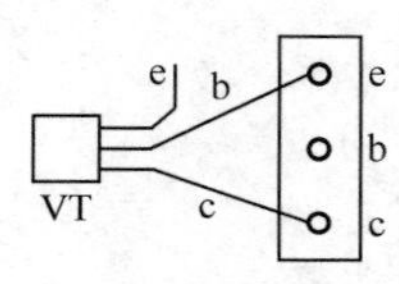

图 2-34　测量 I_{cbo}

3. 测量晶体管集电极与发射极间反向截止电流

测量晶体管集电极与发射极间反向截止电流 I_{ceo} 时，万用表仍用"Ω × 1k"挡，被测晶体管基极悬空，发射极插入"e"插孔，集电极插入"c"插孔，如图 2-35 所示。读数方法与测量 I_{cbo} 相同。

如果被测晶体管的 I_{ceo} 值大于 60μA，可改用万用表的"Ω × 100"挡进行测量（换挡后应重新校零），此时满度电流值为 600μA，如图 2-36 所示。仍然观察 0 ～ 10 的线性刻度，将读数乘以 60μA 即得到被测晶体管的 I_{ceo} 值。

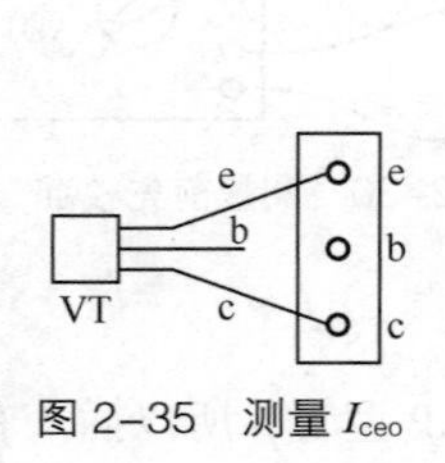

图 2-35　测量 I_{ceo}

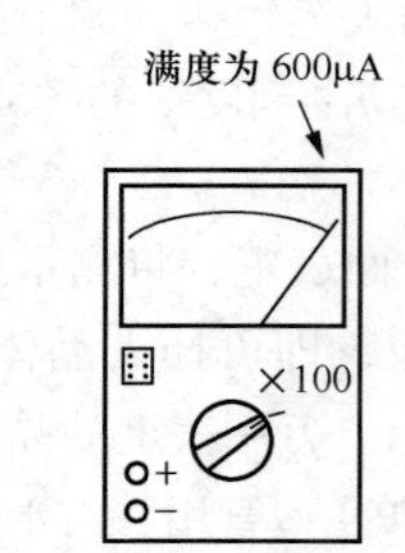

图 2-36　测量较大的 I_{ceo}

第3章 数字万用表

数字万用表采用数字显示屏显示测量结果，具有输入阻抗高、读数显示准确直观等特点。数字万用表可以测量交直流电压、交直流电流、电阻等，有的还具有测量电容、电感、晶体管、频率、温度等功能。

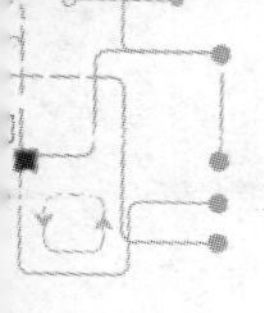

3.1 数字万用表的测量原理

数字万用表通过测量选择开关的转换，可分别构成电压表、电流表、欧姆表、电容表等基本形态。

3.1.1 直流电压表

测量直流电压时，通过测量选择开关的转换，电路构成直流电压表，如图 3-1 所示。电阻 1R、9R、90R 构成分压器，被测电压 U 加在分压器的 A、B 两端间，A 端为正，B 端为负。数字表头（200mV 电压表）仅测量取样电阻上的电压，取样电阻可以是分压器的一部分，也可以是分压器的全部。改变取样比，即可改变量程。

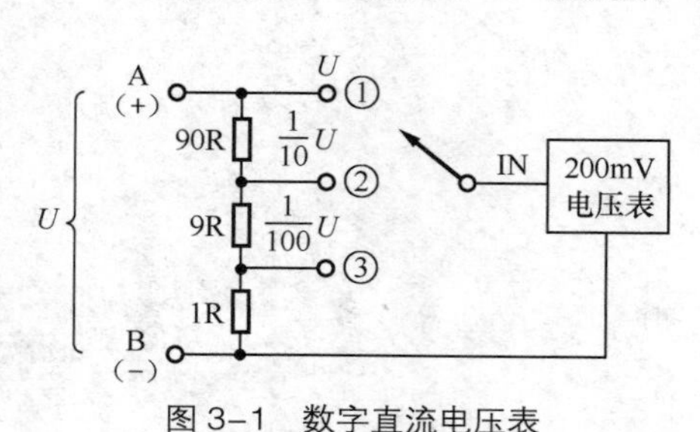

图 3-1 数字直流电压表

图 3-1 中，当数字表头输入端 IN 接入①端时，整个分压器都是取样电阻，取样电压 $U_{IN} = U$；当数字表头输入端 IN 接入②端时，取样电阻为 1R+9R，取样电压$U_{IN} = \frac{1}{10}U$，量程扩大为10倍；当数字表头输入端IN接入③端时，取样电阻为1R，取样电压$U_{IN} = \frac{1}{100}U$，量程扩大为100倍。

由于取样电压的变化倍率为 10 的整数倍，因此只需相应移动 LCD 显示屏中显示数字的小数点位置，即可直观地显示出被测电压的实际数值。取样比的改变和小数点位置的移动，由测量选择开关根据量程同步控制。

3.1.2 直流电流表

测量直流电流时，通过测量选择开关的转换，电路构成直流电流表，如图 3-2 所示。取样电阻 R 构成电流→电压转换器，被测电流 I 由 A 端进、B 端出，在取样电阻 R 上产生电压降 U_R，$U_R = I \times R$，数字表头（200mV 电压表）测量取样电阻上的电压降，便可间接测得电流值。改变取样电阻的大小，即可改变量程。

如图 3-3 所示，取样电阻由 1R、9R、90R 等电阻构成，当被测电流输入端 A 和数字表头输入端 IN 接入①端时，取样电阻 $R_1 = 90R+9R+1R = 100R$；当被测电流输入端 A 和数字表头输入端IN接入②端时，取样电阻$R_2 = 9R+1R = 10R$，缩小为R_1的$\frac{1}{10}$，要获得相同的电压降电流必须增大10倍，即量程扩大为10倍；当被测电流输入端A和数字表头输入端IN接入③端时，取样电阻$R_3 = 1R$，缩小为R_1的$\frac{1}{100}$，量程扩大为100倍。

由于取样电阻的变化倍率为 10 的整数倍，因此只需相应移动 LCD 显示屏中显示数字的小数点位置，即可直观地显示出被测电流的实际数值。取样电阻的改变和小数点位置的移动，由测量选择开关根据量程同步控制。

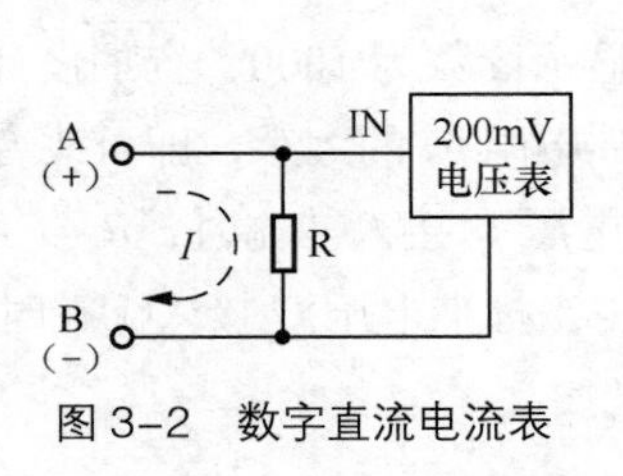

图 3–2 数字直流电流表

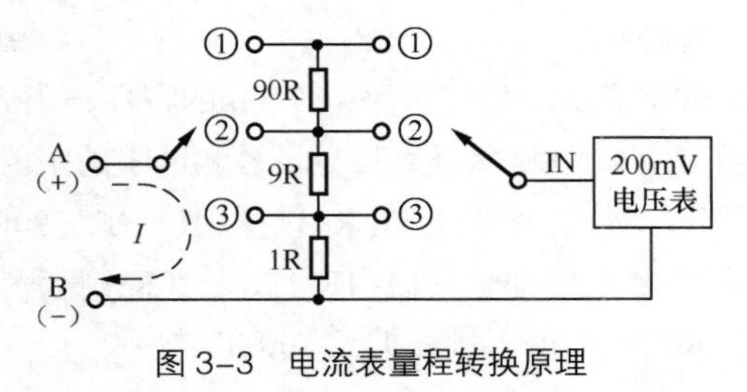

图 3–3 电流表量程转换原理

3.1.3 交流电压表

测量交流电压时，通过测量选择开关的转换，电路构成了交流电压表，如图 3-4 所示。交流电压挡与直流电压挡共用一个分压器，所不同的是测量交流电压时，在数字表头输入端 IN 与分压器之间增加了一个交流→直流变换器，将取样电阻上的交流电压转换为直流电压送入数字表头测量显示。

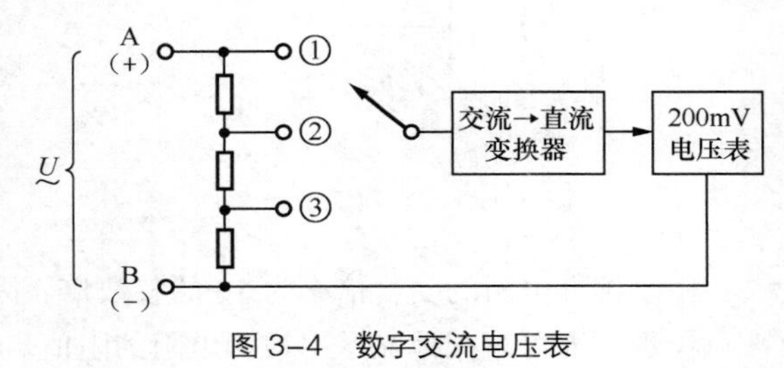

图 3–4 数字交流电压表

交流→直流变换器同时能够将交流电压的峰值校正为有效值，因此 LCD 显示屏显示的读数为被测交流电压的有效值。

3.1.4 交流电流表

测量交流电流时，通过测量选择开关的转换，电路构成交流电流表，如图 3-5 所示。与图 3-3 相比可见，交流电流表只是在直流电流表电路基础上增加了一个交流→直流变换器，将被测交流电流 *I* 在取样电阻上的交流电压降转换为直流电压降再送入数字表头测量显示。同样因为交流→直流变换器的校正作用，LCD 显示屏显示的读数为被测交流电流的有效值。

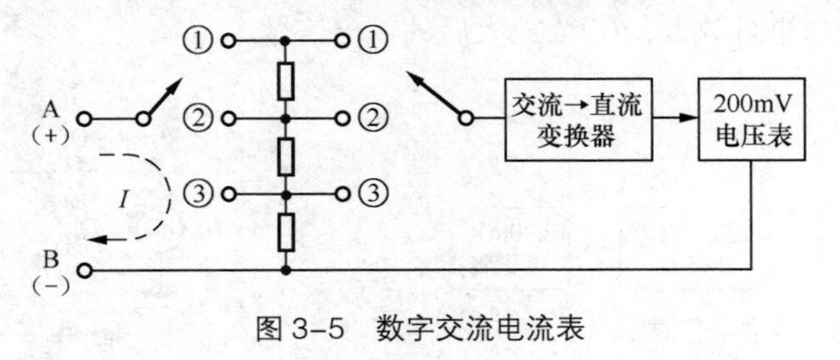

图 3–5 数字交流电流表

3.1.5 欧姆表

测量电阻时，通过测量选择开关的转换，电路构成了欧姆表，如图 3-6 所示。标准电阻 R_0

和被测电阻 R_x 构成电阻→电压变换器，在两电阻上加一标准电压 U，则 R_0 和 R_x 上分别按比例产生一定的电压降。由于标准电阻 R_0 已知，因此测量 R_x 上的电压降 U_X 即可间接测得被测电阻 R_x 的阻值。

根据数字表头中集成电路 IC7106 的特性，当 $R_x = R_0$ 时显示读数为 1000，合理设计 R_0 的取值，便可使 LCD 显示屏直接显示被测电阻的阻值。改变标准电阻 R_0 的大小，即可改变量程。

如图 3-7 所示，标准电阻 R_0 包括 1R、9R、90R。当标准电压 U 接入③端时，R_0 = 1R；当标准电压 U 接入②端时，R_0 = 1R +9R = 10R，量程扩大 10 倍；当标准电压 U 接入①端时，R_0 = 1R +9R +90R = 100R，量程扩大 100 倍。

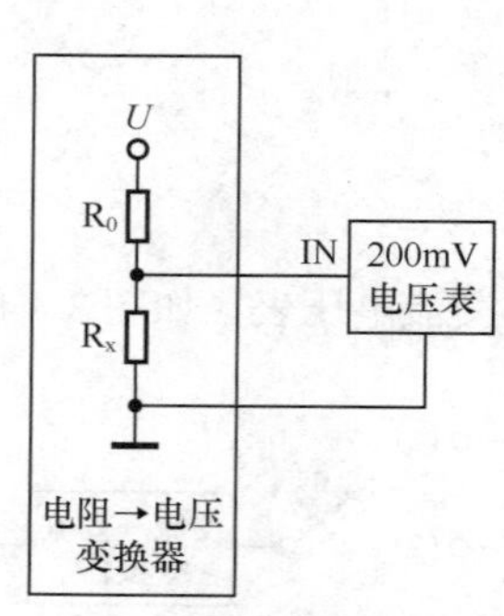

图 3–6 数字欧姆表

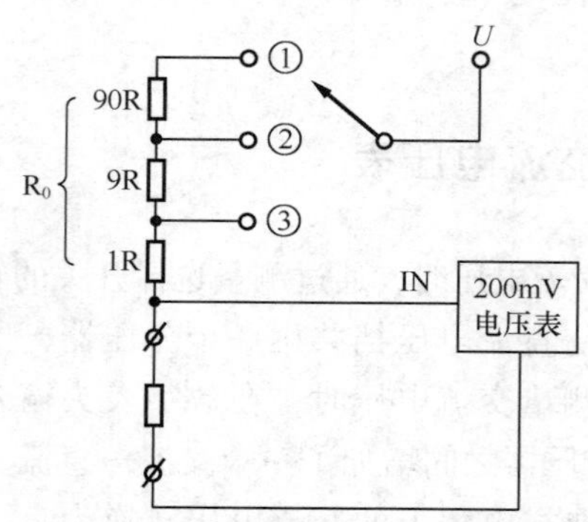

图 3–7 欧姆表量程转换原理

由于标准电阻的变化倍率为 10 的整数倍，因此只需相应移动 LCD 显示屏中显示数字的小数点位置，即可直观地显示出被测电阻的阻值。标准电阻的改变和小数点位置的移动，由测量选择开关根据量程同步控制。

3.1.6 电容表

测量电容时，通过测量选择开关的转换，电路构成了电容表，如图 3-8 所示。电容→电压变换器将被测电容 C_x 转换为相应的交流电压，再由交流→直流变换器将交流电压转换为直流电压送入数字表头测量显示。

电容→电压变换器电路原理如图 3-9 所示，测量信号源为 400Hz 正弦波信号，通过被测电容 C_x 耦合至放大器 IC 进行放大，U_o 为放大后的输出信号。

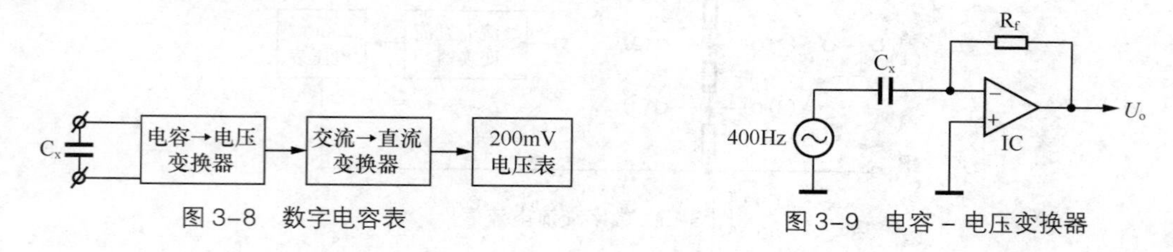

图 3–8 数字电容表

图 3–9 电容 – 电压变换器

IC 的放大倍数 A 取决于反馈电阻 R_f 与被测电容 C_x 的容抗（$\frac{1}{\omega C_x}$）之比，即 $A = \frac{R_f}{\frac{1}{\omega C_x}} = R_f \omega C_x$，$C_x$的容量越大，IC的放大倍数越大。由于400Hz正弦波信号源的频率和振幅均为恒

定，因此输出信号U_o的大小即反映了被测电容C_x的容量大小。

图 3-10 所示为数字电容表量程转换原理。放大器的反馈电阻 R_f 包括 1R、9R、90R，当 IC 反相输入端接入③端时，R_f = 1R；当 IC 反相输入端接入②端时，R_f = 1R +9R = 10R，根据 $A = R_f\omega C_x$，反馈电阻 R_f 越大，IC 的放大倍数越大，R_f 扩大 10 倍，量程即扩大 10 倍；当 IC 反相输入端接入①端时，R_f = 1R +9R +90R = 100R，量程扩大了 100 倍。

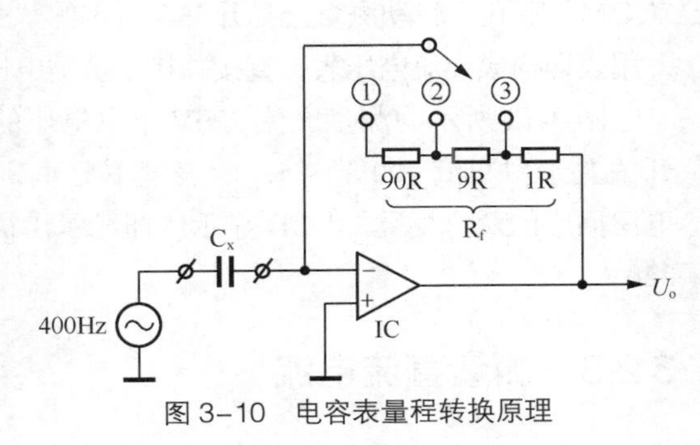

图 3-10 电容表量程转换原理

由于反馈电阻 R_f 的变化倍率为 10 的整数倍，因此只需相应移动 LCD 显示屏中显示数字的小数点位置，即可直观地显示出被测电容的容量。反馈电阻 R_f 的改变和小数点位置的移动，由测量选择开关根据量程同步控制。

3.2 数字万用表的使用方法

数字万用表是有源仪表，必须接上电源才能工作，因此使用数字万用表应首先装上电池，然后根据测量对象，选择适当的挡位和量程进行测量。

3.2.1 测量直流电压

测量直流电压时，红表笔插入“VΩ”插孔为正表笔，黑表笔插入“COM”插孔为负表笔，转动测量选择开关至所需的“直流 V”挡，数字万用表即构成直流电压表，直接并接于被测电压两端即可测量。

例如，需测量某电池 GB 的电压，将正表笔接电池正极、负表笔接电池负极，如图 3-11 所示，LCD 显示屏即显示出被测电池的电压。

因为数字万用表具有自动显示正、负极性的功能，实际上测量过程中即使正、负表笔接反也能正确显示测量结果。如图 3-12 所示，测量结果显示为“-6V”，表示正表笔接在了被测电池的负端、负表笔接在了被测电池的正端，被测电池 GB 的电压为 6V。这是指针式万用表所无法比拟的一个优点，特别是在被测电压极性不清楚的情况下，给测量工作提供了很大的方便。

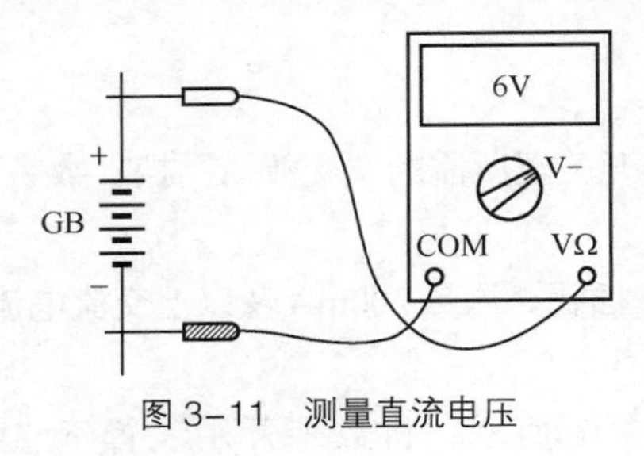

图 3-11 测量直流电压

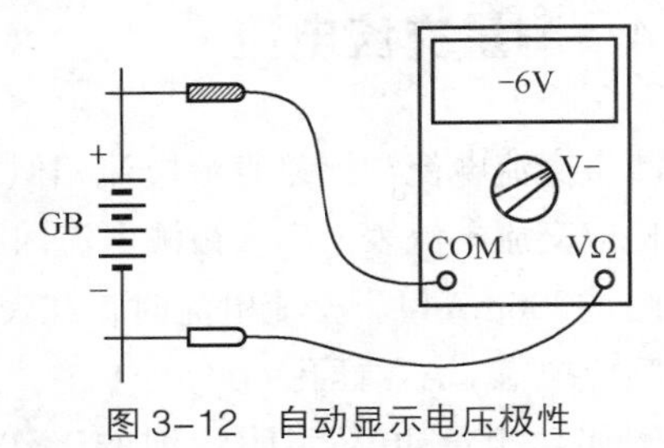

图 3-12 自动显示电压极性

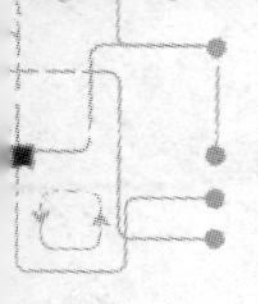

3.2.2 测量交流电压

测量交流电压时，红表笔插入“VΩ”插孔，黑表笔插入“COM”插孔，转动测量选择开关至所需的“交流 V”挡，数字万用表即构成交流电压表，直接并接于被测电压两端即可测量。

图 3-13 所示为测量交流 220V 市电电压的例子。测量选择开关置于“交流 700V”挡，两表笔不分正、负分别插入市电电源插座的两个插孔，LCD 显示屏即显示出被测市电的电压为 220V。

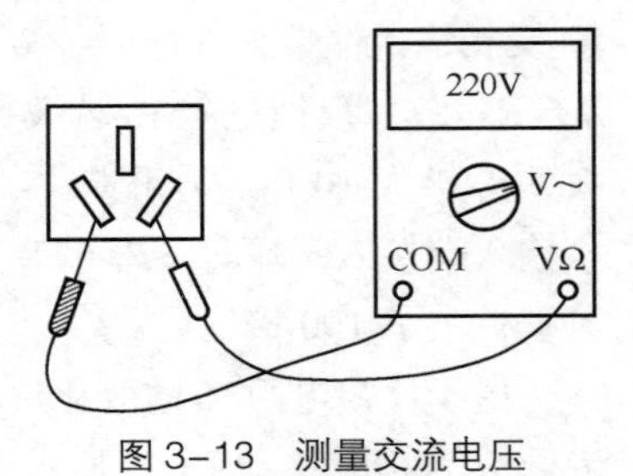

图 3-13 测量交流电压

3.2.3 测量直流电流

测量直流电流时，红表笔插入“mA”插孔或“A”插孔为正表笔，黑表笔插入“COM”插孔为负表笔，转动测量选择开关至所需的“直流 A”挡，数字万用表即构成直流电流表，串入被测电流回路即可测量。

测量 200mA 以下直流电流时，红表笔应插入“mA”插孔。测量 200mA 及以上直流电流时，红表笔应插入“A”插孔。

例如，测量某直流继电器 K 的工作电流时，首先如图 3-14（a）所示断开继电器 K 的电流回路，然后将正表笔接电池正极、负表笔接继电器，如图 3-14（b）所示，LCD 显示屏即显示出被测继电器 K 的工作电流。

测量直流电流过程中如果正、负表笔接反，将显示测量结果为“-150mA”，如图 3-15 所示，表示被测电流由负表笔流向正表笔。数字万用表使得测量直流电流时可以不必考虑其电流方向，这在电流方向不明确的情况下特别方便，测量电流大小的同时也测出了电流的方向。

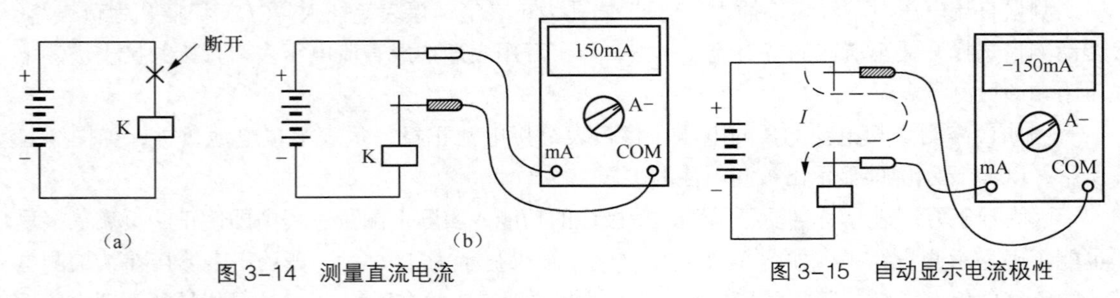

图 3-14 测量直流电流

图 3-15 自动显示电流极性

3.2.4 测量交流电流

测量交流电流与测量直流电流相似。转动测量选择开关至所需的“交流 A”挡，数字万用表即构成交流电流表，串入被测电流回路即可测量。

测量 200mA 以下交流电流时，红表笔应插入“mA”插孔。测量 200mA 及以上交流电流时，红表笔应插入“A”插孔。

例如，测量 40W 照明灯泡的工作电流时，如图 3-16 所示，将数字万用表置于“交流

200mA”挡，串入照明灯泡 EL 的电流回路（两表笔不分正、负），LCD 显示屏即显示出被测照明灯泡 EL 的工作电流。

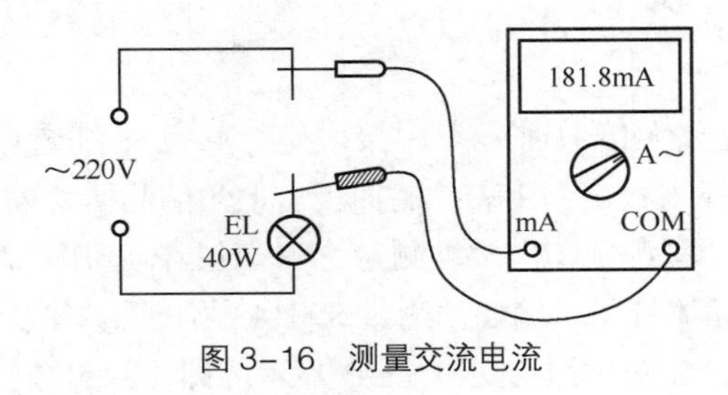

图 3-16　测量交流电流

3.2.5　测量电阻

测量电阻时，红表笔插入“VΩ”插孔，黑表笔插入“COM”插孔，转动测量选择开关至适当的“Ω”挡，数字万用表即构成欧姆表。数字万用表测量电阻前不用校零，这点比指针式万用表方便。

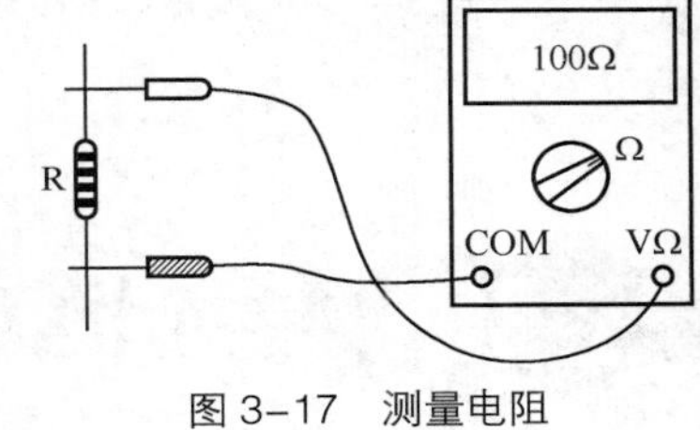

图 3-17　测量电阻

测量电阻如图 3-17 所示，两表笔不分正、负分别接触被测电阻 R 的两端，LCD 显示屏即显示出被测电阻的阻值。测量大电阻时，LCD 显示屏的读数需要几秒钟后才能稳定，这是正常现象。

测量选择开关的“Ω”挡量程可根据被测电阻的估计值选择。如果显示屏仅在最高位显示“1”，表示所选量程小于被测电阻，应选择更高量程进行测量。

3.2.6　测量电容

测量电容时，不用接表笔，转动测量选择开关至适当的“F”挡，数字万用表即构成电容表。如图 3-18 所示，将被测电容器 C 插入数字万用表左侧的“C_x”插孔即可测量，不必考虑电容器的极性，也不必事先给电容器放电。测量大电容时，LCD 显示屏的读数需要一定的时间才能稳定，属正常现象。

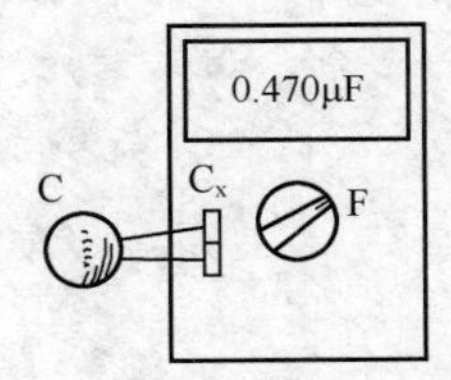

图 3-18　测量电容

测量选择开关的“F”挡量程可根据被测电容的估计值选择。如果显示屏仅在最高位显示“1”，表示所选量程小于被测电容，应选择更高量程进行测量。

3.2.7　测量晶体二极管和测通断

测量二极管时，红表笔插入“VΩ”插孔为正表笔，黑表笔插入“COM”插孔为负表笔，转动测量选择开关至“⊣◁⊢”挡，如图 3-19 所示，将正表笔接被测二极管正极、负表笔接被测二极管负极，即可测量二极管的正向压降。

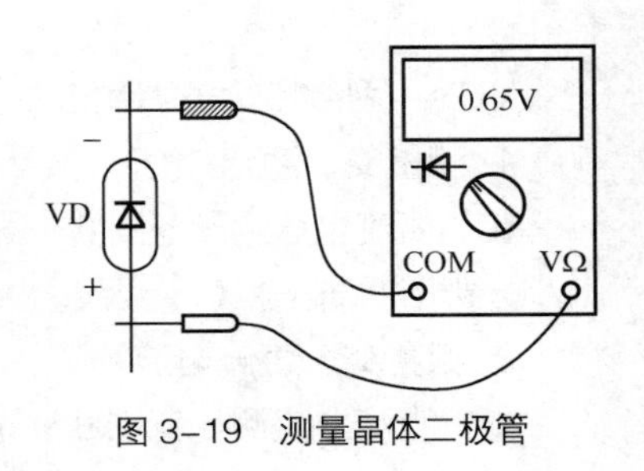

图 3-19　测量晶体二极管

在此挡位还可进行通断测试，将两表笔连接到被测线路的两点，如数字万用表内的蜂鸣器响起，则表示两表笔所接触的两点间导通或阻值低于 90Ω。

3.2.8 测量晶体三极管

测量晶体三极管直流放大倍数时，不用接表笔，转动测量选择开关至“h_{FE}”挡，如图 3-20 所示，将被测晶体管插入数字万用表控制面板右上角的晶体管插孔即可测量。

晶体管插孔左半边标注为“PNP”，供测量 PNP 型晶体管用；晶体管插孔右半边标注为“NPN”，供测量 NPN 型晶体管用。例如，测量 S9014 晶体管，因为 S9014 是 NPN 型晶体管，所以应插入右半边插孔中，如图 3-21 所示，LCD 显示屏即显示出被测晶体管的直流放大倍数。

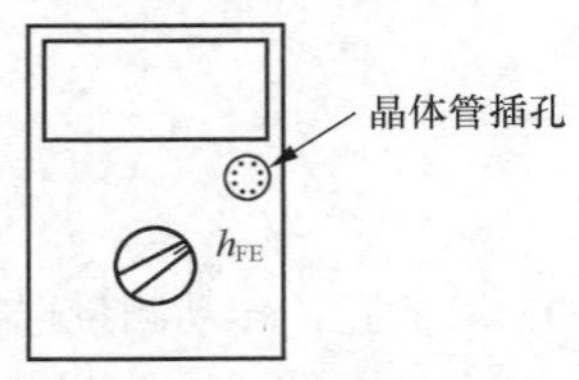

图 3-20 测量晶体三极管

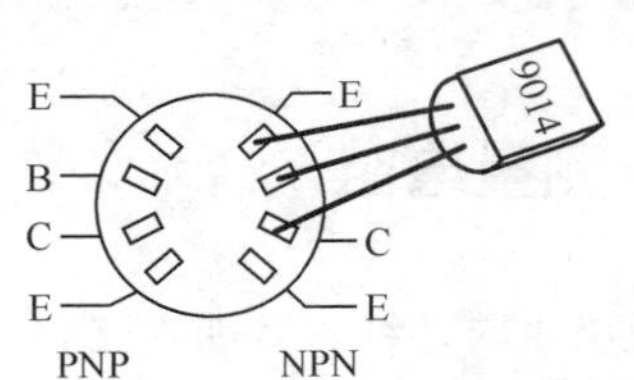

图 3-21 晶体管插入相应插孔

3.3 数字示波万用表

数字示波万用表就是带有示波功能的数字万用表，是数字万用表中的最新一代产品，它可以像示波器一样将测量对象的波形直观地显示出来，大大扩展了测量中获取的信息量。下面以 VC301 型数字示波万用表为例进行介绍。

3.3.1 数字示波万用表的特点与功能

VC301 型数字示波万用表如图 3-22 所示。与普通数字万用表最大的不同是，VC301 有一个分辨率为 128×64 的点阵式 LCD 显示屏，用来显示测量结果、信号波形、操作参数和存储数据等信息。显示屏下面有 8 个功能键，用以控制和操作万用表。功能键下面是测量选择开关，用以选择测量对象和量程。最下面是 4 个输入插孔。

图 3-22 数字示波万用表

VC301 型数字示波万用表的主要功能介绍如下。

1. 测量交、直流电压

交、直流电压测量范围 0 ～ 600V，分为 5 挡，输入阻抗 10MΩ，最小分辨率 0.2mV。对于交流电压还可以显示其频率和波形。

2. 测量交、直流电流

交、直流电流测量范围 0 ～ 10A，分为 4 挡，最小分辨率 2μA。

对于交流电流还可以显示其频率和波形。

3. 测量电阻

电阻测量范围 0 ～ 30MΩ，分为 6 挡，最小分辨率 0.2Ω。

4. 测量电容

电容测量范围 0 ～ 300μF，分为 5 挡，最小分辨率 20pF。该表还配有专用测试架，供测量小电容时使用，如图 3-23 所示，可以避免手持被测电容和表笔引线带来的测量误差。

5. 测量温度

温度测量范围 -10 ～ +120℃，最小分辨率 0.1℃。测量时应使用专配的半导体温度传感器，如图 3-24 所示。

图 3-23 电容测试架

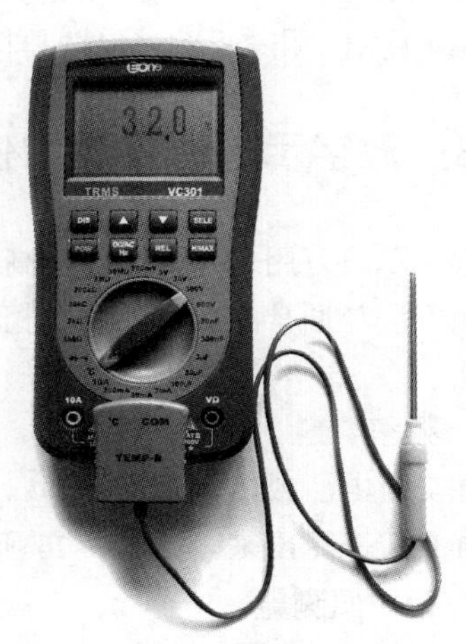

图 3-24 温度传感器

6. 数据保持与存储

具有数据保持与存储功能，可以存储 100 组测量数据，实现无纸记录。

7. 显示模式

具有 4 种显示模式：（1）数值显示；（2）模拟指针及百分比显示；（3）波形显示；（4）存储数据读出显示。

3.3.2 数字示波万用表的工作原理

数字示波万用表是在普通数字万用表基础上开发而成，增加了波形显示、数据存储等功能，由 CPU 进行控制。

1. 电路原理

数字示波万用表电路原理如图 3-25 所示。电路具有 4 个测量表笔插孔，它们是：电压、电阻、通断测量输入插孔“VΩ”，电流、电容、温度测量输入插孔“mAC$_x$℃”，> 300mA 电流测量输入插孔“10A”及公共端插孔“COM”。

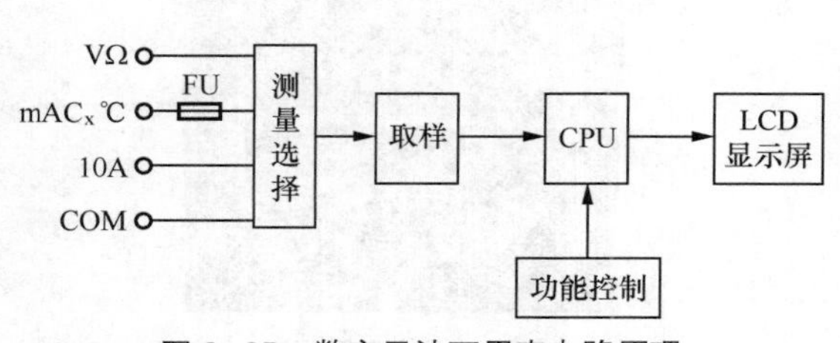

图 3-25 数字示波万用表电路原理

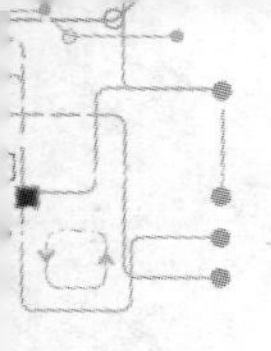

被测信号由相应的输入插孔输入，经测量选择开关选定的测量类别和量程后，由取样电路取样后送入 CPU 进行处理，处理后由点阵式 LCD 显示屏显示测量结果。

2. 功能控制

8 个功能键对 CPU 和整机进行功能控制。

（1）DIS 键为数字显示、模拟指针及百分比显示、波形显示、存储数据读出显示模式选择键。

（2）SELE、▲、▼ 键为菜单选项和调节键。

（3）POW 键为电源开关。

（4）DC/AC/Hz 键为直流 / 交流 / 频率测量转换键。

（5）REL 键为相对值测量键。

（6）H/MAX 键为数据保持与存储 / 最大值记录键。

3.3.3 数字示波万用表的使用方法

数字示波万用表首先是一块高品质的数字万用表，其测量电压、电流、电阻、电容等的基本使用方法与通常的数字万用表相似，不再赘述。下面重点介绍数字示波万用表特有功能的使用方法。

1. 频率测量

在交流电压或电流挡，按 DC/AC/Hz 键可转换为频率测量，测量范围 1Hz ～ 20kHz ，由显示屏直接显示出来。如图 3-26 所示，显示被测交流电频率为 50Hz。

2. 相对值测量

相对值测量显示的结果是两次测量结果之差，运用此功能可以消除引线电阻、杂散电容或干扰信号对测量结果的有害影响。以测量小电阻为例，如表笔短接时显示不为“0”，可按 REL 键，显示屏显示“000”和“▲”符号，表示已启用相对值测量功能。再按 REL 键则取消此功能。

3. 模拟指针显示

测量中，按 DIS 键进入模拟指针显示状态，如图 3-27 所示。水平轴最左边为 0，最右边为所选量程的满度值（图 3-27 中为 300V），模拟指针自左向右移动的距离与被测信号的大小成正比，同时显示屏的右侧显示被测信号对应满度值的百分比。例如，图 3-27 中测量结果为 300V × 72% = 216V。模拟指针可以动态地显示被测信号的变化过程。

图 3-26　显示频率

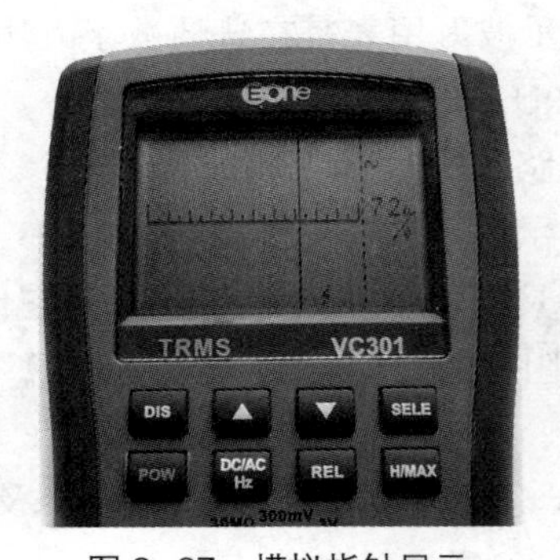

图 3-27　模拟指针显示

4. 波形显示

在电压或电流挡，按[DIS]键进入波形显示状态，如图 3-28 所示。*x* 轴为时间轴，取决于扫描时间。*y* 轴为幅值轴，取决于被测信号。

波形图右侧为坐标参数，从上往下依次为：① 显示幅值设定，图 3-28 中为每小格 15V。② 扫描时间设定，图 3-28 中为每小格 400μs。③ 同步触发方式设定，图 3-28 中为过零触发。

如不能完整、稳定地显示波形，可通过调节坐标参数来改善。调节时，先按[SELE]键选择项目（图 3-28 中选定了幅值设定项目），再按[▲]或[▼]键改变参数。

5. 数据存储和读出

在数字显示状态下，按[H/MAX]键即可将测量结果存储起来，在显示屏下边同时显示出此数据在存储器中的存储位置编号。如图 3-29 所示，表示该数据的存储位置是“002”。在测量过程中，每按一次[H/MAX]键则存储一次测量结果。

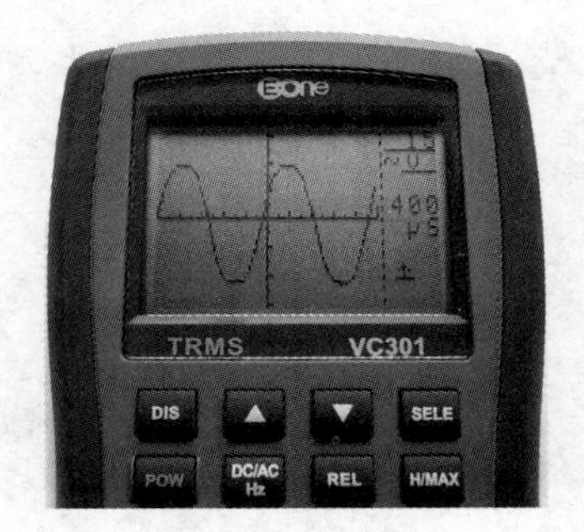

图 3-28　波形显示

图 3-29　存储显示

需要读出存储的数据时，按[DIS]键进入存储数据读出状态，每屏显示 8 组数据，如图 3-30 所示。

6. 相线判别

VC301 型数字示波万用表电压挡具有高达 10MΩ 的输入阻抗，可以很方便地判别市电的相线与零线。判别方法是，选择交流电压 300V 或 600V 挡，一手紧握黑表笔线，用红表笔去接触被测点，如图 3-31 所示。如显示数值大于 30V 并有高压符号“ϟ”，说明红表笔所接触的是相线。

图 3-30　存储数据读出

图 3-31　判别相线

第4章 电流测量

电流，是指电荷有规则地移动。在电路中，电流总是从电压高的地方流向电压低的地方，就像水从高处流向低处一样。电流的符号是“I”。电流的单位为安培，简称安，用字母“A”表示。

有时我们为了分析电路需要，可以预先设定一个电流的方向。这时，实际电流的方向与预设方向相同的称为正电流，实际电流的方向与预设方向相反的称为负电流。

如何知道有无电流以及电流的大小呢？那就需要测量电流。用万用表测量电流是最方便、最常用的方法。

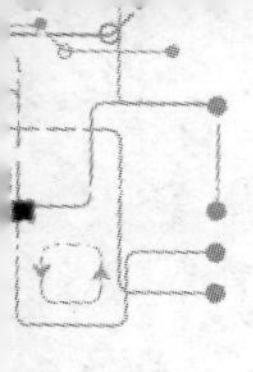

4.1 直流电流测量

直流电流是指电流方向始终不变的电流，直流电流是由直流电压产生的。测量直流电流应用万用表的直流电流挡，指针式万用表和数字万用表都可以测量直流电流。测量时，万用表构成的电流表应串入被测直流电路回路。

4.1.1 指针式万用表测量

测量直流电流时，指针式万用表选择直流电流挡，从而构成直流电流表。测量 500mA 及其以下直流电流时，转动万用表上的测量选择开关至所需的“mA”挡，如图 4-1 所示。测量 500mA 以上至 5A 的直流电流时，将测量选择开关置于“500mA”挡，并将正表笔改插入“5A”专用插孔，如图 4-2 所示。

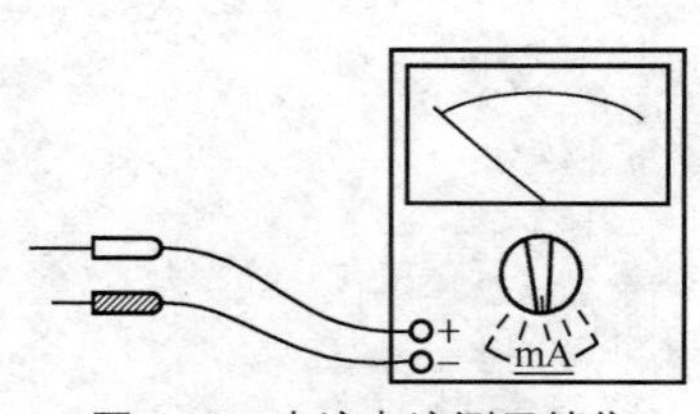

图 4–1 直流电流测量挡位

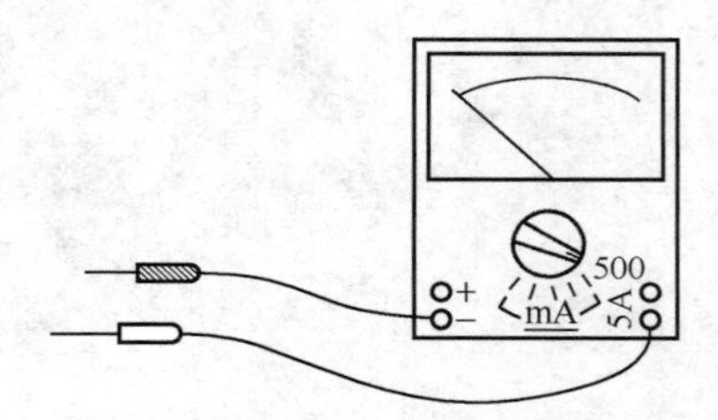

图 4–2 测量直流大电流

例如，测量晶体管集电极电流，首先断开电源开关 S，并切断电阻 R_c 与 VT 集电极之间的连接，在集电极回路形成一个开口，如图 4-3 所示。然后将万用表正表笔接回路开口处 R_c 一端，负表笔接 VT 集电极，如图 4-4 所示，接通电源开关 S，万用表即指示出被测晶体管的集电极电流值。

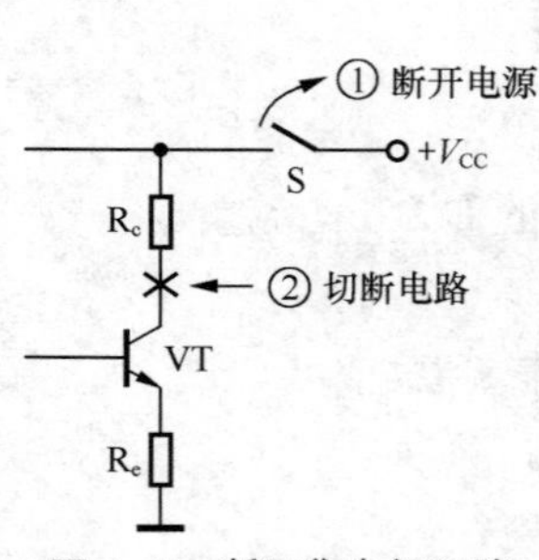

图 4–3 断开集电极回路

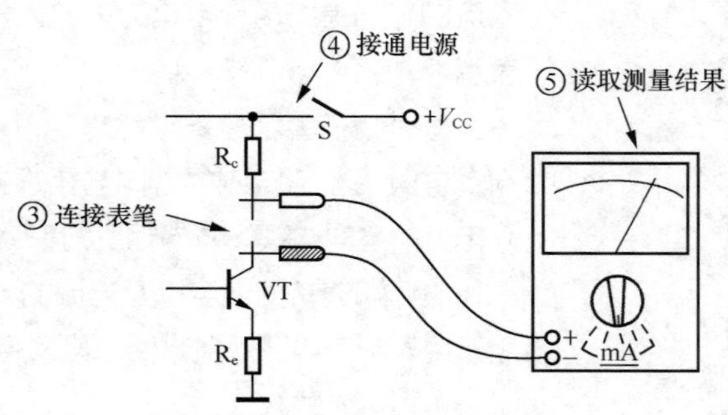

图 4–4 测量集电极电流

测量电流时，指针式万用表的读数方法是：满度值（刻度线最右边）等于所选量程挡位数，根据表针指示位置折算出测量结果。MF47 型万用表表面上第 2 条刻度线是电压、电流共用刻度线，测量电流时就看这条刻度线。图 4-5 所示例子中，当测量选择开关位于“0.05mA”挡时读数为 35μA；当位于“10mA”挡时读数为 7mA；当位于“250mA”挡时读数为 175mA，依此类推。

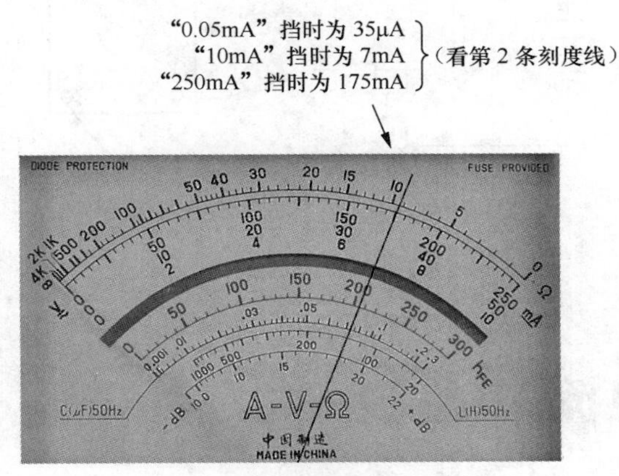

图 4-5　直流电流挡位与读数

4.1.2　数字万用表测量

数字万用表测量直流电流时，红表笔插入“mA”插孔或“A”插孔为正表笔，黑表笔插入“COM”插孔为负表笔，转动测量选择开关至所需的“直流 A”挡，数字万用表构成直流电流表，串入被测电流回路即可测量。

测量 200mA 以下直流电流时，红表笔应插入“mA”插孔；测量 200mA 及以上直流电流时，红表笔应插入“A”插孔。

例如，测量某直流继电器 K 的工作电流，首先如图 4-6（a）所示断开继电器 K 的电流回路，然后将正表笔接电池正极、负表笔接继电器，如图 4-6（b）所示，LCD 显示屏即显示出被测继电器 K 的工作电流。

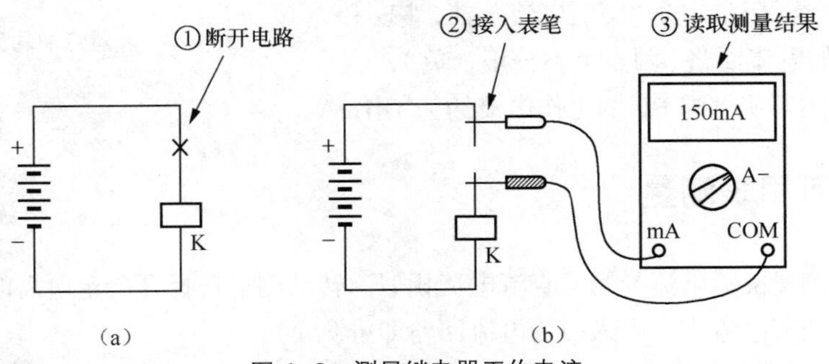

图 4-6　测量继电器工作电流

数字万用表测量直流电流过程中如果正、负表笔接反，将显示测量结果为“−150mA”，如图 4-7 所示，表示被测电流由负表笔流向正表笔。数字万用表使得测量直流电流时可以不必考虑其电流方向，这在电流方向不明确的情况下特别方便，测量电流大小的同时也测出了电流的方向。

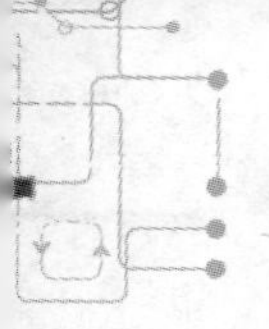

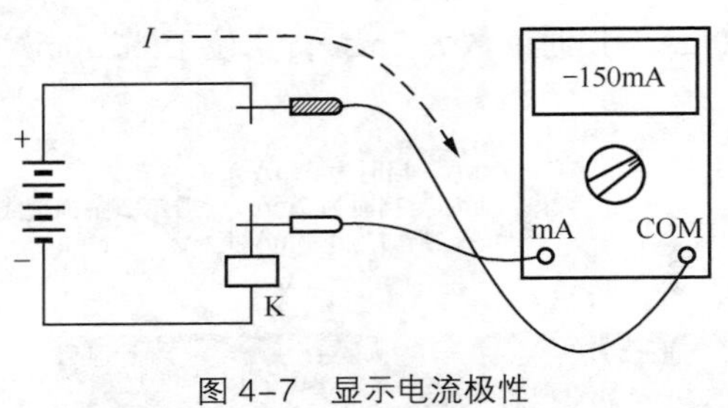

图 4-7　显示电流极性

4.2 交流电流测量

交流电路是指电流方向按一定频率来回变化的电流，即电流一会向东一会向西不停地来回轮换。交流电流是由交流电压产生的。交流电流需要用万用表交流电流挡测量。数字万用表基本上都具有交流电流挡，可以直接测量交流电流。而大多数指针式万用表不具备交流电流挡，无法直接测量交流电流。

4.2.1　指针式万用表测量

使用具有交流电流挡的指针式万用表（例如MF18 型），才可以直接测量交流电流。测量方法与测量直流电流相似，将万用表构成的交流电流表串入被测电路即可。

例如，测量 40W 照明灯泡的工作电流，如图4-8 所示将万用表置于适当的“交流电流”挡，串入照明灯泡 EL 的电流回路（两表笔不分正、负），表针即指示出被测照明灯泡 EL 的工作电流约为 181mA。

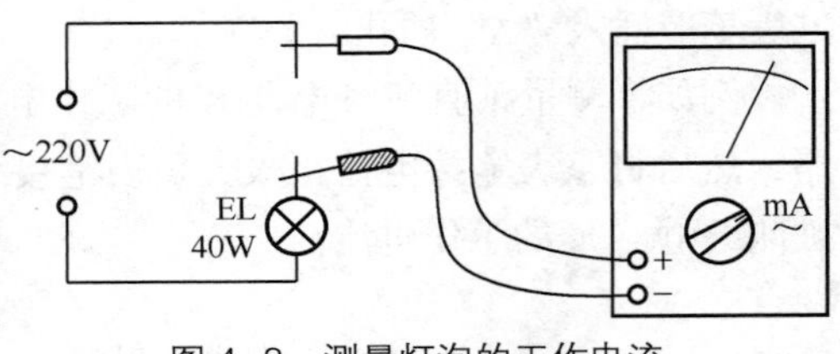

图 4-8　测量灯泡的工作电流

4.2.2　数字万用表测量

数字万用表测量交流电流与测量直流电流相似。转动测量选择开关至所需的“交流 A”挡，数字万用表构成交流电流表，串入被测电流回路即可测量。

测量 200mA 以下交流电流时，红表笔应插入“mA”插孔；测量 200mA 及以上交流电流时，红表笔应插入“A”插孔。

例如，测量 40W 照明灯泡的工作电流，如图 4-9 所示将数字万用表置于“交流 200mA”挡，串入照明灯泡 EL 的电流回路（两表笔不分正、负），LCD 显示屏即显示出被测照明灯泡 EL 的工作电流为 181.8mA。

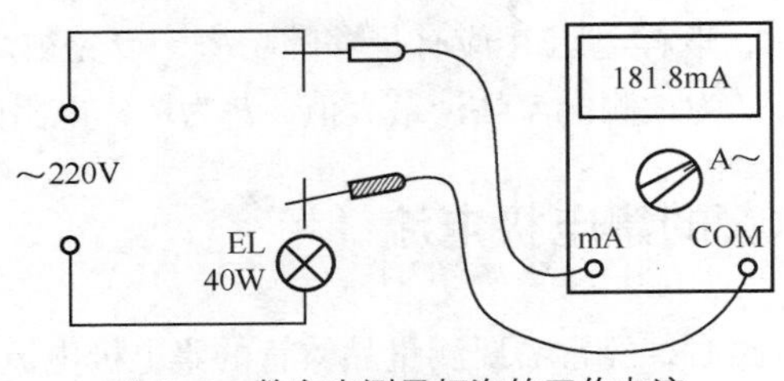

图 4-9 数字表测量灯泡的工作电流

4.3 特殊电流测量技巧

有时由于仪表、电路等测量条件所限，无法直接测量电流时，可以灵活运用万用表进行间接测量。下面介绍一些万用表间接测量电流的方法和技巧。

4.3.1 分流法测量大电流

对于超出万用表电流挡最高量程的大电流，可以在万用表两表笔之间并接一个分流电阻，以扩大万用表电流挡的量程。

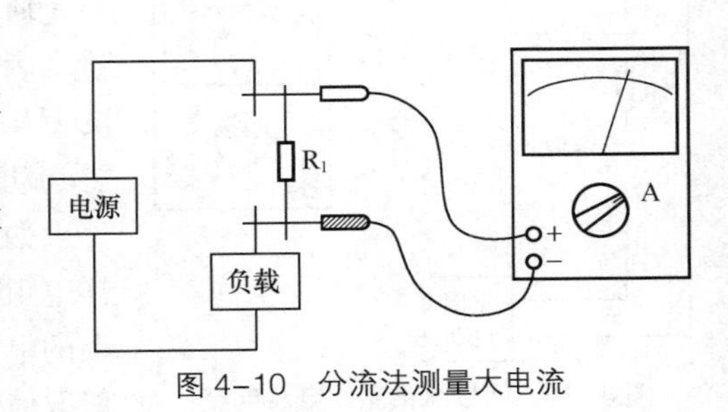

图 4-10 分流法测量大电流

分流法测量大电流如图 4-10 所示，万用表置于“电流”最高挡（其内阻为 R_0），R_1 为分流电阻，则测量结果$I=$（万用表读数）×（$1+\frac{R_0}{R_1}$）。

例如，所用万用表“电流”挡内阻 $R_0=10\Omega$，分流电阻$R_1=1\Omega$，万用表读数为“1.5A”，则被测电流$I=1.5\times$（$1+\frac{10}{1}$）$=16.5$A。

4.3.2 用电压表间接测量电流

当不方便直接测量电流时，可以用电压表间接测量电流。此法既可测量直流电流，也可测量交流电流。

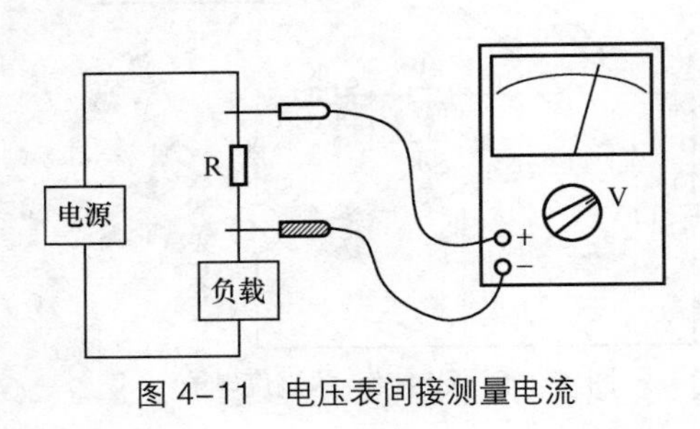

图 4-11 电压表间接测量电流

电压表间接测量电流的方法如图 4-11 所示，取一小阻值电阻 R 作为取样电阻串入被测电路中，万用表置于适当的“电压”挡，测量取样电阻 R 上的电压，然后根据欧姆定律 $I=U/R$ 计算得出电流值。

取样电阻 R 的阻值应尽量小，只要被测电流在 R 上的电压降能够准确测量即可。R 一般取值为数欧，过大将会影响被测电路的工作状态。

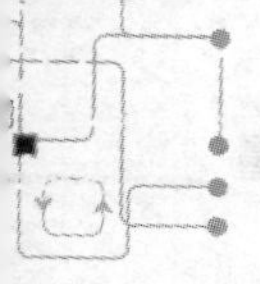

如果被测电路电流较大，取样电阻 R 应有足够的功率，以免被烧毁。R 的功率 P_R 应满足下式要求：$P_R \geqslant I^2R$，式中，I 为被测电流估计最大值，R 为取样电阻阻值。

4.3.3　间接测量晶体管的集电极电流

在调试或检测晶体管电路时，经常需要测量晶体管的集电极电流。用电流表测量集电极电流虽然直接，但需要切断集电极的电路以便串入电流表（如图 4-3 和图 4-4 所示），操作上比较麻烦而且容易损坏电路板。

通过测量集电极负载电阻上电压的方法，间接测量晶体管的集电极电流，是一种简便可行的测量方法。如图 4-12 所示，万用表置于“直流 10V”挡，两表笔接于晶体管集电极负载电阻 R_c 两端测量其上电压 U_c，根据公式 $I_c = U_c/R_c$ 即可计算出集电极电流 I_c。

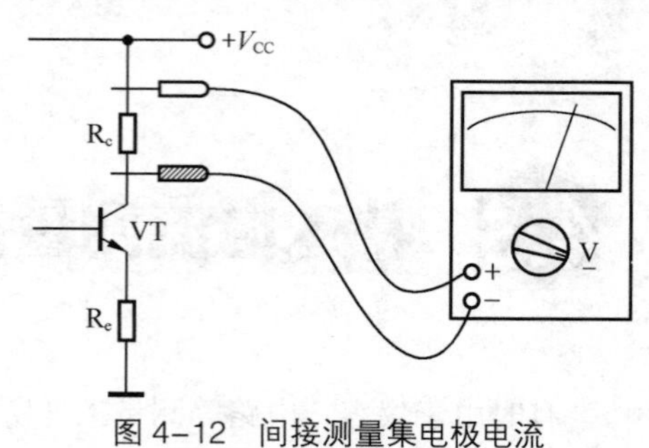

图 4-12　间接测量集电极电流

4.3.4　间接测量家用电器的电流

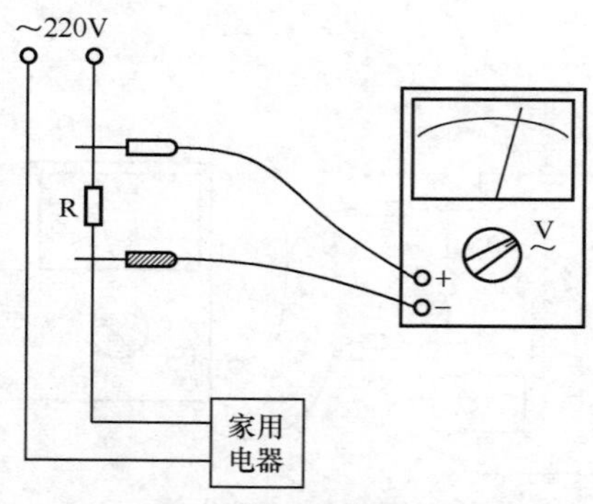

图 4-13　间接测量家用电器电流

通过测量家用电器的工作电流，即可计算出其耗电量。因为家用电器使用的是 220V 交流市电，当自己所用的万用表没有交流电流测量功能时，可以将万用表置于“交流电压”挡，用交流电压表间接测量交流电流。

如图 4-13 所示，在家用电器供电回路中串入一个取样电阻 R，万用表置于“交流电压”挡，测量取样电阻 R 上的电压，并根据 $I = U/R$ 计算得出电流值。取样电阻一般取值为数欧，并应有足够的功率。

4.3.5　测量表头的满度电流

自己制作万用表等电子仪表时，首先要测出待用表头的满度电流 I_o，这是设计和计算电路所不可缺少的。表头的满度电流可以用万用表进行测量。

测量方法如图 4-14 所示，万用表置于直流“100μA”或“500μA”挡（视被测表头灵敏度而定），与被测表头相串接后接入电路，调节电位器 RP，使被测表头刚好满度（表头指针指到刻度的最右边），这时万用表的读数即是被测表头的满度电流 I_o。

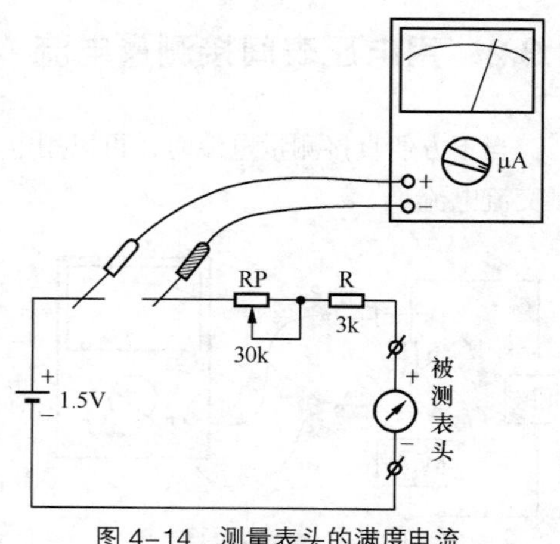

图 4-14　测量表头的满度电流

4.3.6 测量遥控器的工作电流

现代家用电器基本上都具有遥控功能，几乎每家都有若干个遥控器。当遥控操作不正常时，可以通过测量遥控器的工作电流来判断其好坏。

测量方法如图 4-15 所示，打开遥控器电池盒盖，用一塑料等绝缘片插入电池正极与遥控器接点之间。万用表置于“直流 mA”挡，红表笔（正表笔）接塑料插片左侧电池正极，黑表笔（负表笔）接塑料插片右侧接点。按下遥控器上的任意按钮，万用表即指示出遥控器的工作电流。

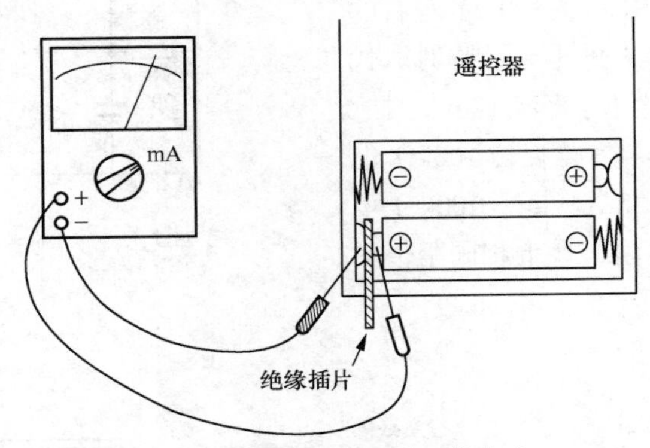

图 4-15 测量遥控器的工作电流

4.3.7 测量继电器的吸合电流与释放电流

继电器的吸合电流大于释放电流。利用万用表电流挡可以精确测量继电器的吸合电流和释放电流。测量电路如图 4-16 所示，被测继电器 K 经降压电位器 RP 接至直流电源。发光二极管 VD 做继电器吸合指示用，并由被测继电器的一组常开接点控制，R 为发光二极管限流电阻。当继电器吸合时，其常开接点接通发光二极管 VD 的电源使其发光。万用表置于“直流电流”挡串入被测继电器线圈的回路中。

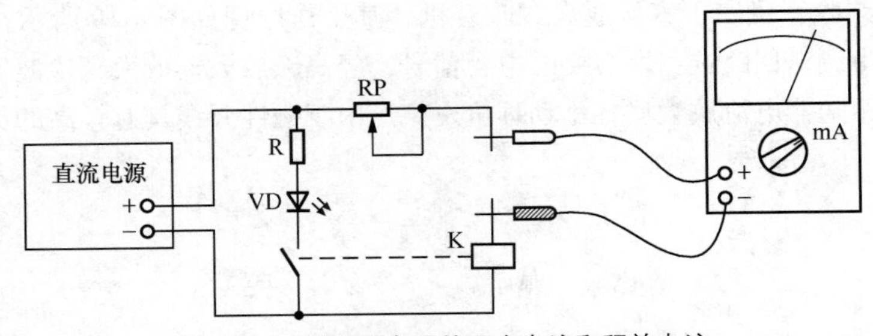

图 4-16 测量继电器的吸合电流和释放电流

测量时，先将电位器 RP 置于最大值，然后接通直流电源。逐步减小 RP（必要时改变直流电源的输出电压），直至发光二极管 VD 点亮，这时万用表所指示的即为被测继电器的吸合电流。再逐步增大RP，直至发光二极管VD熄灭，这时万用表所指示的即为被测继电器的释放电流。

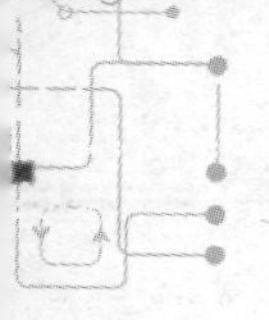

4.3.8 测量收音机工作点电流

单管来复式收音机电路如图 4-17 所示。这是一种直接放大式收音机，虽然只用了一个晶体管（VT_1），但是由于采用了来复式电路结构，一个晶体管起到了两个晶体管的作用，因此，仍具有较高的灵敏度和较好的选择性，用 800Ω 左右的高阻耳机收听时有足够的音量。

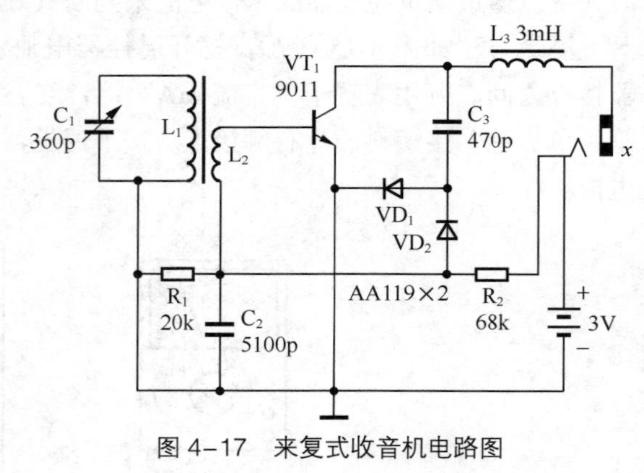

图 4-17　来复式收音机电路图

电路调试主要是调整晶体管的工作点。调试方法如图 4-18 所示，用一个 100kΩ 左右的电位器串接一个 47kΩ 左右的电阻，临时取代偏置电阻 R_2。将万用表置于“直流 10mA”挡，串接在电池供电回路中。缓慢旋转 100kΩ 电位器，使万用表读数为 1.2mA。拆下 100kΩ 电位器及其串接的 47kΩ 电阻，换上相同阻值的电阻即可。

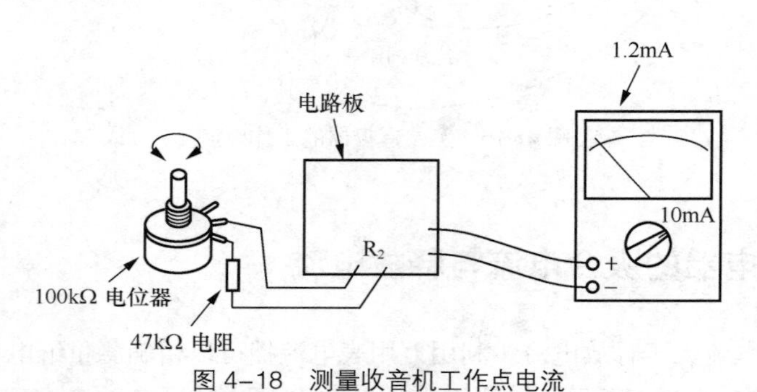

图 4-18　测量收音机工作点电流

4.3.9 测量集成电路收音机工作点电流

微型集成电路收音机属于直接放大式收音机，其工作原理如图 4-19 所示，无线电波被磁性天线接受后，由调谐回路选出所需要的电台信号，经高频放大器放大，检波器检波成为音频信号，再经射极跟随器电流放大后，驱动耳机发声。由于磁性天线具有较高的灵敏度，因此本机无需外接天线。

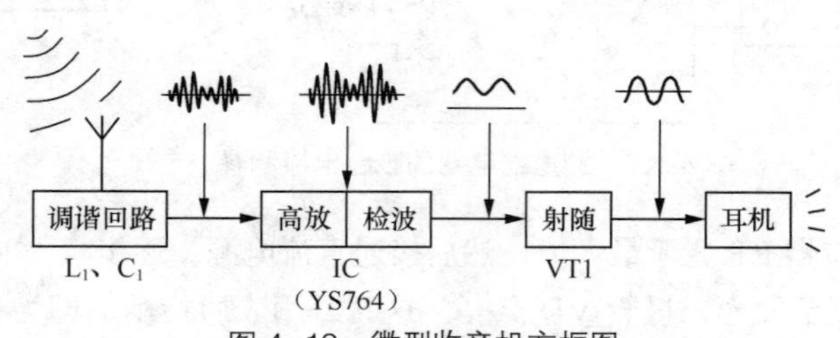

图 4-19　微型收音机方框图

图 4-20 所示为微型集成电路收音机的电路图。调谐回路由磁性天线 L_1 与可变电容器 C_1 组成，这是一个并联谐振电路，调节 C_1 可改变谐振频率，起到选台的作用。高频放大和检波电路包含在一块专用集成电路 YS764 中。晶体管 VT_1 构成射极跟随器，R_3 是其偏置电阻，C_4 为耦合电容。整个电路设计为 1.5V 低电压工作，采用一枚纽扣电池做电源。

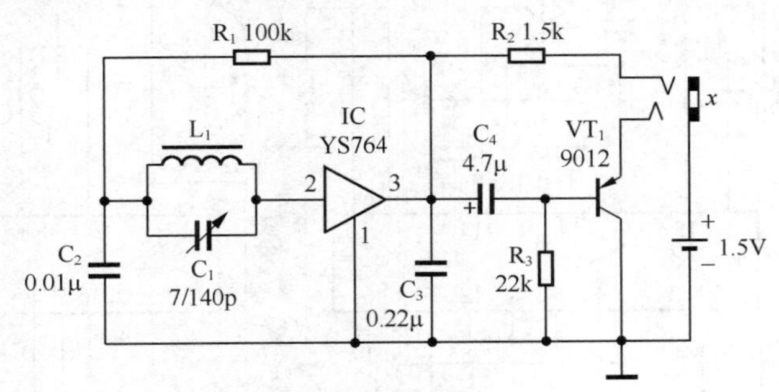

图 4-20　微型收音机电路图

电路组装完毕，将一枚 1.5V 纽扣电池正极朝上推入电池卡子当中，插入耳机，即可进行调试。调整晶体管工作点的方法如图 4-21 所示，万用表置于“直流 10mA”挡，串入 VT_1 集电极回路。用一个 100kΩ 电位器串接一个 10kΩ 电阻后，临时接入 R_3 位置，调整电位器使万用表读数为 3mA。测出电位器与 10kΩ 电阻的总阻值，换上相同阻值的电阻即可。

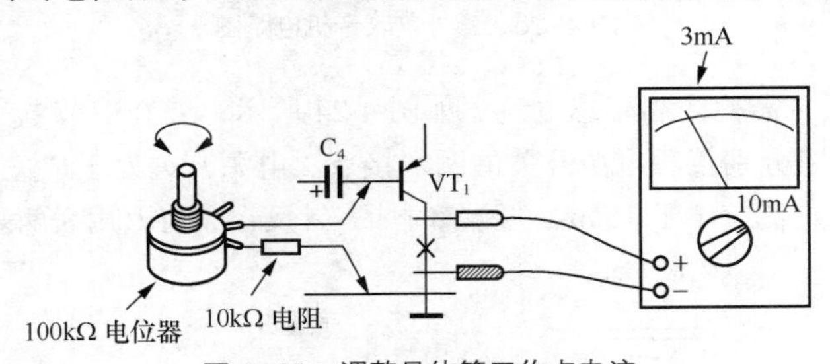

图 4-21　调整晶体管工作点电流

4.3.10　测量超外差收音机静态电流

超外差式收音机的特点是灵敏度高、选择性好，但电路结构较复杂，如图 4-22 所示。随着集成电路技术的发展，超外差收音机的性能指标得到进一步改善。

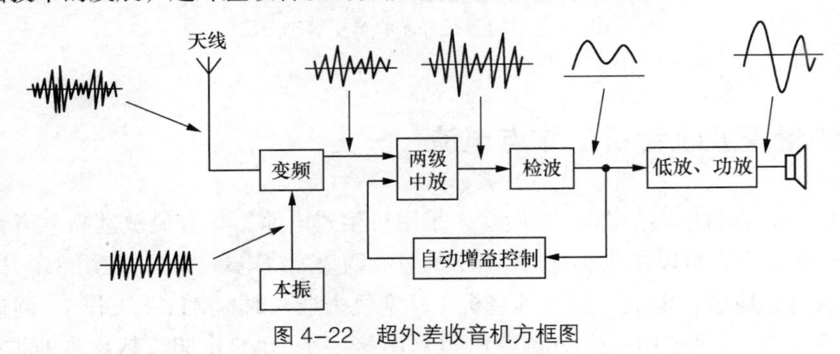

图 4-22　超外差收音机方框图

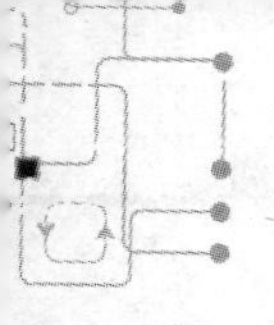

图 4-23 所示为集成电路超外差收音机的电路图，它可以接收 525 ～ 1605kHz 的中波调幅广播，不失真音频输出功率大于 300 mW。由于采用了专用集成电路，使得制作调试都很简便。

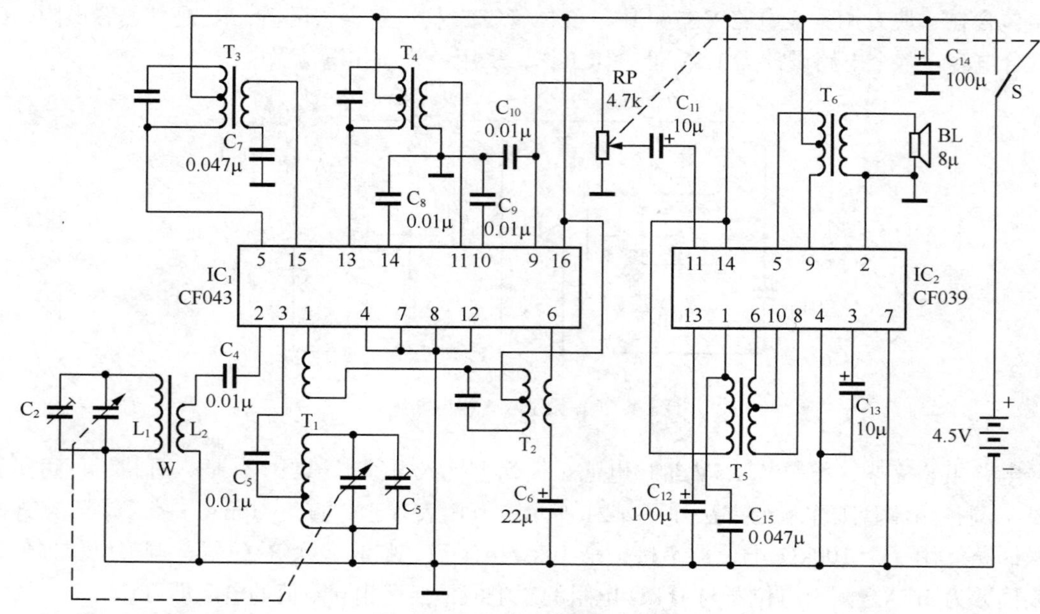

图 4–23　超外差收音机电路图

电路安装完成后，需检测静态总电流。如图 4-24 所示，装好三节电池，万用表置于“直流 50mA”挡，两表笔分别接触电源开关的两端接点（电源开关处于“关”状态），这时万用表测出的电路静态总电流应小于 15 mA。测量时如表针反走，将万用表两表笔对调即可。

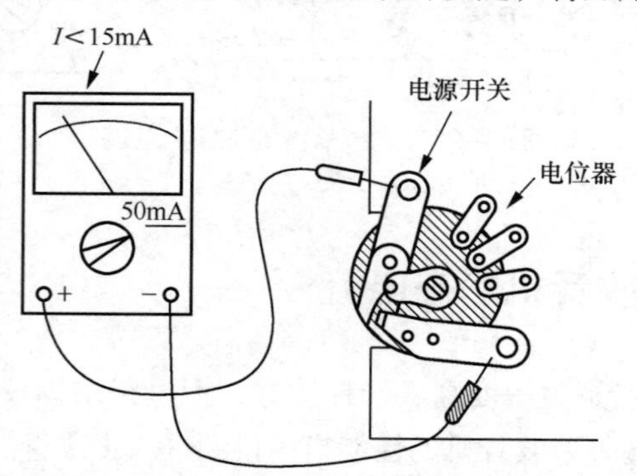

图 4–24　检测超外差收音机静态电流

4.3.11　测量短波收音机工作点电流

再生式短波收音机电路如图 4-25 所示，采用再生式电路，具有灵敏度高、声音响亮、体积小、重量轻的特点，可以接收 5 ～ 15 MHz 的短波调幅无线电台广播，使用 8Ω 耳塞机收听。

电路调试时，应装上电池、插入耳塞机（耳塞机未插入时，VT_3 不工作）。调整各级工作点的方法如图 4-26 所示，用一个 200kΩ 电位器串接一个 10kΩ 电阻，依次临时取代 R_2、R_3、

R_6。万用表置于“直流 mA”挡，相应地依次串入 VT_1、VT_2、VT_3 的发射极回路。分别调节 R_2、R_3、R_6，使 VT_1 发射极电流为 0.5mA、VT_2 发射极电流为 1.2mA、VT_3 发射极电流为 5mA 左右即可。

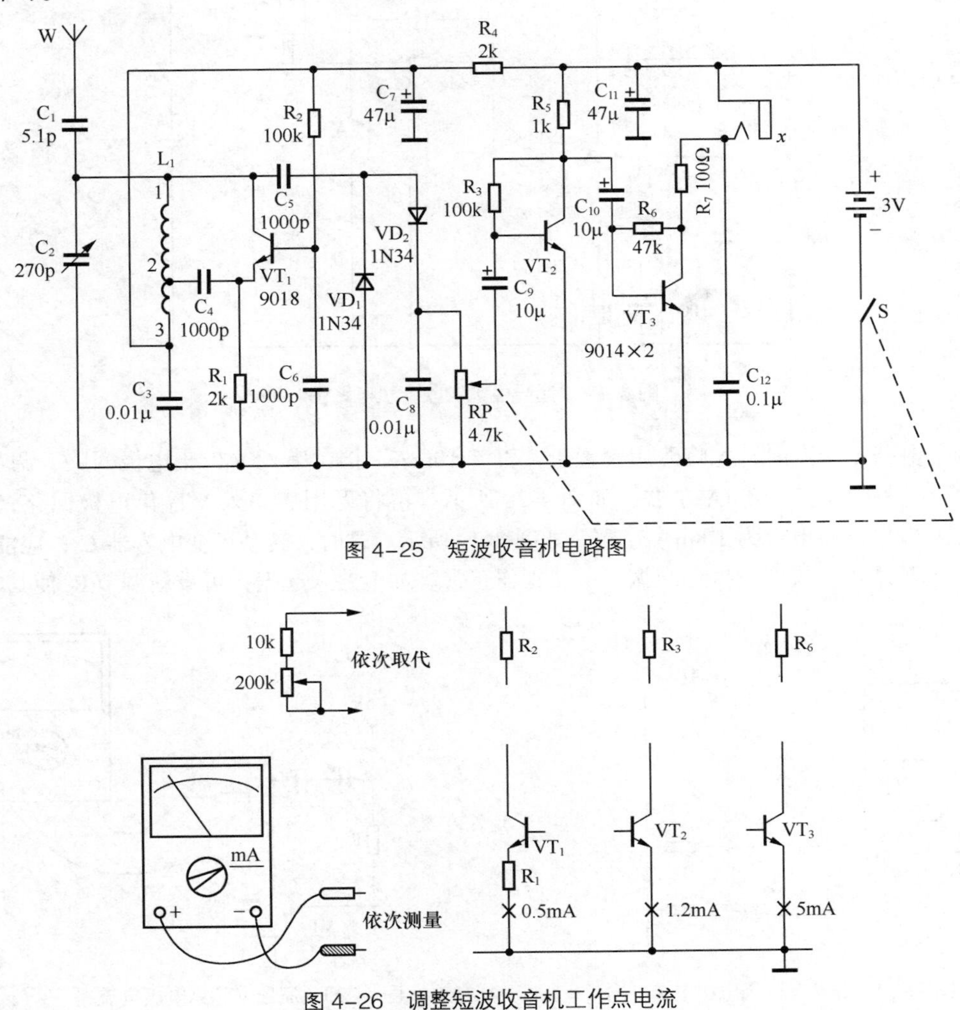

图 4-25 短波收音机电路图

图 4-26 调整短波收音机工作点电流

4.3.12 测量超再生收音机工作点电流

超再生调频收音机具有灵敏度高、电路简单、制作调试容易的特点。该调频收音机可以接收 88 ～ 108MHz 的调频电台广播，还可以接收在此频率范围内（如 5 频道）的电视伴音。整机采用一节 7 号电池作电源，用普通 8Ω 耳机收听，体积小，重量轻，耗电少，随身携带非常方便。

整机电路如图 4-27 所示。电路左半部分为超高频晶体管 VT_1 等组成的超再生检波器，将调频信号变为调幅信号，并检波得到音频信号。电路右半部分为晶体管 VT_2、VT_3 等组成的音频放大器，对超再生检波器输出的音频信号进行放大。VT_3 接成射极输出形式，可以直接匹配

8Ω 耳机。

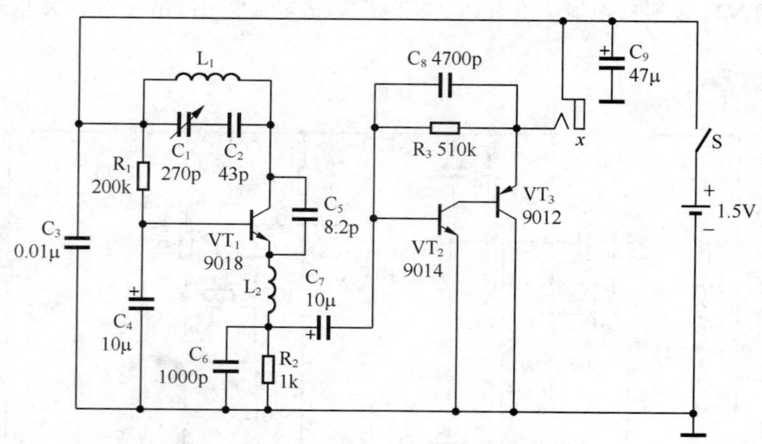

图 4-27　超再生调频收音机电路图

调整电路工作点时，先将万用表置于“直流 10mA”挡，串入 VT_3 集电极回路，调节 R_3，使 VT_3 集电极电流为 10mA 左右，如图 4-28 所示。再将万用表串入 VT_1 集电极回路，调节 R_1，使 VT_1 集电极电流为 1.8mA 左右，如图 4-29 所示。这时，转动可变电容器 C_1，应能听到“丝丝”的流水声，说明 VT_1 已起振，电路工作正常。如电路未起振，可重新调节 R_1 使其起振。

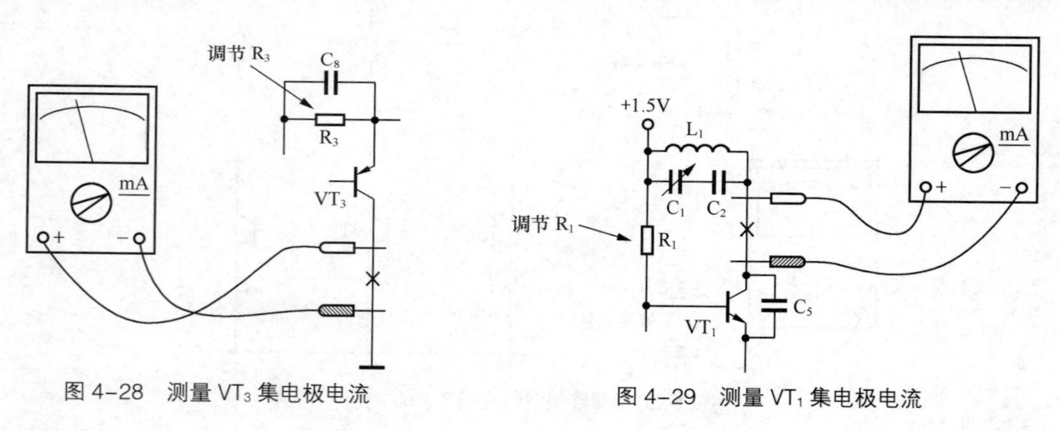

图 4-28　测量 VT_3 集电极电流

图 4-29　测量 VT_1 集电极电流

4.3.13　电流法检测无线话筒是否起振

带高放的调频无线话筒电路如图 4-30 所示，具有体积小、重量轻、传播距离较远、信号保真度较好的特点。由于增加了一级缓冲高放，所以发射频率非常稳定，即使用手摸天线，也不会使发射频率偏移。发射频率可在 88 ～ 108MHz 范围内调节，用普通的调频收音机接收时，有效距离可达 30 ～ 50m。

调试时首先检测电路是否起振。如图 4-31 所示，关断电源开关，万用表置于“直流 10mA”挡，两表笔接到电源开关两端（即 10mA 电流表串入电路），测量电路工作电流。用金属物品将电感 L 短路，电流应有所增大，说明电路已起振。

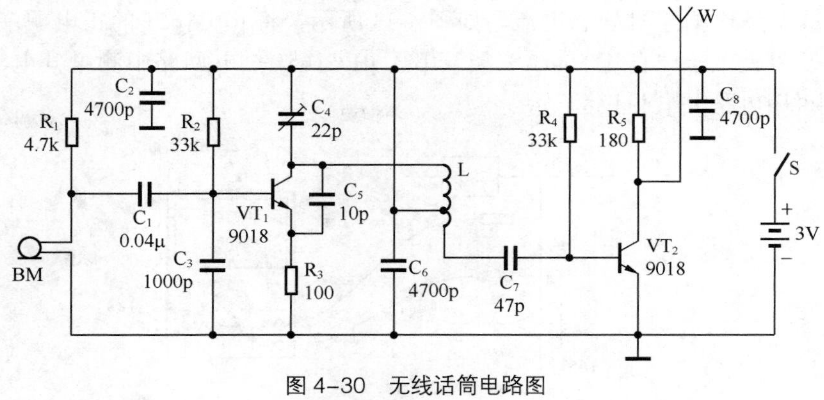

图 4-30 无线话筒电路图

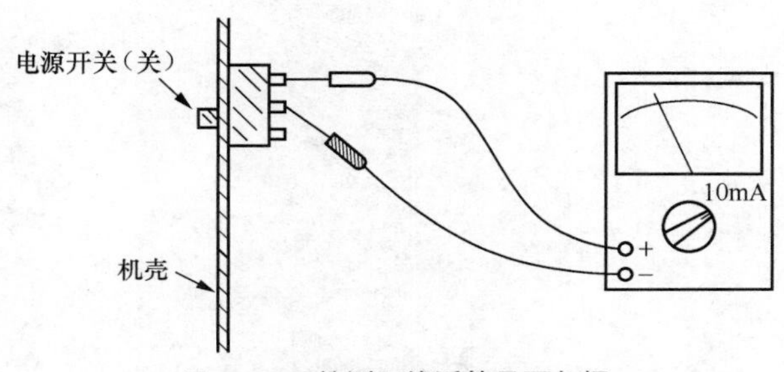

图 4-31 检测无线话筒是否起振

4.3.14 测量集成电路无线话筒静态电流

采用集成电路 μPC1651 的调频无线话筒电路如图 4-32 所示，具有工作稳定、性能可靠、制作容易、调试简便的特点。工作频率可在 88 ～ 108MHz 的调频波段内选择，用普通调频收音机即可接收。

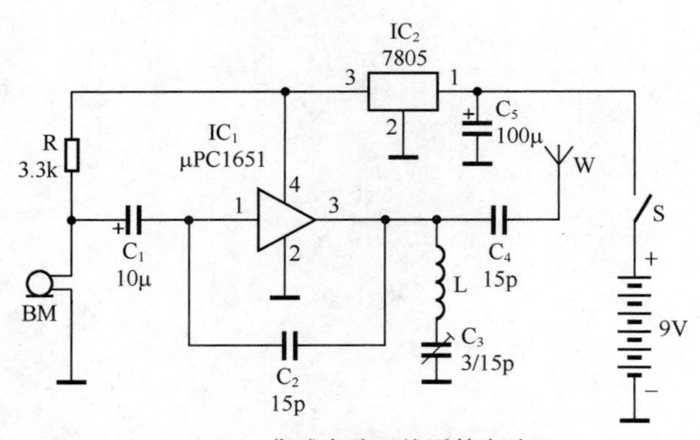

图 4-32 集成电路无线话筒电路图

电路的核心是一块 μPC1651 集成电路（IC_1），构成了高频振荡器。驻极体话筒 BM 输出的音频信号，经 C_1 加至 IC_1 对高频振荡信号进行频率调制。调频信号经 C_4 耦合至天线发射出去。

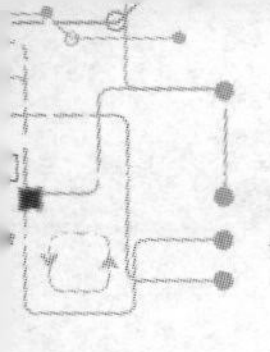

调试的重点是检测整机静态电流。如图 4-33 所示，将 μPC1651 的正电源端（第 4 脚）临时断开，万用表置于“直流 50mA”挡，串入 μPC1651 供电回路中测量其电流，应小于 25mA。否则说明电路工作不正常。

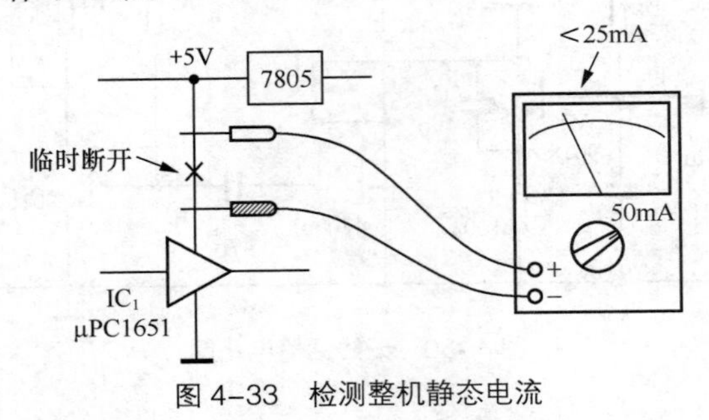

图 4–33　检测整机静态电流

第5章 电压测量

电压，是指某点相对于参考点的电位差。某点电位高于参考点电位称为正电压，某点电位低于参考点电位称为负电压。电压的符号是“U”。电压的单位为伏特，简称伏，用字母“V”表示。

在电路中，通常以公共接地点为参考点。如果说电路中某点的电压是 6V，其含义就是说该点相对于公共接地点具有 6V 的电位差。有了电压，才会有电流在电路中流动。

如何知道有无电压以及电压的大小呢？那就需要测量电压。用万用表测量电压是最方便、最常用的方法。

5.1 直流电压测量

直流电压是指电位差方向始终保持不变的电压，即电位高的一端始终为高、电位低的一端始终为低，所产生的电流方向固定不变。测量直流电压可以使用指针式万用表，也可以使用数字万用表。

5.1.1 指针式万用表测量

测量直流电压时，指针式万用表构成直流电压表，直接并接于被测电压两端。例如，在图5-1所示电路中，要测量电阻 R_2 上的电压，将万用表构成的电压表并接于 R_2 上即可。

测量1000V及其以下直流电压时，转动万用表上的测量选择开关至所需的“直流V”挡，如图5-2所示。测量1000V以上至2500V的直流电压时，将测量选择开关置于“直流1000V”挡，并将正表笔改插入“2500V”专用插孔，如图5-3所示。

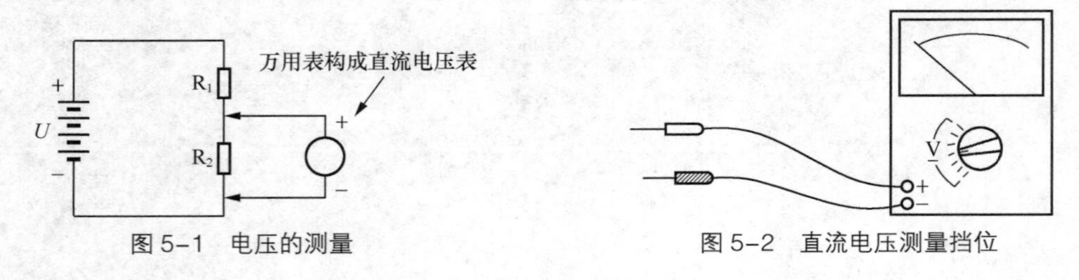

图5-1 电压的测量

图5-2 直流电压测量挡位

例如，测量晶体管发射极电压（R_e 上电压降），如图5-4所示，将正表笔接VT发射极、负表笔接地（即跨接于 R_e 上），万用表即指示出被测晶体管的发射极电压值。

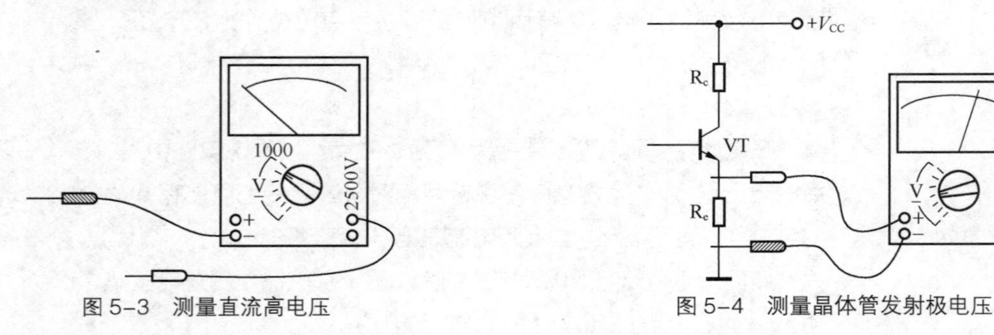

图5-3 测量直流高电压

图5-4 测量晶体管发射极电压

测量电压时，指针式万用表的读数方法是：满度值（刻度线最右边）等于所选量程挡位数，根据表针指示位置折算出测量结果。MF47型万用表表面上第2条刻度线是电压、电流共用刻度线，测量电压时就看这条刻度线。图5-5所示例子中，当测量选择开关位于“10V”挡时，读数为7V；当位于“50V”挡时，读数为35V；当位于“250V”挡时，读数为175V，依此类推。

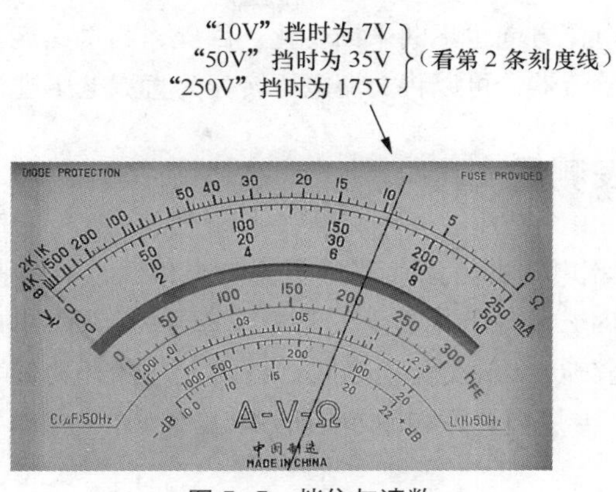

图 5-5　挡位与读数

5.1.2　数字万用表测量

测量直流电压时，红表笔插入“VΩ”插孔为正表笔，黑表笔插入“COM”插孔为负表笔，转动测量选择开关至所需的“直流 V”挡，数字万用表构成直流电压表，直接并接于被测电压两端即可测量。

例如，需测量某电池 GB 的电压，将正表笔接电池正极、负表笔接电池负极，如图 5-6 所示，LCD 显示屏即显示出被测电池的电压。

因为数字万用表具有自动显示正、负极性的功能，实际上测量过程中即使正、负表笔接反也能正确显示测量结果。如图 5-7 所示，测量结果显示为“-6V”，表示正表笔接在了被测电池的负端、负表笔接在了被测电池的正端，被测电池 GB 的电压为 6V。这是指针式万用表所无法比拟的一个优点，特别是在被测电压极性不清楚的情况下，给测量工作提供了很大的方便。

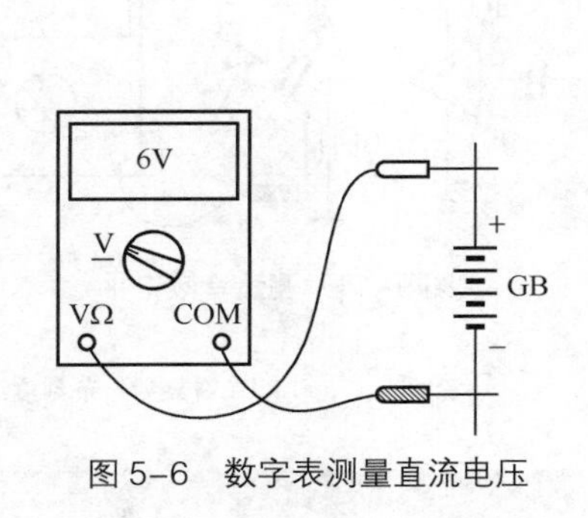

图 5-6　数字表测量直流电压

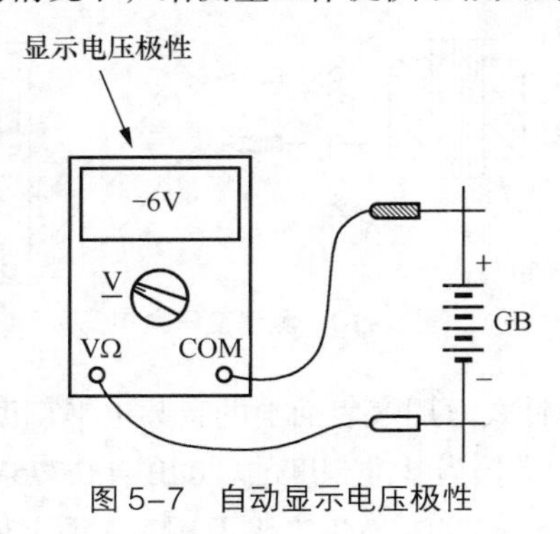

图 5-7　自动显示电压极性

5.2 交流电压测量

交流电压是指电位差方向不断来回变化的电压，即电位高的一端与电位低的一端按一定的

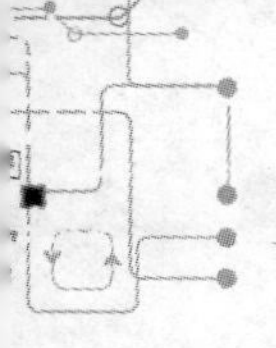

频率不断互换，所产生的电流方向也不断来回变化。因此，测量交流电压应使用万用表的交流电压挡。交流电压挡内含整流器，可以将交流电压转变为直流电压进行测量。

5.2.1 指针式万用表测量

指针式万用表测量交流电压的方法与测量直流电压相似，但两表笔不必分正、负。测量1000V及其以下交流电压时，转动万用表上的测量选择开关至所需的“交流V”挡，如图5-8所示。测量1000V以上至2500V的交流电压时，将测量选择开关置于“交流1000V”挡，并将正表笔改插入“2500V”专用插孔，如图5-9所示。

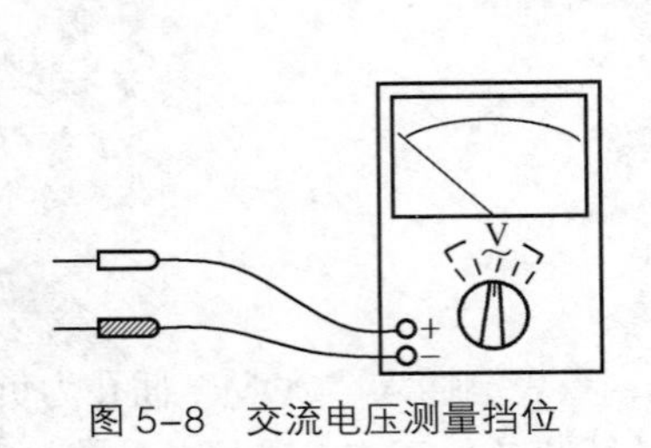

图5-8 交流电压测量挡位

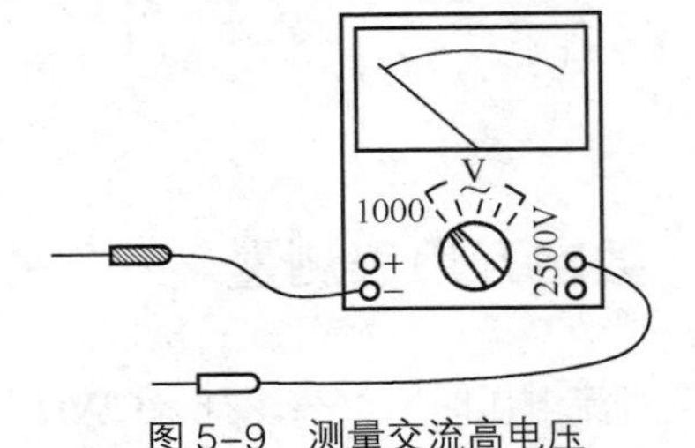

图5-9 测量交流高电压

例如，测量电源变压器次级电压，如图5-10所示，两表笔不分正、负分别接电源变压器次级两引出端，万用表即指示出被测交流电压值。

音频信号也是一种交流信号，因此指针式万用表测量音频电平时，也使用交流电压挡，一般使用“交流10V”挡，转动万用表上的测量选择开关至“交流10V”挡即可。

例如，测量音频放大器输出电平，如图5-11所示，两表笔不分正、负，一表笔接地，另一表笔串接一个0.1μF左右的隔直流电容器C后接放大器输出端，万用表即指示出被测音频电平值。

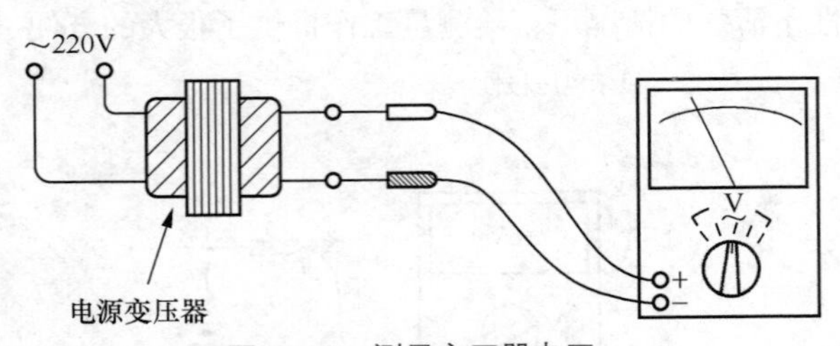

图5-10 测量变压器电压

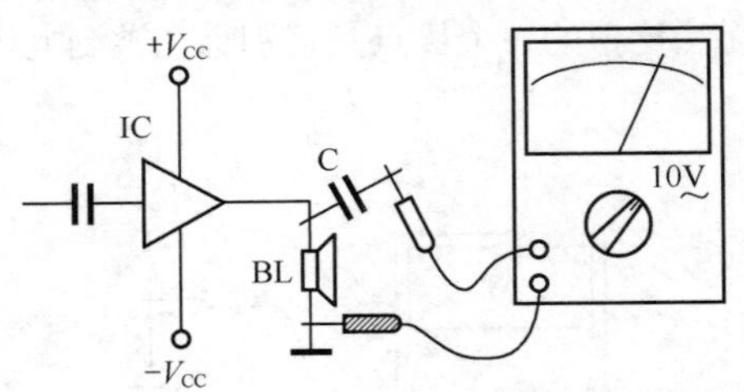

图5-11 测量音频电平

指针式万用表表面上的音频电平刻度线是以交流电压10V挡为基准刻度的，0dB = 0.775V，刻度范围为-10～+22dB。MF47型万用表表面上最后一条刻度线是电平刻度线，读数时就看这条刻度线，如图5-12所示，读数为+18dB。

如果被测音频电平值超过+22dB，可选用交流电压挡的50V及其以上各挡位，但其读数应按表5-1加上修正量。

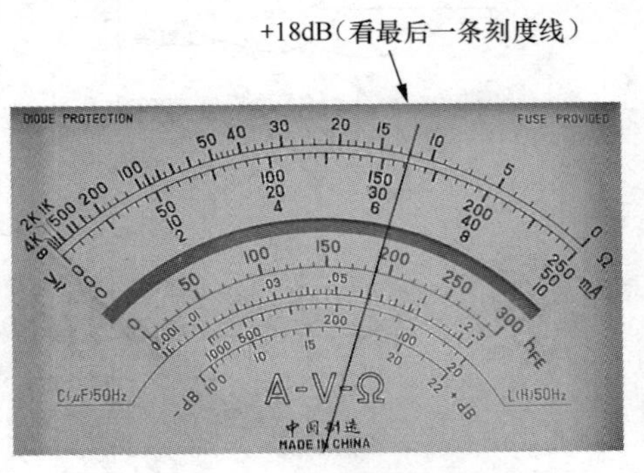

图5-12 电平读数

表 5-1 MF47 型万用表测量音频电平时读数的修正量

量程挡位	读数修正量
10 V~	0
50 V~	+14dB
250 V~	+28dB
500 V~	+34dB
1000 V~	+40dB

例如，用“交流电压 50V”挡测量音频电平时，如果表针指示如图 5-12 所示，则其电平值为 +18dB（读数值）加上 +14dB（50V 挡修正量）等于 +32dB。

5.2.2 数字万用表测量

数字万用表测量交流电压时，红表笔插入“VΩ”插孔，黑表笔插入“COM”插孔，转动测量选择开关至所需的“交流 V”挡，数字万用表构成交流电压表，直接并接于被测电压两端即可测量。

图 5-13 所示为测量交流 220V 市电电压的例子，测量选择开关置于“交流 700V”挡，两表笔不分正、负分别插入市电电源插座的两个插孔，LCD 显示屏即显示出被测市电的电压为 220V。

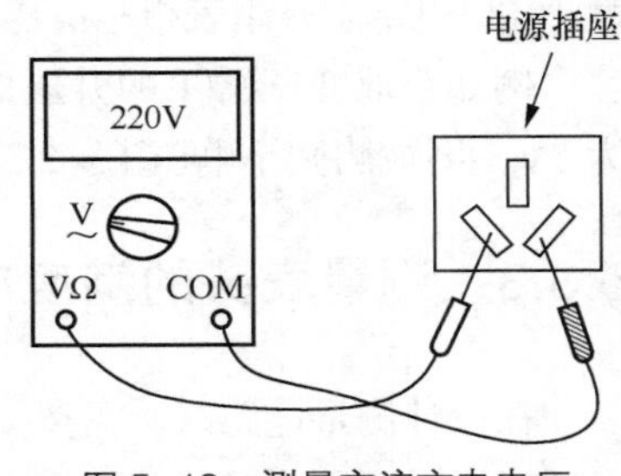

图 5-13 测量交流市电电压

5.3 特殊电压测量技巧

万用表（包括指针式万用表和数字万用表）通常具有若干个电压测量挡位，能够测量零点几伏特到上千伏特的交、直流电压，可以满足大多数情况下的测量需要。但是，有时我们需要测量超出最高量程的电压，或者某些电压不能用电压表直接测量，这时就需要运用扩展测量技巧进行间接测量。

5.3.1 分压法测量电压

对于超出万用表最高电压量程的高电压，可以采用分压法进行间接测量。如图 5-14 所示，R_1 与 R_2 组成测量用分压器，分压比为$\frac{R_2}{R_1+R_2}$，测量R_2上的电压，即可间接测得高电压的数值，高电压V=（万用表指示电压值）×$\frac{R_1+R_2}{R_2}$。

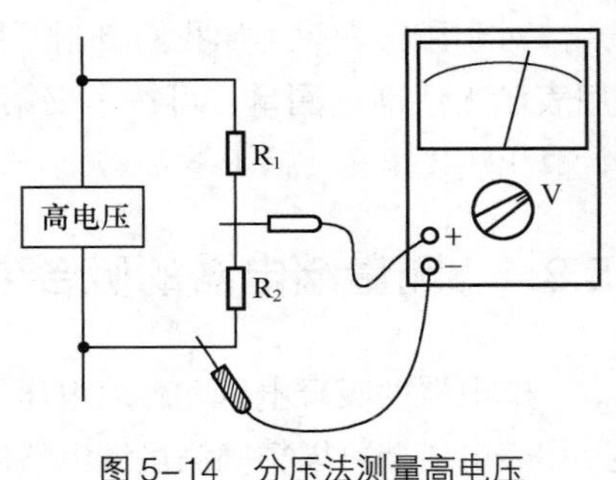

图 5-14 分压法测量高电压

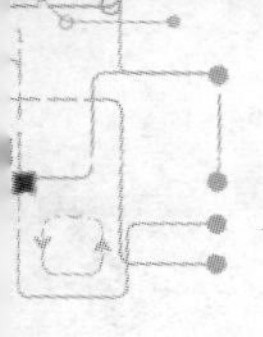

例如，取分压器电阻 $R_1 = R_2$，分压比为 $\frac{1}{2}$，万用表指示为 1000V，则被测高电压 $V = 1000 \times \frac{2}{1} = 2000$（V）。

分压器电阻 R_2 的阻值应远小于万用表电压挡内阻，但也不能过小，以免影响测量精度。R_2 一般可取 100 ～ 300kΩ，R_1 则按照分压比取值。分压法既可用于测量直流高电压，也可用于测量交流高电压。

5.3.2 倍压法测量电压

对于某些微小交流电压，可以采用倍压法进行间接测量。如图 5-15 所示，微小交流电压经变压器 T 升压后，再用万用表交流电压挡进行测量，微小电压 V =（万用表指示电压值）/（升压比）。

例如，取变压器 T 的升压比为 5，万用表指示为 2V，则被测微小电压 $V = 2/5 = 0.4$（V）。

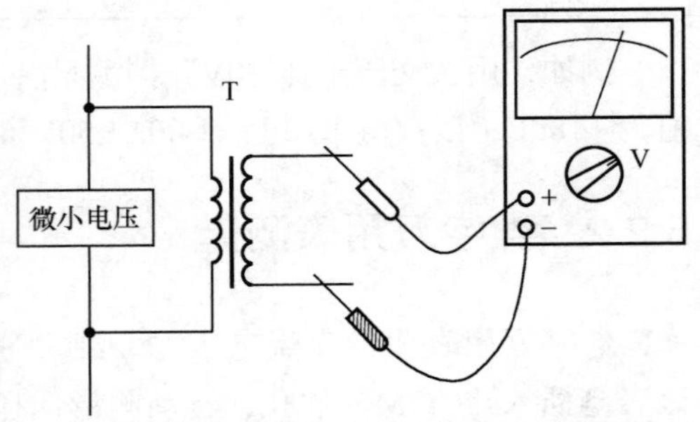

图 5-15 倍压法测量微小电压

5.3.3 测量表头的满度电压

在设计测量电路时，需要知道所用表头的满度电压。对于某些技术参数不清楚的表头，可以用指针式万用表或数字万用表测量其满度电压。

测量电路如图 5-16 所示，被测表头 PV 经限流电阻（R + RP）接至直流电源，万用表置于“直流电压”挡并接于被测表头上。调节电位器 RP，必要时改变直流电源的输出电压，使被测表头满度，这时万用表所指示的即为被测表头的满度电压 V_0。

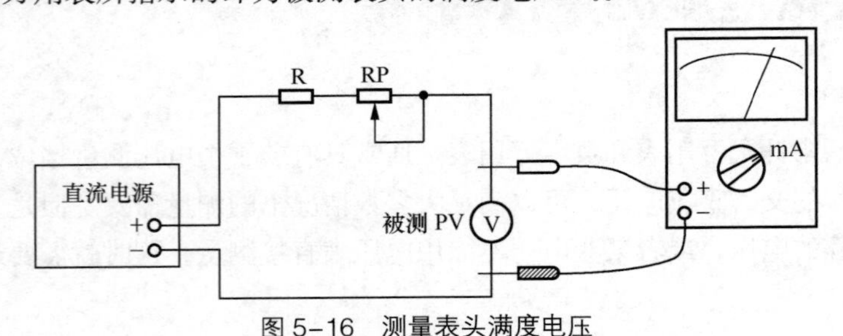

图 5-16 测量表头满度电压

对于微安表头（如我们自制万用表所用的微安表头），由于其满度电压均为“mV”级，万用表已无法准确测量，可按本书第 4 章和第 6 章介绍的方法测量其满度电流 I_0 和内阻 R_0，再计算出满度电压 V_0，$V_0 = I_0 \times R_0$。

5.3.4 测量继电器的吸合电压与释放电压

继电器的吸合电压和释放电压均小于其标称工作电压，且释放电压又小于吸合电压。利用万用表电压挡可以精确测量继电器的吸合电压和释放电压。

测量电路如图 5-17 所示，被测继电器 K 经降压电位器 RP 接至直流电源。发光二极管 VD 做继电器吸合指示用，并由被测继电器的一组常开接点控制，R 为发光二极管限流电阻。当继电器吸合时，其常开接点接通发光二极管 VD 的电源使其发光。万用表置于“直流电压”挡并接于被测继电器线圈上测量其电压。

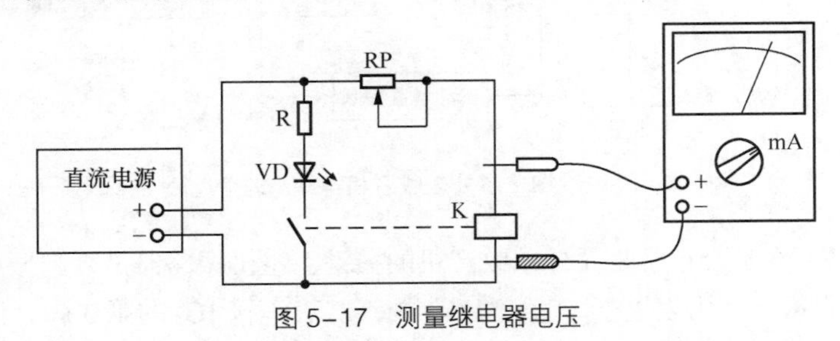

图 5-17　测量继电器电压

测量时，先将电位器 RP 置于最大值，然后接通直流电源。逐步减小 RP（必要时改变直流电源的输出电压），直至发光二极管 VD 点亮，这时万用表所指示的即为被测继电器的吸合电压。再逐步增大 RP，直至发光二极管 VD 熄灭，这时万用表所指示的即为被测继电器的释放电压。

5.3.5　检测振荡电路是否起振

图 5-18 所示为集成电路超外差收音机的电路图。超外差式收音机是将接收到的高频信号变换成固定的中频信号后，再进行放大、检波和音频放大，因此具有较高的性能指标。其工作原理如图 5-19 所示，天线接收到的高频电台信号，与本机振荡器产生的本振信号混频后，变成包络线与电台信号完全一样的中频信号，经两级中频放大后，检波出音频信号，再经低放、功放，推动扬声器发出洪亮的声音。

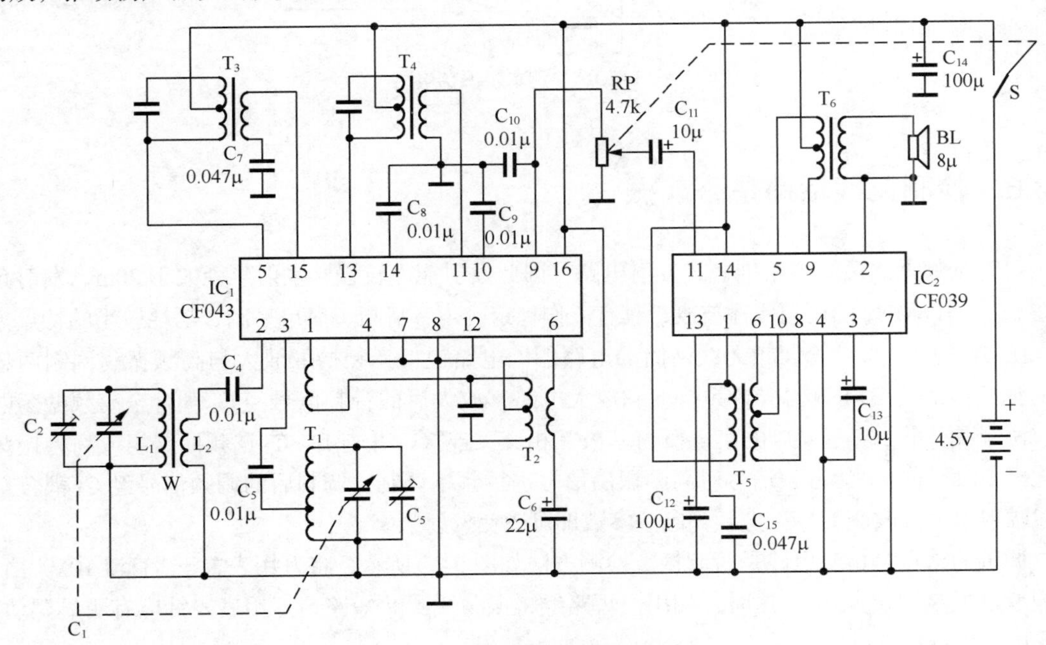

图 5-18　超外差收音机电路图

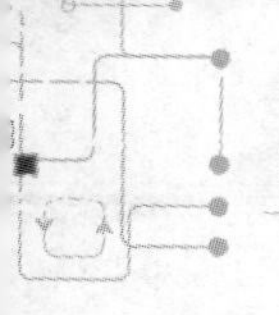

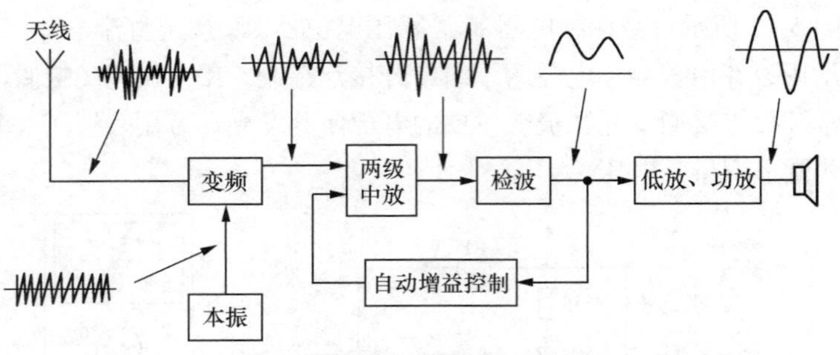

图 5-19　超外差收音机电路原理

本机振荡电路工作是否正常是超外差收音机的关键。本机振荡器是否起振可用万用表进行检测，如图 5-20 所示，万用表置于“直流 1V”挡，红表笔接 IC_1 的第 3 脚，黑表笔接地，此时第 3 脚电压约为 0.82 V。用导线或其他金属物将双连可变电容器中的振荡连短路，第 3 脚电压应降至 0.75 V 左右。否则说明本机振荡器未起振，应重点检查振荡线圈 T_1 初、次级有否接反，C_5 有否虚焊等。

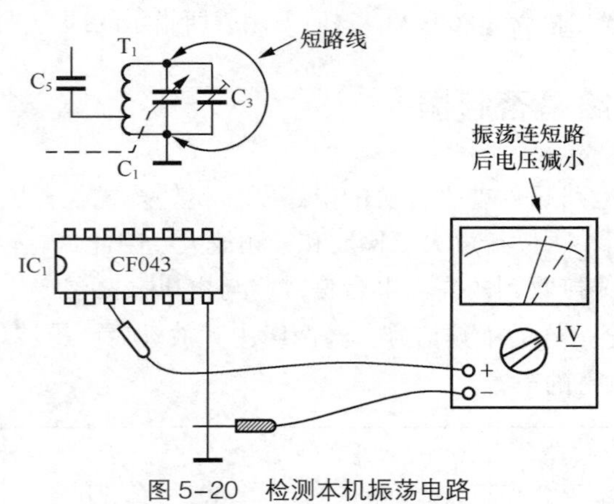

图 5-20　检测本机振荡电路

5.3.6　检测无线话筒是否起振

双管调频无线话筒采用推挽式发射电路，因此发射能力较强，发射半径大于 20m，发射频率在 88 ～ 108MHz 的调频广播波段，具有工作稳定、声音清晰、简单易制、功耗较小的特点。

图 5-21 所示为双管调频无线话筒的电路图。电路包括音频拾取放大与高频振荡调制两部分。驻极体话筒 BM 等构成音频拾取和放大电路，放大后的音频信号经 C_1 耦合至高频振荡电路。两个晶体管 VT_1、VT_2 的集电极与基极互相交叉连接，并与 L、C_2 选频回路组成高频振荡器。经 C_1 耦合过来的音频信号对高频振荡信号进行频率调制，调制后的调频信号经 C_3 耦合至天线辐射出去。改变 L、C_2 选频回路的参数即可改变发射频率。

调试的重点是检测电路是否起振。检测方法如图 5-22 所示，将万用表置于“直流 10V”挡，去测量电阻 R_2 上的压降。这时，如用一短路线将振荡线圈 L 短路，万用表表针应有明显摆动，说明电路已起振。

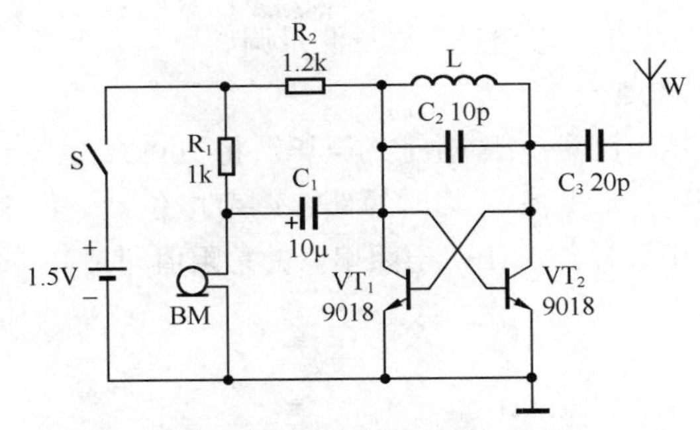

图 5-21 调频无线话筒电路图

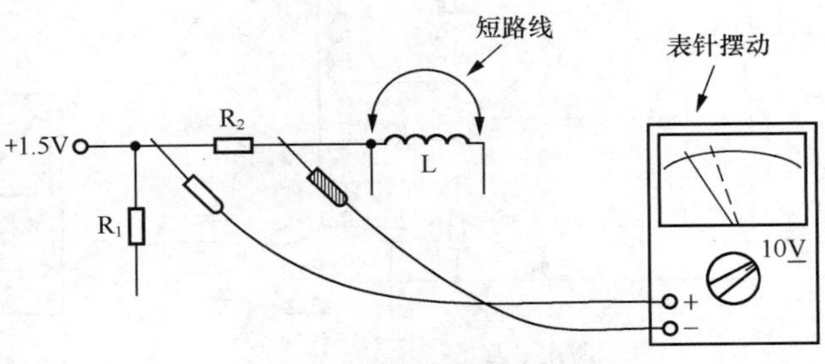

图 5-22 检测电路是否起振

5.3.7 调试高频信号发生器电路

高频信号发生器主要技术指标是，频率范围 450 ～ 1800kHz，包括 465kHz 中频信号和 535 ～ 1605kHz 的中波信号。调制形式为调幅，调制频率 800Hz。输出方式为无线辐射。图 5-23 所示为高频信号发生器原理方框图，整机包括音频振荡器、高频振荡器、调制电路和电源电路等部分。

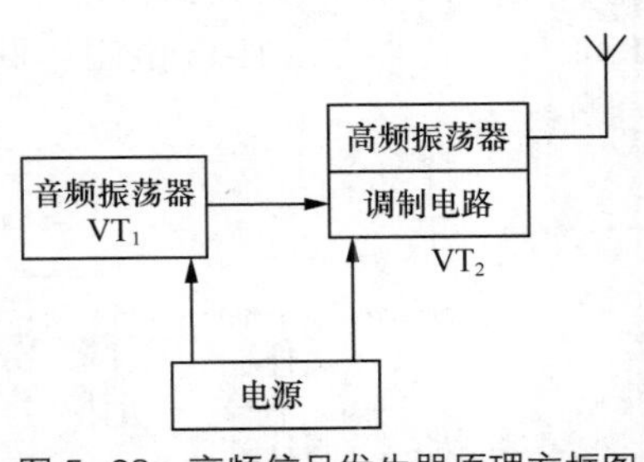

图 5-23 高频信号发生器原理方框图

高频信号发生器电路如图 5-24 所示，晶体管 VT_1 与音频变压器 T、电容器 C_1 等组成音频振荡器，晶体管 VT_2 与磁性天线 W、可变电容器 C_6 等组成高频振荡器，VT_2 同时也是调制元件。

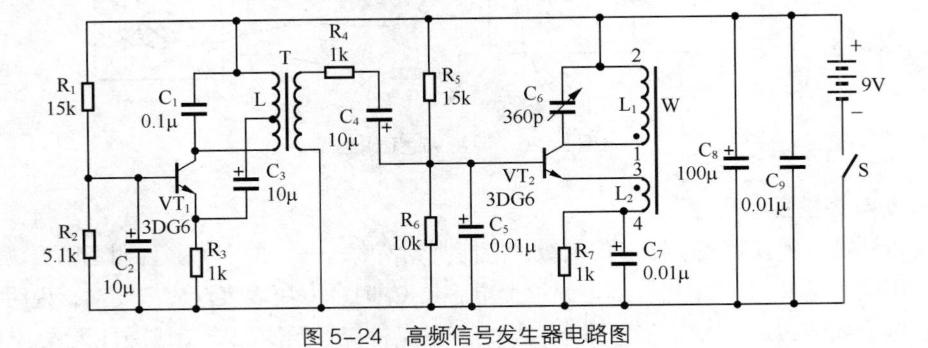

图 5-24 高频信号发生器电路图

可用万用表对高频信号发生器电路进行电压测量调试。

1. 调整 VT_2 的静态工作点

万用表置于直流电压挡，测量电阻 R_7 上的电压。将 100kΩ 电位器与 5.1kΩ 电阻串联后，临时取代 R_5 焊入电路，用一导线将 C_6 临时短路，调节电位器，使 R_7 上电压为 0.5V，如图 5-25 所示。这时，100kΩ 电位器与 5.1kΩ 电阻串联的总阻值即是 R_5 的阻值，用相同阻值的电阻焊入 R_5 位置即可。

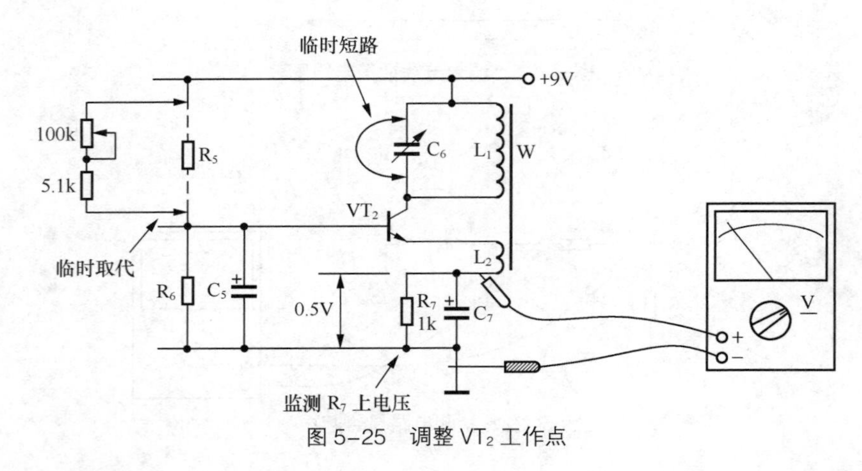

图 5-25　调整 VT_2 工作点

2. 调整 VT_1 的静态工作点

万用表置于直流电压挡，测量电阻 R_3 上的电压。用 100kΩ 电位器与 5.1kΩ 电阻串联体临时取代 R_1，将 C_1 临时短路，调节电位器，使 R_3 上电压为 1V，如图 5-26 所示。这时，100kΩ 电位器与 5.1kΩ 电阻串联的总阻值即是 R_1 的阻值，用相同阻值的电阻焊入 R_1 位置即可。

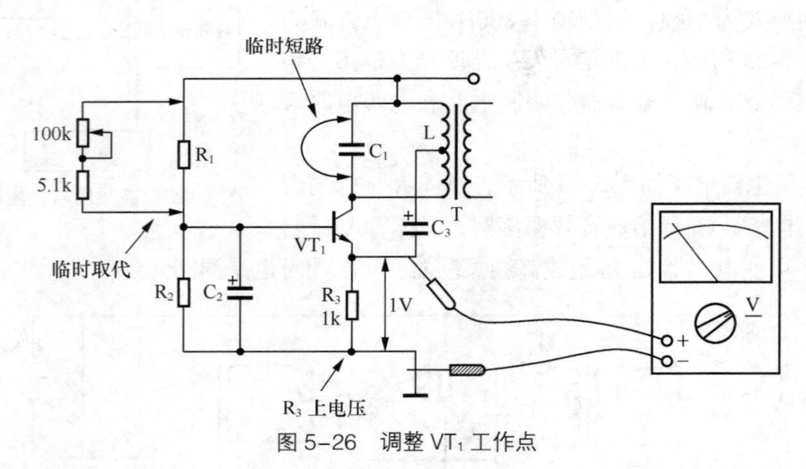

图 5-26　调整 VT_1 工作点

3. 检测电路是否起振

用高阻耳机接到音频变压器 T 的次级，应能听到“嘟——”的声音，说明音频振荡器已起振。用万用表测量 R_7 上的电压，当短路可变电容器 C_6 时，万用表表针应有变动，说明高频振荡器已起振，如图 5-27 所示。如电路未起振，应重点检查音频变压器 T 或磁性天线 W 的引线有否搞错。

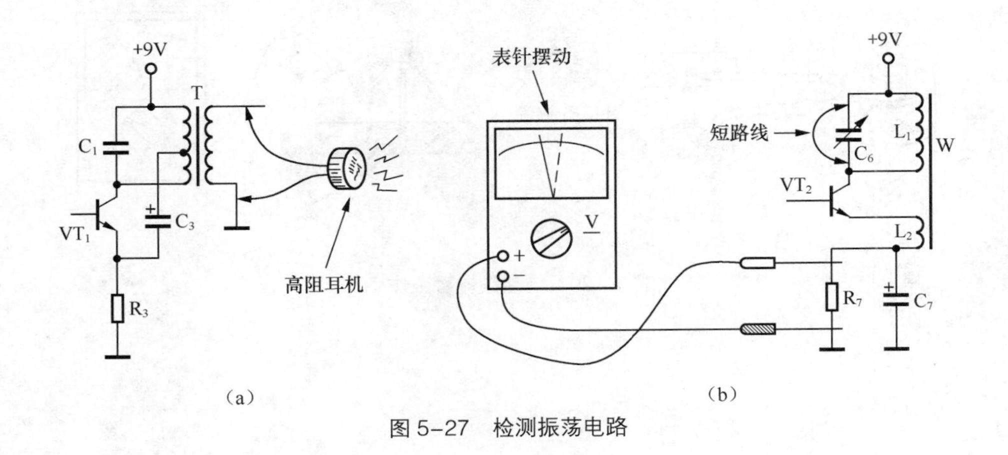

图 5-27　检测振荡电路

5.3.8　电压法调整晶体管工作点

图 5-28 所示为音箱放大器的电路图，这是一个单管共发射极放大电路，R_1、R_2 为基极偏置电阻，R_3 为集电极电阻，C_1、C_2 为耦合电容。其工作过程是，交流信号电压由输入端输入，经电容 C_1 耦合至晶体三极管 VT 的基极进行放大，放大后的交流信号由 VT 的集电极输出，通过电容 C_2 耦合至扬声器发出声音。

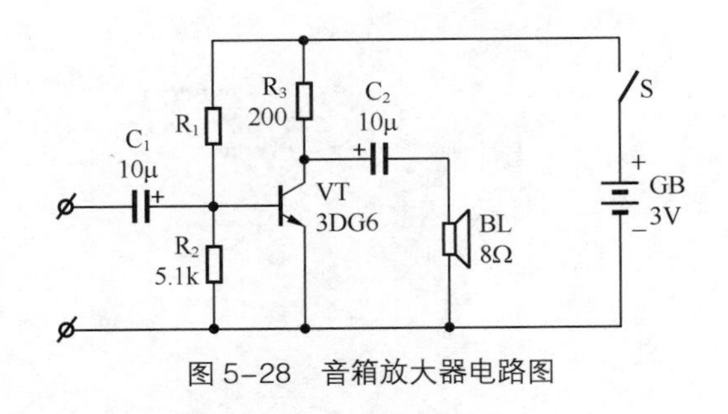

图 5-28　音箱放大器电路图

晶体管 VT 基极直流偏压的大小关系到电路能否正常工作，可以通过改变 R_1 与 R_2 的比值来调整，一般是固定下偏置电阻 R_2，改变上偏置电阻 R_1 来达到要求。偏压一旦确定，静态集电极电流 I_c 就确定了，即放大器的工作点就确定了。

调整晶体管静态工作点方法如图 5-29 所示。用一个 100kΩ 左右的电位器和一个 5.1kΩ 电阻串联后，代替 R_1 焊入电路板。万用表置于“10V”直流电压挡，红表笔接晶体管集电极 c，黑表笔接发射极 e，监测晶体三极管的集电极电压。

接通电源，旋转电位器改变其阻值，直至万用表指示集电极电压为 2V。焊下电位器及与其串联的电阻（这时注意不可再转动电位器柄），用万用表“R × 1k”挡测出其总阻值，这就是 R_1 的阻值，取一个阻值相同的电阻焊入 R_1 位置，放大器工作点就调整好了。

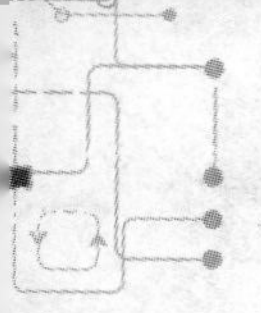

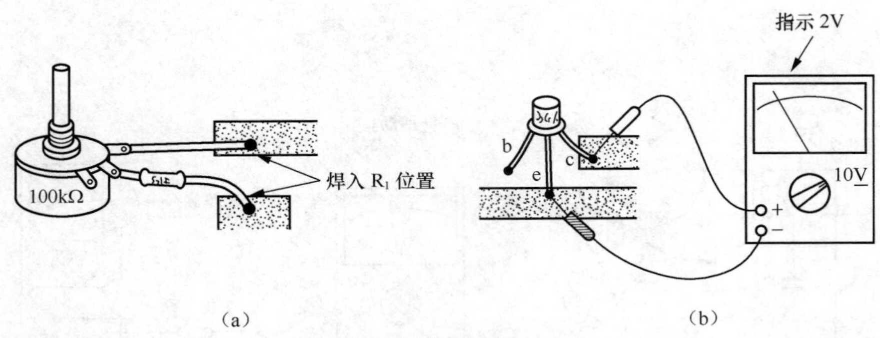

图 5-29　调整晶体管工作点

第6章 电阻测量

电阻，是指电流在电路中所遇到的阻力，或者说是指物体对电流的阻碍能力。电阻越大，电流所受到的阻力就越大，电流就越小。电阻的符号是“R”。电阻的单位为欧姆，简称欧，用字母“Ω”表示。

电流在电压的驱动下、在电阻的限制下流动，欧姆定律反映了电压、电流、电阻三者之间的内在关系。欧姆定律的内容是：电路中电流的大小等于电压与电阻的比值，即$I=\frac{U}{R}$。因此，我们只要知道了电压、电流、电阻三项中的任意两项，就可以通过欧姆定律来计算出另外一项。

如何知道电阻的大小，特别是如何知道没有接入电压或接通电流情况下的电阻呢？这就需要测量电阻。用万用表测量电阻是最常用、最便捷的方法。

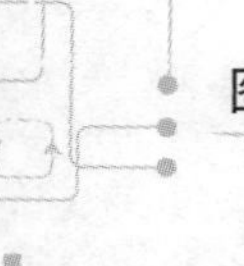

6.1 电阻测量的基本方法

指针式万用表和数字万用表都具有电阻挡，因此都可以测量电阻，包括测量物体的电阻大小以及检测电阻器、电位器等。

6.1.1 指针式万用表测量

测量电阻时，根据被测电阻的估计值，转动指针式万用表上的测量选择开关至适当的“Ω”挡，如图 6-1 所示。如无法估计被测电阻的大小，通常情况下可先选择“×1k”挡，初步测量后再根据情况改变挡位。因为欧姆挡刻度线为非线性，越往右精度越高，所以选择电阻测量挡位时，应尽量使万用表表针指向刻度线的中间往右区域，以提高测量和读数的精度。

测量前首先要进行欧姆挡校零。将万用表两表笔短接，调节欧姆挡调零旋钮，使表针准确指向“0Ω”（位于刻度线最右边）。测量中每次更换挡位后，均应重新校零。

指针式万用表电阻刻度线的特点是，刻度线最右边为“0Ω”，最左边为“∞”，且为非线性刻度。测量电阻时万用表的读数方法是：表针所指数值乘以量程挡位，即为被测电阻的阻值。MF47 型万用表表面上第 1 条刻度线是电阻刻度线，图 6-2 所示例子中，当测量选择开关位于“×1”挡时，读数为 13Ω；当位于“×10”挡时，读数为 130Ω；当位于“×1k”挡时，读数为 13kΩ，依此类推。

图 6–1 欧姆挡位选择

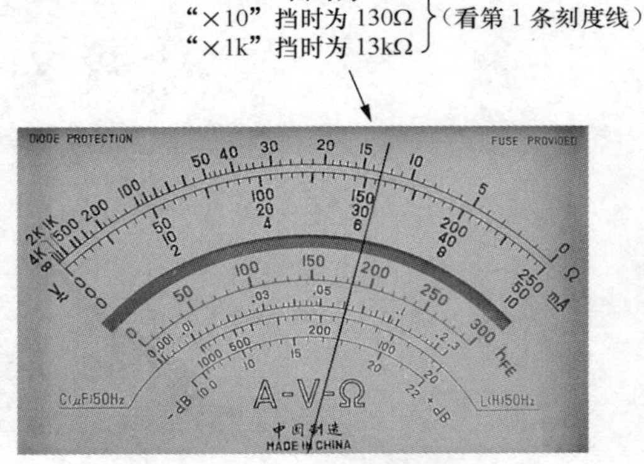

图 6–2 电阻挡的读数

6.1.2 数字万用表测量

数字万用表测量电阻时，红表笔插入“VΩ”插孔，黑表笔插入“COM”插孔，转动测量选择开关至适当的“Ω”挡，数字万用表即构成欧姆表，如图 6-3 所示。将两表笔（不分正、负）分别接被测电阻的两端，LCD 显示屏即显示出被测电阻的阻值。

测量选择开关的“Ω”挡量程可根据被测电阻的估计值选择。如无法估计被测电阻的大小，可任意选择一挡位，初步测量后再根据情况改变挡位，直至LCD显示屏显示出较多的有效数字。如果显示屏仅在最高位显示“1”，表示所选量程小于被测电阻，应选择更高量程进行测量。图6-4所示例子中，测量选择开关置于“2k”挡，显示读数为“1.786kΩ”。

图6-3 数字表电阻挡位

图6-4 数字表电阻挡的读数

数字万用表测量电阻前不用校零，这点比指针式万用表方便。测量大阻值电阻时，LCD显示屏的读数需要几秒钟后才能稳定，这是正常现象。

6.2 电阻器检测

电阻器的特点是限制电流的通过，是最基本和最常用的电子元件之一，通常简称为电阻，包括固定电阻器、可变电阻器、敏感电阻器三大类。电阻器有许多种类，它们在制造材料和组成结构方面不尽相同。常见的电阻器主要有碳膜电阻器、金属膜电阻器、有机实心电阻器、线绕电阻器、水泥电阻器、固定抽头电阻器、可变电阻器和滑线式变阻器等，如图6-5所示。

电阻器的文字符号为“R”，图形符号如图6-6所示。电阻器的主要作用是限流与降压，还可以用作分压器。

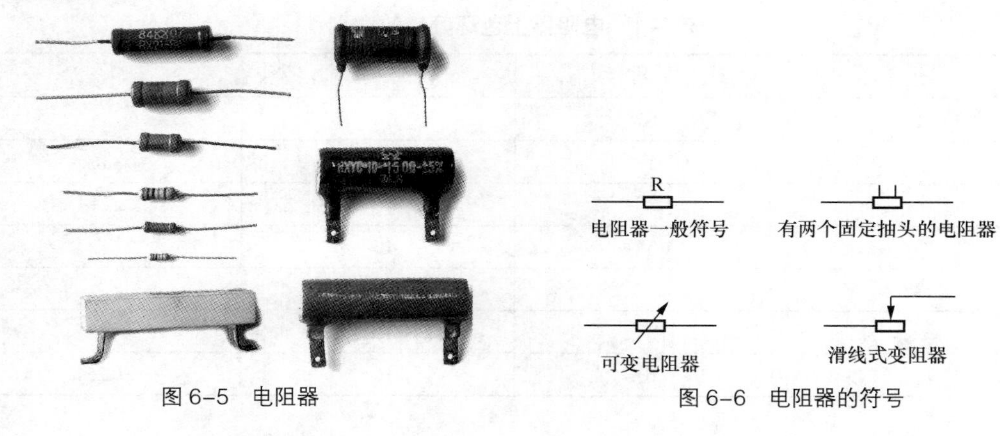

图6-5 电阻器

图6-6 电阻器的符号

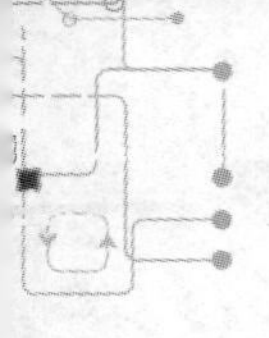

电阻器的好坏可用万用表的电阻挡进行检测，包括指针式万用表和数字万用表。

6.2.1 检测标称阻值

标称阻值即电阻器的额定电阻值，简称为阻值，是电阻器最主要的参数，它反映出电阻器阻碍电流能力的大小。电阻值的基本计量单位是“欧姆”，简称“欧”（Ω），常用单位还有“千欧”（kΩ）和“兆欧”（MΩ），它们之间的换算关系是：1MΩ= 1000kΩ，1kΩ= 1000Ω。

1. 电阻值的标示

电阻器上都会有表示其电阻值大小的标识，电阻器上阻值的标示方法有数字直标法和色环表示法两种。

直标法就是将电阻值数字直接印刷在电阻器上。例如，在5.1Ω 的电阻器上印有“5.1”或“5R1”字样，在6.8kΩ 的电阻器上印有“6.8k”或“6k8”字样，如图6-7所示。

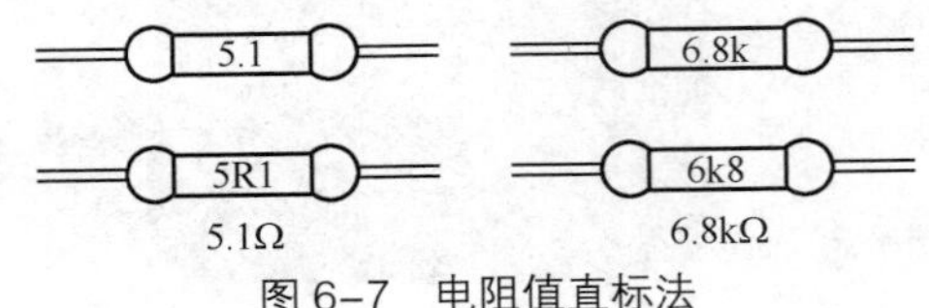

图6-7 电阻值直标法

色环法就是在电阻器上印刷4道或5道色环来表示电阻值等参数，电阻值的单位为“Ω”。对于4环电阻器，第1、2环表示两位有效数字，第3环表示倍乘数，第4环表示允许偏差，如图6-8所示。对于5环电阻器，第1、2、3环表示三位有效数字，第4环表示倍乘数，第5环表示允许偏差，如图6-9所示。

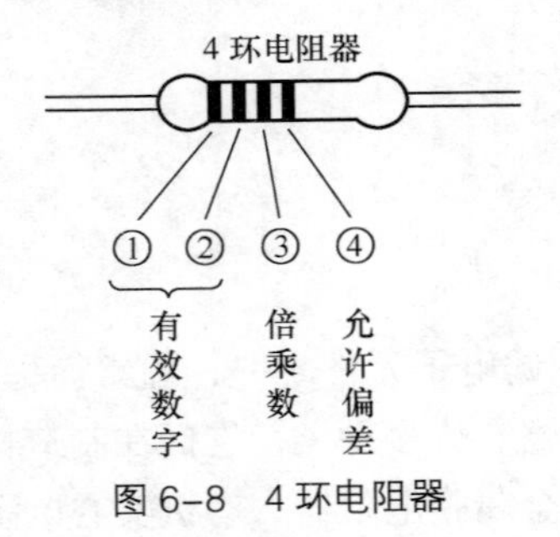

图6-8 4环电阻器

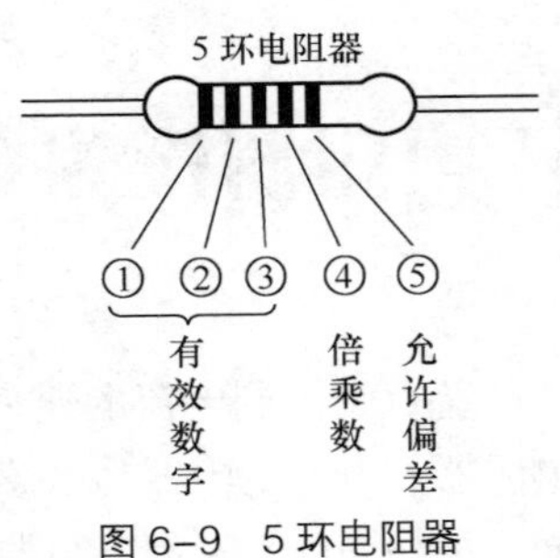

图6-9 5环电阻器

色环的颜色统一规定采用黑、棕、红、橙、黄、绿、蓝、紫、灰、白、金、银12种颜色，它们的意义见表6-1。

表6-1 电阻器上色环颜色的意义

颜色	有效数字	倍乘数	允许偏差
黑	0	10^0	
棕	1	10^1	±1%
红	2	10^2	±2%
橙	3	10^3	
黄	4	10^4	
绿	5	10^5	±0.5%
蓝	6	10^6	±0.25%

续表

颜色	有效数字	倍乘数	允许偏差
紫	7	10^{7}	±0.1%
灰	8	10^{8}	
白	9	10^{9}	
金		10^{-1}	±5%
银		10^{-2}	±10%

通过电阻器上的色环，我们就可以识别出该电阻器的阻值。例如，某电阻器的 4 道色环依次为“黄、紫、橙、银”，则其阻值为 47kΩ，误差为 ±10%。某电阻器的 5 道色环依次为“红、黄、黑、橙、金”，则其阻值为 240kΩ，误差为 ±5%。

2. 选择电阻挡位

用指针式万用表检测电阻器时，首先根据电阻器阻值的大小，将万用表上的挡位旋钮转到适当的“Ω”挡位，如图 6-10 所示。由于万用表电阻挡一般按中心阻值校准，而其刻度线又是非线性的，因此测量电阻器应避免表针指在刻度线两端，以提高测量精度。

一般测量 100Ω 以下电阻器可选“R×1”挡，测量 100Ω ～ 1kΩ 电阻器可选“R×10”挡，测量 1 ～ 10kΩ 电阻器可选“R×100”挡，测量 10 ～ 100kΩ 电阻器可选“R×1k”挡，测量 100kΩ 以上电阻器可选“R×10k”挡。

3. 电阻挡校零

测量挡位选定后，还需对万用表电阻挡进行校零。如图 6-11 所示，将万用表两表笔互相短接，转动“调零”旋钮使表针指向电阻刻度最右边的“0”位（满度）。需要特别注意的是，测量中每更换一次挡位，均应重新对该挡进行校零。

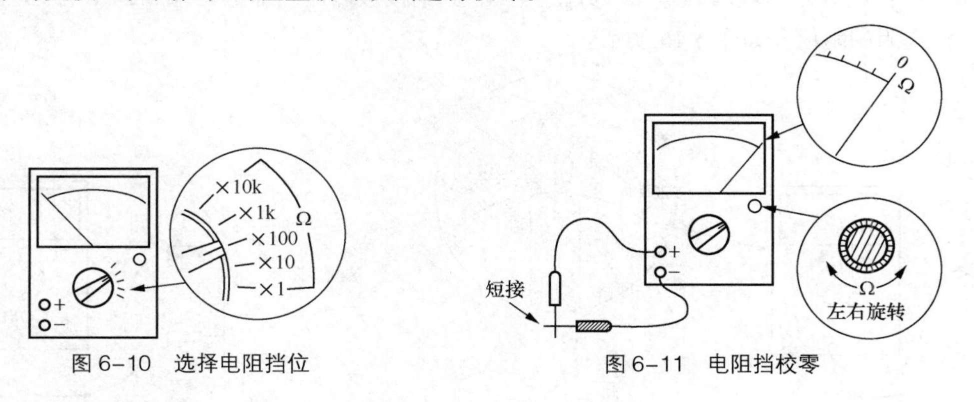

图 6-10　选择电阻挡位　　图 6-11　电阻挡校零

4. 检测电阻器

将万用表两表笔（不分正、负）分别与电阻器的两端引线相接，如图 6-12 所示，表针应指在相应的阻值刻度上。如表针不动、指示不稳定或指示值与电阻器上标示值相差很大，则说明该电阻器已损坏。

在测量几十千欧以上阻值的电阻器时，注意不可用手同时接触电阻器的两端引线（如图 6-13 所示），以免接入人体电阻带来测量误差。

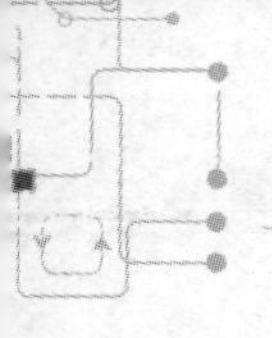

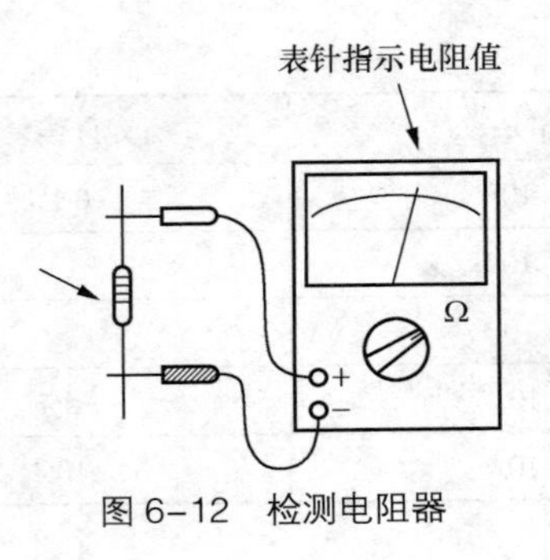

图 6-12　检测电阻器

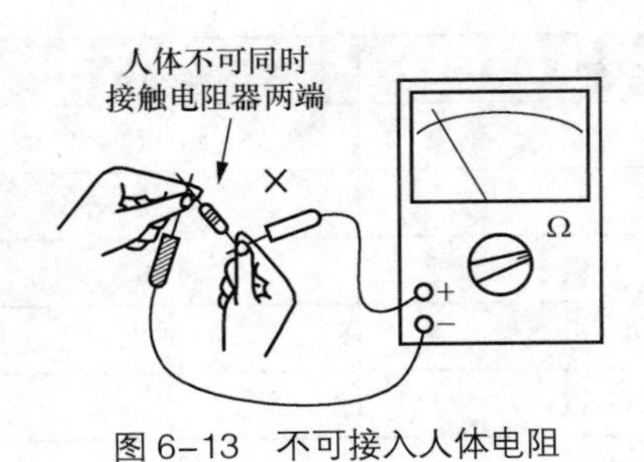

图 6-13　不可接入人体电阻

6.2.2　数字万用表检测

数字万用表测量电阻器前不用校零，将挡位旋钮转到适当的“Ω”挡位，打开电源开关即可测量。

1. 选择电阻测量挡位

选择测量挡位时应尽量使显示屏显示较多的有效数字，如图 6-14 所示。一般测量 200Ω 以下电阻器可选“200Ω”挡，测量 200 ～ 1999Ω 电阻器可选“2kΩ”挡，测量 2 ～ 19.99kΩ 电阻器可选“20kΩ”挡，测量 20 ～ 199.9kΩ 电阻器可选“200kΩ”挡，测量 200 ～ 1999kΩ 电阻器可选“2MΩ”挡，测量 2 ～ 19.99MΩ 电阻器可选“20MΩ”挡，测量 20 ～ 199.9MΩ 电阻器可选“200MΩ”挡。200MΩ 以上电阻器因已超出最高量程而无法测量（以 DT890B 数字万用表为例）。

2. 检测电阻器

检测时，数字万用表两表笔（不分正、负）分别接被测电阻器的两端，LCD 显示屏即显示出被测电阻的阻值，如图 6-15 所示。

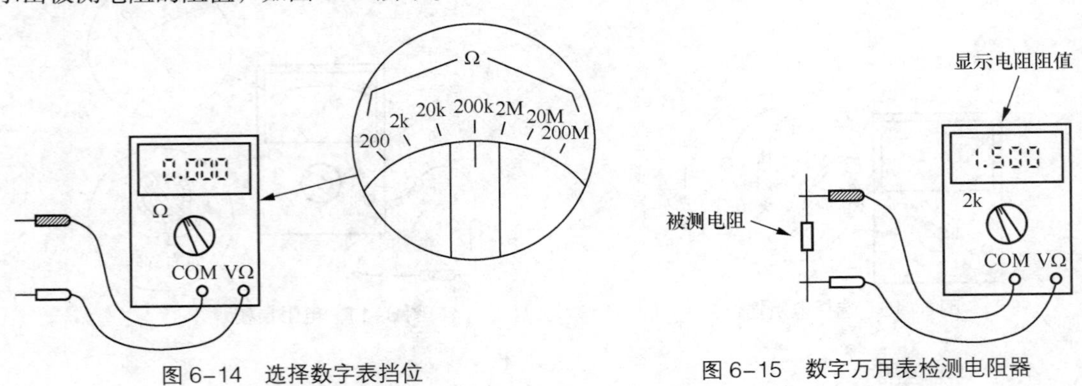

图 6-14　选择数字表挡位

图 6-15　数字万用表检测电阻器

如果数字万用表显示屏显示“000”，表示该电阻器短路；如果显示屏仅最高位显示“1”，表示该电阻器断路；或者显示屏显示值与电阻器上标示值相差很大，这些情况都说明该电阻器已损坏。

6.3 电位器检测

电位器是从可变电阻器发展派生出来的，其两段电阻之比连续可调，是一种最常用的可调电子元件。电位器的种类很多。按电阻体所用材料不同，可分为碳膜电位器、金属膜电位器、有机实心电位器、无机实心电位器、玻璃釉电位器、线绕电位器等。按电位器结构不同，可分为旋转式电位器、直滑式电位器、带开关电位器、双连电位器、多圈电位器、微调电位器等，如图 6-16 所示。

图 6-16 电位器

电位器的文字符号为“RP”，图形符号如图 6-17 所示。电位器的主要作用是调节电压或电流、增益控制、音量控制和音调控制等。

电位器的结构如图 6-18 所示，它由一个电阻体和一个转动或滑动系统组成，其动臂的接触刷在电阻体上滑动，即可连续改变动臂与两端间的阻值，达到调节电位的目的。电位器一般具有三个引出端，即两个定臂和一个动臂。有些电位器带有开关，开关另外有引出端。

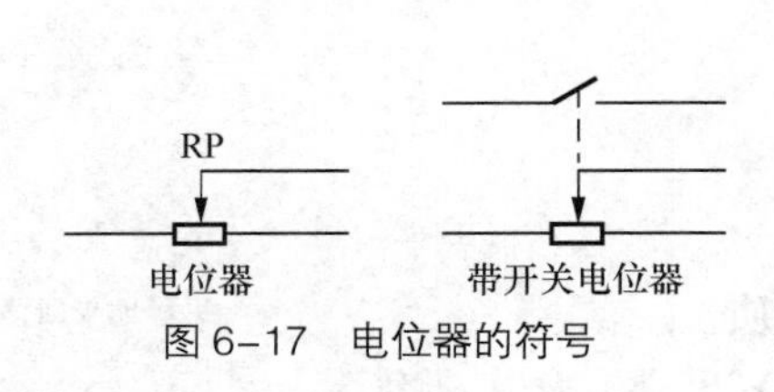

图 6-17 电位器的符号

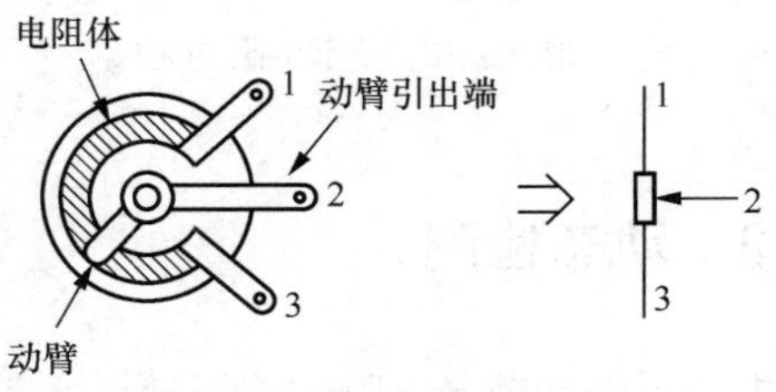

图 6-18 电位器结构原理

电位器可用指针式万用表或数字万用表的电阻挡进行检测。

6.3.1 检测标称阻值

标称阻值是电位器最主要的参数，与之相关联的是电位器的阻值变化特性。标称阻值是指电位器的两定臂引出端之间的阻值，如图 6-19 所示。标称阻值通常用数字直接标示在电位器壳体上，如图 6-20 所示。

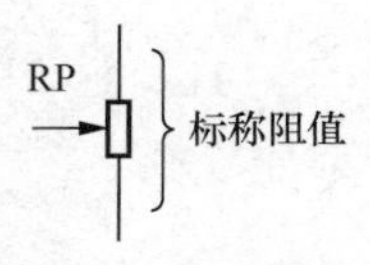

图 6-19 标称阻值的意义

阻值变化特性是指电位器的阻值随动臂的旋转角度或滑动行程而变化的关系。常用的有直线式（X）、指数式（Z）和对数式（D），如图 6-21 所示。直线式适用于大多数场合，指数式适用于音量控制电路，对数式适用于音调控制电路。

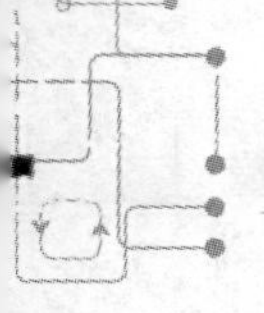

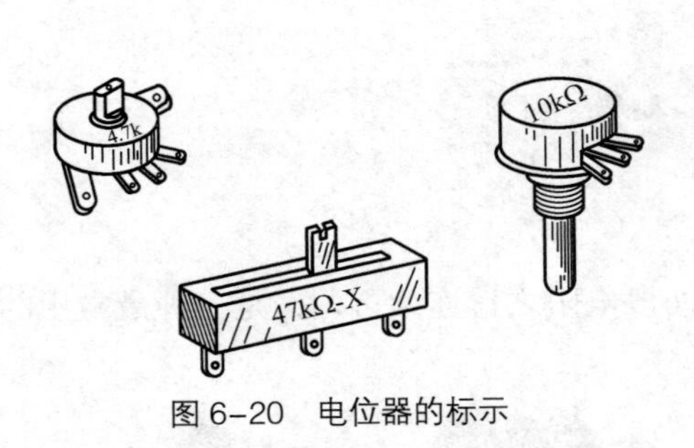

图 6-20　电位器的标示

图 6-21　阻值变化特性

检测时，根据电位器标称阻值的大小，将万用表置于适当的“Ω”挡位，两表笔短接，然后转动调零旋钮校准 Ω 挡“0”位，如图 6-22 所示。

将万用表两表笔（不分正、负）分别与电位器的两定臂相接，表针应指在相应的阻值刻度上，如图 6-23 所示。如表针不动、指示不稳定或指示值与电位器标称值相差很大，则说明该电位器已损坏。

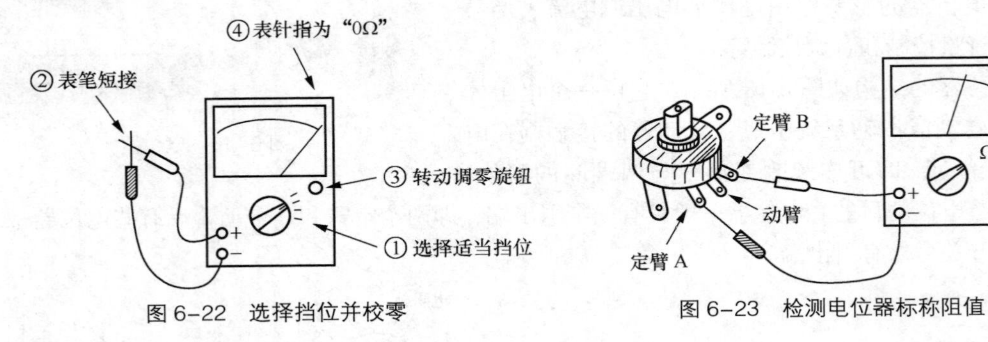

图 6-22　选择挡位并校零　　　　图 6-23　检测电位器标称阻值

6.3.2　动态检测

电位器的动臂与电阻体的接触是否良好，是电位器质量好坏的重要方面。动态检测时，万用表置于适当的“Ω”挡位，一表笔与电位器动臂相接，另一表笔与某一定臂相接，来回旋转电位器旋柄，万用表表针应随之平稳地来回移动，如图 6-24 所示。

再将接电位器定臂的表笔改接至另一定臂，重复以上检测步骤，万用表表针仍应随电位器旋柄的转动而平稳地移动。如表针不动或移动不平稳，则说明该电位器的动臂接触不良。

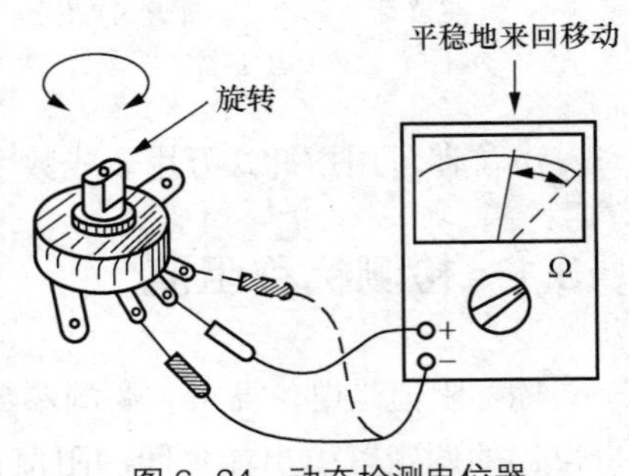

图 6-24　动态检测电位器

6.3.3　检测绝缘性能

万用表置于“R × 10k”挡，一表笔接电位器的外壳，另一表笔依次接电位器的各个引出端，万用表指示均应为无穷大（表针不动），如图 6-25 所示。否则说明该电位器绝缘性能不好。

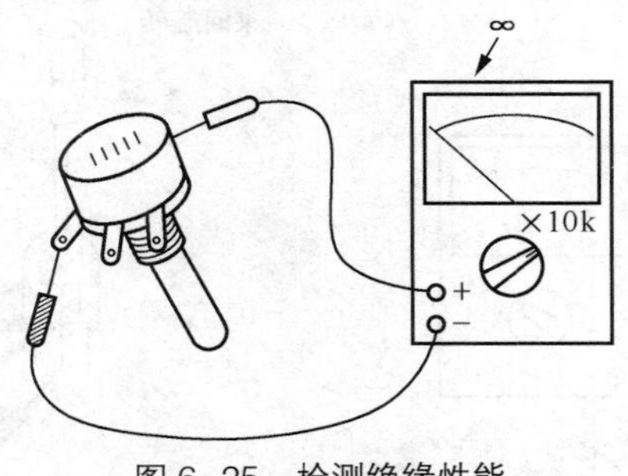

图 6-25　检测绝缘性能

6.3.4　检测开关性能

带开关电位器是将开关与电位器组合在一起，由电位器旋柄带动开关的操作，带来了使用上的方便，如收音机中的电源开关兼音量调节电位器。

对于带开关的电位器，还应检测电位器上开关的好坏。方法是：将万用表置于“R × 1k”或“R × 10k”挡，两表笔分别接开关接点 A 和 B，旋转电位器旋柄使开关交替地“开”与“关”，观察表针指示，如图 6-26 所示。

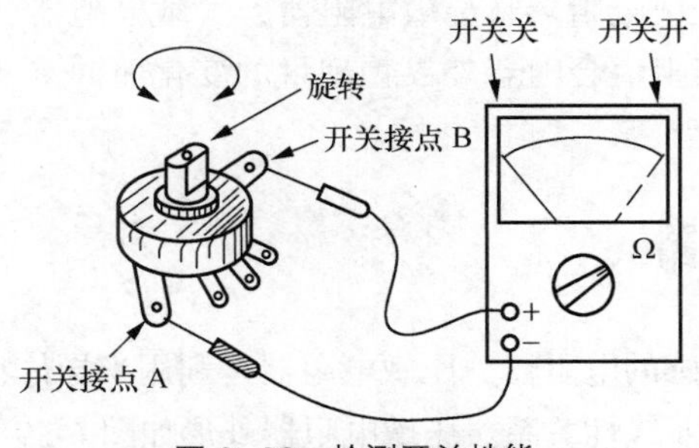

图 6-26　检测开关性能

电位器上的开关“开”时，万用表表针应指向最右边（电阻为“0”）。电位器上的开关“关”时，万用表表针应指向最左边（电阻为无穷大）。可重复若干次以观察开关是否接触良好。

6.3.5　检测微调电位器

微调电位器一般具有三个引出端，即两个定臂和一个动臂。微调电位器的标称阻值是指其两个定臂之间的阻值。

检测时，万用表两表笔（不分正、负）分别与微调电位器的两定臂相接，测量其标称阻值，表针应指在相应的阻值刻度上，如图 6-27 所示。如表针不动、指示不稳定或指示值与标称阻值相差很大，则说明该微调电位器已损坏。

万用表一表笔接微调电位器动臂，另一表笔接某一定臂，用小螺丝刀调节微调电位器，万用表表针应随之平稳地来回移动，如图 6-28 所示。如表针不动或移动不平稳，则说明该微调电位器已损坏或接触不良。

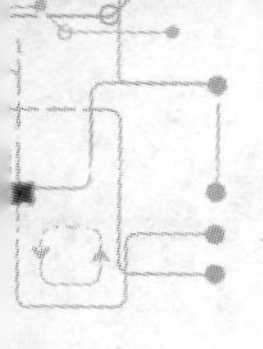

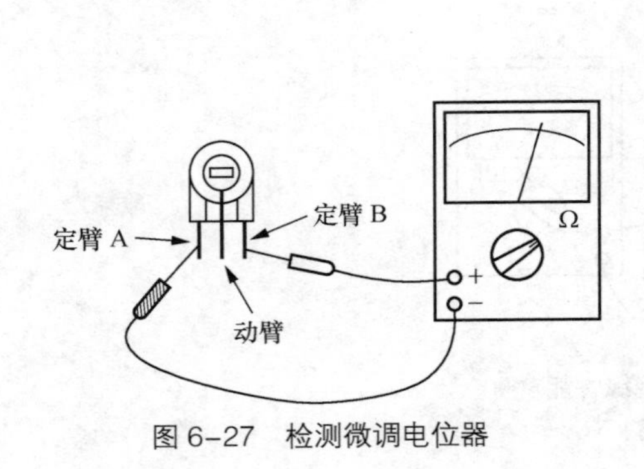

图 6-27　检测微调电位器

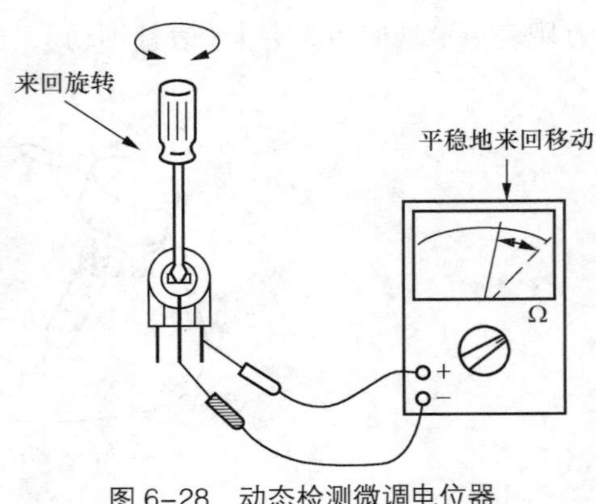

图 6-28　动态检测微调电位器

6.4 敏感电阻器检测

敏感电阻器是一类对电压、温度、湿度、光或磁场等物理量反应敏感的电阻元件，包括压敏电阻器、热敏电阻器、光敏电阻器、湿敏电阻器、气敏电阻器、力敏电阻器及磁敏电阻器等。敏感电阻器的特点是其阻值会随着外界物理量的变化而同步变化，主要用作物理量的检测、自动控制和自动保护电路等。

6.4.1　检测压敏电阻器

压敏电阻器是对电压敏感的电阻器。压敏电阻器是利用半导体材料的非线性特性原理制成的，其电阻值与电压之间为非线性关系。压敏电阻器外形如图 6-29 所示。

压敏电阻器的文字符号为“RV”，图形符号如图 6-30 所示。

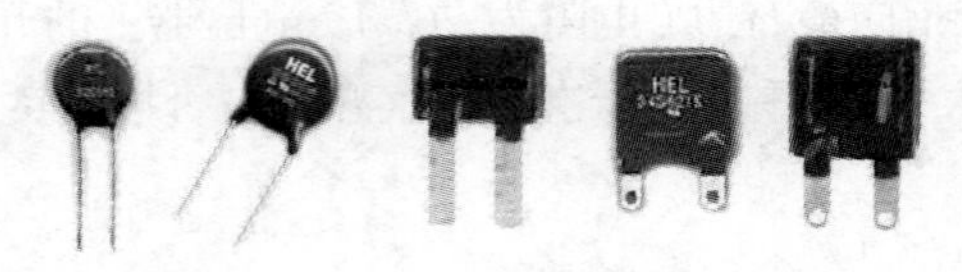

图 6-29　压敏电阻器

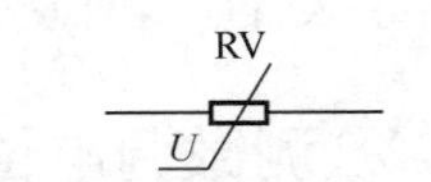

图 6-30　压敏电阻器的符号

压敏电阻器的主要作用是过压保护和抑制浪涌电流。图 6-31 所示为电源输入电路，压敏电阻器 RV 跨接于电源变压器 T 的初级两端，正常情况下由于 RV 的阻值很大，对电路无影响。当电源输入端一旦出现超过 RV 临界值的过高电压时，RV 阻值急剧减小，电流剧增使保险丝 FU 熔断，保护电路不被损坏。

压敏电阻器的特点是，当外加电压达到其临界值时阻值会急剧变小。通常情况下压敏电阻器的阻值都较大，因此检测压敏电阻器主要是看其有否短路损坏。

检测时，万用表两表笔（不分正、负）分别与被测压敏电阻器的两端引线相接，表针应指在较大阻值的刻度上，如图 6-32 所示。如表针指示值偏小或指示不稳定，则说明该压敏电阻器已损坏。

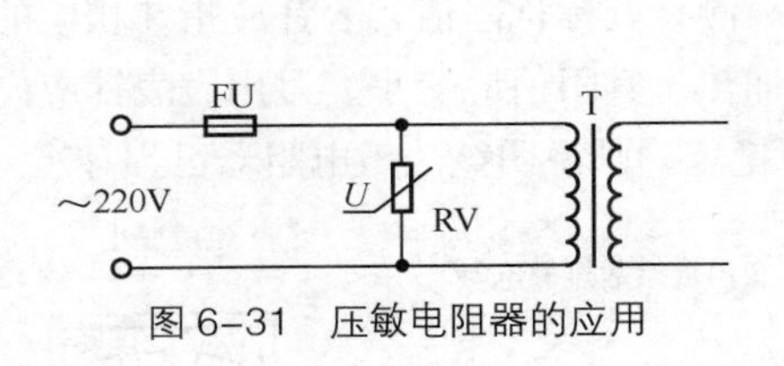

图 6-31 压敏电阻器的应用

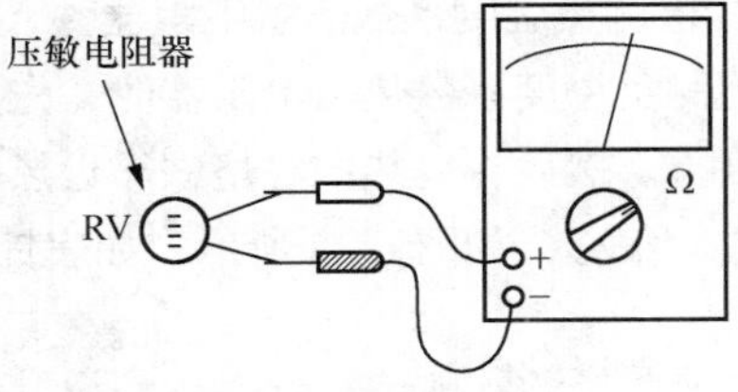

图 6-32 检测压敏电阻器

6.4.2 检测热敏电阻器

热敏电阻器是对环境温度敏感的电阻器。热敏电阻器大多由单晶或多晶半导体材料制成，它的阻值会随温度的变化而变化。热敏电阻器外形如图 6-33 所示。

热敏电阻器的文字符号为"RT"，图形符号如图 6-34 所示。

图 6-33 热敏电阻器

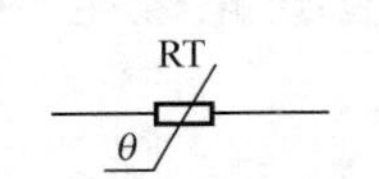

图 6-34 热敏电阻器的符号

热敏电阻器的特点是阻值会随环境温度的变化而变化。热敏电阻器的主要作用是进行温度检测，常用于自动控制、自动测温、电器设备的软启动电路等。

例如，图 6-35 所示为电子温度计电路，RT 为负温度系数热敏电阻器，温度越高 RT 阻值越小，其负载电阻 R 上的压降（A 点电位）越大。RT 将温度转换为电压，经放大、整流后指示出来。

热敏电阻器分为正温度系数和负温度系数两种，正温度系数热敏电阻器的阻值与温度成正比，负温度系数热敏电阻器的阻值与温度成反比，目前用得较多的是负温度系数热敏电阻器。热敏电阻器的标称阻值是指 25℃环境温度下的阻值。

1. 检测正温度系数热敏电阻器

检测正温度系数热敏电阻器时，首先根据热敏电阻器标称阻值的大小，将万用表上的挡位旋钮转到适当的电阻挡位。然后将万用表两表笔（不分正、负）分别与被测热敏电阻器的两端引线相接，测量其标称阻值，表针应指在相应的阻值刻度上，如图 6-36 所示。

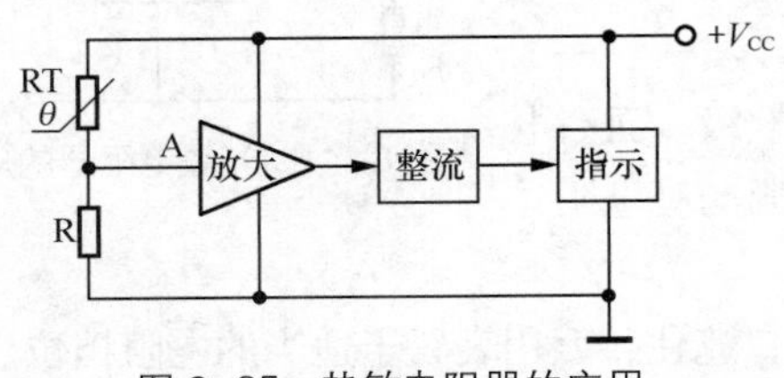

图 6-35 热敏电阻器的应用

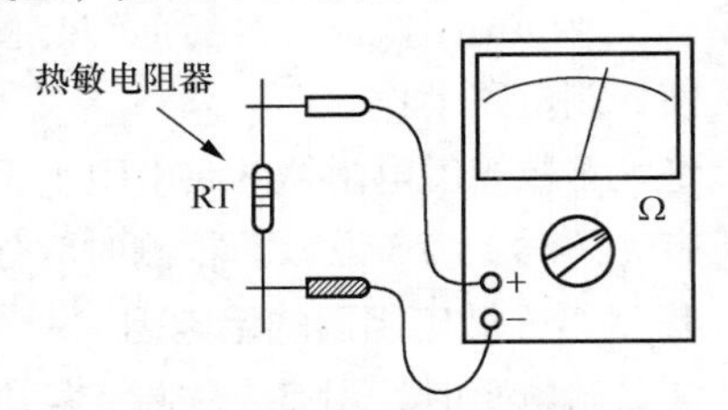

图 6-36 检测正温度系数热敏电阻器

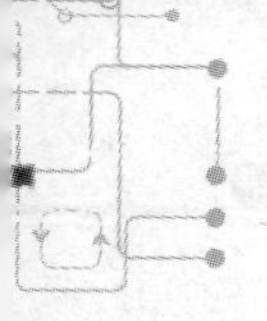

将烧热的电烙铁靠近热敏电阻器为其加热，其阻值应变大，万用表表针应向大阻值方向移动，如图 6-37 所示。如表针不动或指示不稳定，则说明该热敏电阻器已损坏。

2. 检测负温度系数热敏电阻器

检测负温度系数热敏电阻器时，先如前述用万用表测量其标称阻值，表针应指在相应的阻值刻度上。然后将烧热的电烙铁靠近热敏电阻器为其加热，其阻值应变小，万用表表针应向小阻值方向偏移，如图 6-38 所示。如表针不动或指示不稳定，则说明该热敏电阻器已损坏。

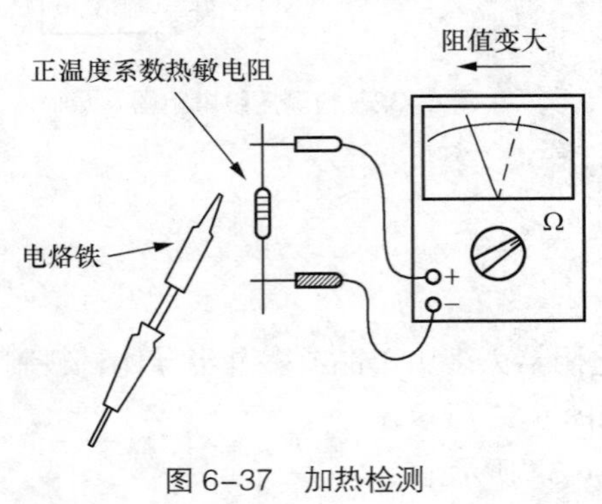

图 6-37　加热检测

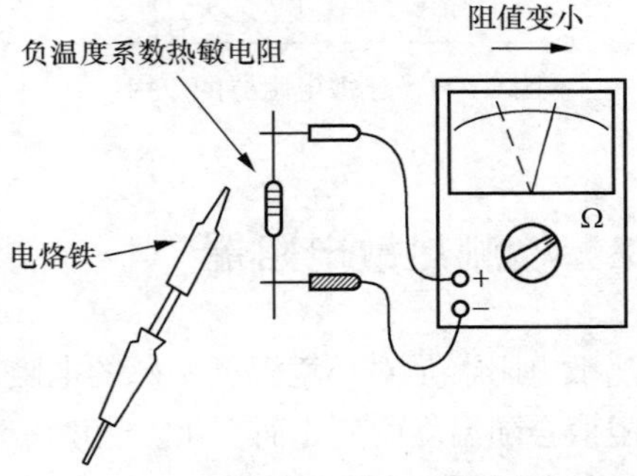

图 6-38　检测负温度系数热敏电阻器

6.4.3　检测光敏电阻器

光敏电阻器是对光线（包括可见光、红外光和紫外光）敏感的电阻器。光敏电阻器大多数由半导体材料制成，它是利用半导体的光导电特性原理工作的。光敏电阻器外形如图 6-39 所示。

光敏电阻器的文字符号为“R”，图形符号如图 6-40 所示。

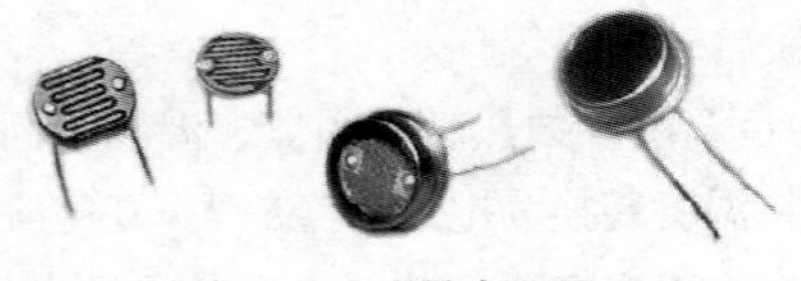

图 6-39　光敏电阻器

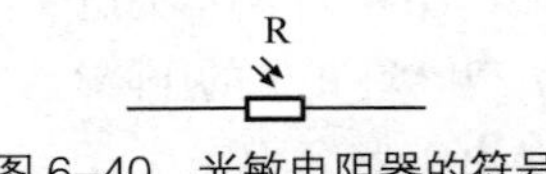

图 6-40　光敏电阻器的符号

光敏电阻器的特点是其阻值会随入射光线的强弱而变化，入射光线越强其阻值越小，入射光线越弱其阻值越大。根据光敏电阻器的光谱特性，可分为红外光光敏电阻器、可见光光敏电阻器、紫外光光敏电阻器等。

光敏电阻器的主要作用是进行光的检测，广泛应用于自动检测、光电控制、通信、报警等电路中。例如，图 6-41 所示光控电路中，R_2 为光敏电阻器，当有光照时，R_2 阻值变小，A 点电位下降，使控制电路动作。

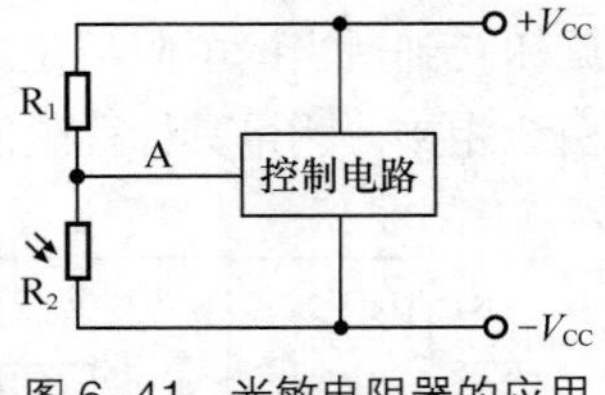

图 6-41　光敏电阻器的应用

绝大多数光敏电阻器的暗电阻（无光照时）为兆欧级，而亮电阻（有光照时）为千欧级。检测时应分别测量其暗电阻与亮电阻。

1. 测量光敏电阻器的暗电阻

测量暗电阻时，用遮光物将光敏电阻器的受光窗口遮住，万用表置于适当的电阻挡位。然后将万用表两表笔（不分正、负）分别与被测光敏电阻器的两端引线相接，表针应指示较大阻值，如图 6-42 所示。

2. 测量光敏电阻器的亮电阻

保持上一步的测量连接状态，移去遮光物，使光敏电阻器的受光窗口接受光照，万用表的表针应向阻值小的方向偏移，如图 6-43 所示。

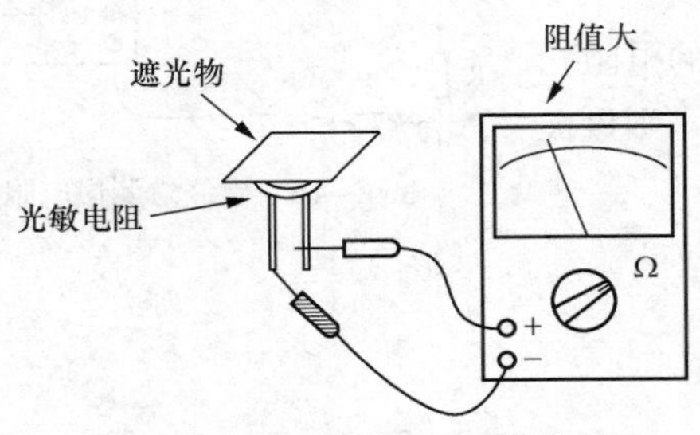

图 6-42　测量光敏电阻器的暗电阻

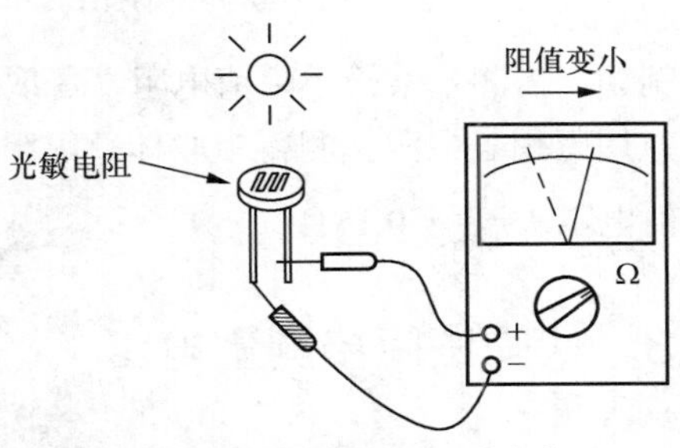

图 6-43　测量光敏电阻器的亮电阻

表针偏移越多说明光敏电阻器的灵敏度越高。如果有光照时和无光照时光敏电阻器的阻值无变化，则说明该光敏电阻器已损坏。如果有光照时和无光照时光敏电阻器的阻值变化不明显，则该光敏电阻器灵敏度太差也不宜使用。

6.5 特殊电阻测量技巧

万用表电阻挡的量程是有限的，能够满足大多数情况下测量电阻的需要，但是对于很大的电阻或极小的电阻往往无法直接测量。另一方面，有些电阻值也存在不能直接测量或不方便直接测量的情况。这些情况下我们可以灵活运用一些技巧进行间接测量。

6.5.1 间接测量大阻值电阻

通常指针式万用表的电阻挡量程上限为数十兆欧，数字万用表的电阻挡量程上限为数百兆欧。对于超出量程的大阻值电阻，可以采用并联已知电阻的方法予以测量。

测量电路如图 6-44 所示，R_x 为被测电阻，R_1 为已知电阻。测量时将 R_1 并接于 R_x 上，用万用表电阻挡测量出并联后的阻值R_0，再按照公式计算出R_X的阻值，$R_x=\dfrac{R_1R_0}{R_1-R_0}$。

例如，已知电阻 $R_1=10\text{M}\Omega$，万用表电阻挡测量的并联值$R_0=8\text{M}\Omega$，则被测电阻$R_x=\dfrac{10\times8}{10-8}=40\text{M}\Omega$。

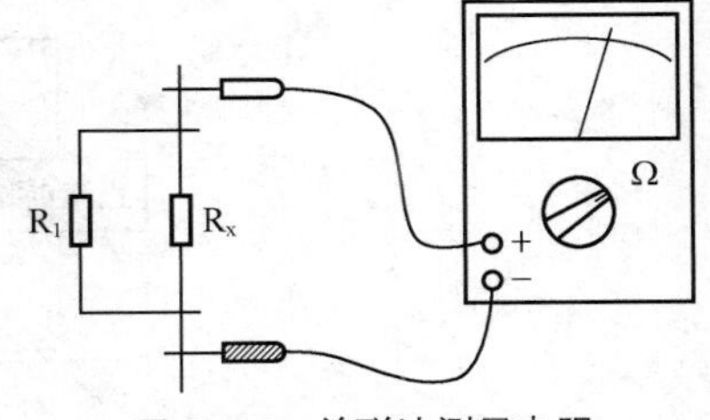

图 6-44　并联法测量电阻

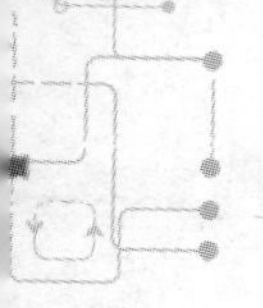

6.5.2 间接测量极小阻值电阻

对于极小阻值的电阻，可以将若干个相同的电阻串联后进行测量，再计算出被测电阻阻值，如图 6-45 所示。被测电阻 $R=\frac{R_0}{n}$，式中，R_0为电阻串联体总阻值，n为串联电阻的个数。

例如，需测量某极小阻值电阻，可取 10 个相同的电阻相串联，用万用表电阻挡测得串联体总电阻 $R_0=1.5\Omega$，则该极小阻值电阻$R=\frac{1.5}{10}=0.15\Omega$。

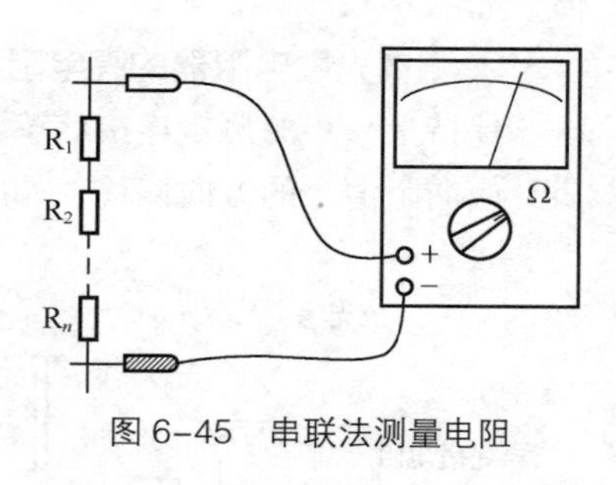

图 6-45 串联法测量电阻

6.5.3 伏安法间接测量电阻

在不能直接测量或不方便直接测量电阻的情况下，可以采用伏安法间接测量。我们知道，欧姆定律$R=\frac{U}{I}$反映了电阻、电压、电流三者之间的内在关系。因此，我们完全可以通过测量电压和电流，间接得知电阻。

测量电路如图 6-46 所示，RP 为电流调节电位器，R_x 为被测电阻。首先将万用表置于“直流 mA”挡，如图 6-46（a）所示串接入被测电阻 R_x 的回路，调节电位器 RP 使回路电流为适当大小，如 1mA。接着如图 6-46（b）所示，保持电位器 RP 不再变动，直接接通 R_x 的回路，万用表置于“直流电压”挡，测量R_x上的电压，如5.1V。然后根据$R=\frac{U}{I}$计算出被测电阻$R_x=5.1\text{k}\Omega$。

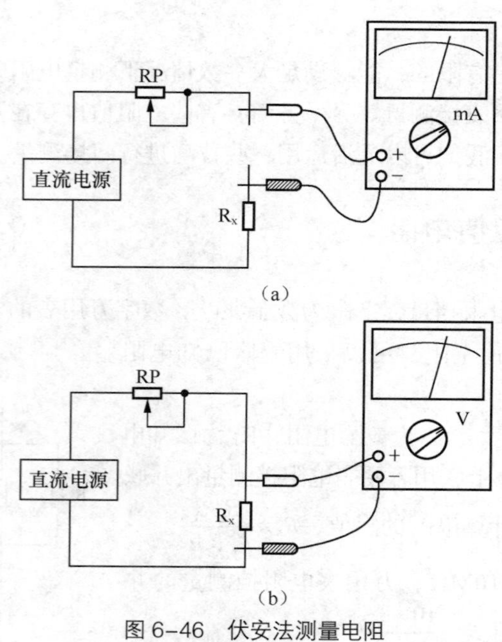

图 6-46 伏安法测量电阻

如果具有两块万用表，上述方法将变得简单。如图 6-47 所示，两块万用表分别置于“直流 mA”挡和“直流电压”挡，同时测量 R_x 的电流与电压，然后计算得出被测电阻的阻值。

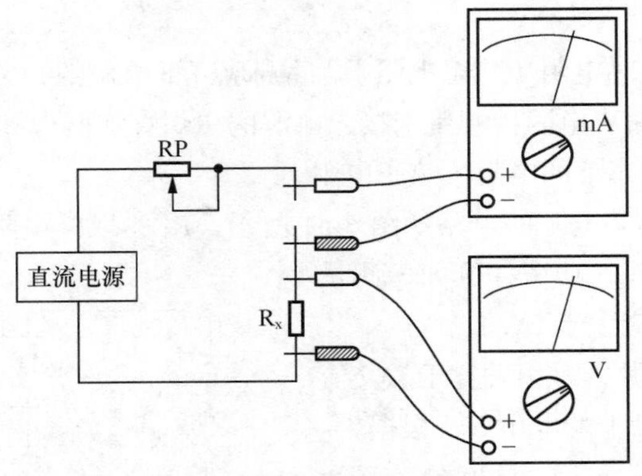

图 6-47 双表伏安法测量电阻

6.5.4 恒流法间接测量电阻

恒流法测量电阻的理论依据仍然是欧姆定律。既然 $R=\dfrac{U}{I}$，如果我们将电流 I 恒定，那么只要测出电压 U 即可得知电阻 R。测量电路如图 6-48 所示，设恒流源产生的恒定电流为 1mA，万用表置于“直流 10V”挡测得电阻上电压为 4.7V，则该被测电阻 $R_x=4.7\text{k}\Omega$。如果恒流源产生的恒定电流为 100mA，万用表测得电阻上电压为 4.7V，则该被测电阻 $R_x=47\Omega$。

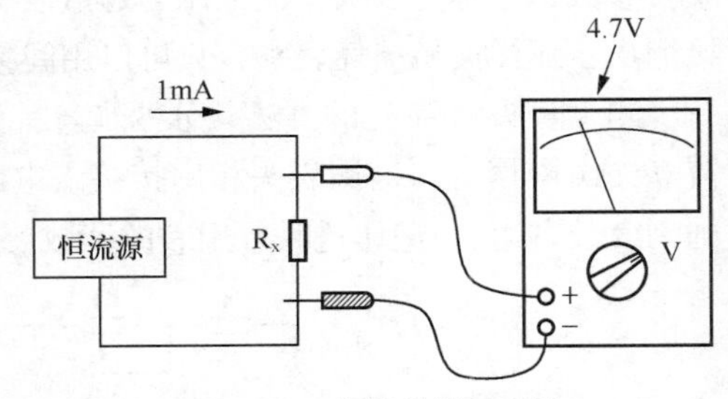

图 6-48 恒流法测量电阻

场效应管可以方便地构成恒流源，电路如图 6-49所示，恒定电流$I_D=\dfrac{|U_P|}{R_S}$，式中，U_P为场效应管的夹断电压。其恒流原理是：如果通过场效应管的漏极电流I_D因故增大，源极电阻R_S上形成的负栅压也随之增大，迫使漏极电流I_D回落；如果通过场效应管的漏极电流I_D因故减小，源极电阻R_S上形成的负栅压也随之减小，迫使漏极电流I_D回升；最终使漏极电流I_D保持恒定。

集成稳压器可以构成大电流恒流源。图 6-50 所示为采用 7800 稳压器构成的恒流源电路，其恒定电流 I_o 等于 7800 稳压器输出电压与 R_1 的比值。例如，IC 采用 7805 稳压器，输出电压为 5V，R_1=10kΩ，则恒定电流$I_o=\dfrac{5}{10}=0.5\text{mA}$。

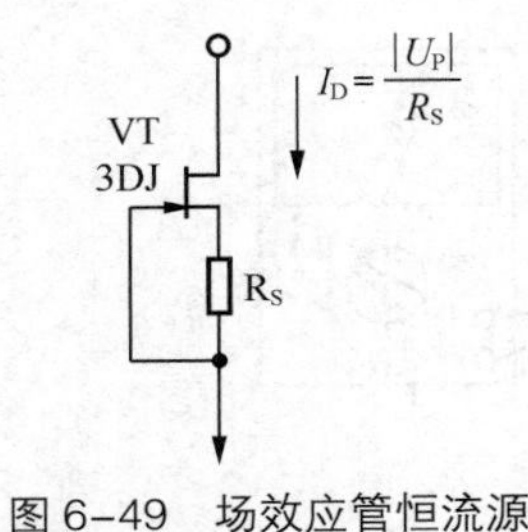

图 6-49 场效应管恒流源

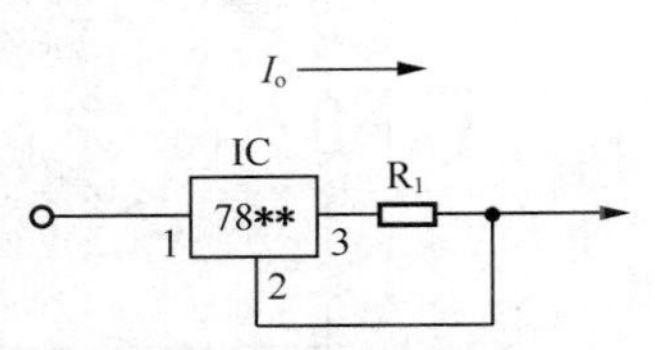

图 6-50 集成稳压器恒流源

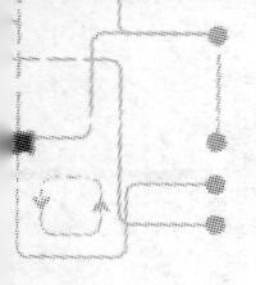

6.5.5　测量白炽灯泡的热态电阻

白炽灯泡点亮后的实际电阻（热态电阻）与其未点亮时的电阻（冷态电阻）相差悬殊，可达 8 ～ 12 倍。因此用万用表电阻挡测量未接入电源的白炽灯泡而得到的电阻（冷态电阻），并不能反映灯泡正常工作状态下的电阻（热态电阻）。

变通测量白炽灯泡热态电阻的电路如图 6-51 所示。R_1 为取样电阻，可取 5 ～ 10Ω，测量大功率灯泡时 R 应有足够的功率，例如，测量 100W 灯泡时，R 的功率应大于 2W。

测量时接通 220V 电源，万用表置于“交流电压”挡测量取样电阻 R_1 上的电压 U，根据 $I=\frac{U}{R_1}$ 计算出灯泡电流I，再根据$R_o=\frac{220}{I}$计算出白炽灯泡的热态电阻R_o。

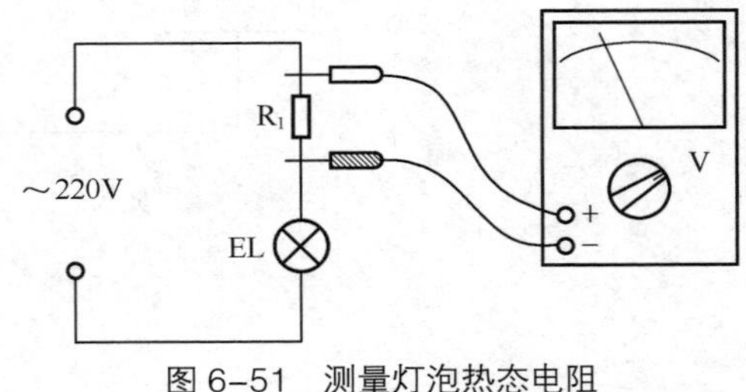

图 6–51　测量灯泡热态电阻

6.5.6　测量表头的内阻

设计制作万用表等电子仪表时，首先要知道所用微安表头的内阻。表头内阻是表头的一项重要参数，它是指表头上的电压与通过表头的电流的比值。表头内阻不可以用万用表电阻挡直接测量，那样极易损坏表头，只可以用间接的方法进行测量。

测量表头内阻 R_o 的方法共分两步。首先如图 6-52 所示，将万用表置于“直流 50μA”或“直流 0.5mA”挡，与被测表头相串接接入电路，调节电位器 RP，使被测表头满度（表头指针指到刻度最右边）。记住这时万用表的读数。

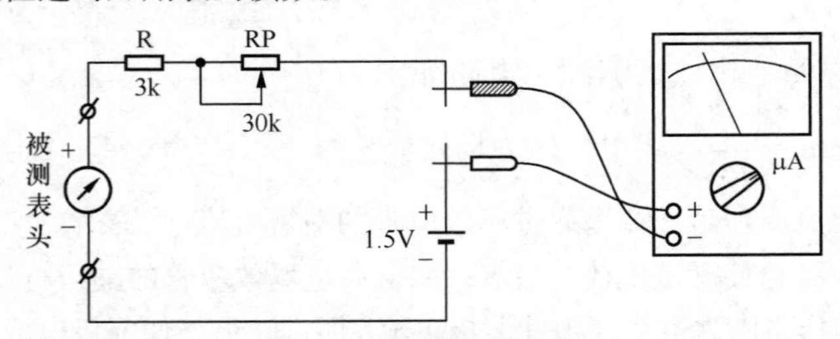

图 6–52　测量表头满度电流

第二步，保持电位器 RP 不变，撤下被测表头，另用一个 4.7kΩ 的电位器 RP_x 接入被测表头位置，调节 RP_x 使万用表仍维持原来读数，如图 6-53 所示，则此时 RP_x 的阻值便是被测表头的内阻 R_o。

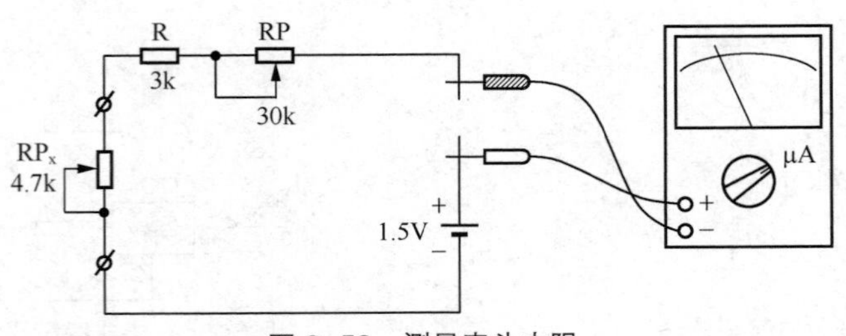

图 6–53　测量表头内阻

6.5.7 测量电池的内阻

两节同样的电池，用万用表测量电压都是1.5V，但是小手电用甲电池很亮，而用乙电池却发光暗淡，这是为什么呢？究其原因，是乙电池的内阻较大，虽然开路端电压仍为1.5V，却不能提供较大电流。通过测量电池的内阻，可以准确判断电池的新旧程度。

测量电池内阻时，万用表置于“直流2.5V”挡。如图6-54所示，红表笔接电池正极，黑表笔接电池负极，万用表的指示值即为电池的开路电压 U_1。

在上一步的基础上，用一只1.5V、0.3A的小电珠并接到电池上，如图6-55所示，小电珠应发光，万用表的指示值有所下降，这时万用表指示的即为电池的有载电压 U_2。

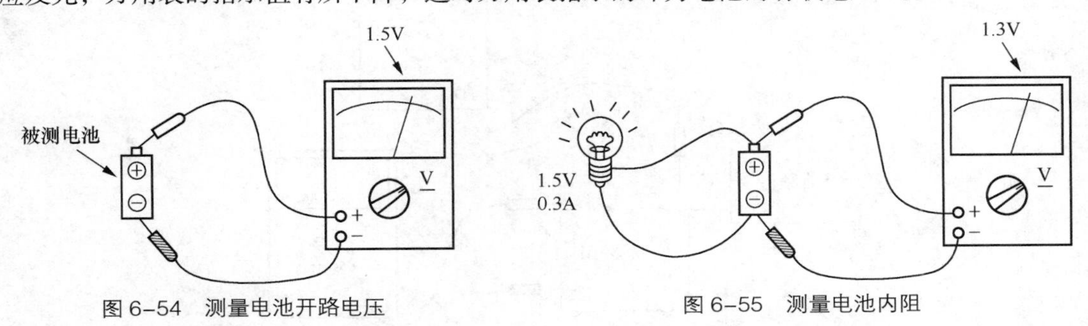

图6-54　测量电池开路电压　　　图6-55　测量电池内阻

开路电压 U_1 与有载电压 U_2 之差，与负载电流 I 的比值，就是电池的内阻 R_o，即 $R_o=\frac{U_1-U_2}{I}$。例如，测量某电池，$U_1=1.5V$，$U_2=1.3V$，$I=0.3A$，则该电池的内阻 $R_o=\frac{1.5-1.3}{0.3}\approx 0.67\Omega$。

6.5.8 测量整流电源的内阻

整流电源也存在内阻。内阻小的整流电源可以在提供大电流时保持电压稳定，而内阻大的整流电源在较大电流情况下电压会下降。应选用内阻小的整流电源。

测量整流电源内阻如图6-56所示，万用表置于“直流电压”挡监测整流电源输出电压，R_f 为负载电阻，S为控制开关。

先不接通控制开关S，万用表读数为整流电源的开路电压 U_1。接通控制开关S，R_f 成为整流电源的负载，产生负载电流 I，这时万用表读数为整流电源的有载电压 U_2。电源内阻 $R_o=\frac{U_1-U_2}{I}$。例如，某整流电源开路电压为24V，在1A负载电流情况下电压为23.5V，则该整流电源的内阻 $R_o=\frac{24-23.5}{1}=0.5\Omega$。

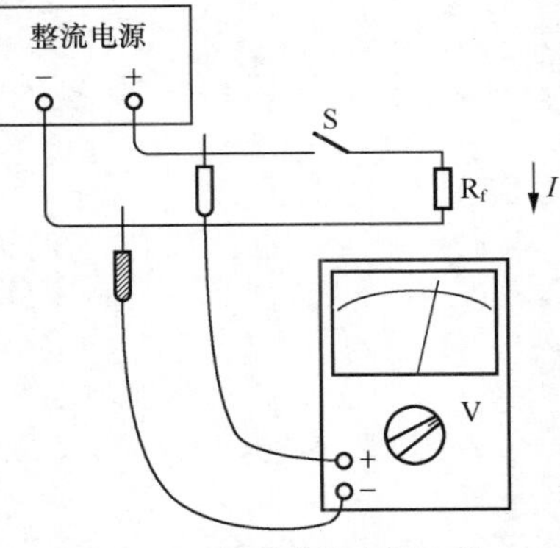

图6-56　测量整流电源内阻

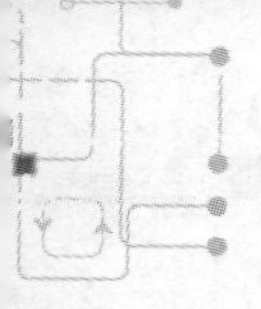

6.5.9 测量扬声器的阻抗

扬声器阻抗是指扬声器工作时输入的信号电压与流过的信号电流之比值，即交流阻抗。测量方法如图 6-57 所示，音频信号发生器为被测扬声器提供测试信号（一般取 800Hz），一只万用表置于“交流 mA”挡测量通过扬声器的信号电流，另一只万用表置于“交流 V”挡测量扬声器上的信号电压。例如，测得信号电压为 1.2V、信号电流为 150mA，则被测扬声器的阻抗为 1.2V/0.15A = 8Ω。

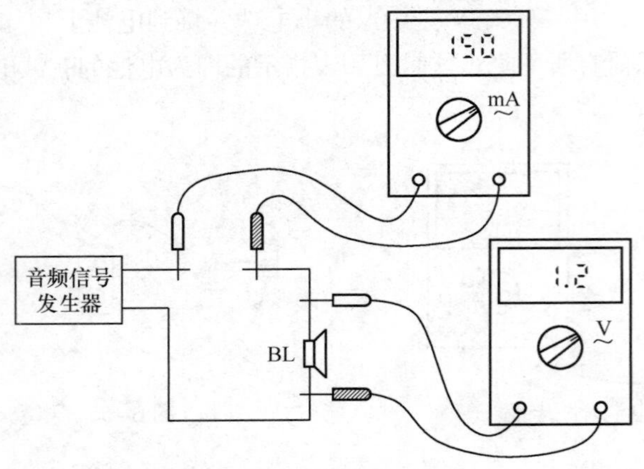

图 6–57　测量扬声器阻抗

扬声器的交流阻抗与信号电压的频率有关。如果需要测量某特定频率下扬声器的阻抗，只需改变音频信号发生器的输出信号频率即可。

如果只有一只万用表，可以先测出信号电流后，将被测扬声器回路直接接通，再用万用表测量扬声器上的信号电压。

第7章 电子电工元器件检测

电子电工元器件是构成电器设备的基础，电子电工元器件的好坏，直接关系到电器设备的质量和电子制作的成败。因此，如何检测元器件就显得尤为重要。检测元器件最方便的办法就是使用万用表，而万用表的一个重要功能就是检测元器件。

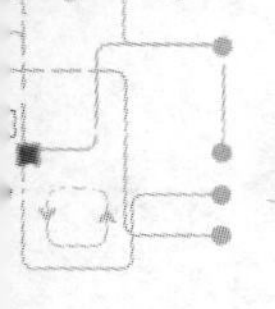

7.1 电容器检测

电容器是最基本和最常用的电子元件之一，包括固定电容器和可变电容器两大类。固定电容器又包括无极性电容器和有极性电容器，外形如图 7-1 所示。电容器的文字符号为“C”，图形符号如图 7-2 所示。

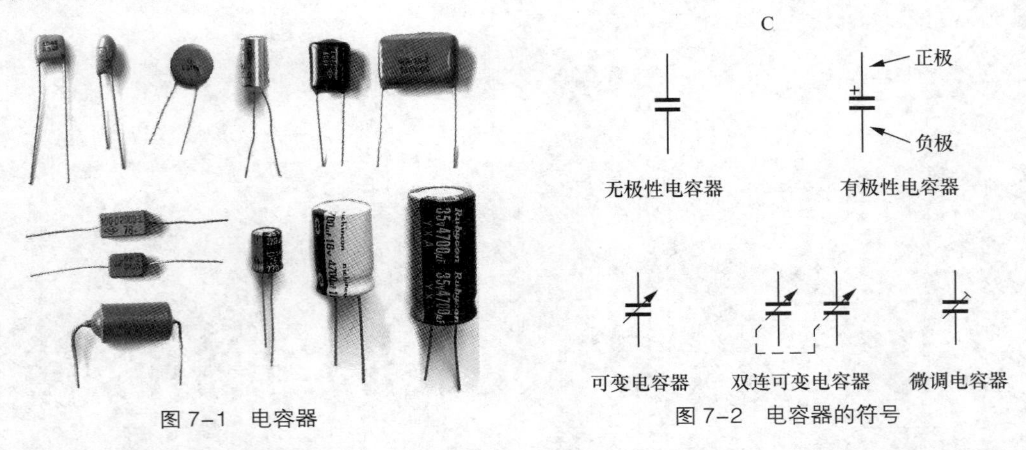

图 7–1 电容器

图 7–2 电容器的符号

电容器的特点是隔直流通交流，即直流电流不能通过电容器，交流电流可以通过电容器。电容器的主要作用是耦合、旁路滤波、移相和谐振等。

指针式万用表和数字万用表都可以检测电容器。大多数指针式万用表不具备电容挡位，测量电容时需采用特定的交流电压作为信号源。数字万用表基本上都具有电容挡位，可以直接检测电容器。

7.1.1 指针式万用表测量电容方法

指针式万用表测量电容时，采用 10V、50Hz 的交流电压作为信号源，万用表应置于“交流 10V”挡，如图 7-3 所示。特别需要注意的是，10V、50Hz 交流电压必须准确，否则会影响测量的准确性。可以通过电源变压器将交流 220V 市电降压后获得 10V、50Hz 交流电压。

图 7–3 测量电容选“交流 10V”挡

测量时，将被测电容 C 与万用表任一表笔串联后，再接于 10V、50Hz 交流电压上，如图 7-4 所示，万用表即指示出被测电容 C 的容量。

这种测量方法的原理是，通过测量容抗对交流电的降压作用来测量电容。电容器对交流电流具有一定的阻力，称之为容抗，用符号“X_C”表示，单位为 Ω。容抗等于电容器两端交流电压（有效值）与通过电容器的交流电流（有效值）的比值，容抗 X_C 分别与交流电流的频率 f 和电容器的容量 C 成反比，即 $X_C=\dfrac{1}{2\pi fC}$，如图 7-5 所示。电容量越大容抗越小，频率越高容抗越小，图 7-6 所示为容抗曲线。

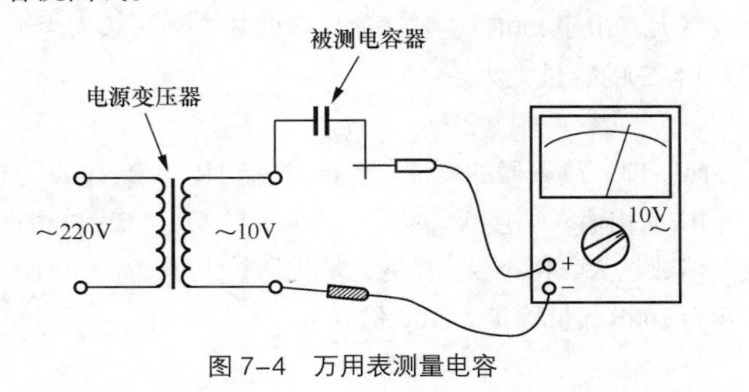

图 7–4　万用表测量电容

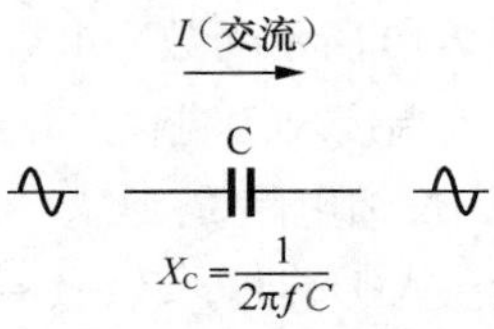

I（交流）

C

$X_C=\dfrac{1}{2\pi fC}$

图 7–5　容抗的概念

测量时，被测电容器串接于万用表（交流电压挡）与交流信号源（10V、50Hz）之间，相当于增加一个降压电阻（大小等于容抗）。由于交流信号源频率固定为 50Hz，容抗仅与电容量有关，因此即可间接测得电容量。电容量越大，容抗越小，降压越少，万用表指针右偏越多，测量结果可直接从表面上的电容刻度读出。MF47 型万用表表面上第 4 条刻度线为电容刻度线，图 7-7 示例中读数为“0.068μF”。

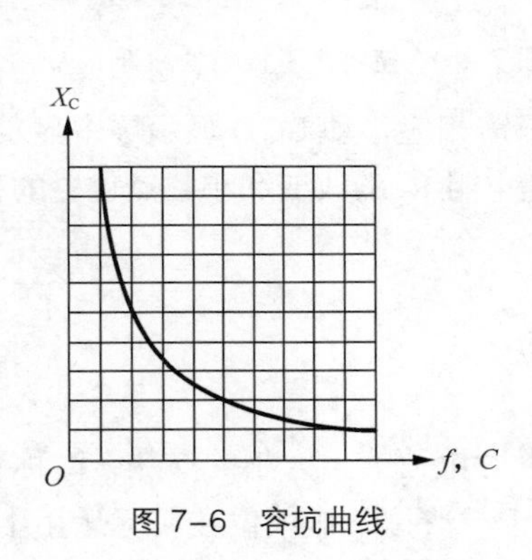

图 7–6　容抗曲线

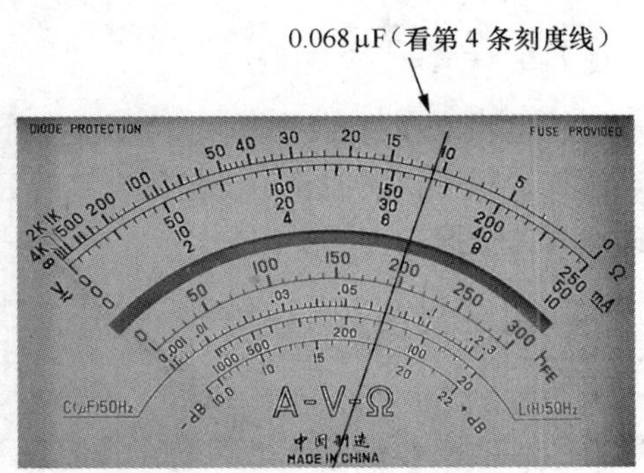

图 7–7　电容挡的读数

7.1.2　数字万用表测量电容方法

数字万用表测量电容时，通过测量选择开关的转换，电路构成电容表，如图 7-8 所示。

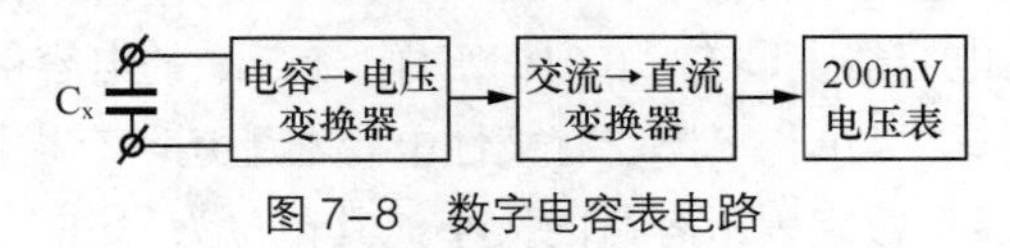

图 7–8　数字电容表电路

1. 测量原理

数字万用表测量电容的原理是，电容→电压变换器将被测电容 C_x 转换为相应的交流电压，再由交流→直流变换器将交流电压转换为直流电压，送入数字表头测量显示。

电容→电压变换器原理如图 7-9 所示，测量信号源为 400Hz 正弦波信号，通过被测电容

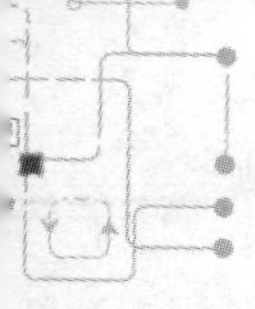

C_x 耦合至放大器 IC 进行放大，U_o 为放大后的输出信号。

IC 的放大倍数 A 取决于反馈电阻 R_f 与被测电容 C_x 的容抗（$\frac{1}{\omega C_x}$）之比，即 $A=\frac{R_f}{\frac{1}{\omega C_x}}=R_f\omega C_x$，$C_x$的容量越大，IC的放大倍数越大。由于400Hz正弦波信号源的频率和振幅均为恒定，因此输出信号U_o的大小即反映了被测电容C_x的容量大小。

2. 量程转换原理

图 7-10 所示为数字电容表量程转换原理。放大器的反馈电阻 R_f 包括 1R、9R、90R，当 IC 反相输入端接入③端时，R_f = 1R；当 IC 反相输入端接入②端时，R_f = 1R +9R = 10R，根据 $A = R_f\omega C_x$，反馈电阻 R_f 越大，IC 的放大倍数越大，R_f 扩大 10 倍，量程即扩大 10 倍；当 IC 反相输入端接入①端时，R_f = 1R +9R +90R = 100R，量程扩大 100 倍。

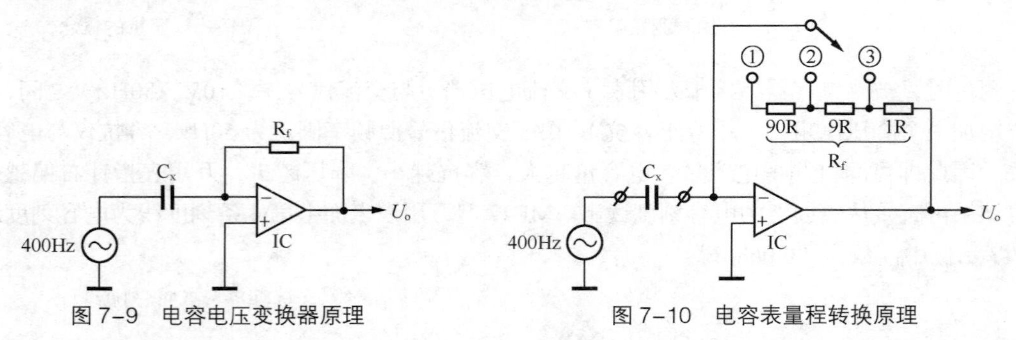

图 7-9　电容电压变换器原理　　　图 7-10　电容表量程转换原理

由于反馈电阻 R_f 的变化倍率为 10 的整数倍，因此只需相应移动 LCD 显示屏中显示数字的小数点位置，即可直观地显示出被测电容的容量。反馈电阻 R_f 的改变和小数点位置的移动，由测量选择开关根据量程同步控制。

7.1.3　检测电容器容量

电容器的主要参数是电容量。电容量是表示电容器贮存电荷能力大小的参数，简称容量。电容量的基本计量单位是“法拉”，简称“法”（F）。由于“法拉”作单位在实际运用中往往显得太大，所以常用“微法”（μF）、“纳法”（nF，也叫“毫微法”）和“皮法”（pF，也叫“微微法”）作为单位。它们之间的换算关系是：1F =10^6μF，1μF =1000nF，1nF =1000pF。

电容器上都会有表示其电容量大小的标示，电容器上容量的标示方法常见的有直标法和数码表示法两种。

直标法就是将容量数值直接印刷在电容器上，如图 7-11 所示。例如，100pF 的电容器上印有“100”字样，0.01μF 的电容器上印有“0.01”字样，2.2μF 的电容器上印有“2.2μ”或“2μ2”字样，47μF 的电容器上印有“47μ”字样。有极性电容器上还印有极性标志。

数码表示法一般是用 3 位数字表示容量的大小，其单位为“pF”，如图 7-12 所示。这 3 位数字中，前两位是有效数字，第 3 位是倍乘数，即表示有效数字后有多少个“0”。

倍乘数的标示数字所代表的含义见表 7-1，标示数为“0”～“8”时分别表示“10^0”～“10^8”，而“9”则是表示“10^{-1}”。例如，“103”表示 10×10^3=10000pF = 0.01μF，“229”表示 22×10^{-1}= 2.2pF。

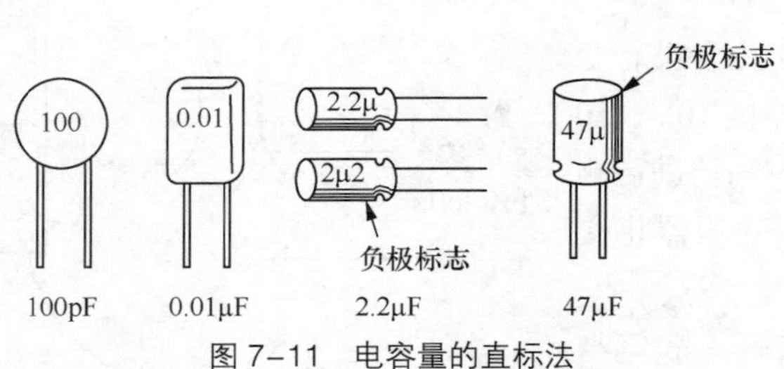

图 7-11　电容量的直标法

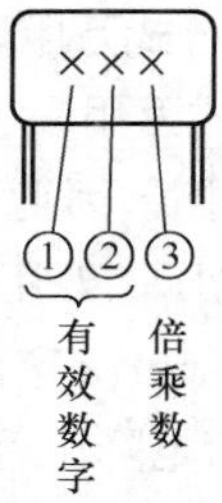

图 7-12　电容量的数码表示法

表 7-1　电容器上倍乘数的意义

标示数字	倍乘数
0	$\times 10^{0}$
1	$\times 10^{1}$
2	$\times 10^{2}$
3	$\times 10^{3}$
4	$\times 10^{4}$
5	$\times 10^{5}$
6	$\times 10^{6}$
7	$\times 10^{7}$
8	$\times 10^{8}$
9	$\times 10^{-1}$

1. 数字万用表检测

数字万用表具有电容挡，因此检测电容器十分方便。检测时，将数字万用表上挡位旋钮转到适当的“F”挡位，如图 7-13 所示。一般测量 2000pF 以下电容器可选“2nF”挡，2000pF ～ 19.99nF 电容器可选“20nF”挡，20 ～ 199.9nF 电容器可选“200nF”挡，200nF ～ 1.999μF 电容器可选“2μF”挡，2 ～ 19.99μF 电容器可选“20μF”挡。

将被测电容器插入数字万用表上的“C_x”插孔，如图 7-14 所示，LCD 显示屏即显示出被测电容器 C 的容量。如显示“000”（短路）、仅最高位显示“1”（断路）、显示值与电容器上标示值相差很大，则说明该电容器已损坏。

图 7-13　选择电容挡位

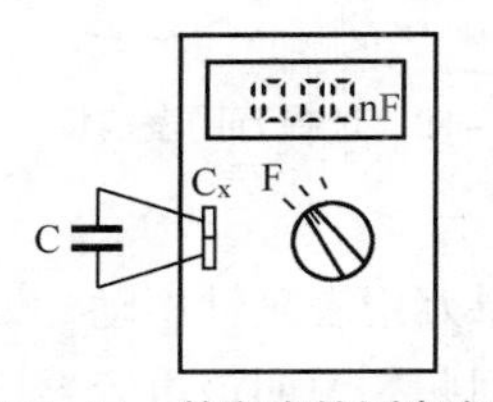

图 7-14　数字表检测电容器

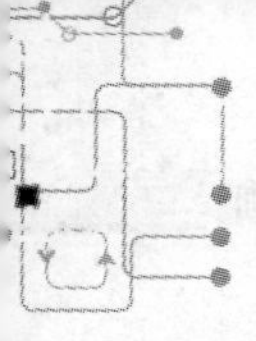

2. 指针式万用表检测

指针式万用表（以 MF47 型为例）由于没有专门的电容挡，因此检测电容器时需外接 10V、50 Hz 交流电压，万用表置于“交流 10 V”挡进行测量。10V、50Hz 交流电压可通过电源变压器将交流 220V 市电降压后获得。

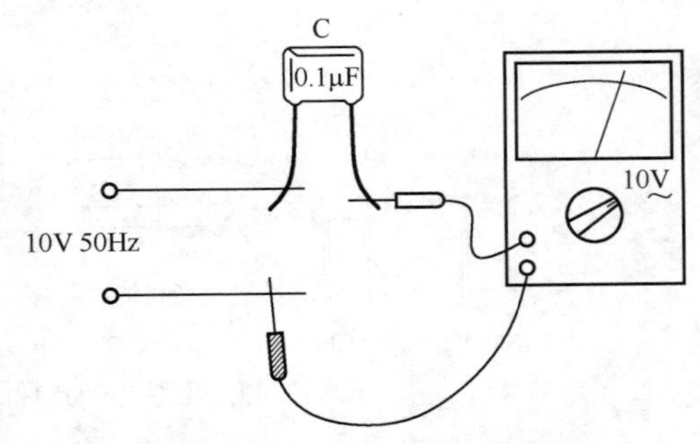

图 7-15　指针式万用表检测电容器

检测时，如图 7-15 所示，万用表任一表笔与被测电容器 C 相串联，然后并接于 10V、50Hz 交流电压上，从万用表电容刻度（C 刻度）即可直接读出被测电容器 C 的容量。如果表针不动，说明该电容器断路或失效。如果表针指示值与电容器上标示值相差很大，也说明该电容器已损坏。

7.1.4　检测电容器充放电性能

电容器具有隔直流通交流的特点。电容器的基本结构是两块金属电极之间夹着一绝缘介质层，如图 7-16 所示，可见两电极之间是互相绝缘的，直流电无法通过电容器。

但是对于交流电来说情况就不同了，交流电可以通过在两电极之间充、放电而“通过”电容器。在交流电正半周时，电容器被充电，有一充电电流通过电容器，如图 7-17（a）所示。在交流电负半周时，电容器放电并反方向充电，放电和反方向充电电流通过电容器，如图 7-17（b）所示。

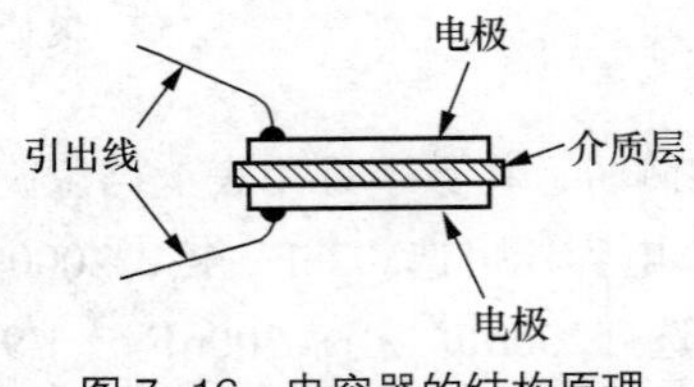

图 7-16　电容器的结构原理

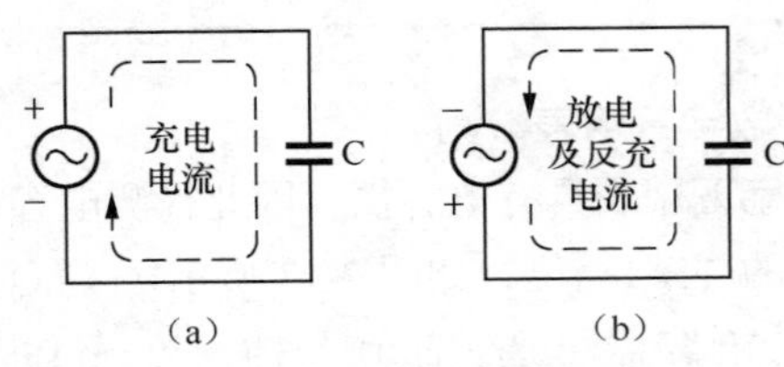

图 7-17　电容器的充放电

用指针式万用表检测电容器的充放电性能即可判断其好坏。

检测时，根据电容器容量的大小，将万用表上的挡位旋钮转到适当的“Ω”挡位。例如，100μF 以上的电容器用“R × 100”挡，1 ～ 100μF 的电容器用“R × 1k”挡，1μF 以下的电容器用“R × 10k”挡，如图 7-18 所示。

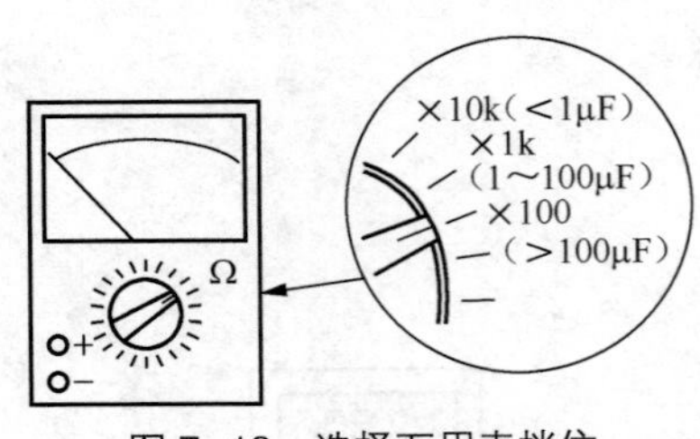

图 7-18　选择万用表挡位

然后用万用表的两表笔（不分正、负）分别去与电容器的两引脚相接。在刚接触的一瞬间，表针应向右偏转，然后缓慢向左回归，如图 7-19 所示。对调两表笔后再测，表针应重复以上过程。电容器容量越大，表针右偏越大，向左回归也越慢。

如果万用表表针不动，说明该电容器已断路损坏，如图 7-20 所示。如果表针向右偏转后不向左回归，说明该电容器已短路损坏，如图 7-21 所示。如果表针向右偏转然后向左回归稳定后，阻值指示 $R < 500\text{k}\Omega$，如图 7-22 所示，说明该电容器绝缘电阻太小，漏电流较大，也不宜使用。

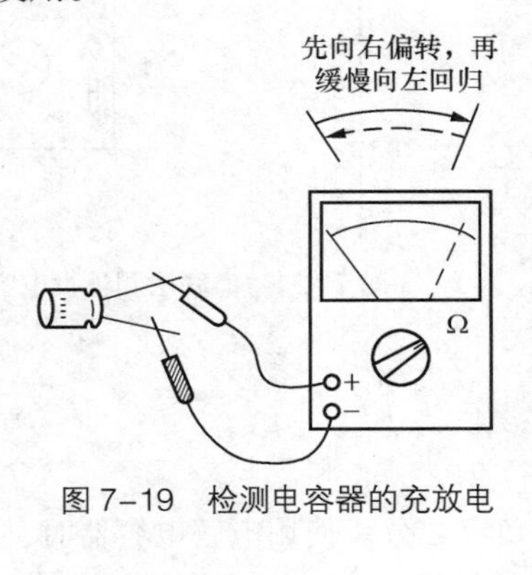

图 7-19　检测电容器的充放电

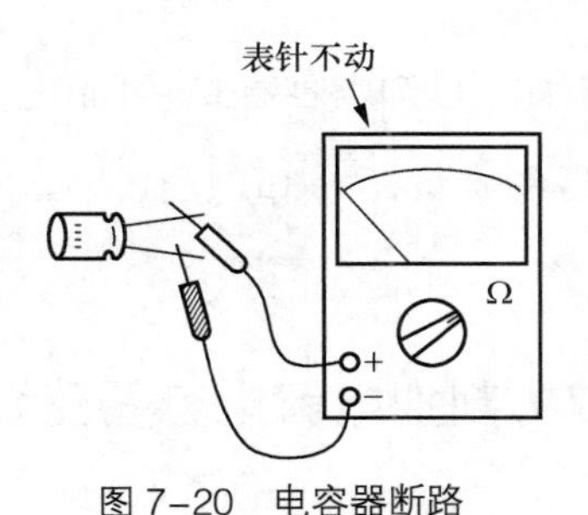

图 7-20　电容器断路

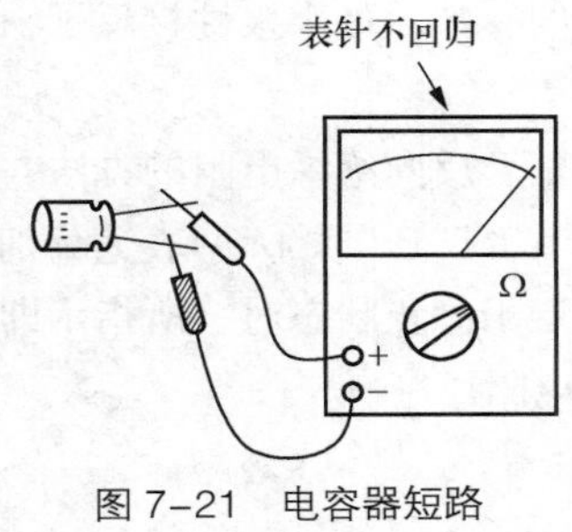

图 7-21　电容器短路

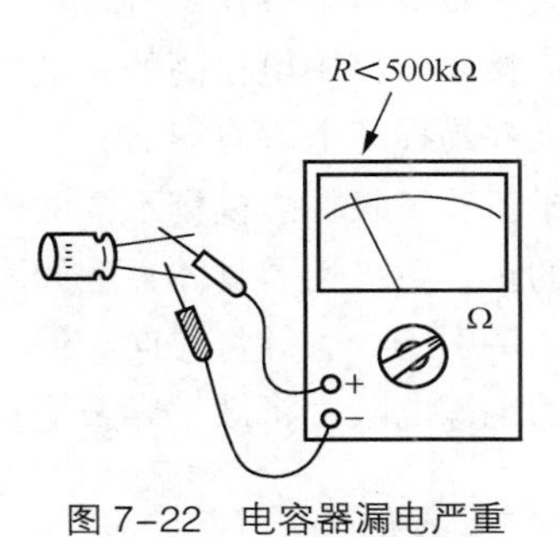

图 7-22　电容器漏电严重

7.1.5　检测小容量电容器

对于容量 < 0.01μF 的电容器，由于充电电流极小，即使用万用表“R × 10k”挡检测，也几乎看不出表针右偏。这时可采用晶体管放大的办法进行检测。

检测电路如图 7-23 所示，检测原理是利用晶体管将小电容的极小充电电流放大，使万用表表针有较明显的右偏。VT 为 NPN 型晶体管，放大倍数越大效果越好。万用表置于“R × 10k”挡，黑表笔（表内电池正极）接晶体管集电极，红表笔（表内电池负极）接晶体管发射极。

检测时，被测电容器 C 的两引脚分别接晶体管的基极和集电极。在刚接触的一瞬间，万用表表针应向右偏转，然后向左回归。对调被测电容器 C 的两引脚后再接触，表针应重复以上过程。

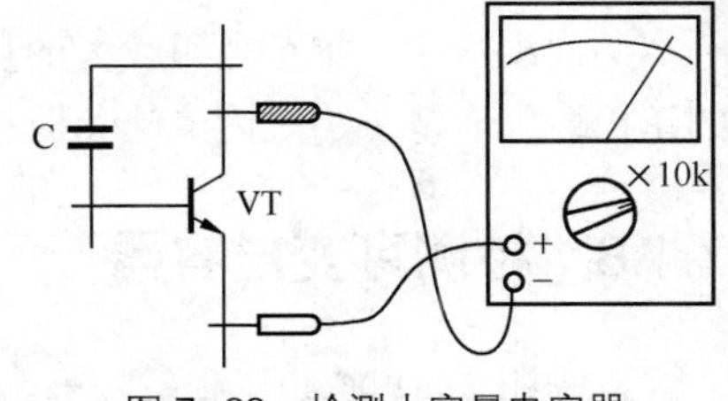

图 7-23　检测小容量电容器

7.1.6　串联法测量大容量电容器

万用表电容挡的最高量程是有限的，如 DT890B 数字万用表测量电容的最大上限为 19.99μF。对于超出最高量程的大容量电容器，可以采用串联法进行测量。

如图 7-24 所示，用一只已知电容器 C_1 与被测电容器 C_x 串联起来，接入数字万用表电容挡进行测量，设数字万用表显示值为 C_2，则被测电容器 $C_x=\frac{C_1C_2}{C_1-C_2}$。

例如，已知电容器 $C_1=10\mu F$，数字万用表测量 C_1 与 C_x 串联后的容量 $C_2=8\mu F$，代入以上公式计算，$C_x=\frac{10\times 8}{10-8}=40\mu F$。

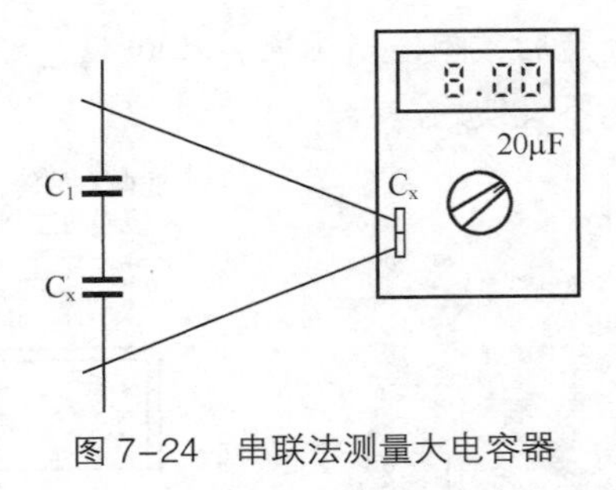

图 7-24　串联法测量大电容器

7.1.7　判别电解电容器正负极

绝大多数电解电容器是有极性电容器，其引脚有正、负极之分。使用电解电容器时，其正极引线应接在电路中电位高的一端，负极引线应接在电位低的一端。如果极性接反了，会使漏电流增大并易损坏电解电容器。

对于正、负极标志模糊不清的电解电容器，可用测量其正、反向绝缘电阻的方法，判断出其引脚的正、负极性。具体方法如图 7-25 所示，万用表置于"R × 1k"挡，两表笔分别接电解电容器的两引脚，表针将先向右偏转再向左回归，待表针稳定于静止状态时，所指示即为电解电容器的绝缘电阻。将红、黑表笔对调后再测出第二个绝缘电阻。

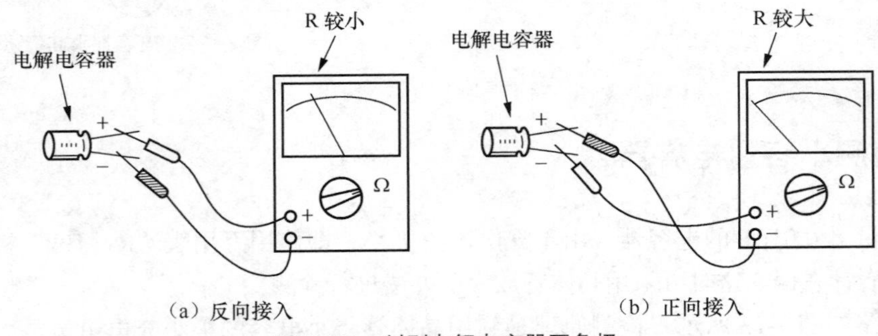

图 7-25　判别电解电容器正负极

两次测量中，绝缘电阻较大的那一次，黑表笔（与表内电池正极相连）所接为电解电容器的正极，红表笔（与表内电池负极相连）所接为电解电容器的负极。

7.1.8　检测可变电容器

可变电容器是电容量在一定范围内可以连续调节的电容器，是一种常用的可调电子元件，如图 7-26 所示。

可变电容器可分为固体密封可变电容器、空气介质可变电容器、单连可变电容器、双连可变电容器和多连可变电容器等种类。

可变电容器的主要参数是最大电容量，一

图 7-26　可变电容器

般直接标示在可变电容器上。在电路图中，可以只标注出最大容量，如“360p”。也可以同时标注出最小容量和最大容量，如“6/170p”、“1.5/10p”，如图 7-27 所示。

可变电容器的特点是电容量可以连续改变。可变电容器由两组互相绝缘的金属片组成电极，其中一组固定不动，称为定片；另一组安装在旋轴上可以旋转，称为动片。固体密封可变电容器和空气介质可变电容器的定片、动片引出端如图 7-28 所示，双连可变电容器一般只有一个动片引出端，两连共用。

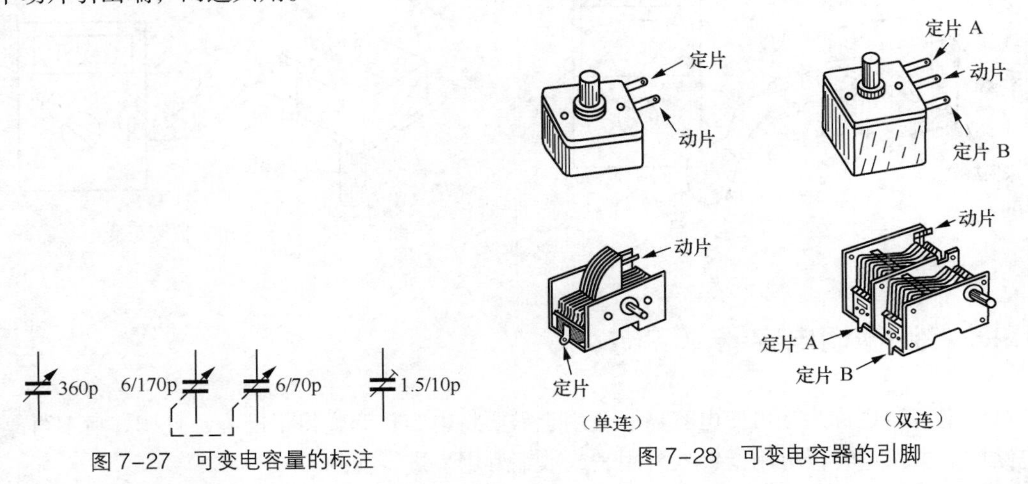

图 7-27 可变电容量的标注

图 7-28 可变电容器的引脚

可变电容器动片的旋转角度通常为 180°，动片全部旋入定片时容量最大，全部旋出时容量最小。根据容量随动片旋转角度变化的特性不同，可变电容器可分为直线电容式、直线频率式、对数式等，如图 7-29 所示。

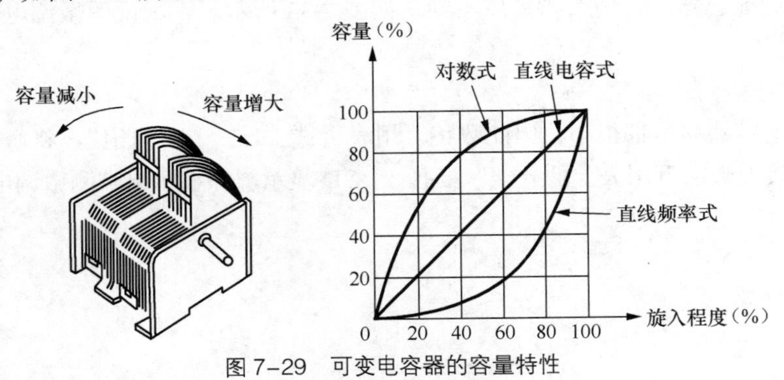

图 7-29 可变电容器的容量特性

可变电容器可用万用表进行检测。

1. 指针式万用表检测

指针式万用表检测可变电容器主要是检测其有否短路。检测时万用表置于“R × 1k”或“R × 10k”挡，如图 7-30 所示。

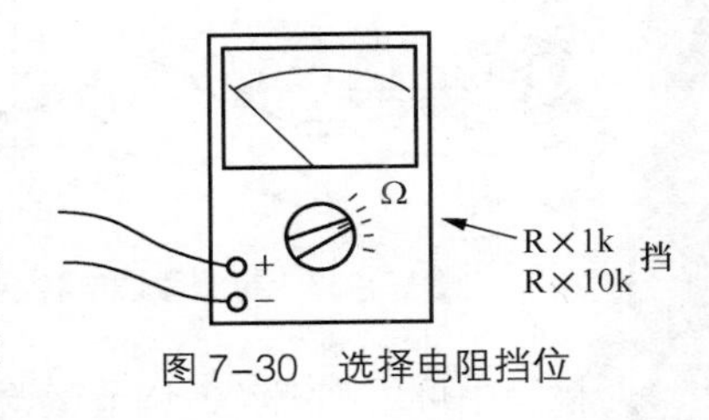

图 7-30 选择电阻挡位

将万用表两表笔（不分正、负）分别与可变电容器的两端引线可靠相接，然后来回旋转可变电容器的旋柄，万用表指针均应不动，如图 7-31 所示。如旋转到某处指针摆动，说明可变电容器有短路现象，不能使用。对于双连可变电容器，应对每一连分别进行检测。

2. 数字万用表检测

数字万用表置于“电容 2nF”挡，不用接表笔。将被测可变电容器动片全部旋进定片，两引脚用导线连接至数字万用表电容插孔“C_x”，如图 7-32 所示，显示屏即显示出该可变电容器的最大容量。缓慢旋出动片，显示的容量应逐步减小。

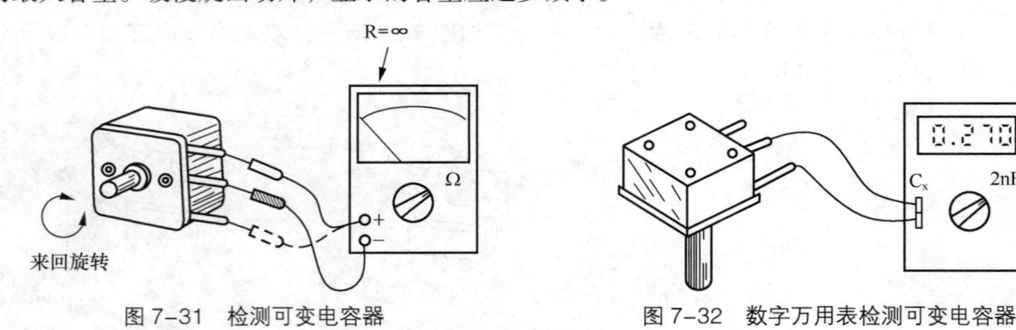

图 7–31 检测可变电容器　　图 7–32 数字万用表检测可变电容器

7.1.9 检测微调电容器

微调电容器也称为半可变电容器，适用于需要将电容量调整得很准确，且调好后不再改变的电路中。微调电容器可用指针式万用表或数字万用表进行检测。

1. 指针式万用表检测

指针式万用表主要是检测微调电容器是否有短路现象。检测时，万用表置于“R × 1k”或“R × 10k”挡。将万用表两表笔（不分正、负）分别与微调电容器的两引出端可靠相接，用小螺丝刀调节微调电容器，万用表指针应不动，如图 7-33 所示。否则说明微调电容器有短路现象，不能使用。

2. 数字万用表检测

由于微调电容器容量都很小，因此数字万用表可选“2nF”电容挡位。将微调电容器两引出端用导线连接至数字万用表上的“C_x”插孔，LCD 显示屏即显示出被测微调电容器的容量，如图 7-34 所示。

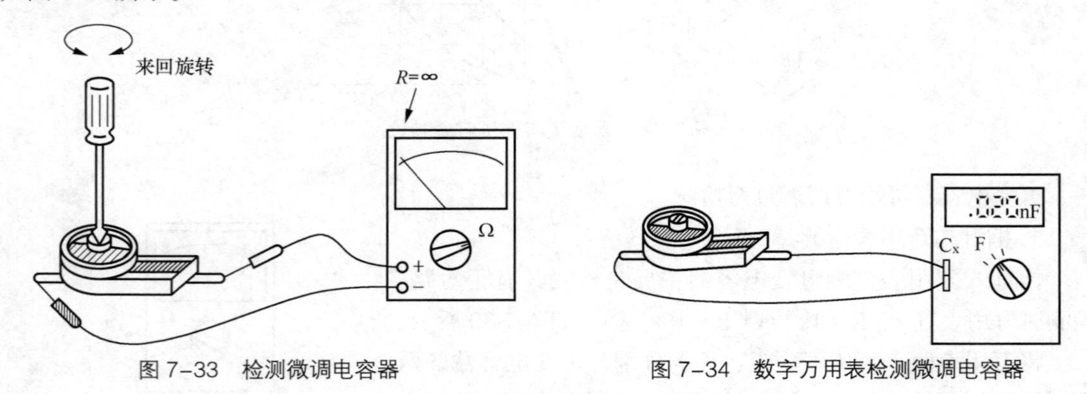

图 7–33 检测微调电容器　　图 7–34 数字万用表检测微调电容器

检测中可用小螺丝刀调节微调电容器，观察其容量变化情况和有无短路现象。如数字万用表显示“000”（短路）、仅最高位显示“1”（断路）等，则说明该微调电容器已损坏。

7.2 电感器检测

电感器通常简称为电感，是最基本和最常用的电子元器件之一，可分为固定电感器、可变电感器、微调电感器三大类，包括空心电感器、磁芯电感器、铁芯电感器、铜芯电感器等，如图 7-35 所示。

图 7-35 电感器

线圈装有磁芯或铁芯，可以增加电感量，一般磁芯用于高频场合，铁芯用于低频场合。线圈装有铜芯，则可以减小电感量。

电感器的文字符号为“L”，图形符号如图 7-36 所示。

电感器的特点是通直流阻交流。直流电流可以无阻碍地通过电感器，而交流电流通过时则会受到很大的阻力。电感线圈在通过电流时会产生自感电动势，自感电动势总是反对原电流的变化，如图 7-37 所示。

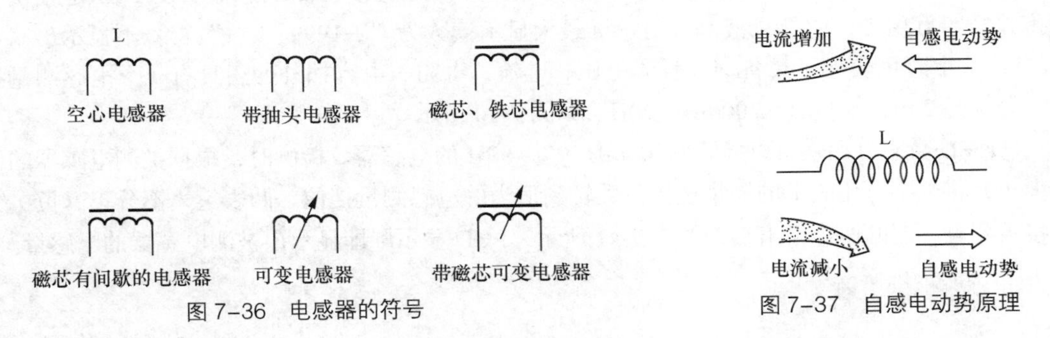

图 7-36 电感器的符号

图 7-37 自感电动势原理

当通过电感线圈的原电流增加时，自感电动势与原电流反方向，阻碍原电流增加。当原电流减小时，自感电动势与原电流同方向，阻碍原电流减小。

自感电动势的大小与通过电感线圈的电流的变化率成正比。直流电的电流变化率为“0”，所以其自感电动势也为“0”，直流电可以无阻力地通过电感线圈（忽略电感线圈极小的导线电阻）。

交流电的电流时刻在变化，它在通过电感线圈时必然受到自感电动势的阻碍。交流电的频率越高，电流变化率越大，产生的自感电动势也越大，交流电流通过电感线圈时受到的阻力也就越大。

电感器的主要作用是分频、滤波、谐振和磁偏转等。电感器的好坏可以用数字万用表或指针式万用表进行检测。

7.2.1 数字万用表检测电感器

电感器的主要参数是电感量。电感量的基本单位是亨利，简称亨，用字母“H”表示。在实际应用中，一般常用毫亨（mH）或微亨（μH）作单位。它们之间的相互关系是：1H=1000mH，1mH =1000μH。

电感器上电感量的标示方法有直标法和色标法两种。直标法就是将电感量直接用文字印刷在电感器上，如图 7-38 所示。

色标法就是用色环来表示电感量，其单位为 μH。如图 7-39 所示，在电感器上印有 4 道色环，第 1、第 2 环表示两位有效数字，第 3 环表示倍乘数，第 4 环表示允许偏差。各色环颜色的含义与色环电阻器相同。

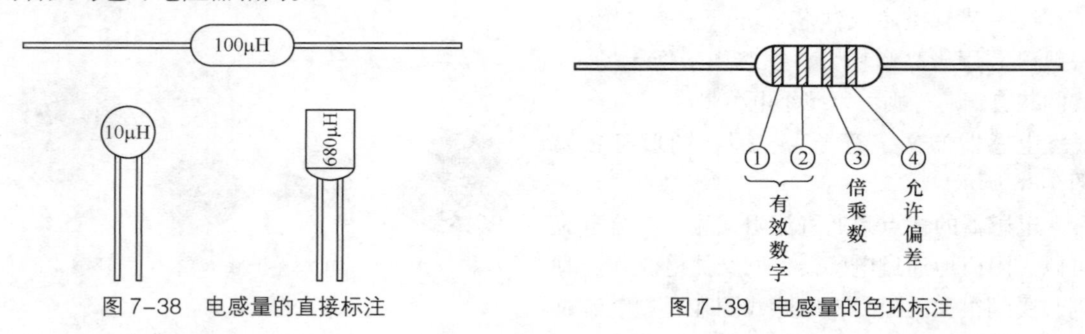

图 7-38 电感量的直接标注

图 7-39 电感量的色环标注

UT58D 等具有电感挡的数字万用表，可以很方便地直接检测电感器。UT58D 是三位半便携式数字万用表，LCD（液晶）显示屏最大显示读数为“± 1999”（“+”符号不显示出来）。UT58D 数字万用表除了具备交、直流电压、电流、电阻、电容挡外，还具有 4 个电感测量挡位，分别是 2mH、20mH、200mH、20H，如图 7-40 所示。

UT58D 数字万用表可以检测 0.001mH ～ 19.99H 的电感器。检测时，根据被测电感器的估计大小，将数字万用表上的测量选择开关转到适当的电感测量挡位，两表笔（不分正、负）分别接被测电感器的两个引出端，如图 7-41 所示，LCD 显示屏即显示出被测电感器的电感量。

图 7-40 UT58D 数字万用表

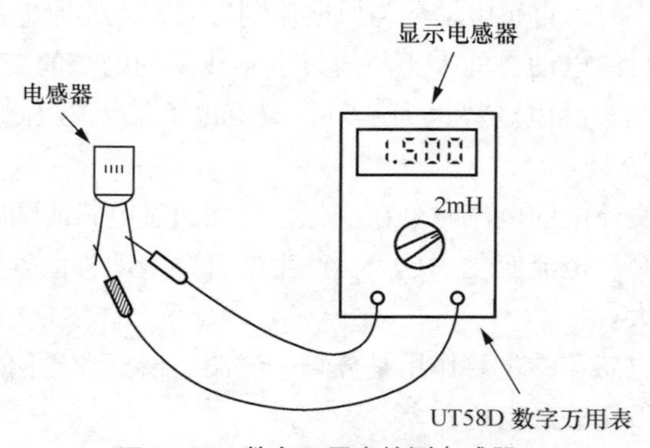

图 7-41 数字万用表检测电感器

如果 LCD 显示屏仅最高位显示“1”，表示被测电感器超出了所选量程，应选择更高量程进行测量。

如果在电感最高挡显示屏仍仅最高位显示“1”，说明被测电感器可能是超出最高量程，也可能是内部断路。如果 LCD 显示屏显示“000”，说明被测电感器内部短路。如果显示的电感值与电感器上的标称值相差很大，也说明该电感器已损坏。

7.2.2 电容挡间接检测电感器

对于没有专门电感测量挡位的数字万用表（如 DT890B），可以放在电容挡测量，还可以利用测量二极管和通断的“⊣⊢”挡进行检测。

DT890B 等数字万用表的电容挡大都采用容抗法测量电容量，因此也可以用来间接测量电感器的电感量。

数字万用表电容挡测量电感器时，实际上是用被测电感器的感抗替代了容抗，测量结果在 LCD 显示屏上仍显示为电容量，再经转换公式计算得出电感量。由于数字万用表电容挡采用 400Hz 正弦波作为信号源，若取电容量的单位为“μF”、电感量的单位为“mH”，则转换公式为：

$$L_x=\frac{156}{C_x}$$

式中，L_x 为被测电感器的电感量（mH），C_x 为数字万用表显示的电容量读数（μF）。

检测时，数字万用表置于适当的电容挡，不用接表笔，将被测电感器直接插入数字万用表的电容测试插座即可，如图 7-42 所示。

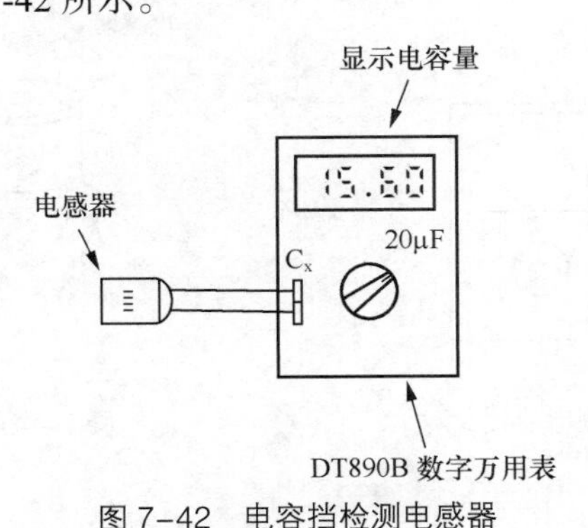

图 7-42 电容挡检测电感器

由于数字万用表电容挡的最大量程大都为 20μF，因此上述方法只能测量 7.8mH 以上的电感器。当被测电感器的电感量小于 7.8mH 时，数字万用表将显示溢出符号（仅最高位显示“1”）。

7.2.3 二极管和通断挡检测电感器

数字万用表往往还具有一个测量二极管和通断的挡位“⊣⊢”挡，可以用来快速检测电感器。检测时，红表笔插入数字万用表的“VΩ”插孔为正表笔，黑表笔插入“COM”插孔为负表笔，转动测量选择开关至“⊣⊢”挡，如图 7-43 所示。

用数字万用表两表笔（不分正、负）接触被测电感器的两引脚，这时数字万用表内的蜂鸣

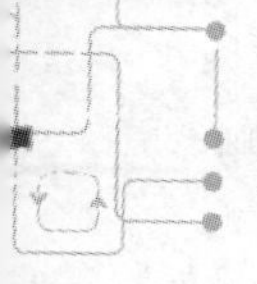

器响起，表示电感器线圈是通的，电感器完好，如图 7-44 所示。如果蜂鸣器不响，则说明被测电感器内部断路损坏。

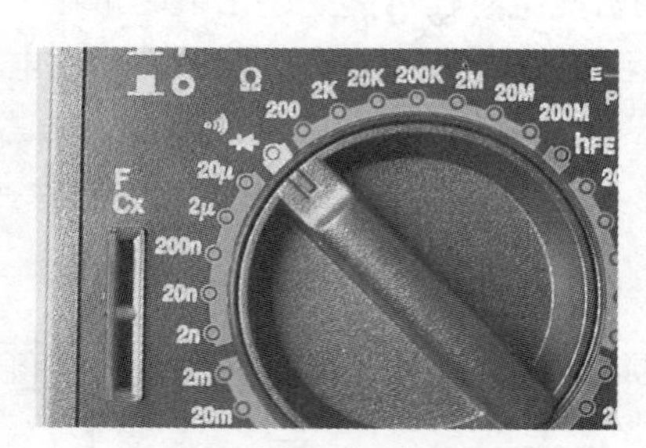

图 7-43　选择二极管和通断挡位

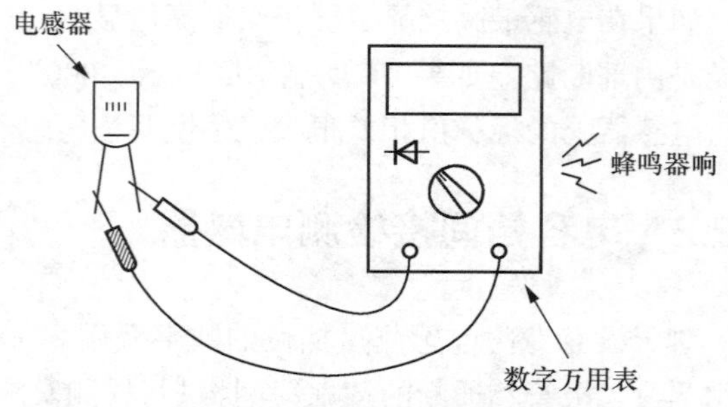

图 7-44　通断挡检测电感器

7.2.4　指针式万用表检测电感器

将万用表置于“R×1”挡，两表笔（不分正、负）与电感器的两引脚相接，表针指示应接近为“0Ω”（因为电感器线圈具有很小的直流电阻），如图 7-45 所示。如果万用表表针不动，说明该电感器内部断路。如果表针指示不稳定，说明电感器内部接触不良。

对于电感量较大的电感器，由于其线圈圈数相对较多，直流电阻相对较大，万用表指示应有一定的阻值，如图 7-46 所示。如果万用表表针指示为“0Ω”，说明该电感器内部短路。

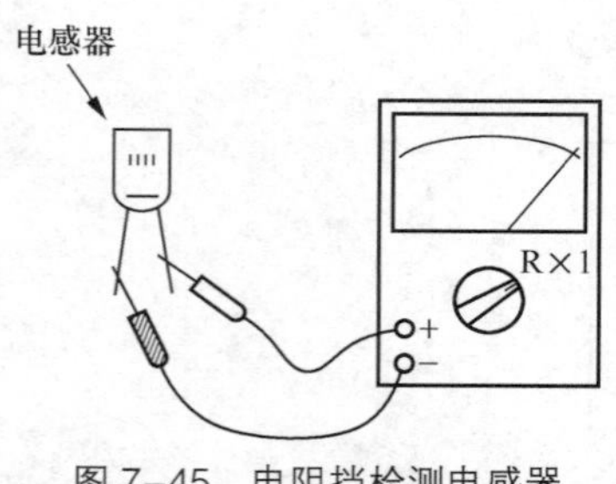

图 7-45　电阻挡检测电感器

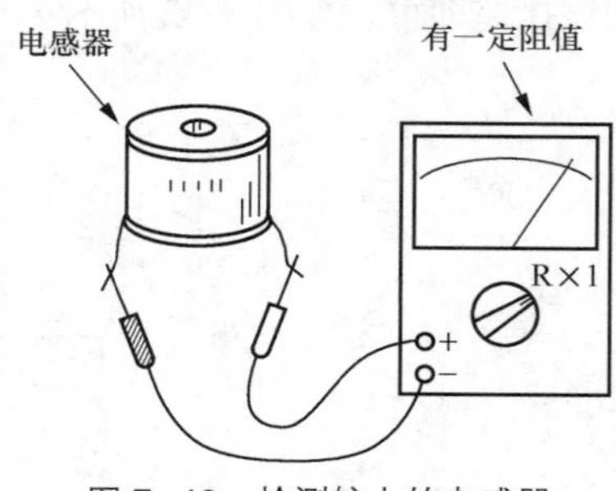

图 7-46　检测较大的电感器

7.2.5　交流电压挡测量电感器

指针式万用表（以 MF47 型为例）没有专门的电感挡，测量电感器时使用“交流 10V”挡，如图 7-47 所示。测量时需外接 10V、50Hz 交流电压作为信号源，可通过电源变压器将交流 220V 市电降压后获得。需要注意的是，10V、50Hz 交流电压必须准确，否则会影响测量的准确性。

图 7-47　测量电感选“交流 10V”挡

测量时，将被测电感器与万用表任一表笔相串联，然后并接于 10V、50Hz 交流电压上，即可直接测量出被测电感器的电感量，如图 7-48 所示。

测量结果可直接从表面上的电感刻度读出。MF47 型万用表表面上第 5 条刻度线为电感刻度线，图 7-49 示例中读数为“120H”。如果表针不动，说明该电感器断路损坏。如果表针指示值与电感器上标示值相差很大，也说明该电感器已损坏。

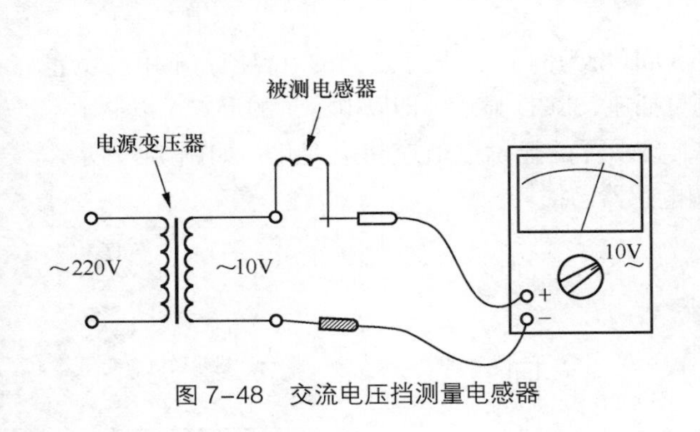

图 7-48　交流电压挡测量电感器

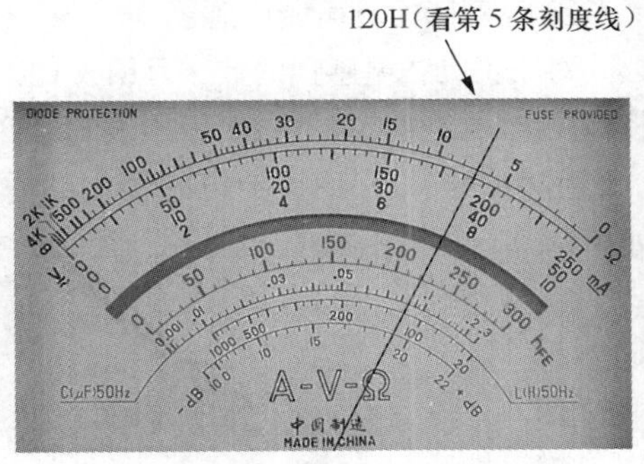

图 7-49　电感挡的读数

7.2.6　检测电感器绝缘性能

检测电感器的绝缘情况，主要是针对具有铁芯或金属屏蔽罩的电感器。检测时，万用表置于“R × 10k”挡，如图 7-50 所示，测量电感器线圈引线与铁芯或金属屏蔽罩之间的电阻，均应为无穷大（万用表表针不动），否则说明该电感器绝缘不良。

对于无外壳的电感器，同时还应仔细观察电感器结构，线圈绕线应不会松散或变形，引出端应固定牢固，磁芯既可灵活转动、又不会松动，如图 7-51 所示。

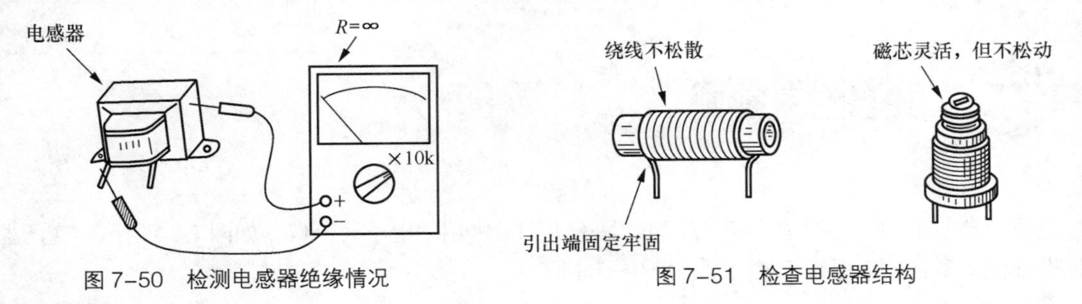

图 7-50　检测电感器绝缘情况

图 7-51　检查电感器结构

7.2.7　检测可调电感器

可调电感器也称为可变电感器，大都带有磁芯，通过调节磁芯可以使电感量在一定范围内变化。

检测可调电感器，除了按上述方法作电感器的常规检测外，还可以利用数字万用表检测其电感量变化情况。

1. 电感挡检测可调电感器

检测时，根据被测电感器的估计大小，将数字万用表（以 UT58D 型为例）上的测量选择开关转到适当的电感测量挡位，两表笔（不分正、负）分别接被测电感器的两个引出端，LCD显示屏即显示出被测电感器的电感量。

用小螺丝刀来回调节电感器中的磁芯，显示的电感量数值应相应变化，如图 7-52 所示。如果调节磁芯电感量无变化，说明该可调电感器已损坏。

2. 电容挡检测可调电感器

对于不具备电感挡的数字万用表（以 DT890B 型为例），可置于适当的电容挡，不用接表笔，将被测电感器直接插入数字万用表的电容测试插座，LCD 显示屏即以电容量的形式予以显示。

用小螺丝刀来回调节电感器中的磁芯，显示屏的显示数值应相应变化，如图 7-53 所示。如果调节磁芯显示数值无变化，说明该可调电感器已损坏。

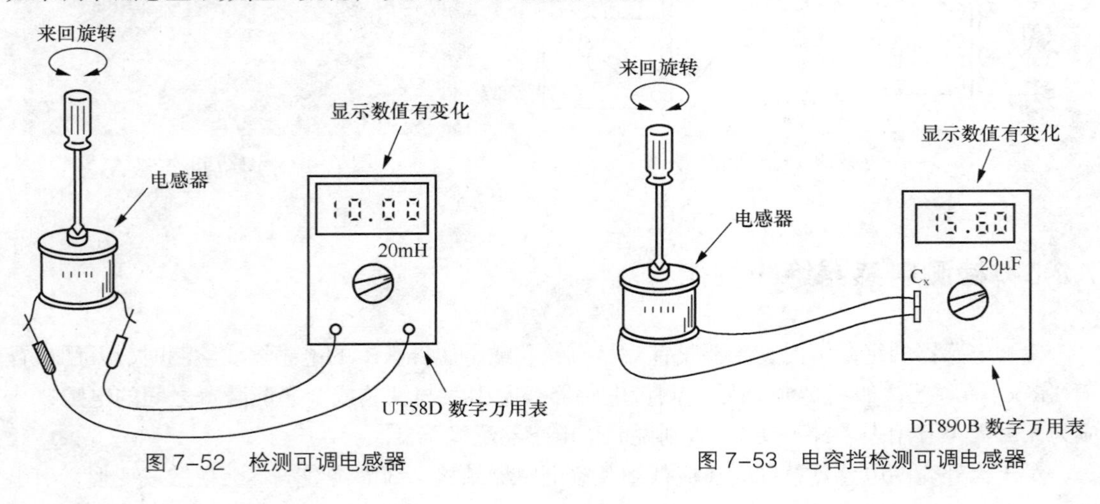

图 7-52 检测可调电感器　　图 7-53 电容挡检测可调电感器

7.3 变压器检测

变压器是一种主要用于改变电压的、最基本和最常用的电子元器件，如图 7-54 所示。变压器种类规格繁多，大小形状千差万别，应用于各种不同要求的场合。根据工作频率不同，变压器可分为电源变压器、音频变压器、中频变压器和高频变压器 4 大类；根据结构与材料的不同，变压器又可分为铁芯变压器、固定磁芯变压器、可调磁芯变压器等。铁芯变压器适用于低频状态下，磁芯变压器更适合工作于高频状态下。

图 7-54 变压器

变压器在各种各类电子电路和电子设备中广泛应用。变压器的文字符号为“T”，图形符号如图 7-55 所示。

变压器的特点是传输交流隔离直流，并可同时实现电压变换、阻抗变换和相位变换。变压器各绕组线圈间互不相通，但交流电压可以通过磁场耦合进行传输。

变压器是利用互感应原理工作的。如图 7-56 所示，变压器由初级绕组和次级绕组两部分互不相通的线圈组成，它们绕在同一个铁芯上，利用铁芯作为耦合媒介。

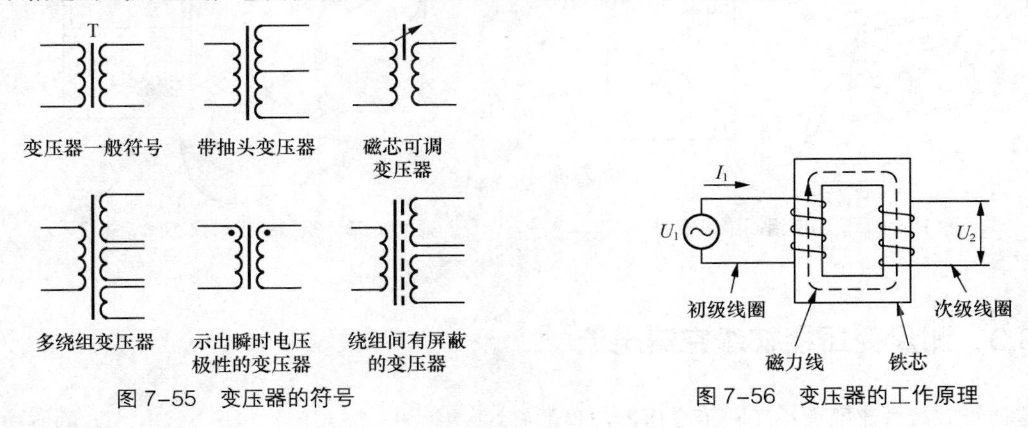

图 7–55 变压器的符号

图 7–56 变压器的工作原理

当在初级线圈两端加上交流电压 U_1 时，交流电流 I_1 流过初级线圈时产生交变磁场，这个交变磁场的磁力线集中在铁芯中，并且必然也穿过绕在同一铁芯上的次级线圈，这样在次级线圈两端即可获得交流电压 U_2。直流电压不会产生交变磁场，所以次级线圈就无法产生感应电压。

各种变压器都可以用万用表进行检测。

7.3.1 检测变压器绕组线圈

检测时，万用表置于“R × 1”挡，两表笔（不分正、负）分别测量变压器初级和次级各绕组线圈，均应有一定的阻值，如图 7-57 所示。一般来说，电压高、电流小的绕组因为线圈圈数多、导线细而阻值较大，电压低、电流大的绕组因为线圈圈数少、导线粗而阻值较小。

如果万用表表针不动，说明该绕组内部断路。如果万用表指示阻值为“0”，说明该绕组内部短路。以上情况都说明该变压器已损坏。

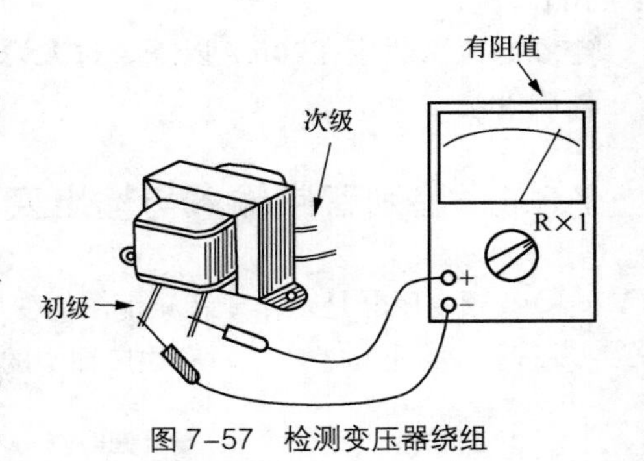

图 7–57 检测变压器绕组

7.3.2 检测绝缘电阻

绝缘性能关系到变压器的使用安全，包括变压器各绕组之间的绝缘、绕组与铁芯之间的绝缘、绕组与金属外壳之间的绝缘等。检测时，万用表置于“R × 1k”或“R × 10k”挡，分别测量变压器每两个绕组线圈之间的绝缘电阻，表针指示均应为无穷大，如图 7-58 所示。

然后再测量每个绕组线圈与变压器铁芯、变压器金属外壳之间的绝缘电阻，表针指示也均应为无穷大，如图 7-59 所示。否则说明该变压器绝缘性能太差，不能使用。

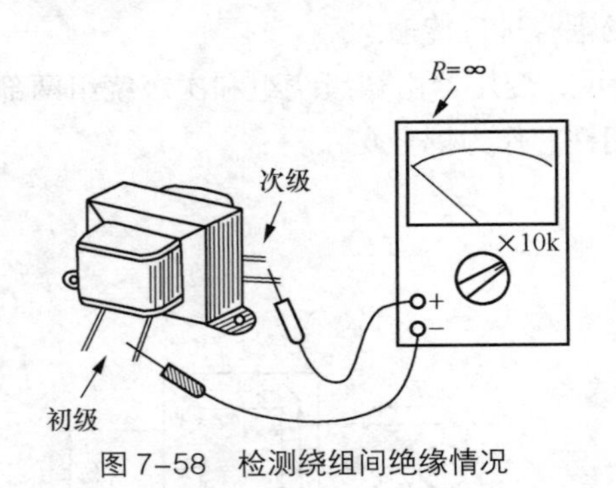

图 7-58　检测绕组间绝缘情况

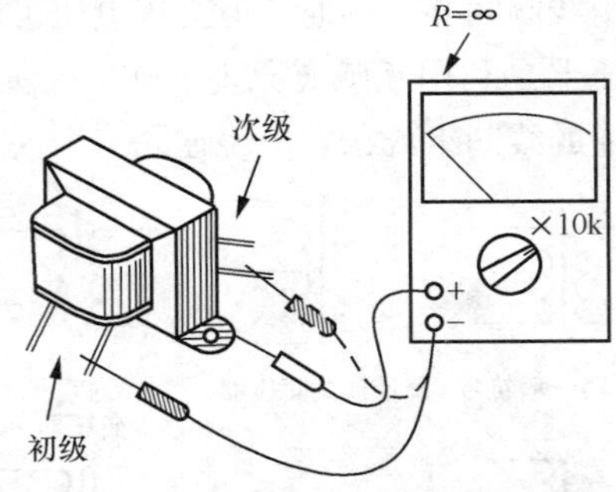

图 7-59　检测绕组与铁芯间绝缘情况

7.3.3　测量变压器初级空载电流

初级空载电流的大小反映了变压器质量的好坏。检测电源变压器初级空载电流 I_o 的方法如图 7-60 所示，变压器所有次级引线悬空，初级串接一只 50 ～ 100Ω 的取样电阻 R，然后接入交流 220V 电源。

用万用表“交流 10V”挡测量取样电阻 R 上的压降 U_R，根据 $I_o = U_R/R$ 即可计算出初级空载电流。例如，取样电阻 $R = 100\Omega$，万用表读数为 1V，则该电源变压器的初级空载电流 $I_o = \frac{1}{100} = 0.01$（A）= 10mA。电源变压器的初级空载电流一般应在20mA以下，过大说明变压器质量差。

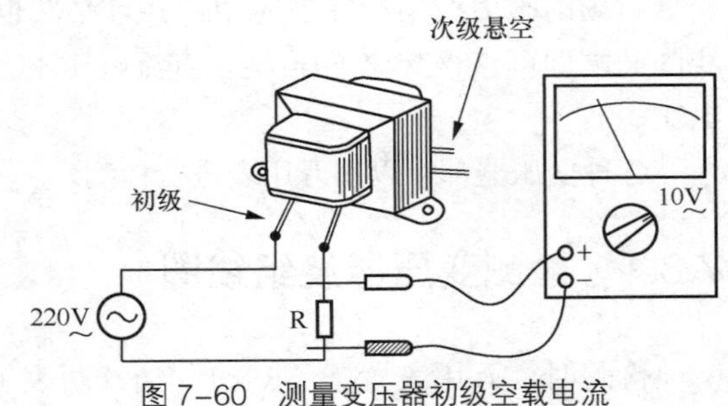

图 7-60　测量变压器初级空载电流

7.3.4　鉴别音频输入与输出变压器

音频变压器是工作于音频范围的变压器。放大器中的输入变压器和输出变压器都属于音频变压器，如图 7-61 所示。有线广播中的线路变压器也是音频变压器，如图 7-62 所示。

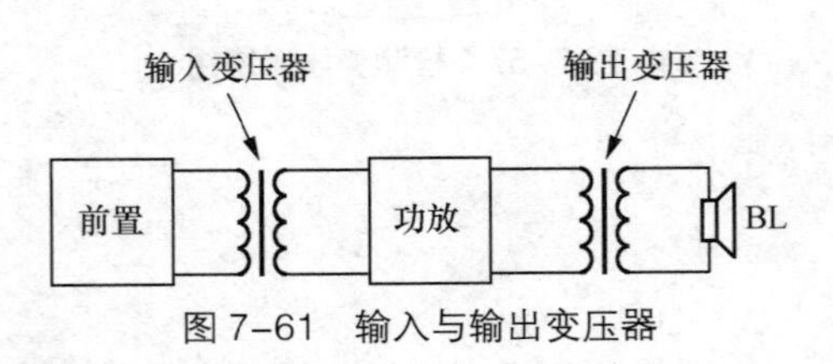

图 7-61　输入与输出变压器

音频变压器的主要参数是阻抗比和额定功率。阻抗比是指音频变压器初级与次级之间的阻抗比值。额定功率是指音频变压器正常工作时所能承受的最大功率。音频变压器的主要用途是阻抗匹配、信号传输与分配。

音频推挽功率放大器所用的输入变压器和输出变压器外形一样，均为 5 个引出线，如果标志不清，可用万用表进行鉴别。

鉴别方法如图 7-63 所示，用万用表“R × 1”挡测量音频变压器有两根引出线的绕组，如果被测绕组的阻值在 1Ω 左右则为输出变压器，如果被测绕组的阻值在几十到几百欧姆则为输入变压器。

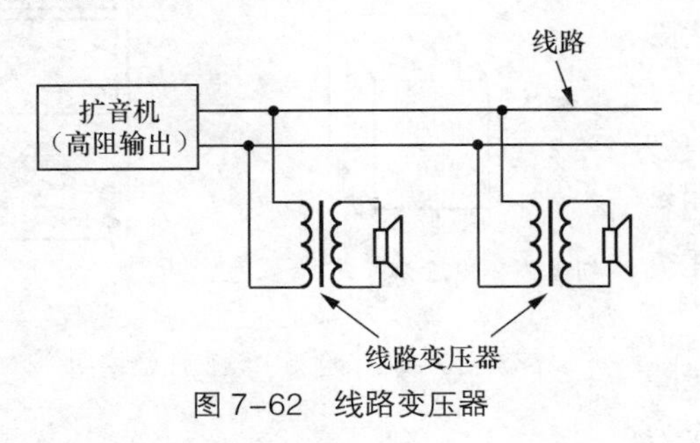

图 7-62　线路变压器

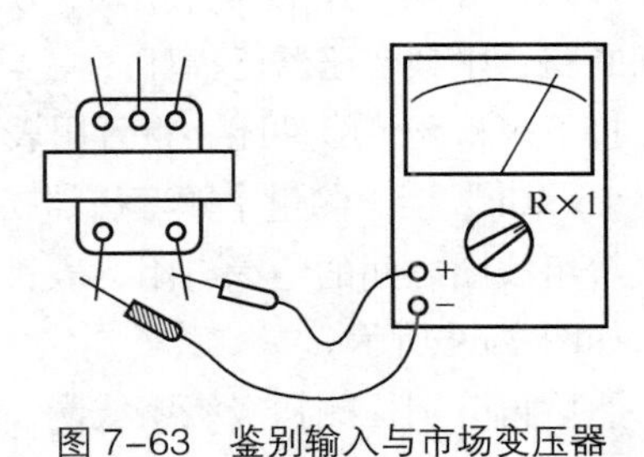

图 7-63　鉴别输入与市场变压器

7.3.5　检测中频变压器

中频变压器习惯上简称为中周，是工作于中频范围的变压器，如图 7-64 所示。中频变压器具有选频与耦合的作用，主要应用于超外差收音机和电视机的中频放大电路中。

中频变压器分为单调谐式和双调谐式两种，如图 7-65 所示。单调谐式初、次级绕在一个磁芯上，依靠磁场进行耦合。双调谐式初、次级分为两个独立的线圈，依靠电容进行耦合。

图 7-64　中频变压器

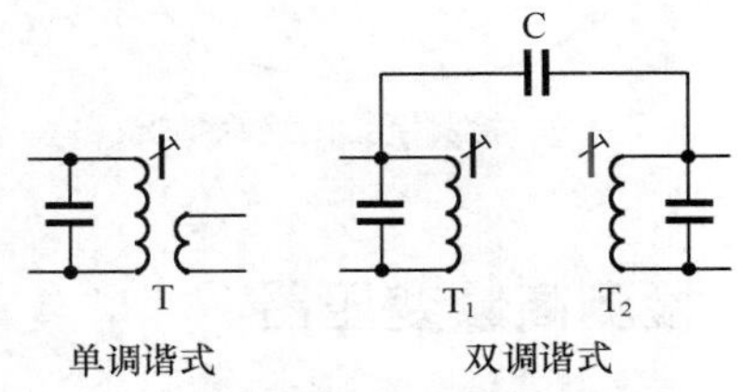

图 7-65　单调谐式和双调谐式

中频变压器的结构特点是磁芯可以调节，以便微调电感量。图 7-66（a）所示为调磁帽式，图 7-66（b）所示为调磁杆式。磁帽或磁杆上带有螺纹，可上下旋转移动。当磁帽或磁杆向下移动时电感量增大，向上移动时电感量减小。

中频变压器的主要参数是谐振频率（配以指定电容器）、通频带、Q 值和电压传输系数。图 7-67 所示为中频变压器幅频特性曲线，f_0 为谐振频率，Δf 为通频带。

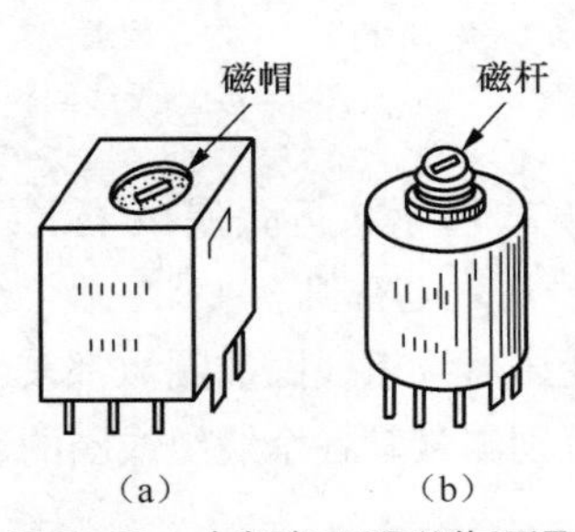

图 7-66　中频变压器磁芯可调节

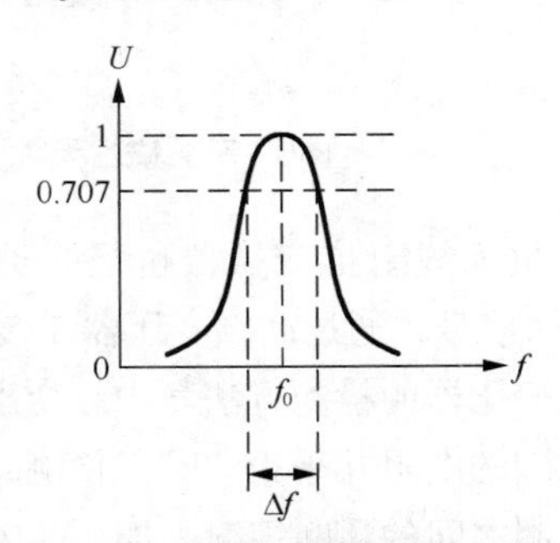

图 7-67　中频变压器幅频特性曲线

检测中频变压器时，万用表置于“R × 1”挡，分别测量其初级绕组线圈和次级绕组线圈，均应为导通（表针指向接近“0Ω”的地方），如图7-68所示。如果万用表表针不动，说明该绕组线圈内部断路，中频变压器已损坏。

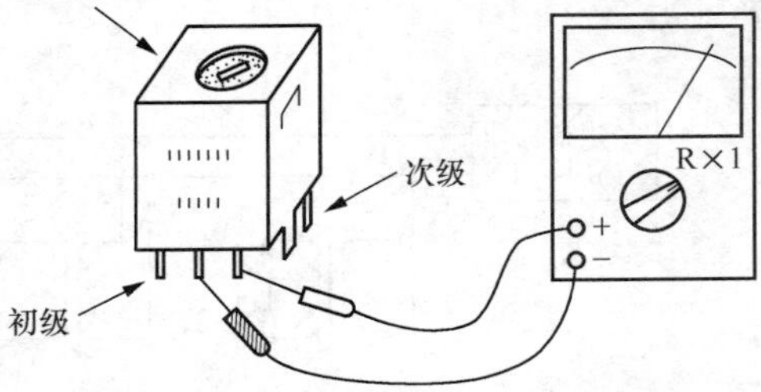

图 7-68　检测中频变压器绕组

接下来检测绝缘性能。将万用表置于“R × 1k”或“R × 10k”挡，测量中频变压器初级绕组线圈和次级绕组线圈之间的绝缘电阻，表针指示应为无穷大，如图7-69所示。

然后再分别检测初级绕组线圈、次级绕组线圈与中频变压器金属外壳之间的绝缘电阻，也均应为无穷大，如图7-70所示。否则说明该中频变压器绝缘性能太差，不能使用。

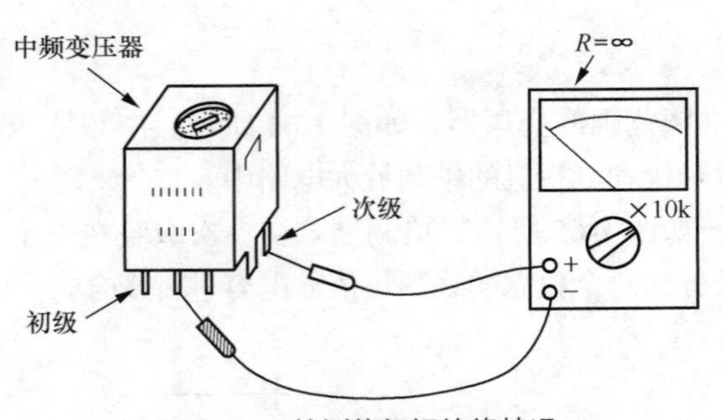

图 7-69　检测绕组间绝缘情况

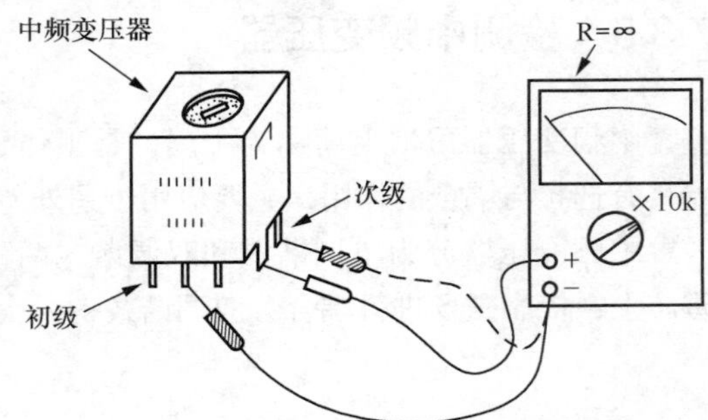

图 7-70　检测绕组与外壳间绝缘情况

7.3.6　检测高频变压器

高频变压器通常是指工作于射频范围的变压器。收音机的磁性天线就是一个高频变压器，如图7-71所示。天线回路电路如图7-72所示，初级线圈与可变电容器C组成选频回路，选出的电台信号通过初、次级之间的耦合传输到高放或变频级。

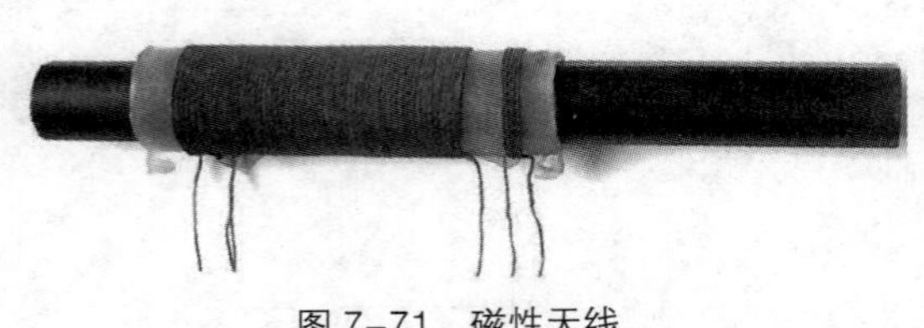

图 7-71　磁性天线

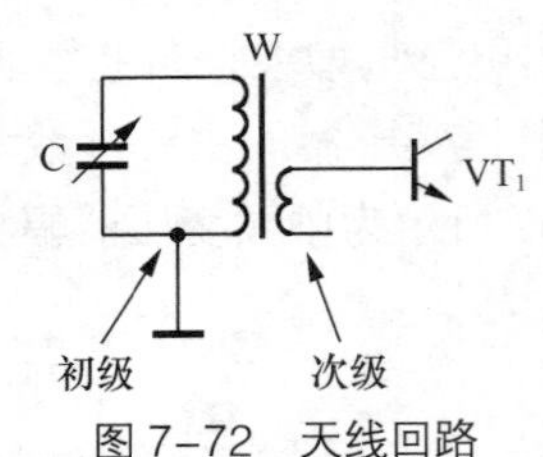

图 7-72　天线回路

电视机天线阻抗变换器也是一种高频变压器，如图7-73所示，折叠偶极子天线输出的300Ω平衡信号，通过高频变压器T变换为75Ω不平衡信号送入电视机。

高频变压器的检测方法与中频变压器相似，由于高频变压器绕组线圈的圈数都较少，因此其绕组线圈的电阻几乎为“0”。检测时，用万用表电阻挡分别测量其各个绕组线圈的通断，以及绕组线圈之间的通断情况，如图7-74所示。

高频变压器各绕组线圈均应为导通（万用表表针指示为“0Ω”），各绕组线圈之间应为不通（万用表表针不动），否则说明该高频变压器已损坏。

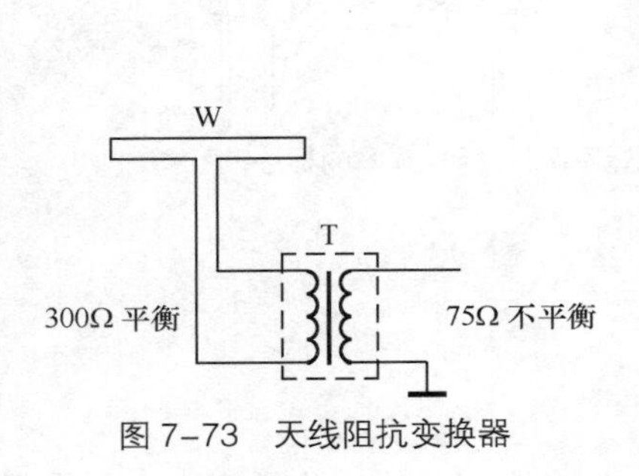

图 7–73 天线阻抗变换器

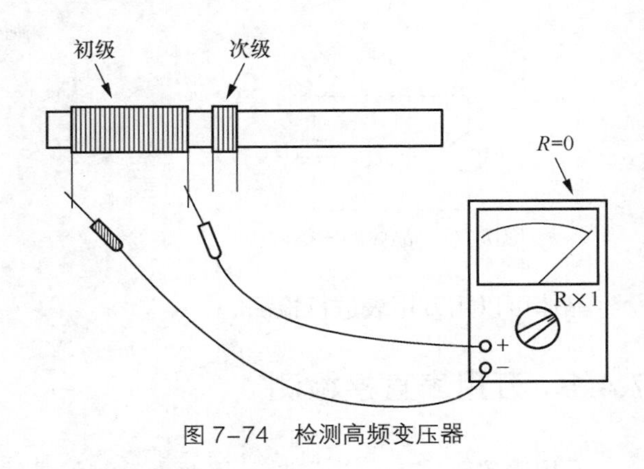

图 7–74 检测高频变压器

7.4 晶体检测

石英晶体谐振器通常简称为晶体，是一种常用的选择频率和稳定频率的电子元件。晶体一般密封在金属、玻璃或塑料等外壳中，如图 7-75 所示。晶体的文字符号为“B”，图形符号如图 7-76 所示。

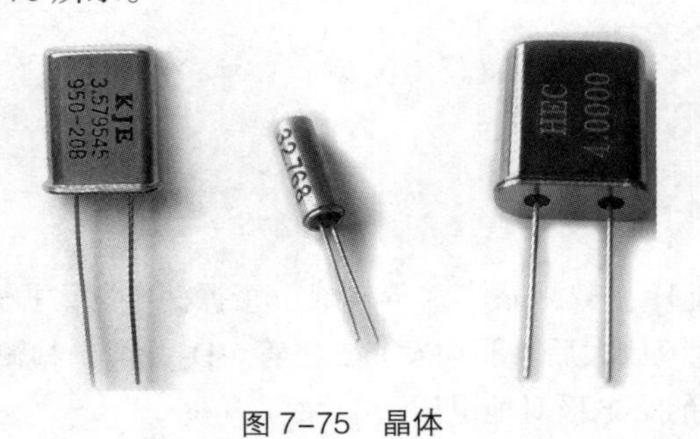

图 7–75 晶体

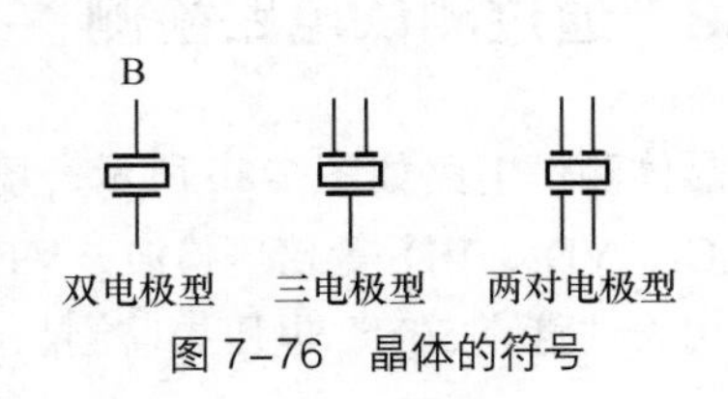

图 7–76 晶体的符号

晶体的特点是具有压电效应。当有机械压力作用于晶体时，在晶体两面即会产生电压；反之，当有电压作用于晶体两面时，晶体即会产生机械变形。

如图 7-77 所示，当在晶体两面加上交流电压时，晶体将会随之产生周期性的机械振动。当交流电压的频率与晶体的固有谐振频率相等时，晶体的机械振动最强，电路中的电流最大，产生了谐振。

晶体的主要作用是稳定频率，构成频率稳定度很高的振荡器，包括并联晶体振荡器、串联晶体振荡器等，广泛应用在电子仪器仪表、通信设备、广播和电视设备、影音播放设备、计算机以及电子钟表等领域。

晶体的主要参数是标称频率。标称频率是指晶体的振荡频率，通常直接标注在晶体的外壳上，一般用带有小数点的几位数字来表示，单位为 MHz 或 kHz，如图 7-78 所示。标注有效数字位数较多的晶体，其标称频率的精度较高。

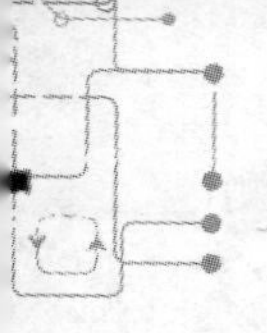

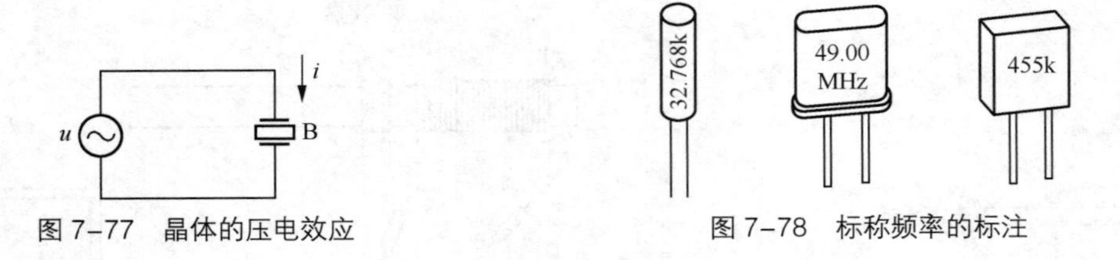

图 7–77　晶体的压电效应　　　　图 7–78　标称频率的标注

晶体可以用万用表进行检测。

7.4.1　万用表直接检测

万用表置于“R × 10k”挡，用两表笔测量晶体的正、反向电阻，均应为无穷大（万用表表针不动），如图 7-79 所示。如果万用表表针有一定的阻值指示，说明该晶体已漏电。如果万用表表针指示为“0”，说明该晶体已击穿或短路。以上情况都说明该晶体已损坏。

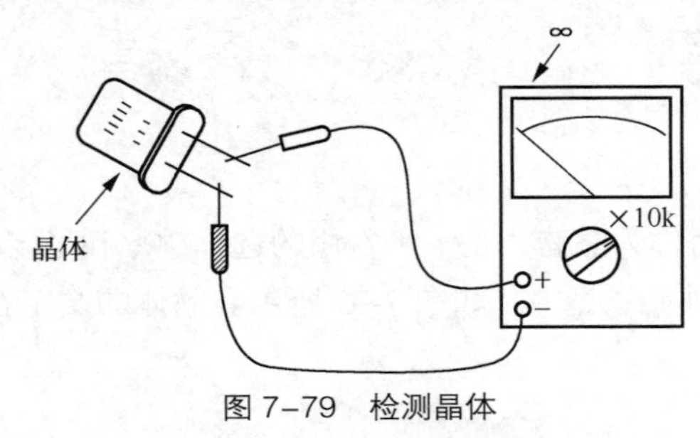

图 7–79　检测晶体

7.4.2　通过测试电路检测

晶体测试电路如图 7-80 所示，场效应管 VT_1 与被测晶体 B 等构成一个振荡电路，振荡信号经 C_1、VD_1、VD_2 等倍压检波，VT_2、VT_3 直流放大后，驱动发光二极管 VD_3 发光。检测时，用万用表“直流 50V”电压挡监测晶体管 VT_3 的集电极对地电压。

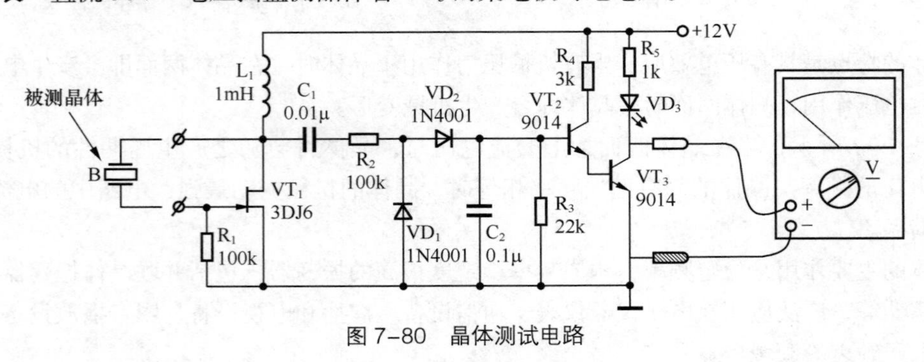

图 7–80　晶体测试电路

将被测晶体接入电路，如果万用表指示晶体管 VT_3 的集电极电压等于或接近于“0V”，同时发光二极管发光，说明该晶体是好的。如果万用表指示晶体管 VT_3 的集电极电压较高，同时发光二极管不亮，说明该晶体已损坏。该电路可检测各种频率的晶体。

7.5 扬声器与耳机检测

扬声器俗称喇叭，是一种常用的电声转换器件，其基本作用是将电信号转换为声音播放出来。扬声器种类很多，常见的有电动式扬声器、舌簧式扬声器、压电式扬声器、球顶式扬声器、号筒式扬声器等，如图 7-81 所示。扬声器的文字符号是“BL”，图形符号如图 7-82 所示。

图 7-81 扬声器

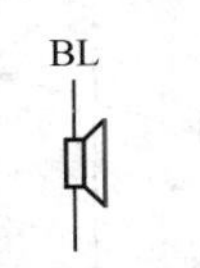

图 7-82 扬声器的符号

扬声器的特点是音量较大、保真度较好，适合多人同时聆听，在广播、通信、音响和家庭影院系统，以及各种公共场所得到广泛的应用。

耳机也是常用的电声转换器件，其特点是体积小、重量轻、灵敏度高、音质好、音量较小，主要用于个人聆听。耳机可分为头戴式耳机、耳塞机、单声道耳机、立体声耳机等，如图 7-83 所示。耳机的文字符号是“BE”，图形符号如图 7-84 所示。

图 7-83 耳机

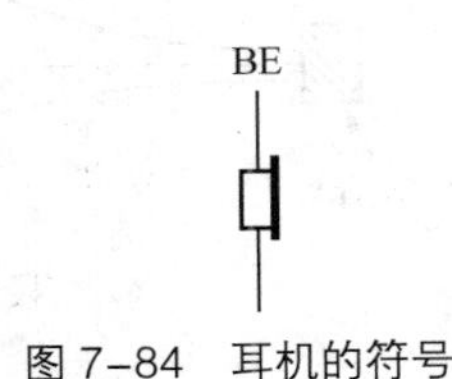

图 7-84 耳机的符号

扬声器和耳机均可用万用表进行检测。

7.5.1 检测扬声器

电动式扬声器是最常用的扬声器。电动式扬声器通常指电动式纸盆扬声器，其结构与工作原理如图 7-85 所示。音圈位于环形磁钢与心柱之间的磁隙中，当音频电流通过音圈时，所产生的交变磁场与磁隙中的固定磁场相互作用，使音圈在磁隙中往复运动，并带动与其粘在一起的纸盆运动而发声。

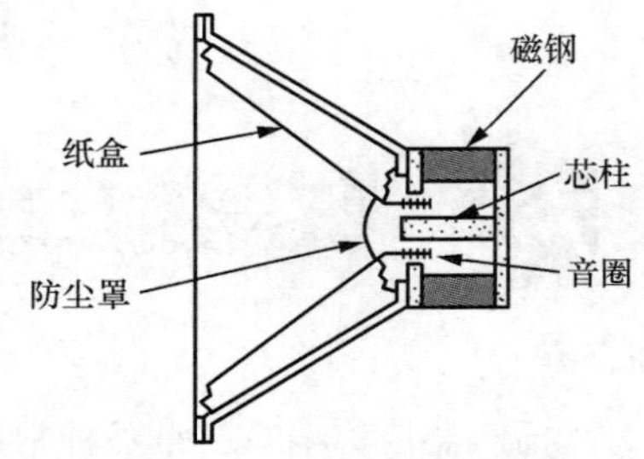

图 7-85　电动式扬声器结构

压电式扬声器是利用压电效应原理工作的，核心是压电陶瓷片，其结构与工作原理如图 7-86 所示。当给压电陶瓷片加上音频电压时，压电陶瓷片就会随音频电压产生相应的机械振动，并带动与其连接在一起的纸盆运动而发声。音频电压越大，压电陶瓷片带动纸盆振动的幅度就越大，发出的声音也就越大。

球顶式扬声器内部结构如图 7-87 所示，其工作原理类似于电动式扬声器，但取消了纸盆，而是采用球顶式振膜。振膜可分为软质振膜和硬质振膜两类。软质振膜一般采用布、丝绸等天然纤维或复合纤维制成，音色甜美自然，属于暖音色。硬质振膜常用钛合金制成，高频瞬态响应更好，音色清脆，属于冷音色。

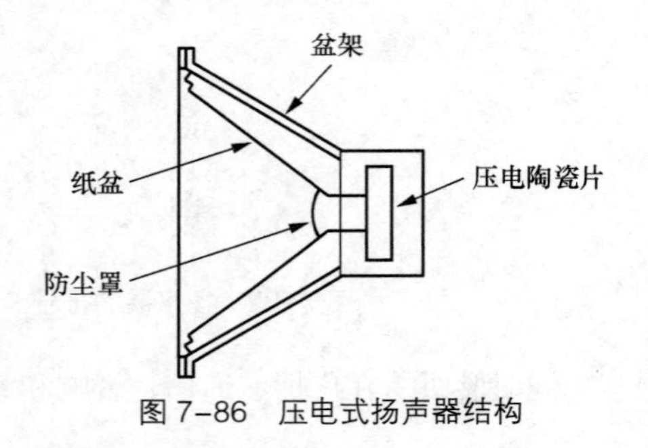

图 7-86　压电式扬声器结构

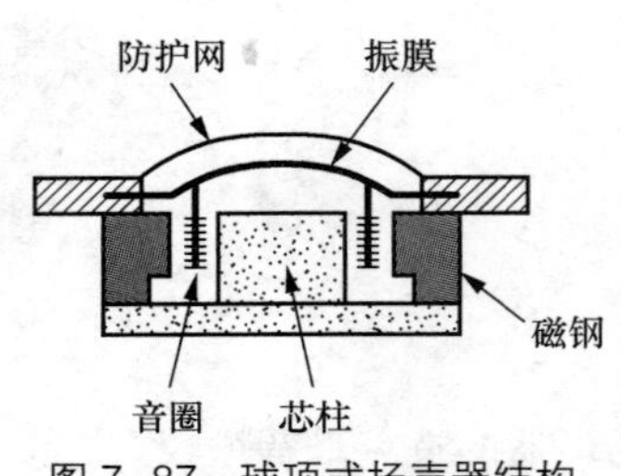

图 7-87　球顶式扬声器结构

号筒式扬声器由发音头和号筒两部分组成，其结构如图 7-88 所示。号筒起到聚集声音的作用，可以使声音更有效地传播。号筒可分为直接式和反射式两类，反射式可以缩短号筒的长度。

检测扬声器时，万用表置于“R × 1Ω”挡，并进行欧姆挡校零。然后用万用表两表笔（不分正、负）断续触碰扬声器两引出端，如图 7-89 所示，扬声器中应发出“喀、喀……”声，声音越大越清脆越好。如果无声说明该扬声器已损坏。如“喀、喀……”声小或不清晰，说明该扬声器质量较差。

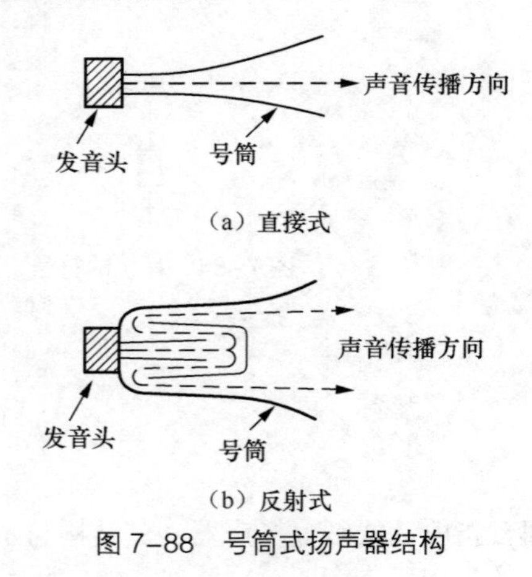

图 7-88　号筒式扬声器结构

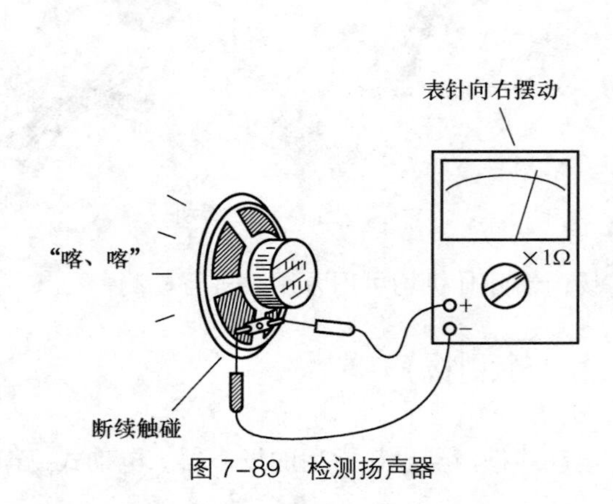

图 7-89　检测扬声器

7.5.2 测量扬声器音圈电阻

音圈电阻是扬声器的一项重要参数。检测时万用表置于“R×1Ω”挡，并进行欧姆挡校零。然后如图 7-90 所示，万用表两表笔（不分正、负）接扬声器两引出端，万用表表针所指示的即为扬声器音圈的直流电阻，应为扬声器标称阻抗的 0.8 左右。如音圈的直流电阻过小，说明音圈有局部短路；如音圈电阻无穷大（万用表表针不动），则说明音圈已断路。这些情况都说明该扬声器已损坏。

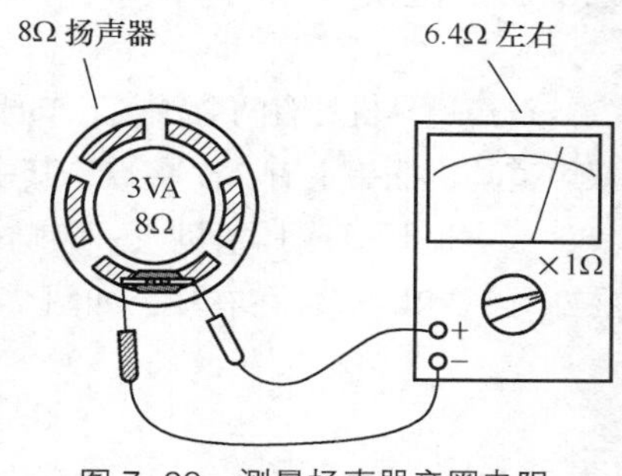

图 7-90 测量扬声器音圈电阻

7.5.3 判别扬声器相位

在多只扬声器组成的音箱中，为了保持各扬声器的相位一致，必须搞清楚扬声器两引出端的正与负。

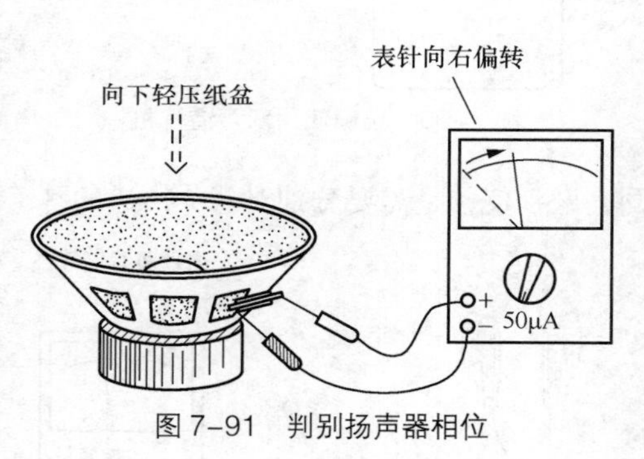

图 7-91 判别扬声器相位

可用万用表对扬声器的相位进行判别，方法是：将扬声器纸盆口朝上放置，万用表置于“直流 50μA”挡，两表笔分别接扬声器两引出端，如图 7-91 所示。用手轻轻向下压一下纸盆，在向下压的瞬间，如果万用表表针向右偏转，则黑表笔所接为扬声器“+”端，红表笔所接为扬声器“-”端。

在向下压纸盆的时候，可同时检查音圈位置有否偏斜。如感觉到音圈与磁钢或芯柱有擦碰，则该扬声器不宜使用。

7.5.4 检测耳机

单声道耳机只有一个放音单元，其插头上有两个接点，分别是芯线接点和地线接点，如图 7-92 所示。

耳机可以用万用表进行检测。检测时，万用表置于“R×1Ω”挡，用两表笔（不分正、负）断续触碰耳机插头上的两个接点，如图 7-93 所示，耳机中应发出“喀、喀……”声，声音越大越清脆越好。如果无声说明该耳机已损坏。如果“喀、喀……”声小或不清晰，说明该耳机质量较差。

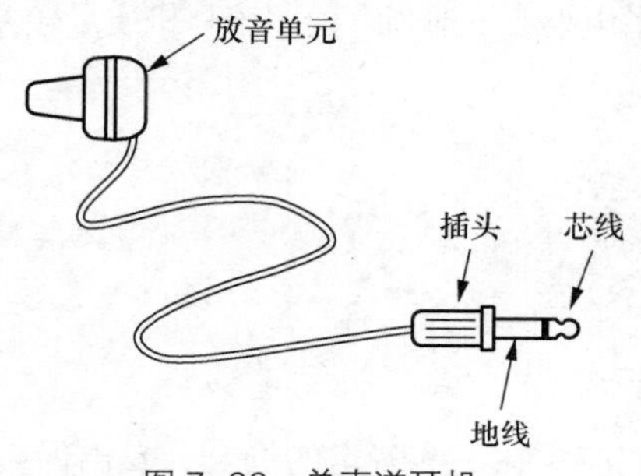

图 7-92 单声道耳机

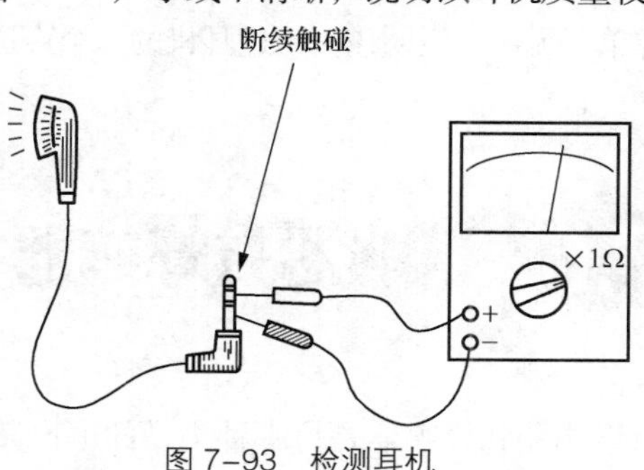

图 7-93 检测耳机

7.5.5 检测双声道耳机

双声道耳机具有两个独立工作的放音单元，可以分别播放不同声道的声音，也称为立体声耳机。双声道耳机插头上有 3 个接点，其中两个是芯线接点，另一个是公共地线接点，如图 7-94 所示。

双声道耳机或耳塞机，一般均标有左、右声道标志“L”、“R”。使用时应注意，“L”应戴在左耳，“R”应戴在右耳，如图 7-95 所示，这样才能聆听到正常的立体声。

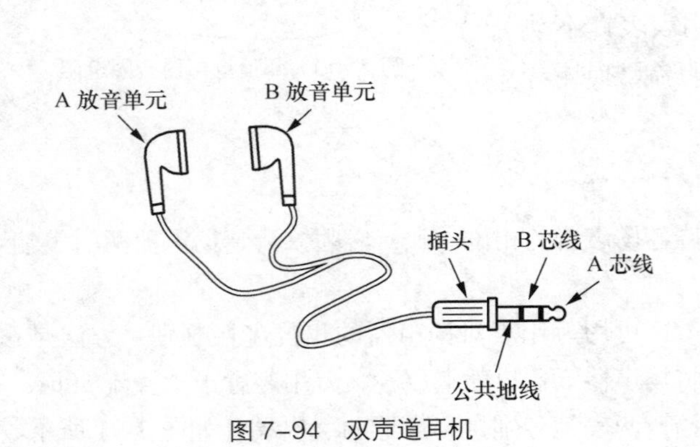

图 7–94　双声道耳机

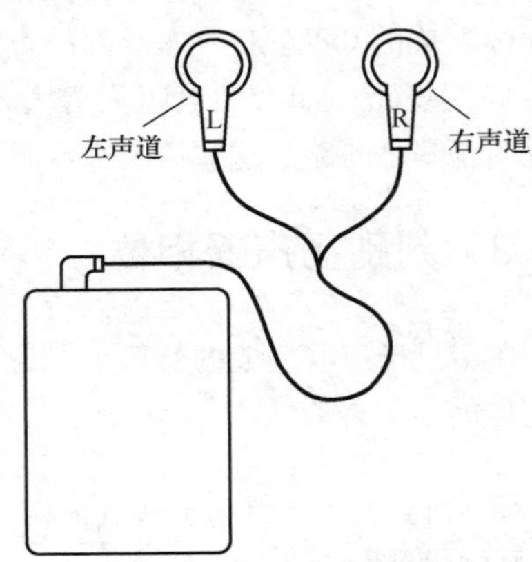

图 7–95　正确使用双声道耳机

检测双声道耳机的方法与检测单声道耳机基本相同，区别仅仅是需要分别对每一声道的耳机单元进行检测。

检测时，万用表置于“R × 1Ω”挡，两表笔不分正、负，用一个表笔接双声道耳机插头上的公共地线接点，另一表笔断续触碰耳机插头上的另外两个芯线接点，如图 7-96 所示。

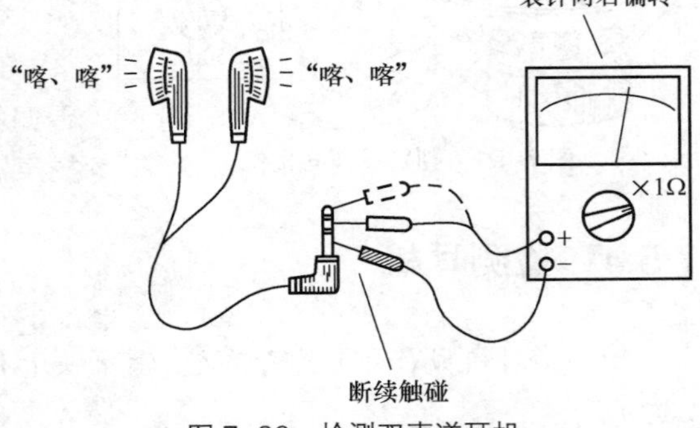

图 7–96　检测双声道耳机

当万用表的表笔断续触碰耳机插头上的某一个芯线接点时，双声道耳机中的一个放音单元应发出“喀、喀……”声，声音越大越清脆越好。当万用表的表笔断续触碰耳机插头上的另一个芯线接点时，双声道耳机中的另一个放音单元应发出“喀、喀……”声，声音越大越清脆越好。

如果无声说明该耳机已损坏。如果双声道耳机的一个放音单元有“喀、喀……”声而另一个放音单元无声，说明该双声道耳机的一个声道已损坏。如果声小或不清晰，说明该耳机质量较差。

7.6 讯响器与蜂鸣器检测

讯响器和蜂鸣器是另一种类型的电声转换器件，它们应用在一些特定的场合，发出保真度要求不高的声音。讯响器和蜂鸣器的文字符号是“HA”，图形符号如图 7-97 所示。

HA

图 7-97　讯响器与蜂鸣器的符号

电磁讯响器和压电蜂鸣器都可以用万用表进行检测。

7.6.1　检测不带音源讯响器

电磁讯响器是一种微型的电声转换器件，如图 7-98 所示。电磁讯响器分为不带音源和自带音源两大类。不带音源讯响器相当于一个微型扬声器，其内部结构如图 7-99 所示，由线圈、磁铁、振动膜片、外壳等部分组成。当音频电流通过线圈时产生交变磁场，振动膜片在交变磁场的吸引力作用下振动而发声。电磁讯响器的外壳形成一共鸣腔，使其发声更加响亮。

图 7-98　电磁讯响器

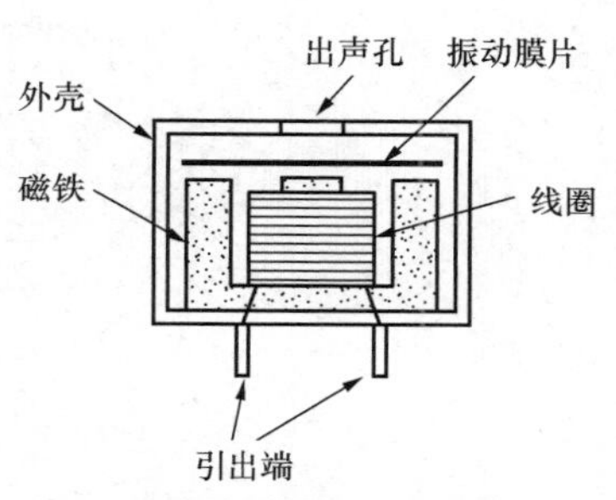

图 7-99　不带音源讯响器结构

电磁讯响器频响范围较窄、低频响应较差，一般不宜作还音系统的扬声器用。但电磁讯响器具有体积小、重量轻、灵敏度高的特点，广泛应用在家用电器、仪器仪表、报警器、电子钟和电子玩具等领域。

检测不带音源讯响器的方法与检测扬声器相同，万用表置于“R×1Ω”挡，两表笔（不分正、负）断续触碰电磁讯响器两引出端，如图 7-100 所示，讯响器中应发出“喀、喀……”声，否则说明该讯响器已损坏。

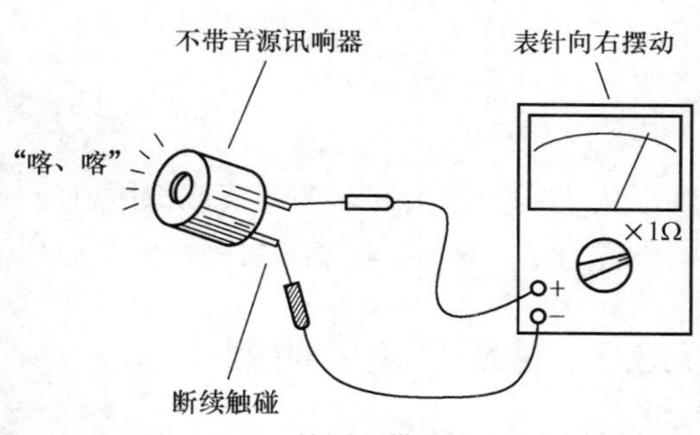

图 7-100　检测不带音源讯响器

7.6.2　检测自带音源讯响器

自带音源讯响器内部包含有音源集成电路，如图 7-101 所示，可以自行产生音频驱动信号，工作时不需要外加音频信号，接上规定的直流电压即可发声。按照所发声音的不同，自带音源讯响器又分为连续长音和断续声音两种。

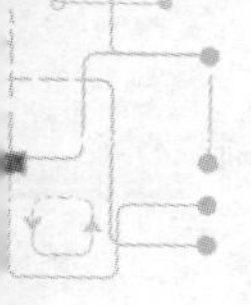

检测自带音源讯响器的最简便的方法，就是如图 7-102 所示给其加上规定的直流工作电压，听其发声是否正常、明亮。检测时应注意，自带音源讯响器两引脚有正、负之分。

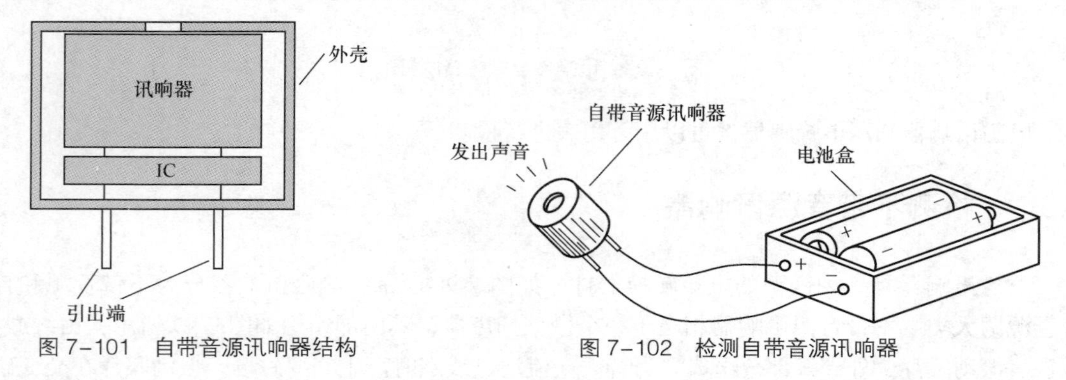

图 7-101　自带音源讯响器结构　　图 7-102　检测自带音源讯响器

对于工作电压不清楚的自带音源讯响器，检测时如图 7-103 所示，用输出可调的直流稳压电源给自带音源讯响器供电，并用万用表直流电压挡监测供电电压。

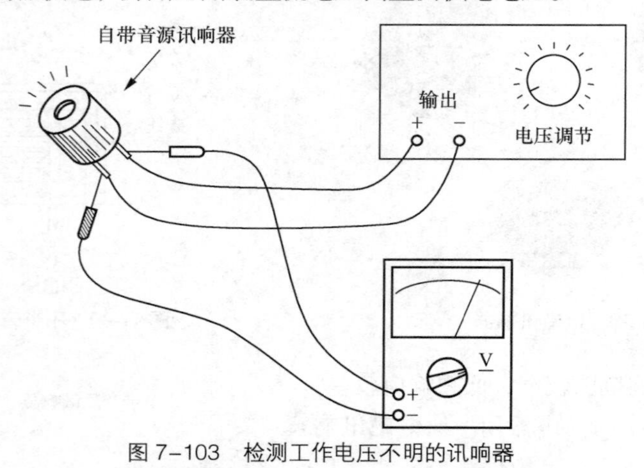

图 7-103　检测工作电压不明的讯响器

从“0V”开始逐渐调高直流稳压电源的输出电压，直至自带音源讯响器发出正常、明亮的声音为止，这时万用表表针所指示的电压值即为该自带音源讯响器的工作电压。

7.6.3　检测压电蜂鸣器

压电蜂鸣器是一种利用压电效应原理工作的电声转换器件，外形如图 7-104 所示。压电蜂鸣器由压电陶瓷片和助声腔盖组成。压电陶瓷片的结构是在金属基板上做有一压电陶瓷层，压电陶瓷层上覆盖有一镀银层，如图 7-105 所示。

当通过金属基板和镀银层对压电陶瓷层施加音频电压时，由于压电效应的作用，压电陶瓷片随音频信号产生机械变形振动而发出声音来。助声腔盖与压电陶瓷片之间形成一共鸣腔，使压电蜂鸣器发出的声音响亮。

压电蜂鸣器与电磁讯响器一样，频响范围较窄、低频响应较差，但压电蜂鸣器具有厚度更薄、重量很轻、所需驱动功率极小的特点，特别适用于便携式超薄型的仪器仪表、计算器和电子玩具等电子产品。

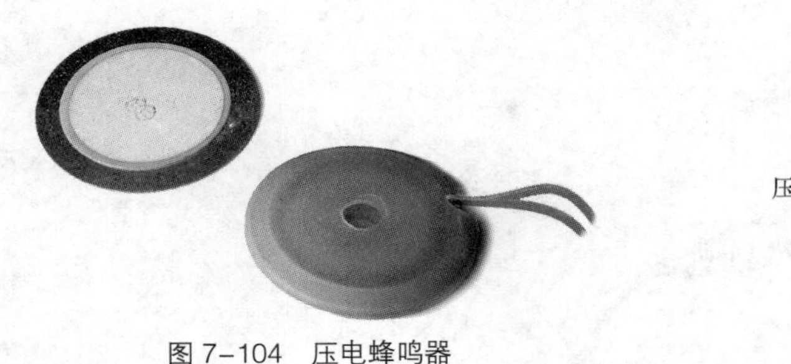

图 7-104　压电蜂鸣器

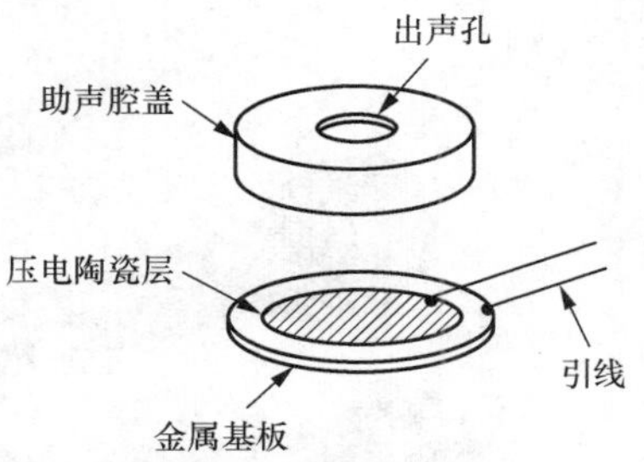

出声孔
助声腔盖
压电陶瓷层
引线
金属基板

图 7-105　压电蜂鸣器结构

压电蜂鸣器可以用指针式万用表的直流电压挡或数字万用表的电容挡进行检测。

1. 指针式万用表检测

将万用表置于“直流 0.25V”挡，黑表笔接触压电蜂鸣器的金属基板，用红表笔去接触压电蜂鸣器的镀银层，并轻轻地略向下压一下，这时万用表的表针应摆动一下，如图 7-106 所示。万用表表针摆动幅度越大，说明压电蜂鸣器的灵敏度越高。如果表针不动，说明该压电蜂鸣器已损坏。

2. 数字万用表检测

数字万用表也能够方便地检测压电蜂鸣器，因为数字万用表（以 DT890B 型为例）电容挡内置 400Hz 的音频振荡器，可以作为检测压电蜂鸣器的信号源。检测时，将数字万用表置于“电容 200nF”挡，将压电蜂鸣器两引脚接入被测电容插孔“C_x”，如图 7-107 所示，压电蜂鸣器应发出明亮的 400Hz 的音频声音，否则说明该压电蜂鸣器已损坏。如声音微弱或沙哑，说明该压电蜂鸣器质量不佳，也不宜使用。

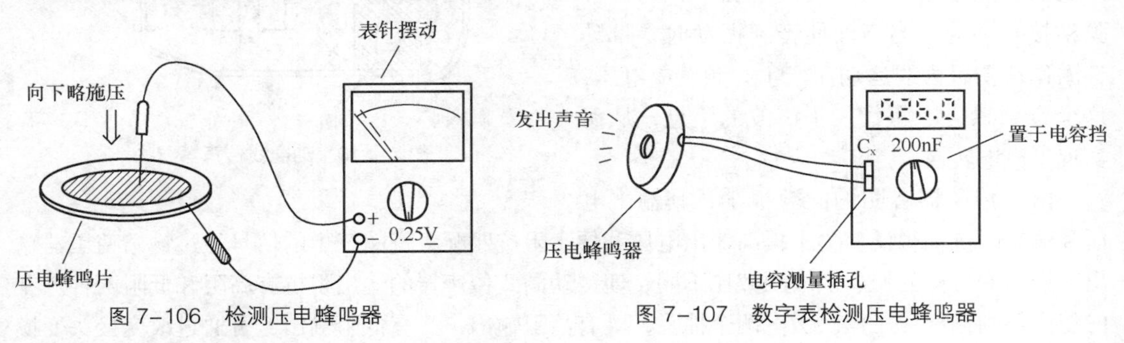

图 7-106　检测压电蜂鸣器　　　　图 7-107　数字表检测压电蜂鸣器

7.7 传声器检测

传声器又称为话筒或麦克风，是一种将声音信号转换为电信号的声电器件。传声器有许多种类，包括动圈式传声器、电容式传声器、驻极体传声器、晶体式传声器、铝带式传声器、炭粒式传声器等，如图 7-108 所示。传声器的文字符号是“BM”，图形符号如图 7-109 所示。

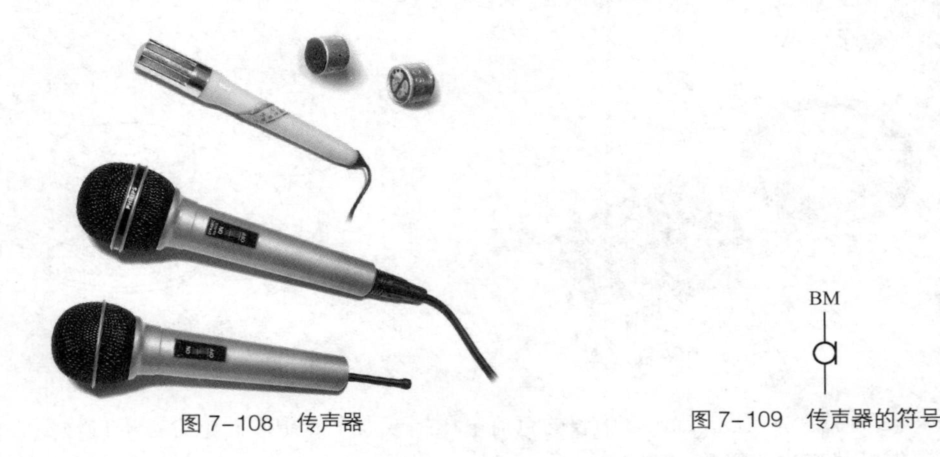

图 7-108　传声器　　　　图 7-109　传声器的符号

传声器广泛应用在扩音、录音、通讯、声控、监测等一切需要声电转换的领域，其中动圈式传声器和驻极体传声器应用最广泛。

传声器可以用万用表进行检测。

7.7.1　检测动圈式传声器

动圈式传声器是一种最常用的传声器，具有坚固耐用、价格较低、单向指向性的特点，应用广泛。

动圈式传声器结构如图 7-110 所示，由永久磁铁、音膜、音圈、输出变压器等部分组成。音圈位于永久磁铁的磁隙中，并与音膜粘接在一起。当声波使音膜振动时，带动音圈作切割磁力线运动而产生音频感应电压，这个音频感应电压代表了声波的信息，从而实现了声电转换。

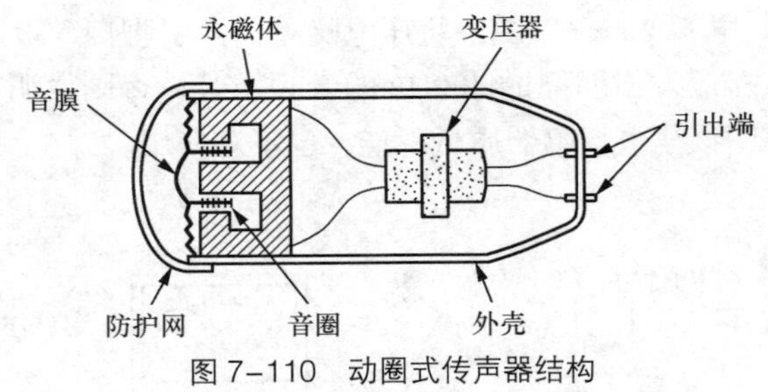

图 7-110　动圈式传声器结构

由于传声器音圈的圈数很少，其输出电压和输出阻抗都很低。为了提高输出电压和便于阻抗匹配，音圈产生的信号经过输出变压器输出。输出变压器的初、次级圈数比不同，使得动圈式传声器的输出阻抗有高阻和低阻两种。有的传声器的输出变压器次级有两个抽头，既有高阻输出，又有低阻输出，可通过改变接头变换输出阻抗。

动圈式传声器可用万用表电阻挡进行检测。检测时，万用表置于“R×1Ω”挡，两表笔（不分正、负）断续触碰传声器的两引出端（设有控制开关的传声器应先打开开关），如图 7-111 所示，传声器中应发出清脆的“喀、喀……”声。如果无声说明该传声器已损坏。如果声小或不清晰，说明该传声器质量较差。

接下来测量动圈式传声器输出端的电阻值（实际上就是传声器内部输出变压器的次级电阻值）。万用表置于“R×10Ω”挡，两表笔（不分正、负）与传声器的两引出端相接，对于低阻传声器阻值应为 50 ～ 200Ω，对于高阻传声器阻值应为 500 ～ 1500Ω，如图 7-112 所示。如果相差太大说明该传声器质量有问题。

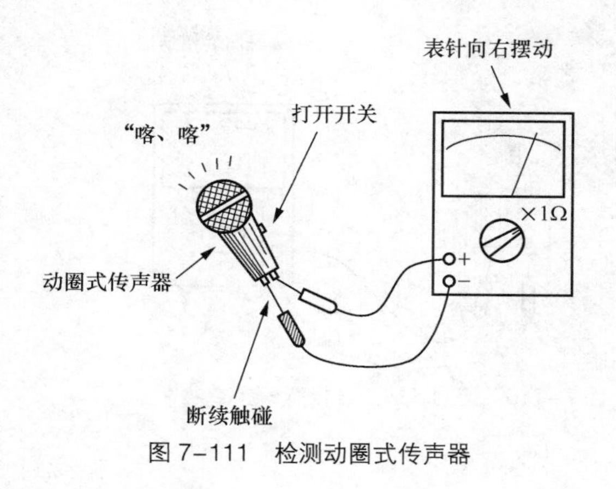

图 7-111 检测动圈式传声器

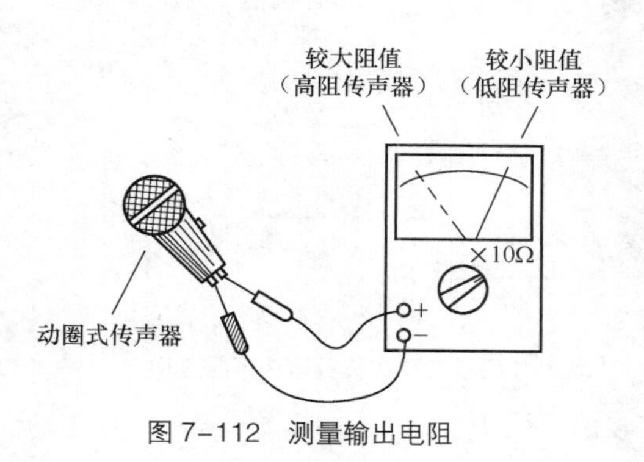

图 7-112 测量输出电阻

7.7.2 检测二端驻极体传声器

驻极体传声器是一种电容式传声器，其结构如图 7-113 所示，内部包括驻极体声电转换元件和场效应管放大器两部分。传声器有防尘网的一面是受话面。声电转换元件采用驻极体振动膜，它与金属极板之间形成一个电容，当声波使振动膜振动时，引起电容两端的电场变化，从而产生随声波变化的音频电压。

驻极体传声器内部包含有一个结型场效应管作阻抗变换和放大用，因此拾音灵敏度较高，输出音频信号较大。由于内部有场效应管，因此驻极体传声器必须加上直流电压才能工作。

根据内部电路的接法不同，驻极体传声器分为二端式（漏极输出式）和三端式（源极输出式）两种。

二端式驻极体传声器如图 7-114 所示，两个引出端分别是漏极 D 和接地端，源极 S 已在传声器内部与接地端连接在一起。该传声器底部只有两个接点，其中与金属外壳相连的是接地端。

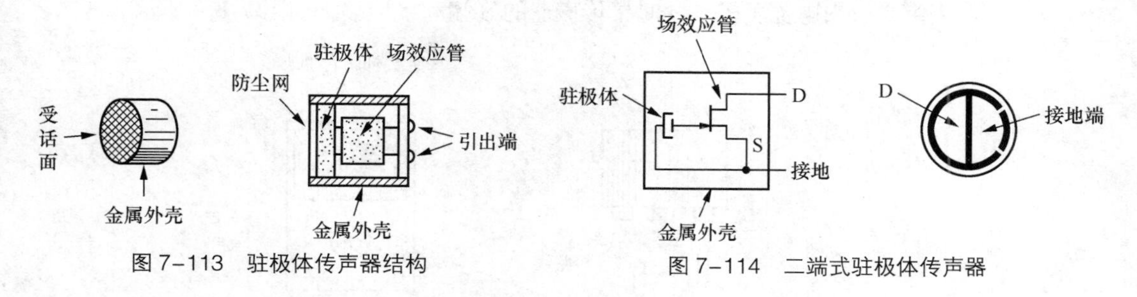

图 7-113 驻极体传声器结构

图 7-114 二端式驻极体传声器

二端式驻极体传声器的典型应用电路如图 7-115 所示，漏极 D 经负载电阻 R 接电源正极，输出信号自漏极 D 取出并经电容 C 耦合至放大电路。

检测二端式驻极体传声器时，万用表置于"R × 1k"挡，黑表笔（表内电池正极）接传声器的 D 端，红表笔（表内电池负极）接传声器的接地端，如图 7-116 所示。

这时用嘴向传声器吹一下气，万用表表针应有摆动。摆动幅度越大，说明该传声器灵敏度越高。如果表针无摆动，说明该传声器已损坏。

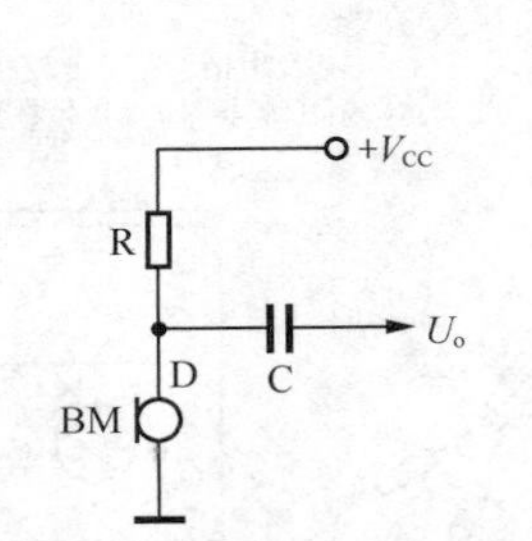

图 7–115　二端式驻极体传声器应用

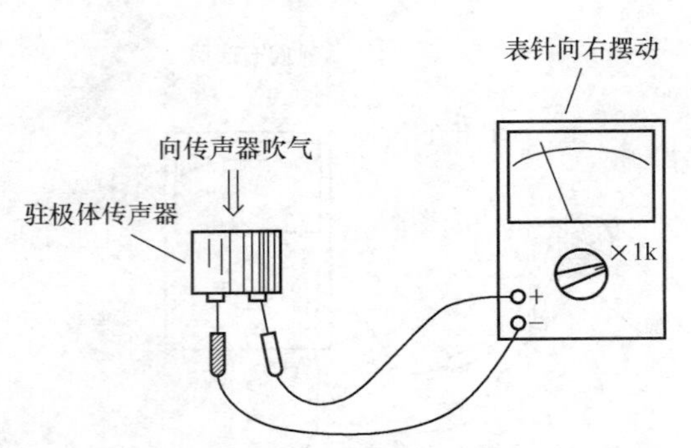

图 7–116　检测二端式驻极体传声器

7.7.3　检测三端驻极体传声器

三端式驻极体传声器如图 7-117 所示，三个引出端分别是源极 S、漏极 D 和接地端。该传声器底部有三个接点，其中与金属外壳相连的是接地端。

三端式驻极体传声器的典型应用电路如图 7-118 所示，漏极 D 接电源正极，输出信号自源极 S 取出并经电容 C 耦合至放大电路，R 是源极 S 的负载电阻。

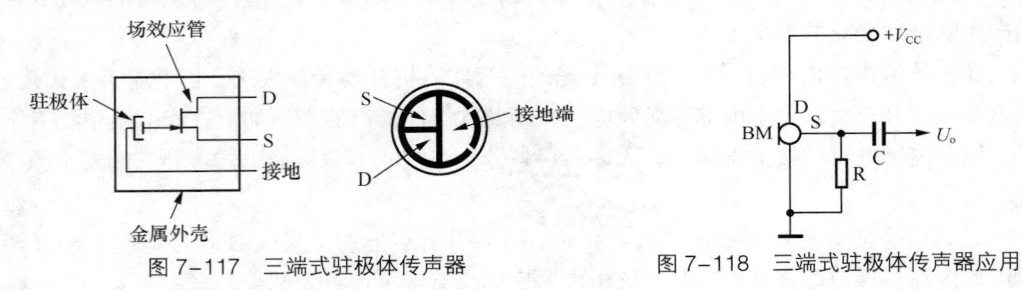

图 7–117　三端式驻极体传声器　　图 7–118　三端式驻极体传声器应用

检测三端式驻极体传声器时，万用表置于“R × 1k”挡，黑表笔（表内电池正极）接传声器的 D 端，红表笔（表内电池负极）同时接传声器的 S 端和接地端，如图 7-119 所示。

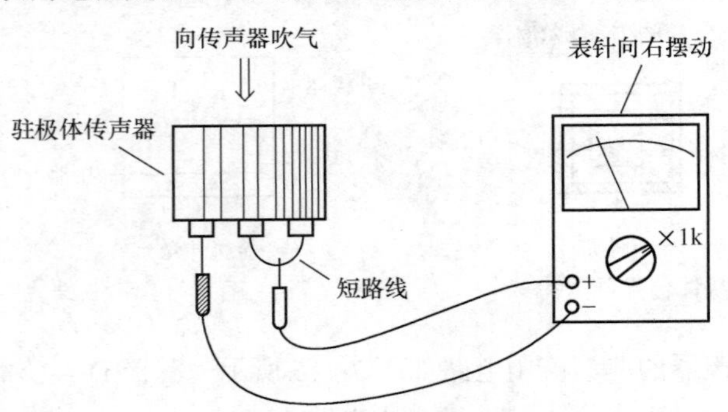

图 7–119　检测三端式驻极体传声器

与检测二端式驻极体传声器时相同，用嘴向传声器吹一下气，万用表表针应有摆动。摆动幅度越大，说明该传声器灵敏度越高。如果表针无摆动，说明该传声器已损坏。

第8章 半导体管检测

半导体管是电子元器件中最重要的核心器件，晶体二极管、晶体三极管、场效应管、单结晶体管、晶体闸流管、光电管、发光二极管等都是最常用的半导体管。无论我们是进行电子制作，还是进行电器维修，都需要对半导体管进行检测。掌握用万用表检测半导体管的技能，对于电子技术爱好者来说，是一门重要而实用的课程。

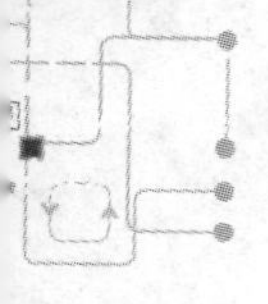

8.1 检测半导体管的基本方法

指针式万用表和数字万用表都可以用于测量半导体管。现在大多数万用表都具有专门的晶体管测量挡位，为检测提供了很大的方便。万用表的电阻挡也是测量半导体管的常用挡位。

8.1.1 指针式万用表电阻挡检测

使用指针式万用表检测半导体管，最常用的是电阻挡。我们知道，半导体管最核心的结构是 PN 结。用万用表电阻挡测量 PN 结的正、反向电阻，即可检测出半导体管的好坏，并判别出半导体管的管脚。通常使用“R×1k”挡，如图 8-1 所示。

图 8-1　电阻挡检测半导体管

8.1.2 指针式万用表晶体管挡检测

MF47 型等指针式万用表具有晶体管挡，可以测量晶体管直流放大倍数、发射极开路时的集电极与基极间反向截止电流、基极开路时的集电极与发射极间反向截止电流等直流参数。

测量晶体管直流放大倍数时，首先将万用表上的测量选择开关转动至“ADJ(校准)”挡位，如图 8-2 所示。两表笔短接后调节欧姆挡调零旋钮，使表针对准“h_{FE}”刻度线最右侧的“300”刻度（满度）。

然后分开两表笔，将测量选择开关转动至“h_{FE}”挡位，将被测晶体管插入万用表上的晶体管插孔（NPN 型晶体管插入左半边插孔，PNP 型晶体管插入右半边插孔），从表面上的“h_{FE}”刻度线（第 3 条刻度线）即可直接读出被测晶体管的直流放大倍数。图 8-3 示例中被测晶体管放大倍数为 170。

图 8–2 晶体管校准挡

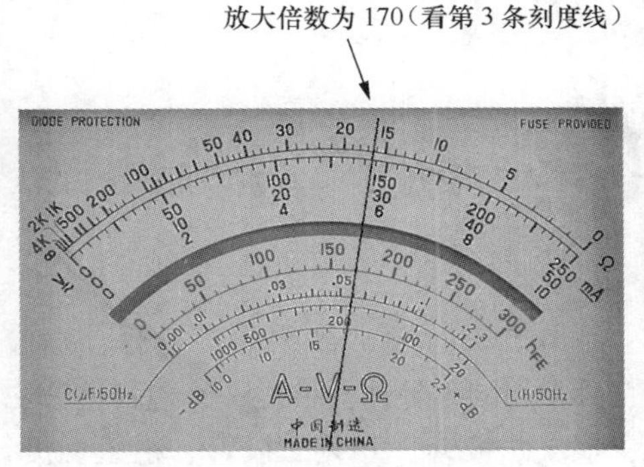

图 8–3 晶体管挡的读数

8.1.3 数字万用表二极管挡检测

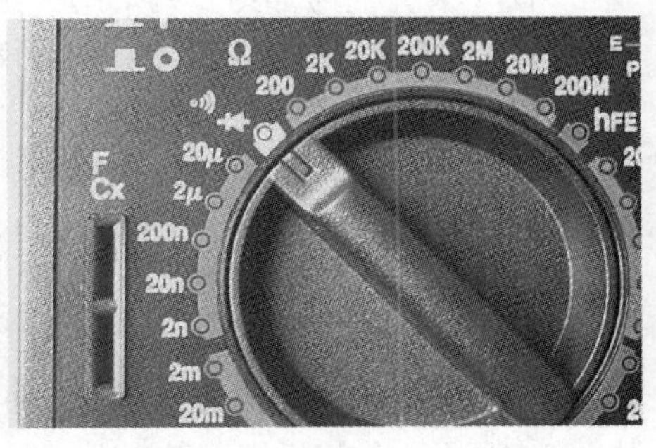

图 8–4 数字万用表二极管挡

数字万用表（以 DT890B 为例）具有二极管挡（“—▷|—”挡）和晶体管挡（“h_{FE}”挡），可以分别检测晶体二极管和晶体三极管。检测晶体二极管时，红表笔插入“VΩ”插孔为正表笔，黑表笔插入“COM”插孔为负表笔，如图 8-4 所示，转动测量选择开关至“—▷|—”挡，将正表笔接被测二极管正极、负表笔接被测二极管负极，即可测量二极管的正向压降并判断其好坏。

8.1.4 数字万用表晶体管挡检测

数字万用表测量晶体三极管直流放大倍数时，不用接表笔，如图 8-5 所示，转动测量选择开关至“h_{FE}”挡，将被测晶体管插入数字万用表控制面板右上角的晶体管插孔即可测量。

图 8–5 数字万用表晶体管挡

晶体管插孔左半边标注为“PNP”，供测量 PNP 型晶体管用。插孔右半边标注为“NPN”，供测量 NPN 型晶体管用。数字万用表上的 LCD 显示屏即显示出被测晶体管的直流放大倍数。

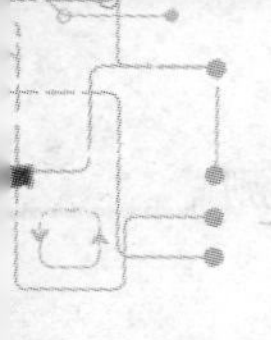

8.2 晶体二极管检测

晶体二极管通常简称为二极管，是最重要、最常用的半导体器件之一，包括检波二极管、整流二极管、开关二极管、稳压二极管、磁敏二极管、热敏二极管、压敏二极管、变容二极管、发光二极管、光电二极管、激光二极管等，如图 8-6 所示。晶体二极管的文字符号是“VD”，图形符号如图 8-7 所示。

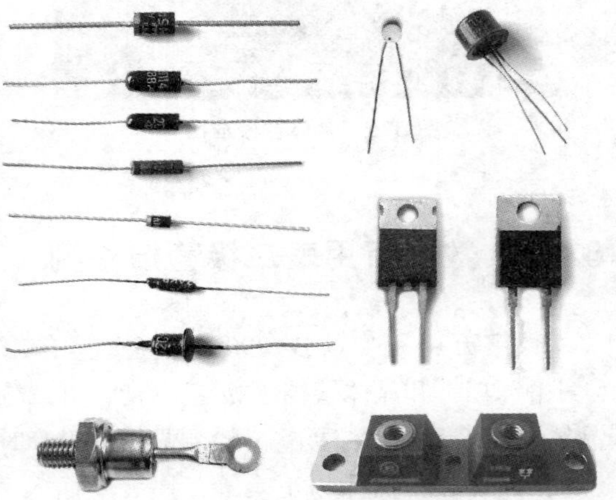

图 8-6　晶体二极管

晶体二极管的特点是具有单向导电特性，一般情况下只允许电流从正极流向负极，而不允许电流从负极流向正极。晶体二极管的用途主要是整流、检波、限幅、钳位、稳压和电子开关等，在各种各类电子电路中应用广泛。

整流桥堆是一种整流二极管的组合器件，分为全桥整流堆和半桥整流堆两类，如图 8-8 所示。整流桥堆的文字符号为“UR”，图形符号如图 8-9 所示。整流桥堆用于整流电路可以简化电路结构。

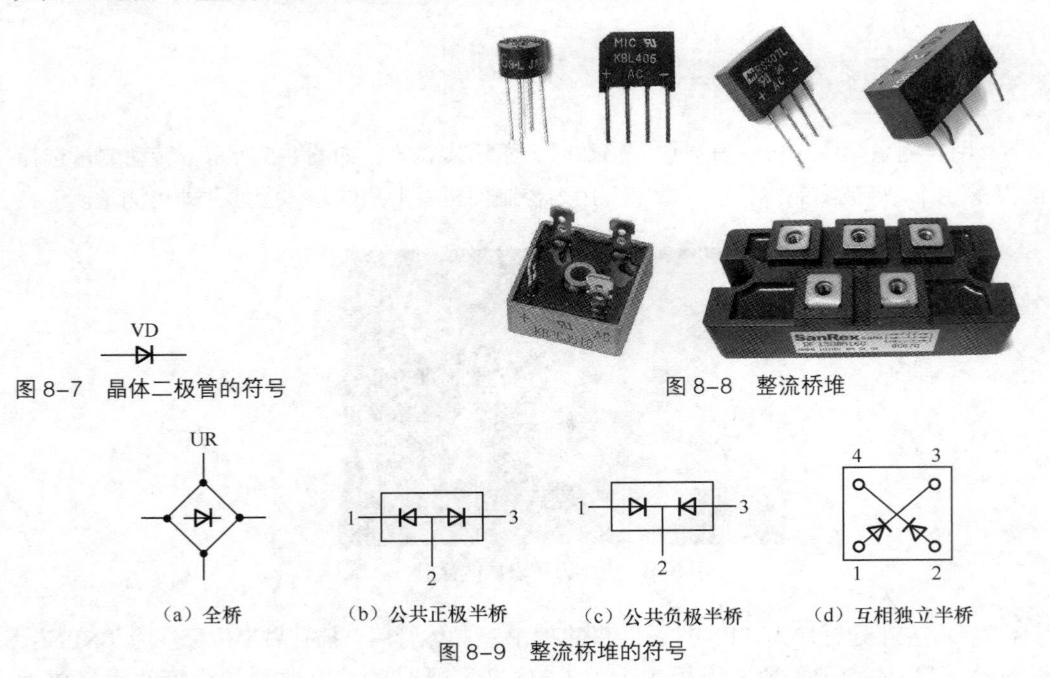

图 8-7　晶体二极管的符号

图 8-8　整流桥堆

（a）全桥　（b）公共正极半桥　（c）公共负极半桥　（d）互相独立半桥

图 8-9　整流桥堆的符号

稳压二极管是一种具有稳压功能的特殊二极管，它是利用 PN 结反向击穿后，其端电压基本保持不变的原理工作的，图 8-10 所示为稳压二极管的伏安特性曲线。

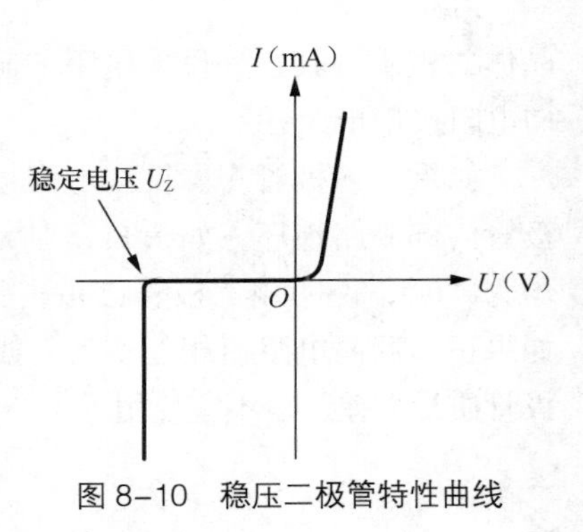

图 8-10　稳压二极管特性曲线

稳压二极管的特点是工作于反向击穿状态，只要反向电流不超过稳压二极管的最大工作电流，稳压二极管就不会损坏。与一般二极管不同的是，稳压二极管的工作电流是从负极流向正极，如图 8-11 所示。

瞬态电压抑制二极管是一种特殊的稳压二极管，包括单极型和双极型两种，其符号如图 8-12 所示。瞬态电压抑制二极管在遇到高能量瞬态浪涌电压时，能迅速反向击穿泄放浪涌电流，并将其电压钳位于规定值，起到过压保护作用。

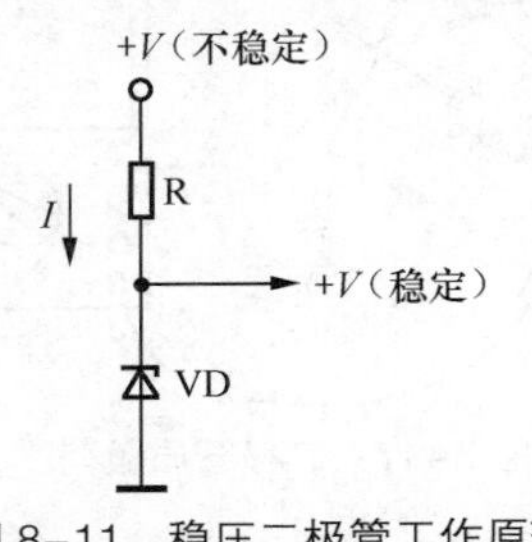

图 8-11　稳压二极管工作原理

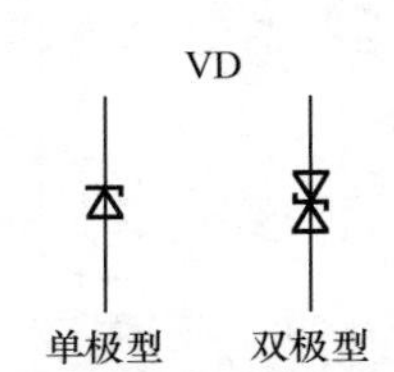

图 8-12　瞬态电压抑制二极管的符号

晶体二极管可用万用表进行管脚判别和检测。

8.2.1　判别晶体二极管管脚

判别管脚时，万用表置于“R × 1k”挡，两表笔分别接到二极管的两端。如果测得的电阻值较小，则为二极管的正向电阻，这时与黑表笔（即表内电池正极）相连接的是二极管正极，与红表笔（即表内电池负极）相连接的是二极管负极，如图 8-13 所示。

如果测得的电阻值很大，则为二极管的反向电阻，这时与黑表笔相接的是二极管负极，与红表笔相接的是二极管正极，如图 8-14 所示。

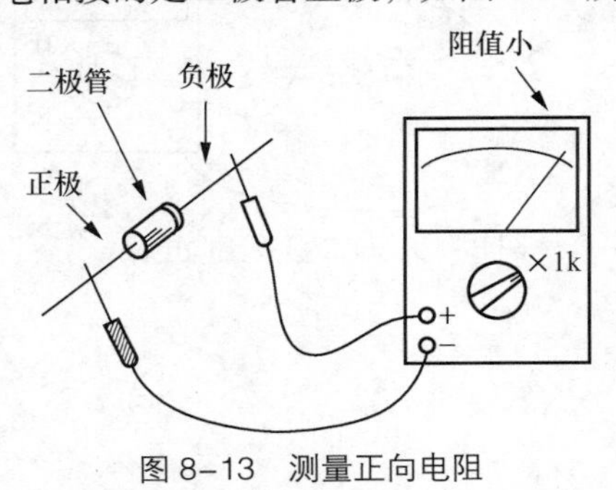

图 8-13　测量正向电阻

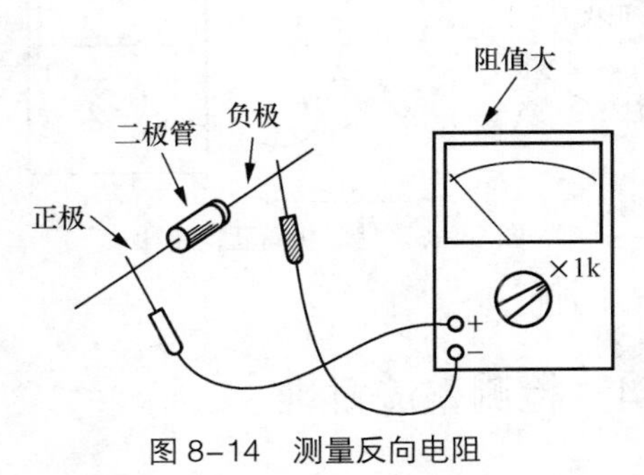

图 8-14　测量反向电阻

8.2.2　检测晶体二极管

检测时，万用表置于“R × 1k”挡，分别测量晶体二极管的正向电阻和反向电阻。正常的

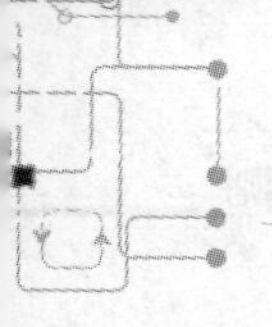

晶体二极管，其正、反向电阻的阻值应该相差很大，且反向电阻接近于无穷大。

如果某二极管正、反向电阻值均为无穷大，说明该二极管内部断路损坏，如图 8-15 所示。如果正、反向电阻值均为“0”，说明该二极管已被击穿短路，如图 8-16 所示。如果正、反向电阻值相差不大，如图 8-17 所示，说明该二极管质量太差，也不宜使用。

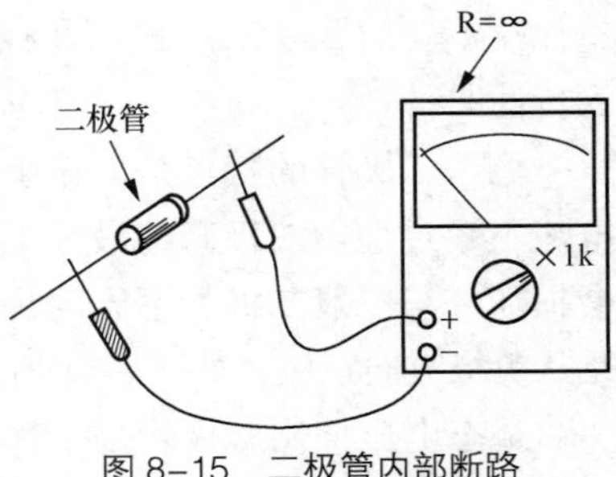

图 8-15 二极管内部断路

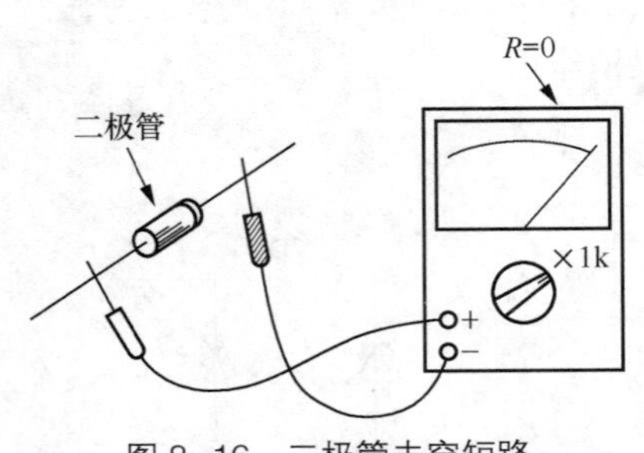

图 8-16 二极管击穿短路

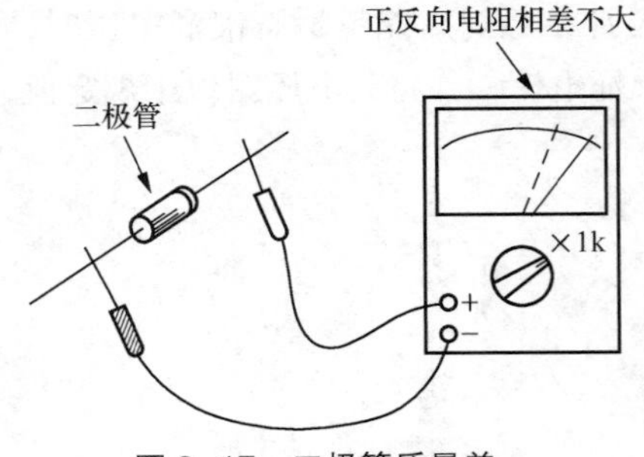

图 8-17 二极管质量差

8.2.3 区分锗二极管与硅二极管

由于锗二极管和硅二极管的正向管压降不同，因此可以用测量二极管正向电阻的方法来区分。如果正向电阻小于 1kΩ，则为锗二极管，如图 8-18 所示。如果正向电阻为 1 ～ 5kΩ，则为硅二极管，如图 8-19 所示。

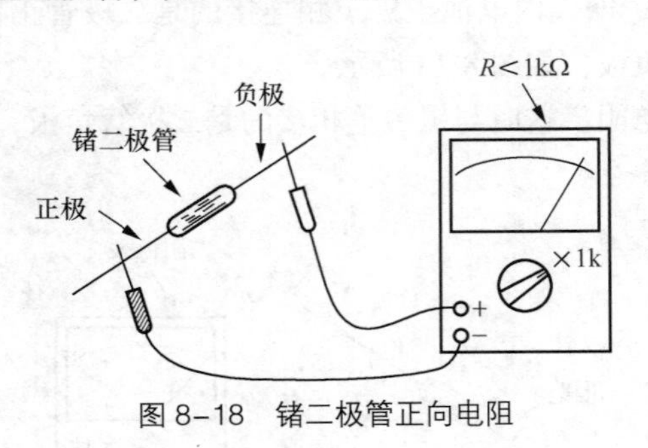

图 8-18 锗二极管正向电阻

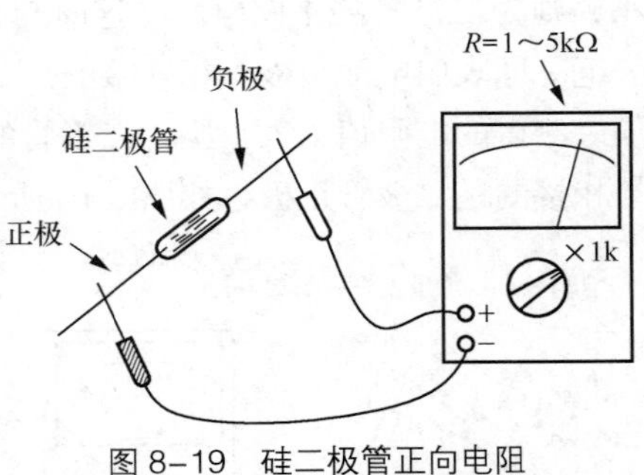

图 8-19 硅二极管正向电阻

8.2.4 检测整流桥堆

整流桥堆是由若干只整流二极管按一定规则组合而成的，因此可用检测二极管的方法逐个检测其中的每一个二极管，即可判断该整流桥堆的好坏。

例如，检测整流全桥，如图 8-20 所示，将万用表置于“R × 1k”挡，用两表笔分别测量全桥每相邻的两个引脚的正、反向电阻，均应符合正常二极管的检测要求，否则该全桥已损坏。

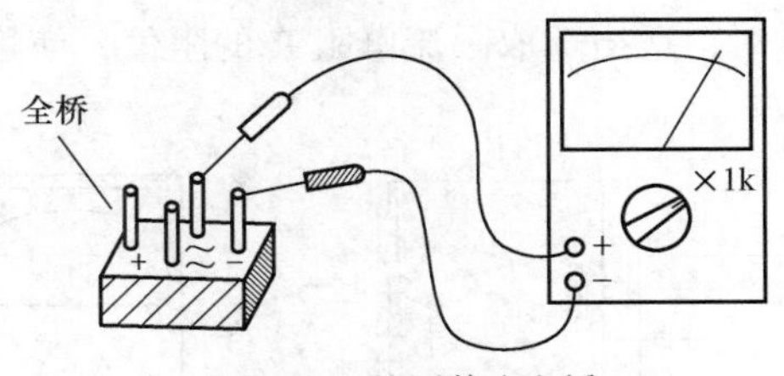

图 8-20　检测整流全桥

8.2.5　检测高压硅堆

检测时，万用表置于“R × 10k”挡，黑表笔（即表内电池正极）接高压硅堆的正极、红表笔（即表内电池负极）接高压硅堆的负极，测量其正向电阻，应为数百千欧（表针略有偏转），如图 8-21 所示。再对调红、黑表笔测量其反向电阻，应为无穷大（表针不动）。否则该高压硅堆不能使用。

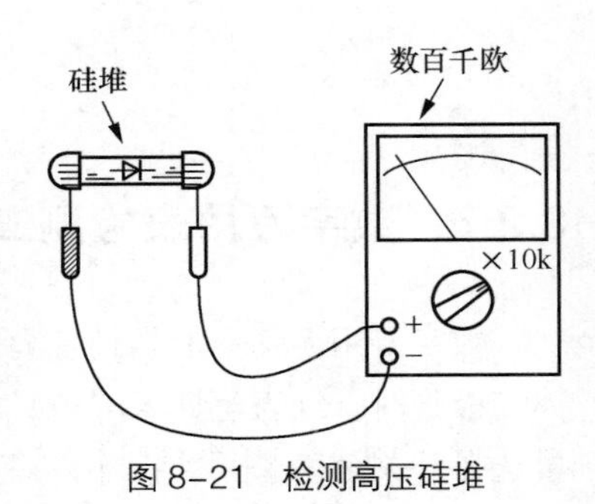

图 8-21　检测高压硅堆

8.2.6　测量稳压二极管的稳压值

对于稳压值在 15V 以下的稳压二极管，可以用 MF47 万用表直接测量其稳压值。方法是：将万用表置于“R × 10k”挡，红表笔（表内电池负极）接稳压二极管正极，黑表笔（表内电池正极）接稳压二极管负极，如图 8-22 所示。

因为 MF47 万用表内“R × 10k”挡所用高压电池为 15V，所以读数时刻度线最左端为“15V”，最右端为“0”。例如，测量时表针指在左$\frac{1}{3}$处，则其读数为“10V”，如图 8-23 所示。

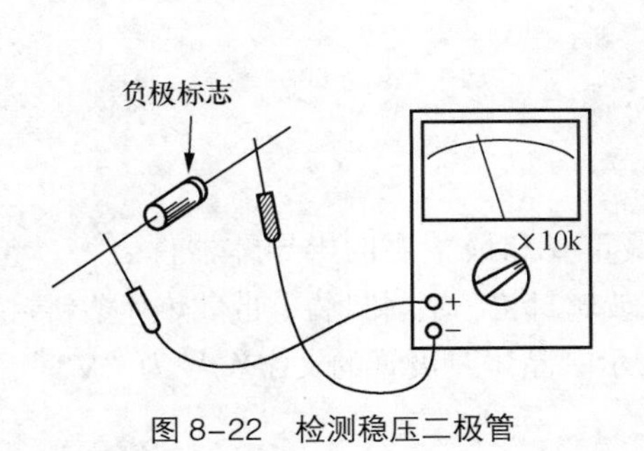

图 8-22　检测稳压二极管

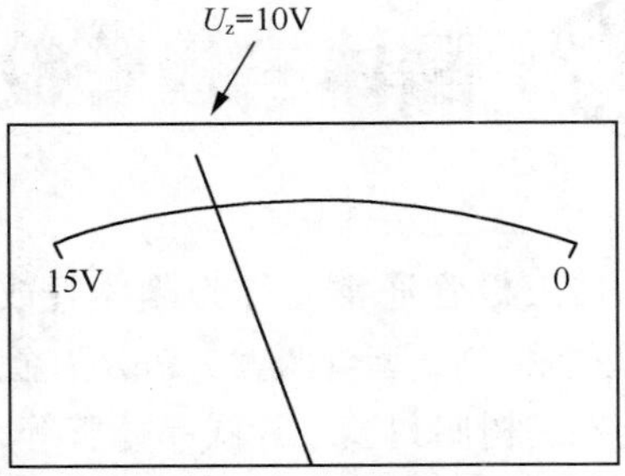

U_z=10V　15V　0

图 8-23　稳压值的读数方法

可利用万用表原有的 50V 挡刻度来读数，并代入以下公式求出：

$$稳压值 = \frac{50 - X}{50} \times 15V$$

式中，X 为 50V 挡刻度线上的读数。如果所用万用表的“R × 10k”挡高压电池不是 15V，则将上式中的“15V”改为自己所用万用表内高压电池的电压值即可。

对于稳压值超过 15V 的稳压二极管，可以如图 8-24 所示，用一输出电压大于稳压值的直流电源，通过限流电阻 R 给稳压二极管加上反向电压，用万用表直流电压挡即可直接测量出

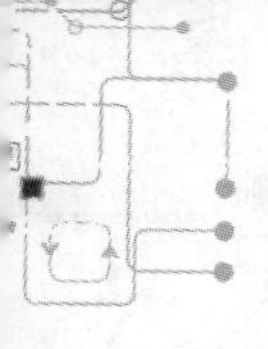

稳压二极管的稳压值。测量时，适当选取限流电阻 R 的阻值，使稳压二极管反向工作电流为 5 ～ 10mA 即可。

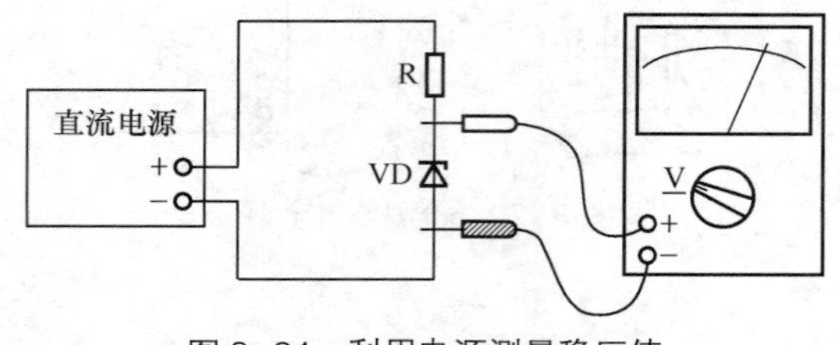

图 8–24　利用电源测量稳压值

8.2.7　数字万用表检测二极管

数字万用表基本上都具有测量晶体二极管的功能。数字万用表（以 DT890B 为例）检测晶体二极管时，红表笔插入“VΩ”插孔为正表笔，黑表笔插入“COM”插孔为负表笔，转动测量选择开关至“⊣⊢”挡，正表笔接被测晶体二极管的正极，负表笔接被测晶体二极管的负极，如图 8-25 所示，显示屏即显示出被测晶体二极管的正向管压降。

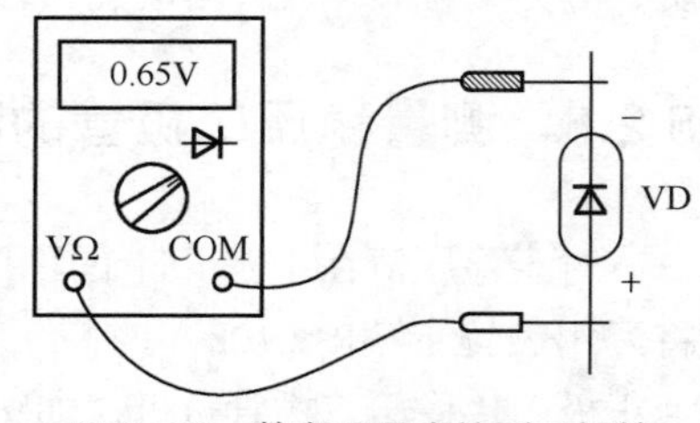

图 8–25　数字万用表检测二极管

根据显示的正向管压降的数值，即可判断出被测晶体二极管的好坏。正常情况下，锗二极管的正向管压降约为 0.3V，硅二极管的正向管压降约为 0.7V。如果检测结果与此相差很大，则说明该晶体二极管已损坏。

8.3　晶体三极管检测

晶体三极管通常简称为晶体管或三极管，是最重要和最主要的半导体器件之一，包括 NPN 型管和 PNP 型管两大类，分为金属外壳封装、玻璃封装、塑料封装、带散热片塑料封装、陶瓷封装、树脂封装、片式晶体管等，如图 8-26 所示。晶体三极管的文字符号为“VT”，图形符号如图 8-27 所示。

图 8–26　晶体三极管

晶体三极管的特点是具有电流放大作用。晶体三极管的集电极电流受基极电流的控制，在基极输入一个较小的电流，就可以在其集电极得到一个放大了许多倍的电流，如图 8-28 所示。所以晶体三极管是电流控制型器件。

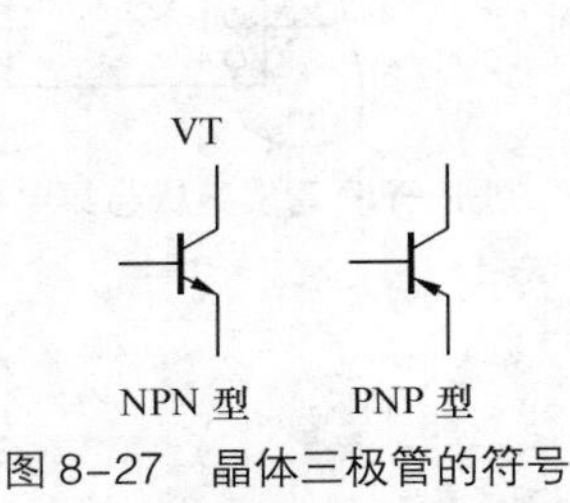

图 8-27 晶体三极管的符号

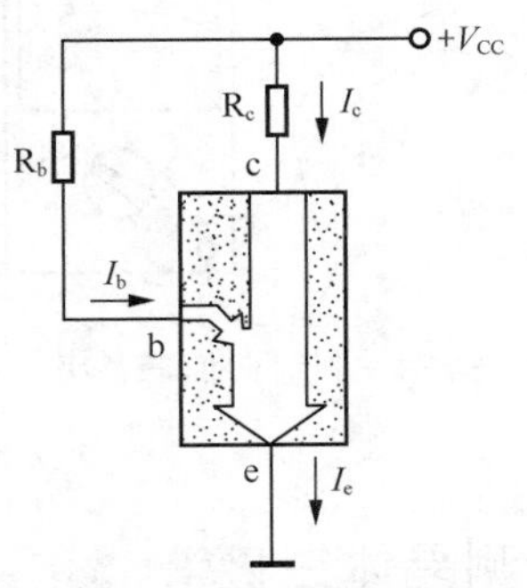

图 8-28 晶体三极管工作原理

晶体三极管的主要用途是放大、振荡、电子开关、可变电阻和阻抗变换等，广泛应用在各种电子电路中。晶体三极管可以用万用表进行管脚识别和检测。

8.3.1 判别晶体三极管管脚

判别管脚时，万用表置于“R × 1k”挡。

1. NPN 管的管脚判别

对于 NPN 管，先用黑表笔接某一管脚，红表笔分别接另外两管脚，测得两个电阻值。再将黑表笔换接另一管脚，重复以上步骤，直至测得两个电阻值都很小，这时黑表笔所接的是基极 b，如图 8-29 所示。

用万用表测剩余两管脚之间的电阻值，先测一次，再将红、黑表笔对调后再测一次。在电阻值较小的那一次中，红表笔所接的是发射极 e、黑表笔所接的是集电极 c，如图 8-30 所示。

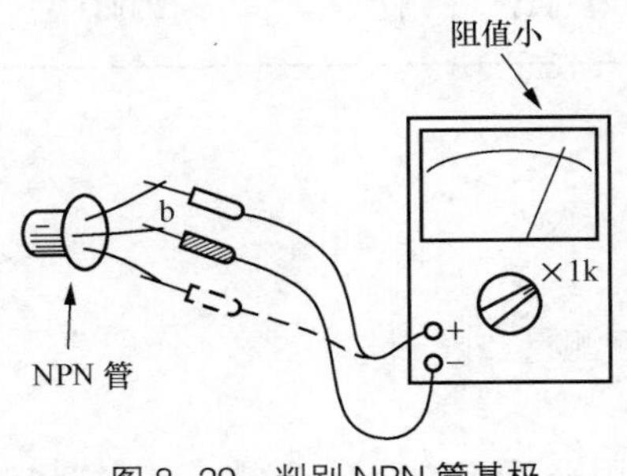

图 8-29 判别 NPN 管基极

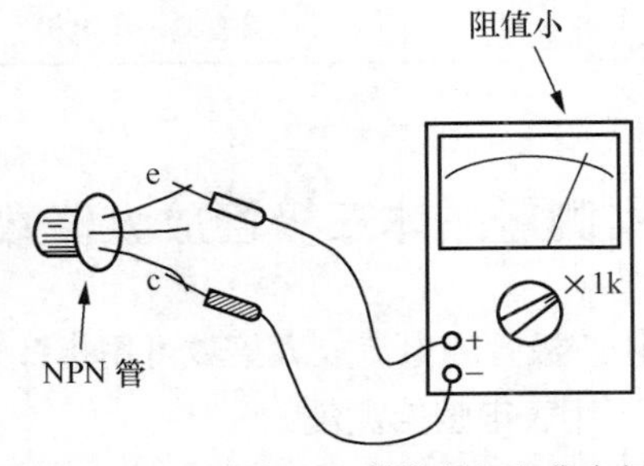

图 8-30 判别 NPN 管发射极与集电极

2. PNP 管的管脚判别

对于 PNP 管，先用红表笔接某一管脚，黑表笔分别接另外两管脚，测得两个电阻值。再将红表笔换接另一管脚，重复以上步骤，直至测得两个电阻值都很小，这时红表笔所接的是基极 b，如图 8-31 所示。

用万用表测剩余两管脚之间的电阻值，先测一次，再将红、黑表笔对调一下再测一次。在电阻值较小的那一次中，红表笔所接的是集电极 c、黑表笔所接的是发射极 e，如图 8-32 所示。

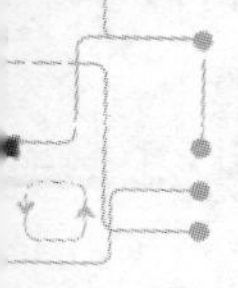

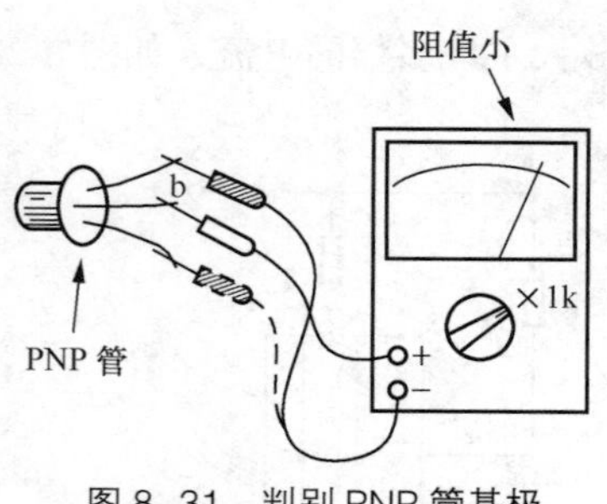

图 8-31　判别 PNP 管基极

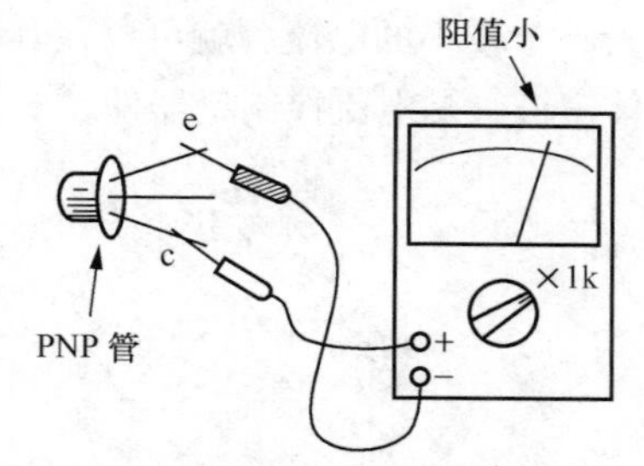

图 8-32　判别 PNP 管发射极与集电极

8.3.2　检测晶体三极管

将万用表置于“R×1k”挡，测量晶体三极管基极与集电极之间、基极与发射极之间的正、反向电阻，其结果应与表 8-1 基本相符，否则说明该管已损坏。

表 8-1　晶体三极管的正、反向电阻正常值

晶体管极性	正向电阻		反向电阻（对调两表笔后测得）
	万用表表笔接法	阻值	
NPN 型	黑表笔→基极 红表笔→发射极	1 ～ 5kΩ	＞ 200kΩ
	黑表笔→基极 红表笔→集电极	1 ～ 5kΩ	＞ 200kΩ
PNP 型	红表笔→基极 黑表笔→发射极	1 ～ 5kΩ	＞ 200kΩ
	红表笔→基极 黑表笔→集电极	1 ～ 5kΩ	＞ 200kΩ

8.3.3　测量晶体三极管放大倍数

晶体三极管的电流放大倍数可用指针式万用表进行测量。

1. 万用表电阻挡测量

用万用表电阻挡测量时（以 NPN 管为例），将万用表置于“R×1k”挡，红表笔（表内电池负极）接晶体管的发射极，左手拇指与中指将黑表笔（表内电池正极）与集电极捏在一起，同时用左手食指触摸基极，如图 8-33 所示，这时表针应向右摆动。表针摆动幅度越大，说明被测晶体三极管的电流放大倍数越大。

2. 万用表“h_{FE}”挡测量

MF47 型万用表具有“h_{FE}”晶体管挡，可以直接测量晶体管的直流电流放大倍数。测量时先将万用表上的测量选择开关转动至“ADJ”(校准)挡位，两表笔短接后调节欧姆挡调零旋钮，使表针对准 h_{FE} 刻度线的“300”刻度，完成校准。

然后分开两表笔，将测量选择开关转动至“h_{FE}”挡位，将被测晶体三极管的三个管脚分别插入测量插座的相应插孔，万用表表针即指示出该晶体三极管的直流电流放大倍数，如图 8-34 所示。测量时需注意 NPN 管和 PNP 管应插入各自相应的插座。

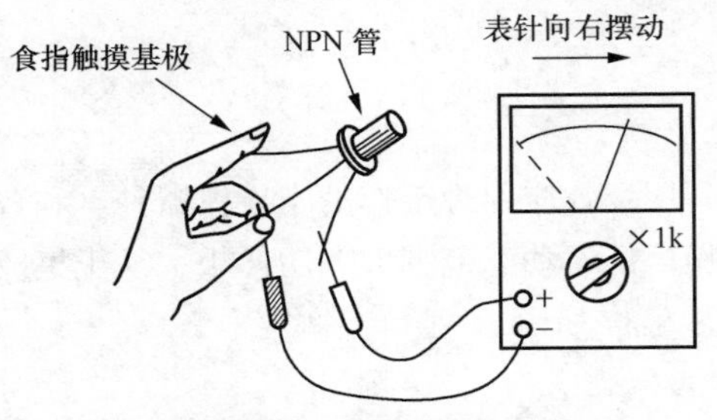

图 8–33　万用表电阻挡估测放大倍数

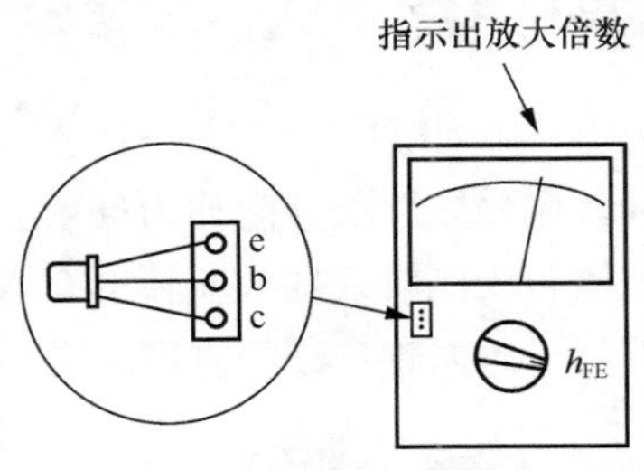

图 8–34　晶体管挡测量放大倍数

8.3.4　数字万用表测量放大倍数

数字万用表（如 DT890B 型）测量晶体三极管直流放大倍数时，不用接表笔，转动测量选择开关至“h_{FE}”挡。数字万用表面板右上角的晶体管测量插座，左半边插孔标注为“PNP”，供测量 PNP 型晶体管用。右半边插孔标注为“NPN”，供测量 NPN 型晶体管用。

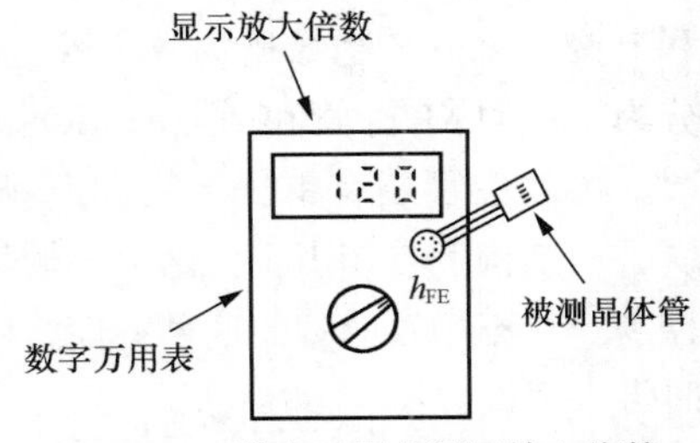

图 8–35　数字万用表测量放大倍数

辨认清楚被测晶体三极管的极性（是 NPN 型还是 PNP 型），然后将被测晶体三极管插入晶体管测量插座的相应插孔，数字万用表上的 LCD 显示屏即显示出被测晶体三极管的直流放大倍数，如图 8-35 所示。

8.3.5　区分锗三极管与硅三极管

由于锗材料三极管的 PN 结压降约为 0.3V，而硅材料三极管的 PN 结压降约为 0.7V，所以可通过测量 b-e 结正向电阻的方法来区分锗三极管和硅三极管。

检测区分方法是，将万用表置于“R×1k”挡，对于 NPN 型管，黑表笔接基极 b，红表笔接发射极 e，如果测得的电阻值小于 1kΩ，则被测管是锗三极管。如果测得的电阻值在 5～10kΩ，则被测管是硅三极管，如图 8-36 所示。对于 PNP 型管，则对调两表笔后测量。

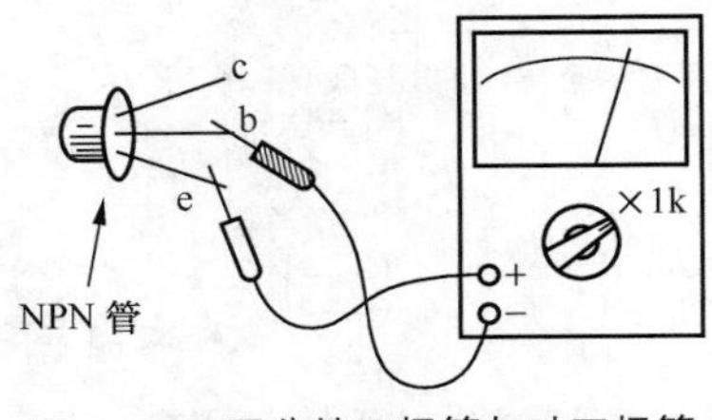

图 8–36　区分锗三极管与硅三极管

8.4 场效应管检测

场效应晶体管通常简称为场效应管，是一种利用场效应原理工作的半导体器件。和普通双极型晶体管相比较，场效应管具有输入阻抗高、噪声低、动态范围大、功耗小、易于集成等特点，得到了越来越广泛的应用。常用场效应管如图 8-37 所示。

图 8–37　场效应管

场效应管的种类很多，主要分为结型场效应管和绝缘栅场效应管两大类，又都有 N 沟道和 P 沟道之分。绝缘栅场效应管也叫做金属氧化物半导体场效应管，简称为 MOS 场效应管，分为耗尽型 MOS 管和增强型 MOS 管。

场效应管还有单栅极管和双栅极管之分。双栅场效应管具有两个互相独立的栅极 G_1 和 G_2，从结构上看相当于由两个单栅场效应管串联而成，其输出电流的变化受到两个栅极电压的控制。双栅场效应管的这种特性，使得其用作高频放大器、增益控制放大器、混频器和解调器时带来很大方便。

场效应管的文字符号为“VT”，图形符号如图 8-38 所示。场效应管在电路中的主要用途是放大、可变电阻、电子开关、阻抗变换和恒流等。

场效应管具有放大作用。场效应管的特点是由栅极电压控制其漏极电流，在栅极输入一个较小的电压，就可以在其漏极得到一个放大了许多倍的电流，如图 8-39 所示。由于场效应管是通过输入电压的变化来控制输出电流的变化，所以场效应管是电压控制型器件。

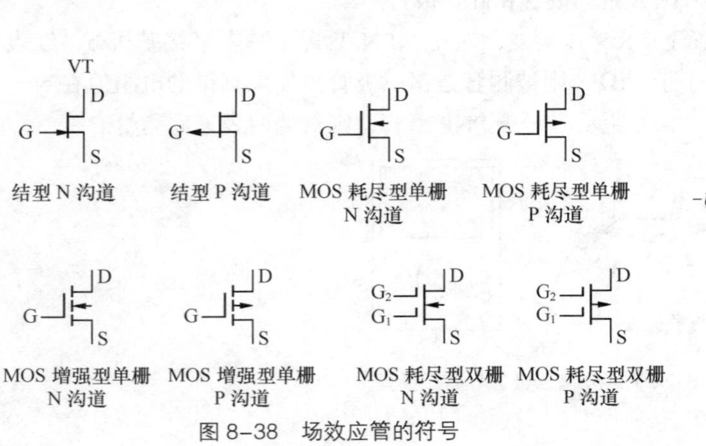

图 8–38　场效应管的符号

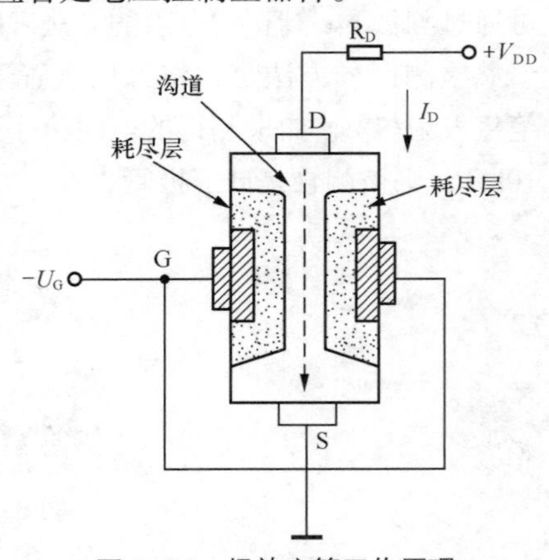

图 8–39　场效应管工作原理

场效应管可以用万用表进行管脚识别和检测。

8.4.1 判别场效应管管脚

场效应管一般具有三个管脚（双栅管有 4 个管脚），分别是栅极 G、源极 S 和漏极 D，它们的功能分别对应于双极型晶体管的基极 b、发射极 e 和集电极 c。由于场效应管的源极 S 和漏极 D 是对称的，实际使用中可以互换。常用场效应管的管脚如图 8-40 所示，应用中应注意正确识别管脚。

场效应管的管脚可以用万用表进行判别。结型场效应管的管脚判别方法如图 8-41 所示，万用表置于“R × 1k”挡，用两表笔分别测量每两个管脚间的正、反向电阻。当某两个管脚间的正、反向电阻相等，均为数千欧时，则这两个管脚为漏极 D 和源极 S（可互换），余下的一个管脚即为栅极 G。

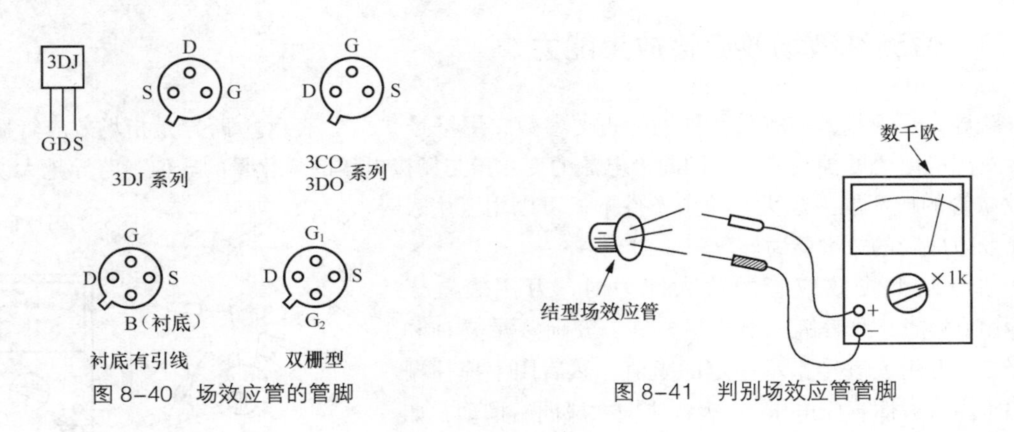

图 8-40 场效应管的管脚

图 8-41 判别场效应管管脚

8.4.2 检测场效应管

场效应管的好坏可以用万用表电阻挡进行检测，检测时万用表置于“R × 1k”挡。

1. 检测 N 沟道场效应管

检测 N 沟道场效应管时，先将万用表黑表笔（表内电池正极）接栅极 G，红表笔（表内电池负极）分别接另外两个管脚，这时场效应管 PN 结所加为正向电压，测得的两个电阻值均为正向电阻，均应很小，如图 8-42 所示。

然后改为红表笔（表内电池负极）接栅极 G，黑表笔（表内电池正极）分别接另外两个管脚，这时场效应管 PN 结所加为反向电压，测得的两个电阻值均为反向电阻，均应很大。如果测量结果不符合以上两步，则说明该场效应管已损坏。

2. 检测 P 沟道场效应管

检测 P 沟道场效应管时，先将万用表黑表笔（表内电池正极）接栅极 G，红表笔（表内电池负极）分别接另外两个管脚，这时场效应管 PN 结所加为反向电压，测得的两个电阻值均为反向电阻，均应很大，如图 8-43 所示。

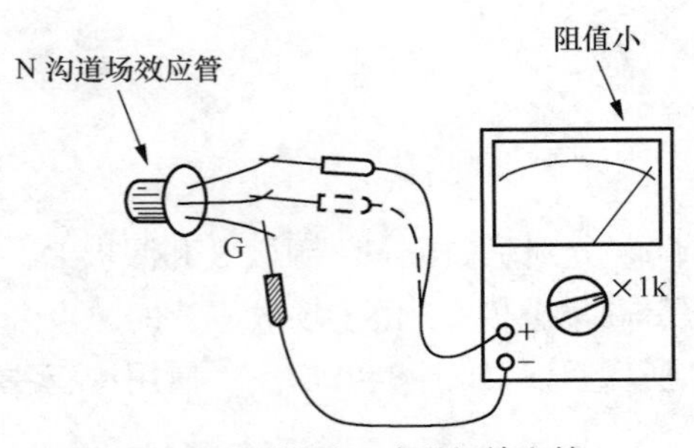

图 8-42　检测 N 沟道场效应管

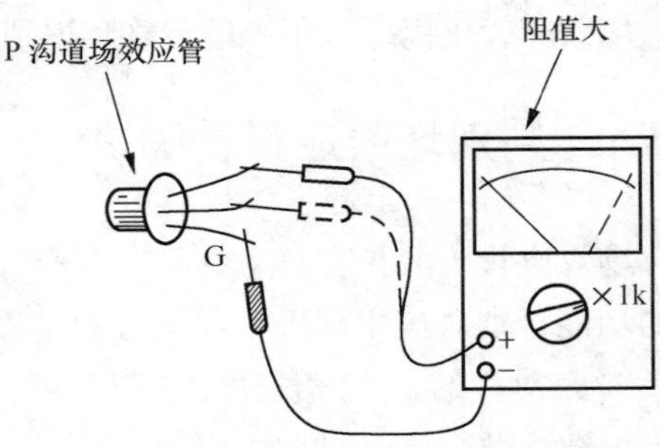

图 8-43　检测 P 沟道场效应管

然后改为红表笔（表内电池负极）接栅极 G，黑表笔（表内电池正极）分别接另外两个管脚，这时场效应管 PN 结所加为正向电压，测得的两个电阻值均为正向电阻，均应很小。如果测量结果不符合以上两步，则说明该场效应管已损坏。

8.4.3　估测结型场效应管放大能力

跨导是反映场效应管放大能力的重要参数，用符号“g_m”表示。跨导是指场效应管栅极电压对漏极电流的控制能力，即漏极电流的变化量与栅极电压的变化量的比值。跨导越大说明场效应管的放大能力越大。业余条件下，可以用万用表估测场效应管的放大能力。

估测结型场效应管的放大能力时，万用表置于“R×100”挡，两表笔（不分正、负）分别接漏极 D 和源极 S，万用表表针指示一定的阻值。然后用手捏住栅极 G（注入人体感应电压），表针应向左或向右摆动，如图 8-44 所示。表针摆动幅度越大说明场效应管的放大能力越大。如果表针不动，说明该场效应管已损坏。

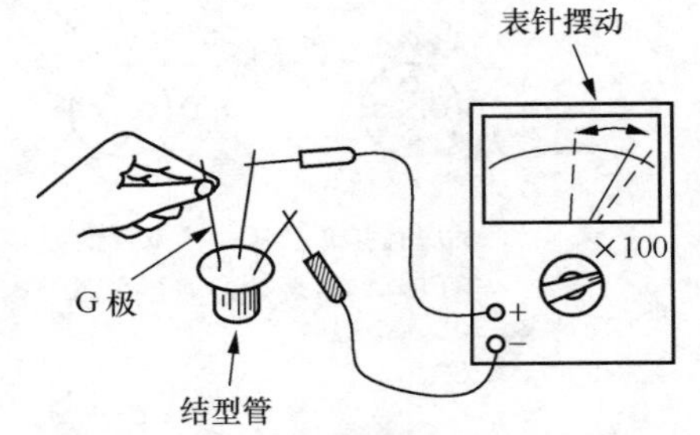

图 8-44　估测结型场效应管放大能力

8.4.4　估测绝缘栅型场效应管放大能力

估测绝缘栅场效应管（MOS 管）的放大能力时，万用表置于“R×100”挡，两表笔（不分正、负）分别接漏极 D 和源极 S。

由于绝缘栅场效应管（MOS 管）的输入阻抗极高，为防止人体感应电压引起栅极击穿，测量时不要用手直接接触栅极 G，而应手拿螺丝刀的绝缘柄，用螺丝刀的金属杆去接触栅极 G，如图 8-45 所示，这时万用表表针应向左或向右摆动。表针摆动幅度越大说明场效应管的放大能力越大。如果表针不动，说明该场效应管已损坏。

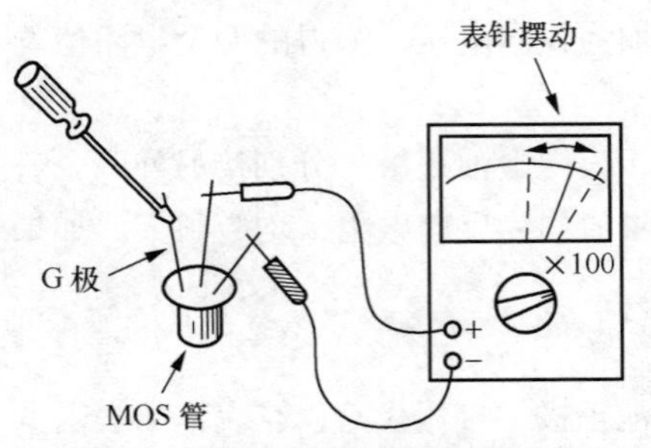

图 8-45　估测 MOS 场效应管放大能力

8.4.5 区分N沟道与P沟道场效应管

由于N沟道场效应管与P沟道场效应管的导电极性相反，因此可以通过检测其PN结电阻的方法来进行区分。

区分N沟道场效应管和P沟道场效应管的方法如图8-46所示，万用表置于“R×1k”挡，黑表笔接栅极G，红表笔分别接另外两管脚。如果测得两个电阻值均很小，则为N沟道场效应管。如果测得两个电阻值均很大，则为P沟道场效应管。

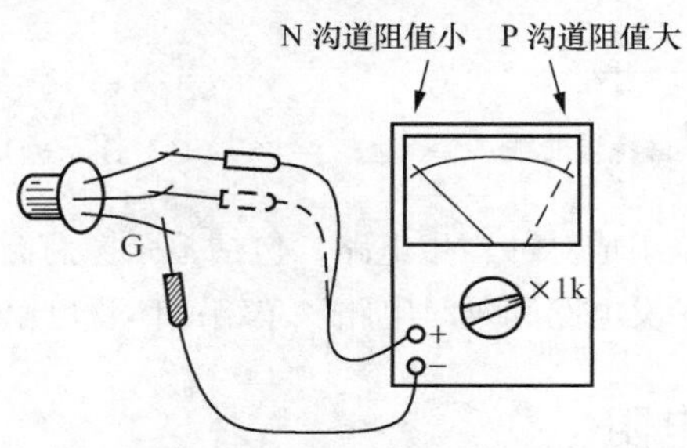

图8-46 区分N沟道与P沟道场效应管

8.5 单结晶体管检测

单结晶体管是一种具有一个PN结和两个欧姆电极的半导体器件，分为N型基极单结晶体管和P型基极单结晶体管两大类，如图8-47所示。单结晶体管的文字符号为“V”，图形符号如图8-48所示。单结晶体管具有三个管脚，外形与晶体三极管几乎一样，但本质上却是完全不同的两种半导体器件。图8-49所示为两种典型单结晶体管的管脚排列。

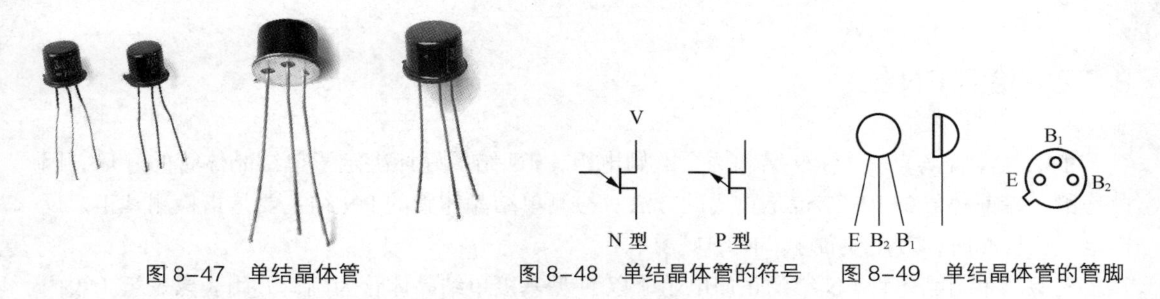

图8-47 单结晶体管　　图8-48 单结晶体管的符号　　图8-49 单结晶体管的管脚

单结晶体管最重要的特点是具有负阻特性，在负阻区域当电流增大时电压反而降低。图8-50所示为单结晶体管特性曲线。

单结晶体管的基本工作原理如图8-51所示（以N基极单结晶体管为例）。当发射极电压U_E大于峰点电压U_P时，PN结处于正向偏置，单结晶体管导通。随着发射极电流I_E的增加，大量空穴从发射极注入硅晶体，导致发射极与第一基极间的电阻急剧减小，其间的电位也就减

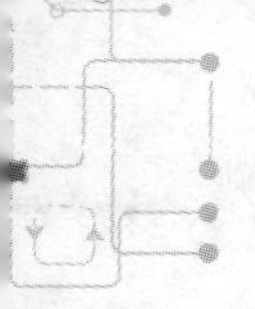

小，呈现出负阻特性。

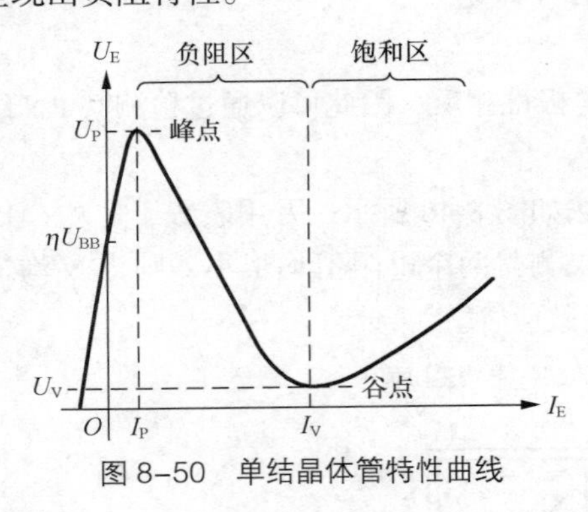

图 8-50　单结晶体管特性曲线

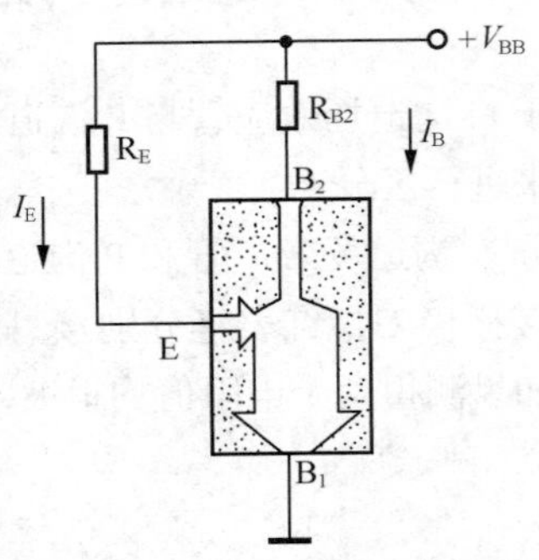

图 8-51　单结晶体管工作原理

单结晶体管的基本作用是组成脉冲产生电路，包括弛张振荡器、波形发生器等，并可使电路结构大为简化，还可用作触发电路和延时电路。单结晶体管可以用万用表进行检测。

8.5.1　检测两基极间电阻

检测单结晶体管两基极间电阻时，万用表置于“R × 1k”挡，两表笔（不分正、负）接单结晶体管除发射极 E 以外的两个管脚，如图 8-52 所示，读数应为 3 ～ 10kΩ。

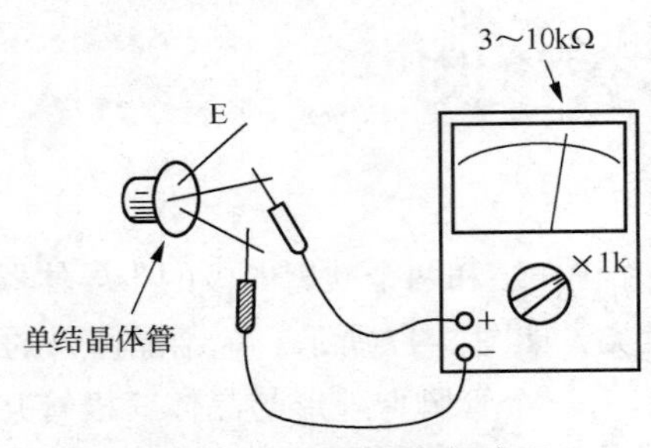

图 8-52　检测两基极间电阻

8.5.2　检测 PN 结

单结晶体管具有一个 PN 结和两个欧姆电极，PN 结的好坏决定了单结晶体管的好坏，因此检测单结晶体管的 PN 结也是重要的方法。检测单结晶体管的 PN 结主要是指检测其正、反向电阻。检测时，万用表置于“R × 1k”挡。

先检测单结晶体管 PN 结的正向电阻，以 N 型基极单结晶体管为例，万用表黑表笔（表内电池正极）接单结晶体管发射极 E，红表笔（表内电池负极）分别接第一基极 B_1 和第二基极 B_2，如图 8-53 所示，读数均应为数千欧。

再检测单结晶体管 PN 结的反向电阻，万用表红表笔（表内电池负极）接单结晶体管发射极 E，黑表笔（表内电池正极）分别接第一基极 B_1 和第二基极 B_2，如图 8-54 所示，读数均应为无穷大。如果检测结果与上述不符，则说明被测单结晶体管已损坏。

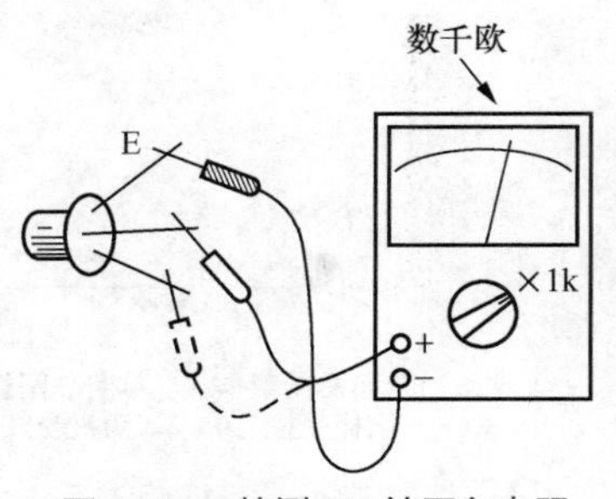

图 8–53 检测 PN 结正向电阻

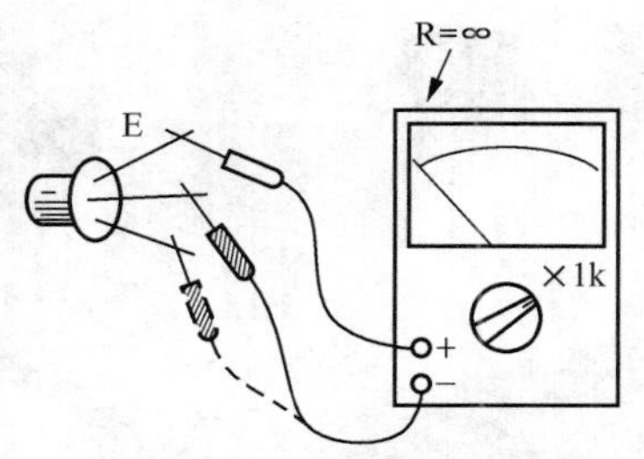

图 8–54 检测 PN 结反向电阻

检测 P 型基极单结晶体管时，将万用表的两表笔对调，按上述步骤依次检测正向电阻和反向电阻即可。

8.5.3 测量单结晶体管分压比

分压比是单结晶体管很重要的参数，用符号“η”表示。分压比 η 是指单结晶体管发射极 E 至第一基极 B_1 间的电压（不包括 PN 结管压降）占两基极间电压的比例，如图 8-55 所示。单结晶体管的分压比一般在 0.3 ～ 0.9，是由管子内部结构所决定的常数。

测量单结晶体管的分压比 η 时，可按图 8-56 所示搭接一个测量电路，电路中的单结晶体管为被测单结晶体管，测量电路的电源 U_B 取 12 ～ 15V 均可。接通电源，用万用表“直流 10V”挡测出C_2上的电压U_{C_2}，再按公式$\eta=\frac{U_{C_2}}{U_B}$计算出分压比 η 即可。

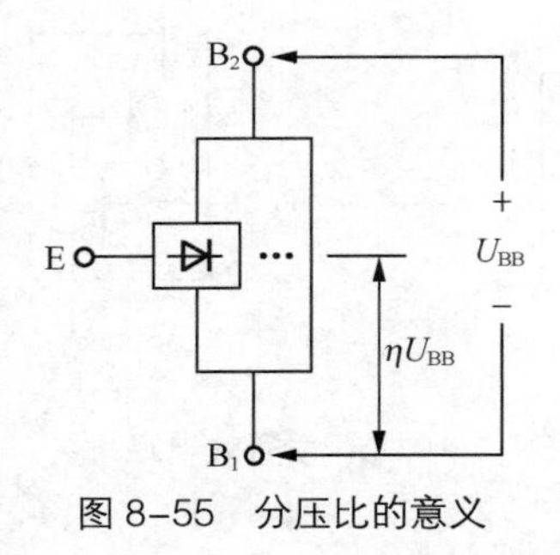

图 8–55 分压比的意义

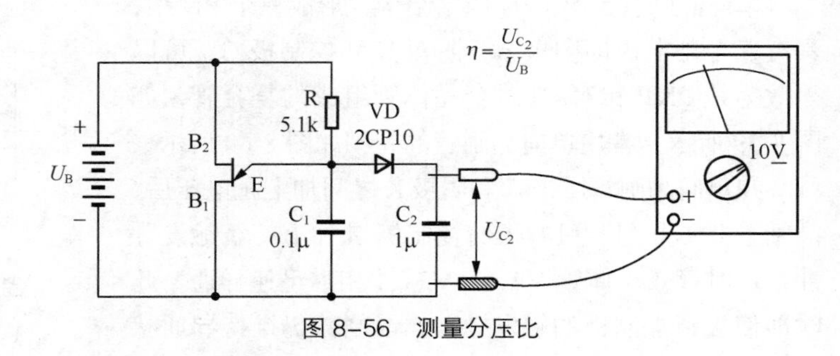

图 8–56 测量分压比

8.6 晶体闸流管检测

晶体闸流管简称为晶闸管，也叫做可控硅，是一种常用的功率型半导体器件，其最主要的功能是功率控制。晶体闸流管可分为单向晶闸管、双向晶闸管、可关断晶闸管等种类，包括塑封式、陶瓷封装式、金属壳封装式、大功率螺栓式和平板式等，如图 8-57 所示。晶体闸流管的文字符号为“VS”，图形符号如图 8-58 所示。

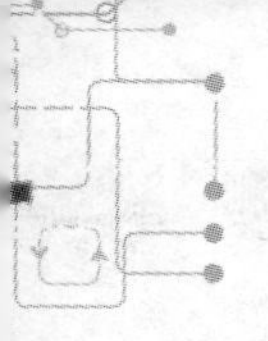

图 8-57　晶体闸流管

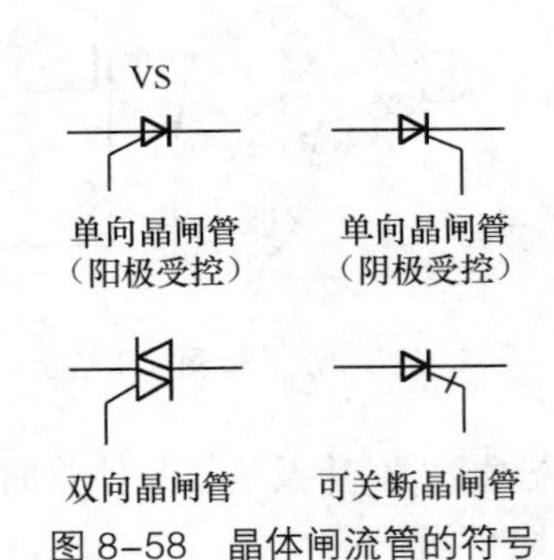

图 8-58　晶体闸流管的符号

晶体闸流管的特点是具有可控的单向导电性，即不但具有一般二极管单向导电的整流作用，而且可以对导通电流进行控制。

晶体闸流管具有以小电流控制大电流、以低电压控制高电压的作用，而且体积小、重量轻、功耗低、效率高、开关速度快，在无触点开关、可控整流、直流逆变、调光、调压和调速等方面得到广泛的应用。

晶体闸流管可用万用表进行检测。

8.6.1　检测单向晶闸管

单向晶闸管是 PNPN 四层结构，形成三个 PN 结，具有三个外电极即阳极 A、阴极 K 和控制极 G，可以等效为是 PNP 和 NPN 两个晶体管组成的复合管，如图 8-59 所示。常用单向晶闸管的管脚如图 8-60 所示。

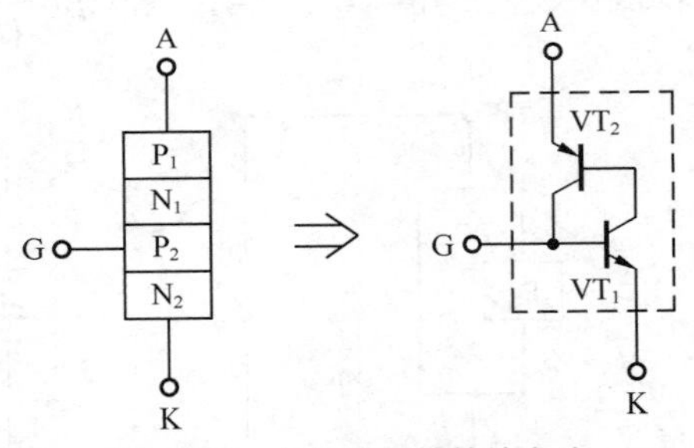

图 8-59　单向晶闸管等效电路

在单向晶闸管阳极 A 和阴极 K 之间加上正电压后，晶闸管并不导通。只有再给控制极 G 加上一个触发脉冲，这时等效晶体管 VT_1 和 VT_2 才相继迅速导通，此时即使去掉控制极的触发脉冲，晶闸管仍维持导通状态，直至导通电流小于晶闸管的维持电流时晶闸管才关断。

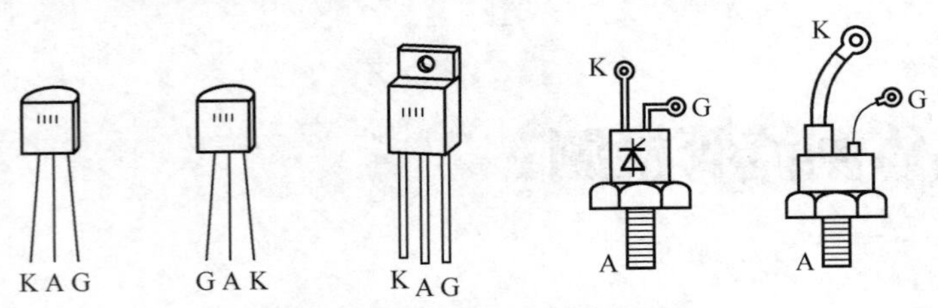

图 8-60　单向晶闸管的管脚

单向晶闸管可用万用表电阻挡进行检测。检测时，万用表置于“R×10Ω”挡，黑表笔（表内电池正极）接单向晶闸管的控制极 G，红表笔（表内电池负极）接单向晶闸管的阴极 K，这时测量的是单向晶闸管 PN 结的正向电阻，应有较小的阻值，如图 8-61 所示。对调两表笔后测其反向电阻，应比正向电阻明显大一些。

万用表黑表笔仍接单向晶闸管的控制极 G，红表笔改接至单向晶闸管的阳极 A，阻值应为无穷大，如图 8-62 所示。对调两表笔后再测，阻值仍应为无穷大。这是因为 G、A 间为两个 PN 结反向串联，正常情况下其正、反向电阻均为无穷大。如果检测结果与上述情况不符，说明被测晶闸管已损坏。

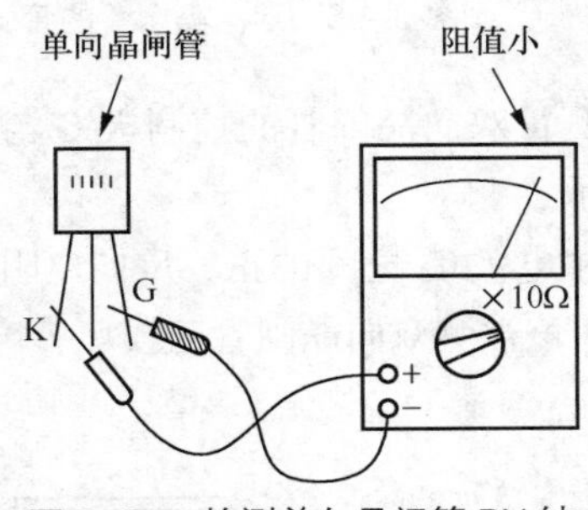

图 8-61 检测单向晶闸管 PN 结

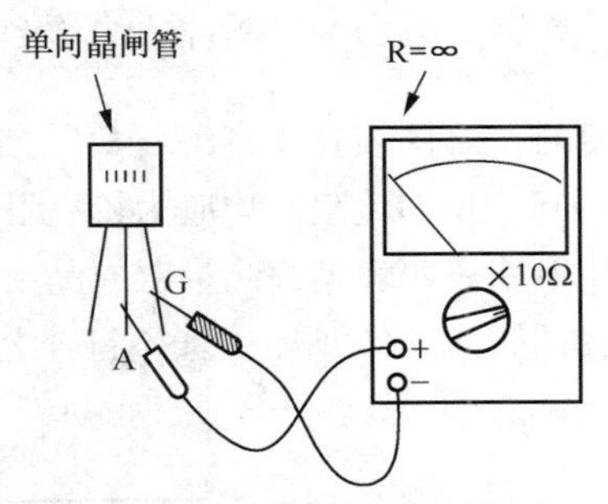

图 8-62 检测单向晶闸管

8.6.2 检测单向晶闸管导通特性

晶闸管的导通特性是指晶闸管被触发导通的性能，是晶闸管的重要指标之一。检测单向晶闸管的导通特性时，万用表置于“R×1Ω”挡，黑表笔（表内电池正极）接单向晶闸管的阳极 A，红表笔（表内电池负极）接单向晶闸管的阴极 K，表针指示应为无穷大。这时用螺丝刀等金属物将控制极 G 与阳极 A 短接一下（短接后即断开，作用是给控制极 G 一个触发脉冲），表针应向右偏转并保持在十几欧姆处，如图 8-63 所示。否则说明该单向晶闸管已损坏。

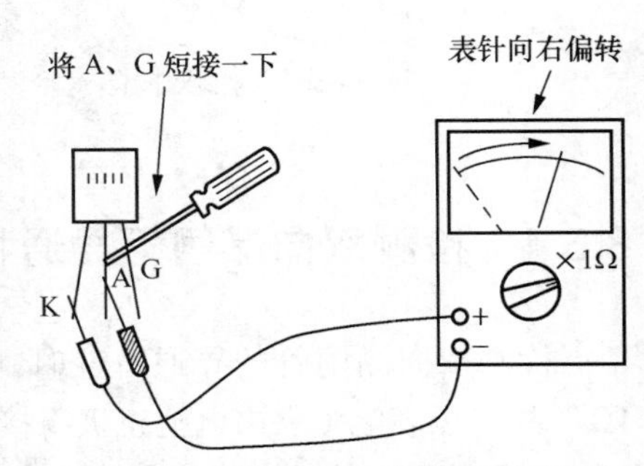

图 8-63 检测单向晶闸管导通特性

8.6.3 检测双向晶闸管

双向晶闸管是在单向晶闸管的基础之上开发出来的，是一种交流型功率控制器件。双向晶闸管不仅能够取代两个反向并联的单向晶闸管，而且只需要一个触发电路，使用很方便。

双向晶闸管可以等效为两个单向晶闸管反向并联，如图 8-64 所示。双向晶闸管可以控制双向导通，因此除控制极 G 以外的另两个电极不再分阳极与阴极，而称之为主电极 T_1 和主电极 T_2。

双向晶闸管的三个管脚分别是控制极 G、主电极 T_1 和主电极 T_2，如图 8-65 所示。由于双向晶闸管的两个主电极 T_1 和 T_2 是对称的，因此使用中可以任意互换。

双向晶闸管的主要作用是无触点交流开关、交流调压、调光、调速等。双向晶闸管可用万用表电阻挡进行检测。

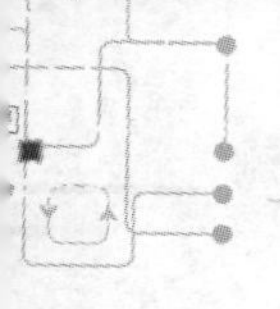

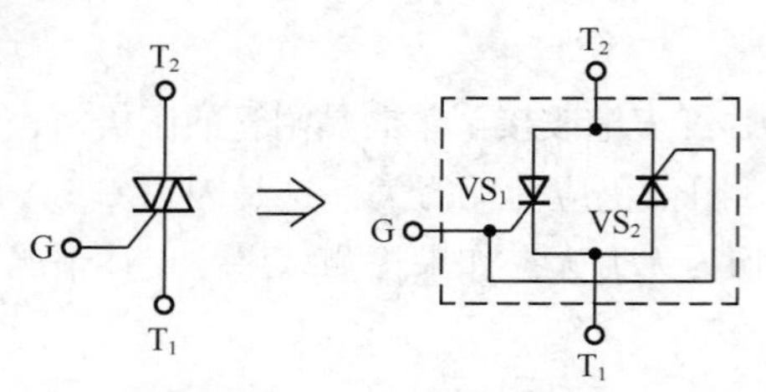

图 8-64　双向晶闸管等效电路

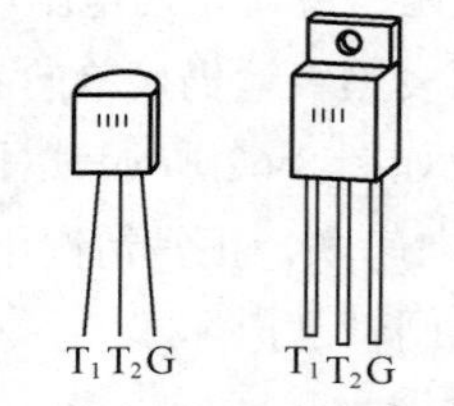

图 8-65　双向晶闸管的管脚

检测时，万用表置于“R × 1Ω”挡，先用两表笔去测量双向晶闸管的控制极 G 与主电极 T_1 之间的正、反向电阻，均应为较小阻值，如图 8-66 所示。

再用万用表两表笔去测量双向晶闸管的控制极 G 与主电极 T_2 之间的正、反向电阻，均应为无穷大，如图 8-67 所示。如不符合上述测量结果，说明该被测双向晶闸管已损坏。

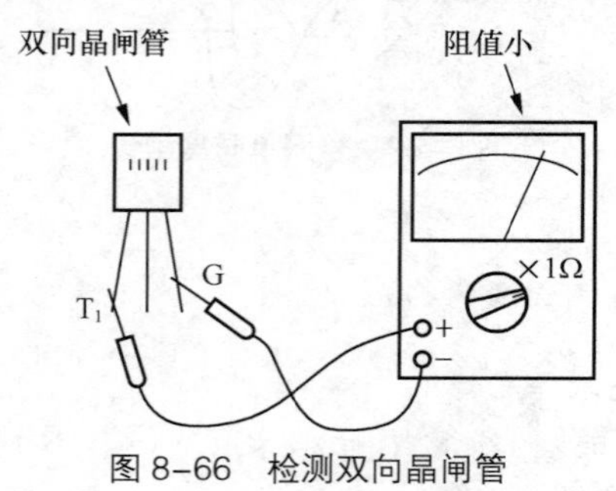

图 8-66　检测双向晶闸管

图 8-67　检测双向晶闸管另一主电极

8.6.4　检测双向晶闸管导通特性

检测双向晶闸管的导通特性时，万用表置于“R × 1Ω”挡，黑表笔（表内电池正极）接双向晶闸管的主电极 T_1，红表笔（表内电池负极）接双向晶闸管的主电极 T_2，表针指示应为无穷大。这时用螺丝刀等金属物将控制极 G 与主电极 T_2 短接一下（短接后即断开，作用是给控制极 G 一个触发脉冲），表针应向右偏转并保持在十几欧姆处，如图 8-68 所示。否则说明该双向晶闸管已损坏。

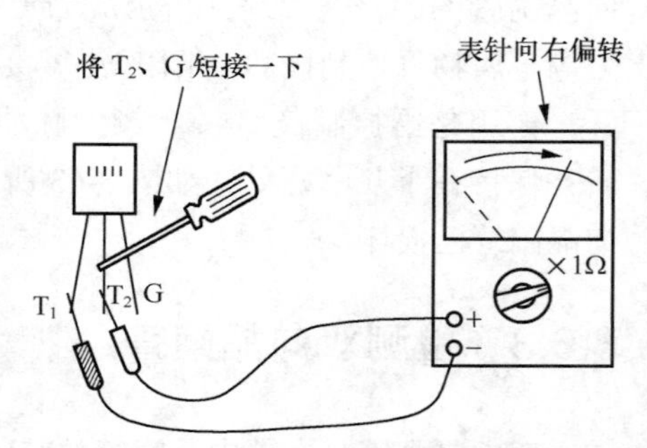

图 8-68　检测双向晶闸管导通特性

8.6.5　检测可关断晶闸管

可关断晶闸管也称为门控晶闸管，是在普通晶闸管基础上发展起来的功率型控制器件，它可以用门控信号控制其关断，使用更加方便。

可关断晶闸管的特点是可以通过控制极关断。普通晶闸管导通后控制极即不起作用，要关断必须切断电源，使流过晶闸管的正向电流小于维持电流 I_H。可关断晶闸管克服了上述缺陷，当控制极 G 加上正触发脉冲时晶闸管导通，当控制极 G 加上负触发脉冲时晶闸管关断，如图 8-69 所示。

可关断晶闸管的主要作用是可关断无触点开关、直流逆变、调压、调光、调速等。可关断晶闸管可用万用表电阻挡进行检测。

检测时，万用表置于“R×1Ω”挡，黑表笔（表内电池正极）接可关断晶闸管的阳极 A，红表笔（表内电池负极）接可关断晶闸管的阴极 K，万用表的表针指示应为无穷大，如图 8-70 所示。

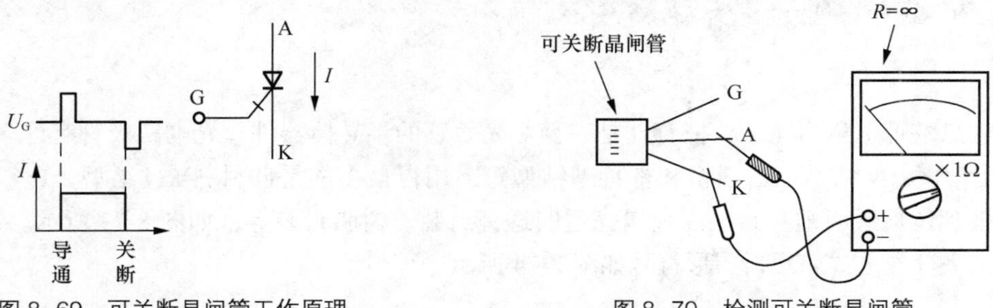

图 8-69 可关断晶闸管工作原理　　图 8-70 检测可关断晶闸管

用一节 1.5V 电池串联一只 100Ω 左右限流电阻作为控制触发电压，电池负极接在可关断晶闸管的阴极 K 上，电池正极经限流电阻去触碰一下可关断晶闸管的控制极 G（触碰一下即断开，作用是给控制极 G 一个正触发脉冲），万用表表针应偏转到右边，指示可关断晶闸管已导通，如图 8-71 所示。

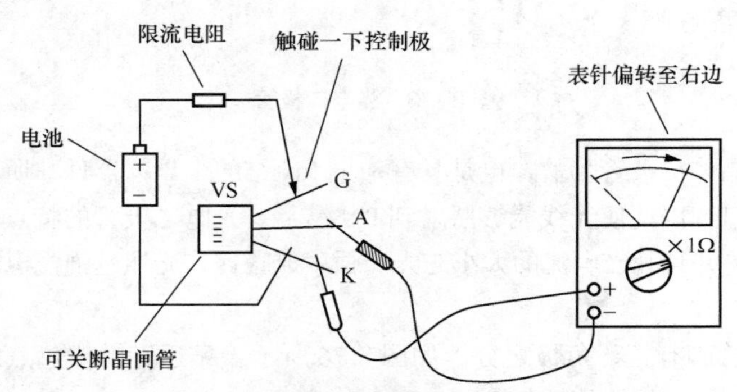

图 8-71 检测可关断晶闸管导通性能

保持上一步测量电路连接，颠倒电池正负极性，改为电池正极接在可关断晶闸管的阴极 K 上，电池负极经限流电阻去触碰一下可关断晶闸管的控制极 G（触碰一下即断开，作用是给控制极 G 一个负触发脉冲），万用表表针应返回最左边，指示可关断晶闸管已关断，如图 8-72 所示。这两步检测中任何一步不符合，都说明该可关断晶闸管已损坏。

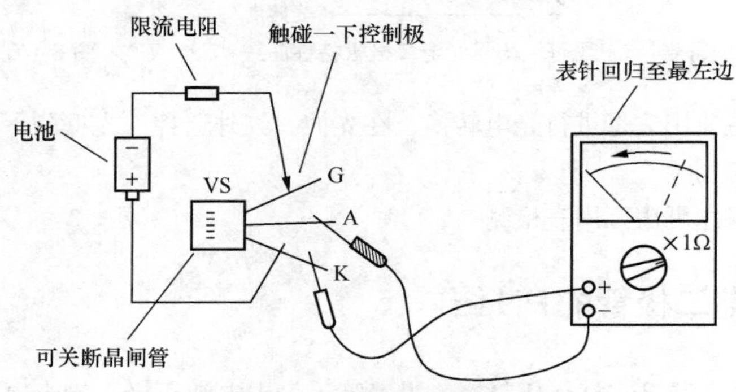

图 8-72 检测可关断晶闸管关断性能

8.7 光电二极管检测

光电二极管也称为光敏二极管，是一种对光敏感的半导体器件。光电二极管有许多种类，如 PN 结型、PIN 结型、雪崩型和肖特基结型等，用得最多的是硅材料 PN 结型光电二极管。光电二极管包括透明塑料封装、金属壳透明透镜封装、树脂封装等，如图 8-73 所示。光电二极管的文字符号是“VD”，图形符号如图 8-74 所示。

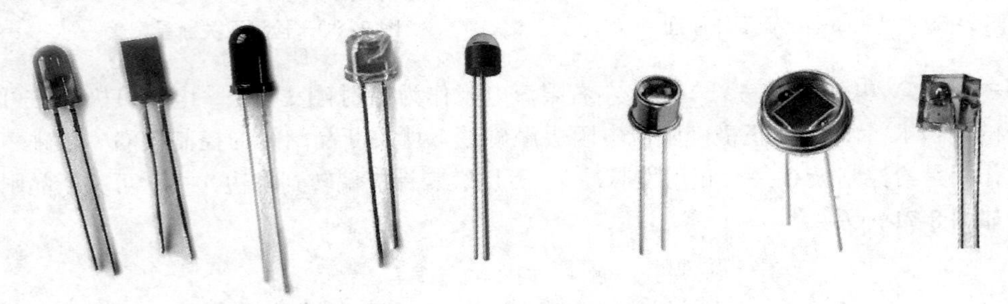

图 8-73　光电二极管

光电二极管与晶体二极管相似，也是具有一个 PN 结的半导体器件，所不同的是光电二极管有一个透明的窗口，以便使光线能够照射到 PN 结上。光电二极管的特点是具有将光信号转换为电信号的功能，并且其光电流的大小与光照强度成正比，光照越强光电流越大，如图 8-75 所示。

光电二极管两管脚有正、负极之分，如图 8-76 所示，靠近管键或色点的是正极，另一脚是负极；较长的是正极，较短的是负极。

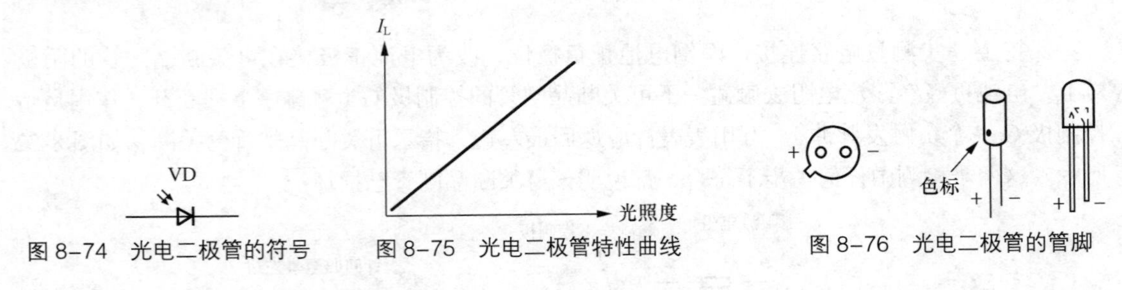

图 8-74　光电二极管的符号　　图 8-75　光电二极管特性曲线　　图 8-76　光电二极管的管脚

光电二极管的主要用途是进行光电转换，在光控、红外遥控、光探测、光纤通信和光电耦合等方面有广泛的应用。

光电二极管的好坏可用万用表检测。

8.7.1　检测光电二极管的 PN 结

检测时，将万用表置于“R × 1k”挡，黑表笔（表内电池正极）接光电二极管正极，红表笔接光电二极管负极，测其正向电阻，应为 10 ～ 20kΩ，如图 8-77 所示。

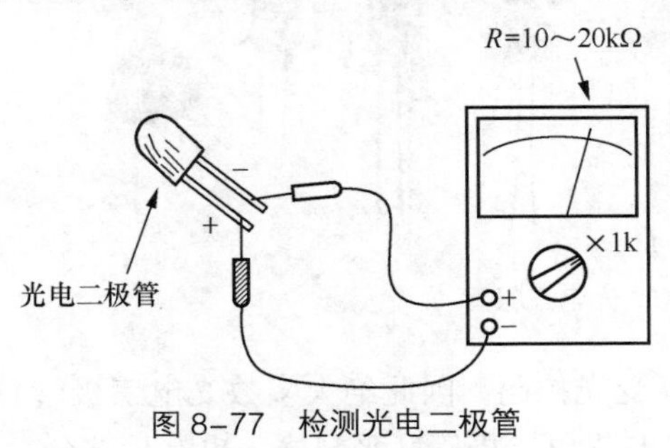

图 8-77 检测光电二极管

8.7.2 检测光电性能

用一遮光物（例如黑纸片等）将光电二极管的透明窗口遮住，如图 8-78 所示。然后对调万用表两表笔，即红表笔接光电二极管正极，黑表笔接光电二极管负极，这时测得的是无光照情况下的光电二极管反向电阻，应为无穷大。

移去遮光物，使光电二极管的透明窗口朝向光源（自然光、白炽灯或手电筒等），这时表针应向右偏转至几千欧处，如图 8-79 所示，表针偏转越大说明光电二极管灵敏度越高。

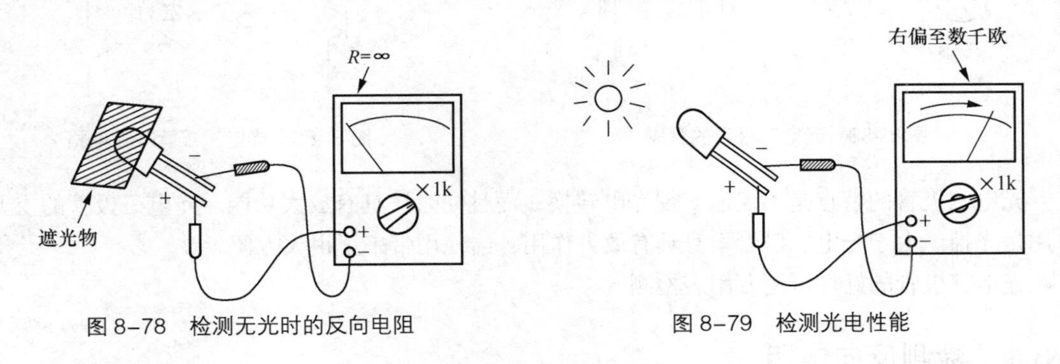

图 8-78 检测无光时的反向电阻　　图 8-79 检测光电性能

8.8 光电三极管检测

光电三极管也是一种对光敏感的半导体器件，是在光电二极管的基础上发展起来的光电器件。与晶体三极管相似，光电三极管也是具有两个 PN 结的半导体器件，所不同的是其基极受光信号的控制。

光电三极管有许多种类，按导电极性可分为 NPN 型和 PNP 型，按结构类型可分为普通光电三极管和复合型（达林顿型）光电三极管，按管脚数可分为二管脚式和三管脚式等，如图 8-80 所示。光电三极管的文字符号是“VT”，图形符号如图 8-81 所示。

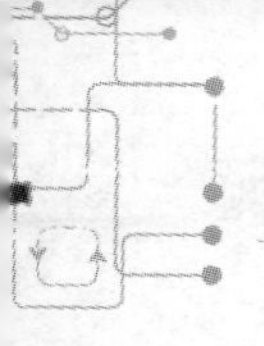

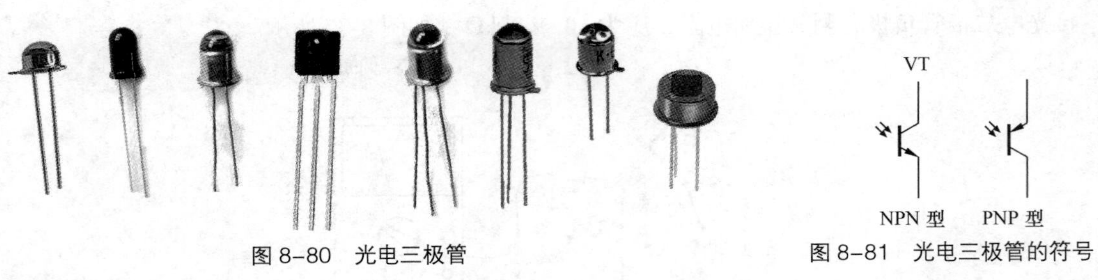

图 8-80　光电三极管

图 8-81　光电三极管的符号

由于光电三极管的基极受光控制，因此绝大多数光电三极管只有发射极和集电极两个管脚，基极无引出管脚，外形与光电二极管几乎一样。也有少部分光电三极管基极有引出管脚，常作温度补偿用。

图 8-82 所示为常见光电三极管管脚示意图，靠近管键或色点的是发射极，离管键或色点较远的是集电极；较长的管脚是发射极，较短的管脚是集电极。

光电三极管可以等效为光电二极管和普通三极管的组合体，如图 8-83 所示。光电三极管基极与集电极间的 PN 结相当于一个光电二极管，工作在反向电压状态。在光照下产生的光电流又从基极进入三极管得到放大，因此光电三极管输出的光电流可达光电二极管的 β 倍。

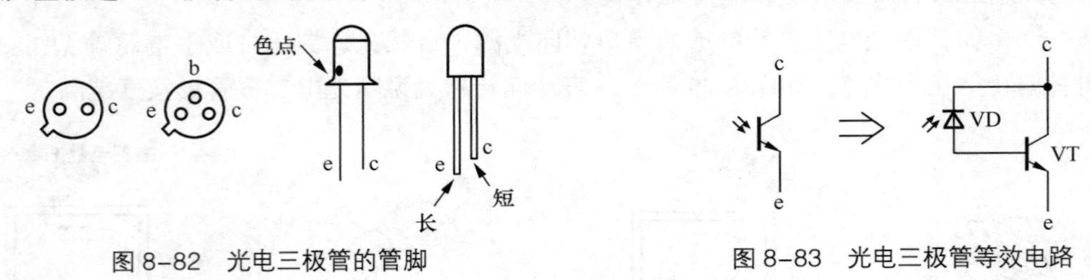

图 8-82　光电三极管的管脚

图 8-83　光电三极管等效电路

光电三极管的特点是不仅能实现光电转换，而且同时还具有放大功能。光电三极管的主要作用是光控。由于光电三极管本身具有放大作用，给使用带来了很大方便。

光电三极管的好坏可用万用表检测。

8.8.1　检测反向电阻

以检测 NPN 型光电三极管为例，检测时，万用表置于“R×1k”挡。万用表黑表笔（表内电池正极）接光电三极管的发射极 e，红表笔（表内电池负极）接光电三极管的集电极 c，此时光电三极管所加电压为反向电压，万用表指示的阻值应为无穷大，如图 8-84 所示。

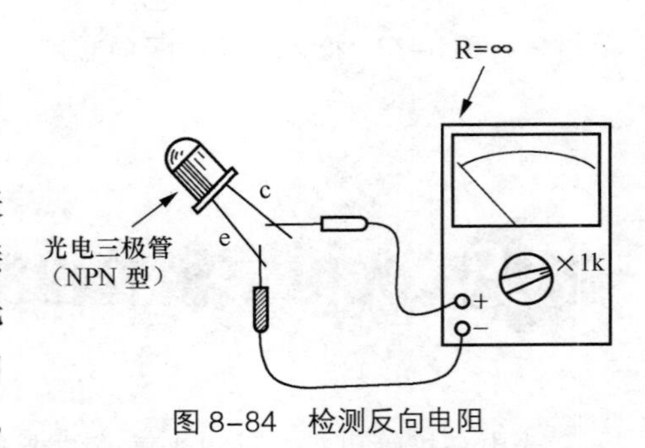

图 8-84　检测反向电阻

8.8.2　检测无光时的正向电阻

用黑纸片等遮光物将光电三极管的受光窗口遮住，对调万用表两表笔后再测，如图 8-85 所示。此时虽然所加电压为正向电压，但因光电三极管的基极无光照，光电三极管仍无电流，其阻值接近为无穷大。

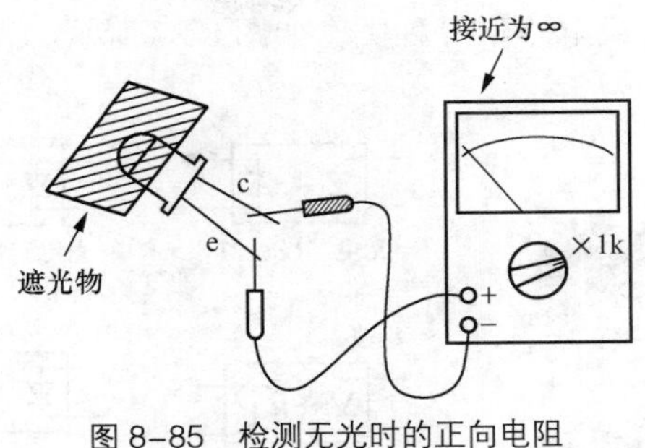

图 8-85 检测无光时的正向电阻

8.8.3 检测光电性能

保持红表笔接发射极 e、黑表笔接集电极 c，然后移去遮光物，使光电三极管的受光窗口朝向光源，如图 8-86 所示，这时表针应向右偏转到 1kΩ 左右。表针偏转越大说明光电三极管的灵敏度越高。

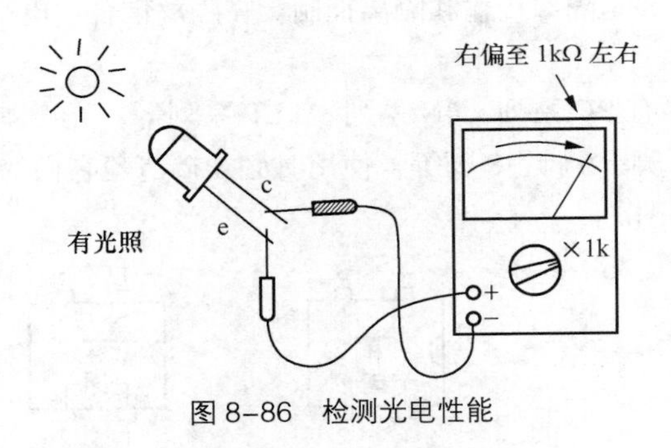

图 8-86 检测光电性能

8.8.4 区别光电二极管与光电三极管

由于光电二极管与光电三极管外形几乎一样，上述检测方法也可用来区别它们。遮住受光窗口测管子两管脚间的正、反向电阻，阻值一大一小者是光电二极管，两阻值均为无穷大者为光电三极管。

8.9 光电耦合器检测

光电耦合器简称光耦，是以光为媒介传输电信号的电子器件，它通过其内部的“电→光→电”转换实现信号的耦合与传输。

根据光电耦合器内部输出电路的不同，光电耦合器可分为光电二极管型、光电三极管型、达林顿管型、晶闸管型、集成电路型等种类，如图 8-87 所示。光电耦合器的图形符号如图 8-88 所示。

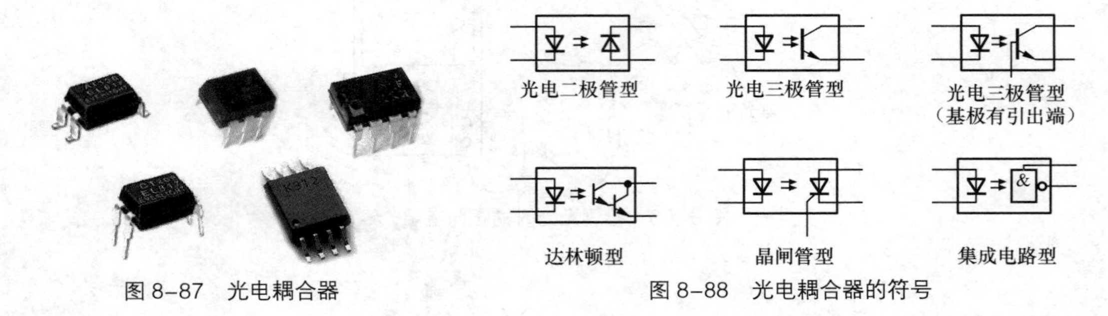

图 8-87　光电耦合器　　图 8-88　光电耦合器的符号

光电耦合器的特点是输入端与输出端之间既能传输电信号、同时又具有电的隔离性。光电耦合器的结构如图 8-89 所示，将一个发光二极管与一个光电三极管密封在一起，发光二极管是输入端，光电三极管是输出端。输入信号使发光二极管发光，光电三极管接受光照后就产生光电流，并可在其负载电阻上得到输出信号，从而实现了电信号的隔离传输。

光电耦合器的用途主要是隔离传输和隔离控制。在隔离耦合、电平转换、继电控制等方面得到广泛的应用。

常用光电耦合器主要有 PC 系列、4N 系列、TLP 系列等。光电耦合器的封装形式多种多样，仅双列直插式就有 4 脚、6 脚、8 脚等，使用时必须搞清楚它们的引脚。图 8-90 所示为部分常见光电耦合器的引脚图。

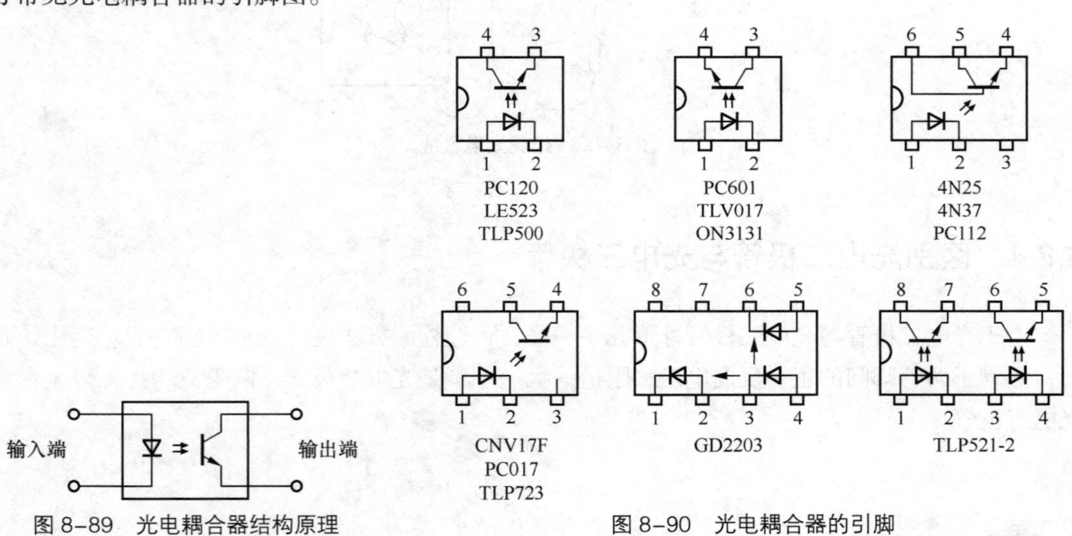

图 8-89　光电耦合器结构原理　　图 8-90　光电耦合器的引脚

由于光电耦合器输入端与输出端之间是绝缘的，因此，检测光电耦合器时应分别检测其输入端和输出端。

8.9.1　检测输入端

将万用表置于“R × 1k”挡，分别检测光电耦合器输入端发光二极管的正、反向电阻。正

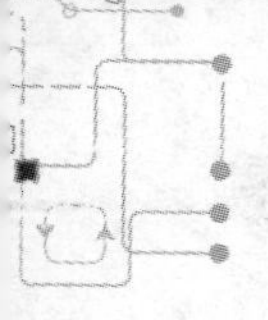

常情况下其正向电阻约为几百欧，如图 8-91 所示。反向电阻约为几十千欧，如图 8-92 所示。

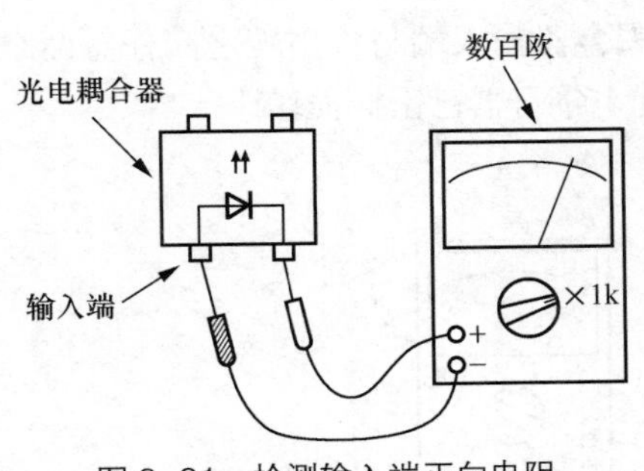

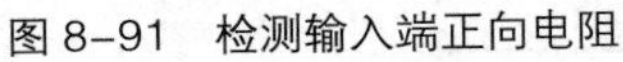
图 8-91 检测输入端正向电阻

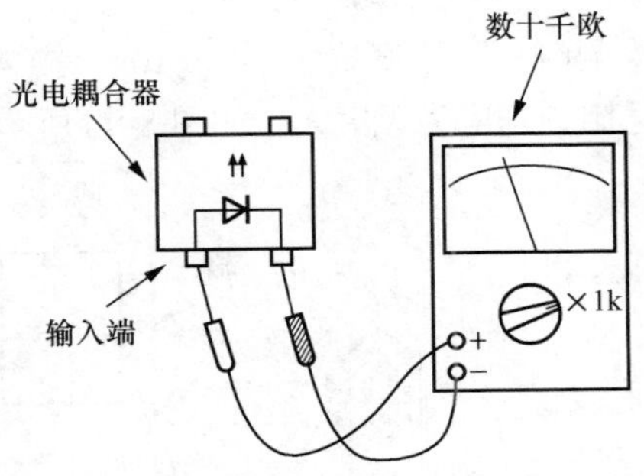

图 8-92 检测输入端反向电阻

需要说明的是，光电耦合器中的发光二极管的正向管压降较普通发光二极管低，在 1.3V 以下，所以可以用万用表“R × 1k”挡直接检测。

8.9.2 检测输出端

光电耦合器的输出部分有多种形式，以光电三极管型光电耦合器为例，在光电耦合器输入端悬空的前提下，检测光电耦合器输出端两引脚（即内部光电三极管的 c 、e 极）之间的正、反向电阻，均应为无穷大，如图 8-93 所示。

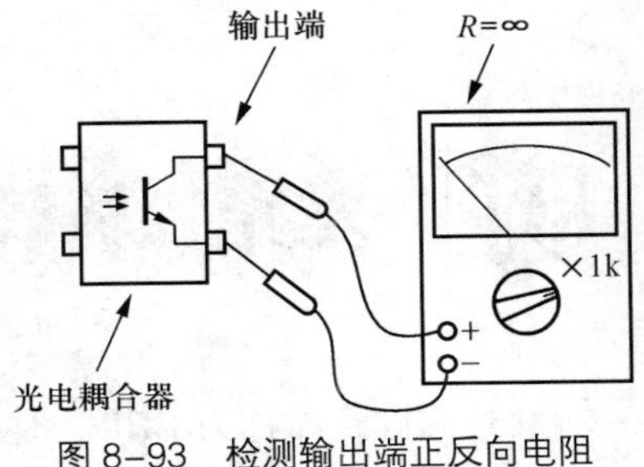

图 8-93 检测输出端正反向电阻

8.9.3 检测光电传输性能

检测时，万用表置于“R × 100”挡，黑表笔接光电耦合器输出端光电三极管的集电极 c，红表笔接发射极 e。

如图 8-94 所示，用 3V 直流电源串接一限流电阻 R 后，给光电耦合器输入端接入正向电压，这时光电耦合器输出部分的光电三极管应导通，万用表表针指示的阻值很小。

当切断光电耦合器输入端所接正向电压时，光电耦合器输出部分的光电三极管应截止，万用表表针指示的阻值为无穷大，如图 8-95 所示。如不符合上述检测情况，说明被测光电耦合器已损坏。

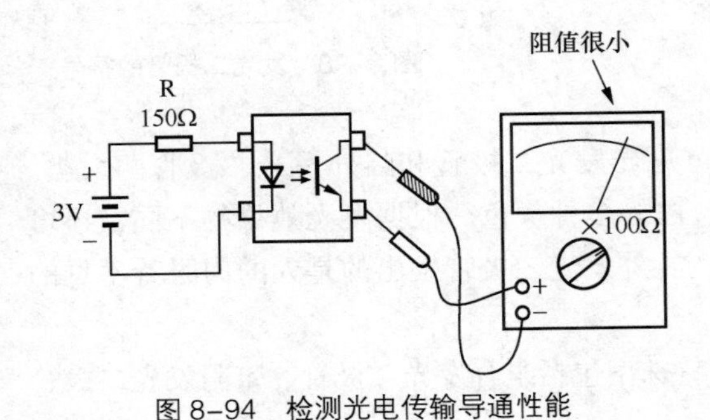

图 8-94 检测光电传输导通性能

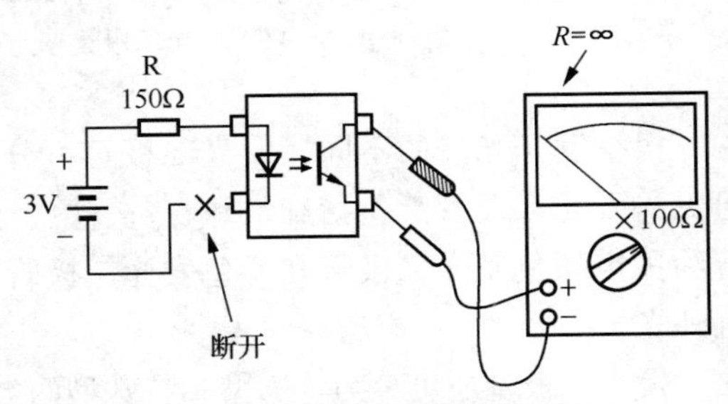

图 8-95 检测光电传输截止性能

8.9.4 检测绝缘性能

检测时，万用表置于“R×10k”挡，检测光电耦合器输入端与输出端之间任意两个引脚间的电阻，均应为无穷大，如图 8-96 所示。否则该光电耦合器已击穿损坏。

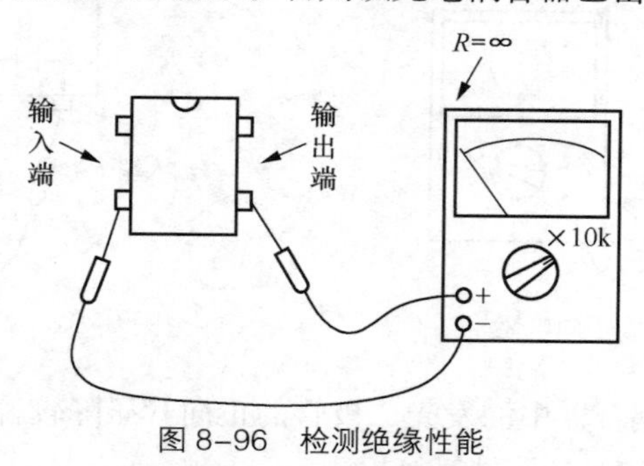

图 8-96 检测绝缘性能

8.10 发光二极管检测

发光二极管简称为 LED，是一种具有一个 PN 结的半导体电致发光器件，包括透明塑料封装、树脂封装、金属外壳（有发光窗口）封装、圆形、方形、特殊形状等，如图 8-97 所示。发光二极管的文字符号是“VD”，图形符号如图 8-98 所示。

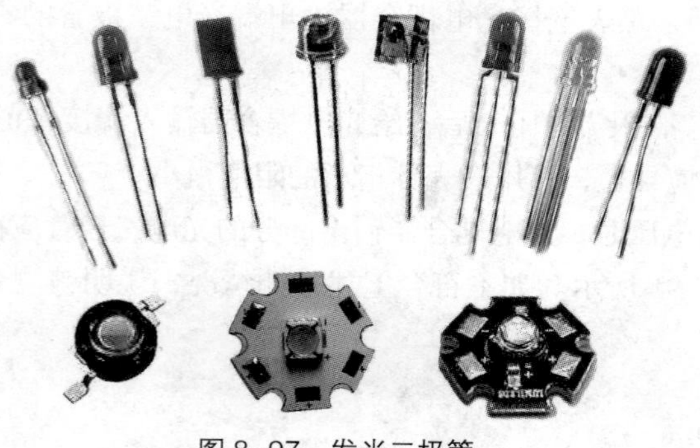

图 8-97 发光二极管

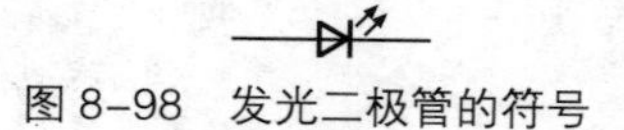

图 8-98 发光二极管的符号

根据发光光谱的不同，发光二极管可分为可见光发光二极管和红外发光二极管两大类。可见光发光二极管又包括红、绿、黄、橙、蓝、白等多种颜色。根据发光效果的不同，还可分为固定颜色发光二极管和变色发光二极管等。红外发光二极管发出的是人的肉眼看不见的红外光。

发光二极管还可分为普通型和特殊型两类。特殊型包括组合发光二极管、带阻发光二极管（电压型发光二极管）、闪烁发光二极管等。

发光二极管与晶体二极管一样，两个管脚有正、负极之分，如图 8-99 所示。发光二极管两管脚中，较长的是正极，较短的是负极。对于透明或半透明塑料封装的发光二极管，可以用肉眼观察到它的内部电极的形状，正极的内电极较小，负极的内电极较大。

白光 LED 的开发成功，使得 LED 照明成为现实。白光 LED 的基本结构如图 8-100 所示，由蓝光 LED 芯片与黄色荧光粉复合而成。蓝光 LED 芯片在通过足够的正向电流时会发出蓝光，这些蓝光一部分被荧光粉吸收激发荧光粉发出黄光，另一部分蓝光与荧光粉发出的黄光混合，最终得到白光。由于 LED 照明是将电能直接转换成光能，因此效率很高。

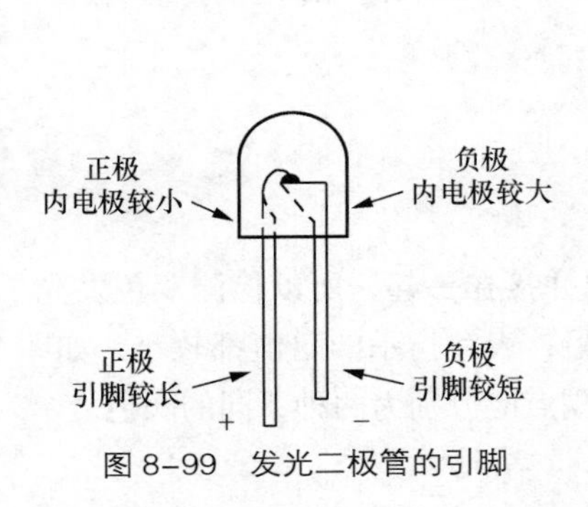

图 8-99 发光二极管的引脚

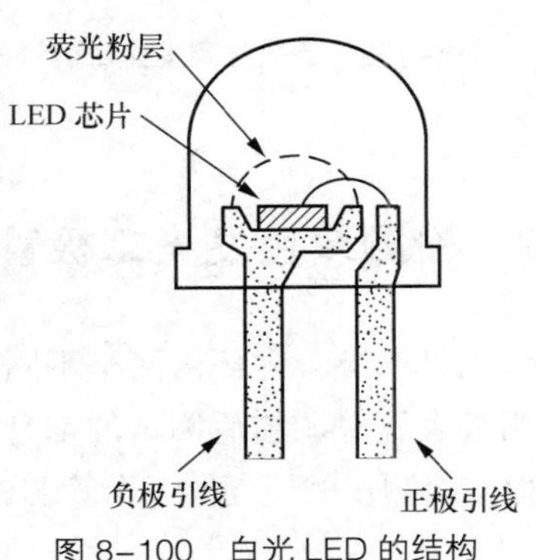

图 8-100 白光 LED 的结构

发光二极管的特点是会发光。发光二极管与普通二极管一样具有单向导电性，当有足够的正向电流通过 PN 结时，便会发出不同颜色的可见光或红外光。发光二极管广泛应用在显示、指示、装饰、遥控、监控、通信、照明等领域。

用万用表检测发光二极管时，通常应使用“R × 10k”挡。因为绝大多数发光二极管的管压降为 2V 左右，而万用表“R × 1k”及其以下各电阻挡表内电池仅为 1.5V，低于发光二极管的管压降，无论正、反向接入，发光二极管都不可能导通，也就无法检测。“R × 10k”挡表内接有 15V 高压电池（有些万用表为 9V），如图 8-101 所示，高于发光二极管的管压降，所以可以用来检测发光二极管。

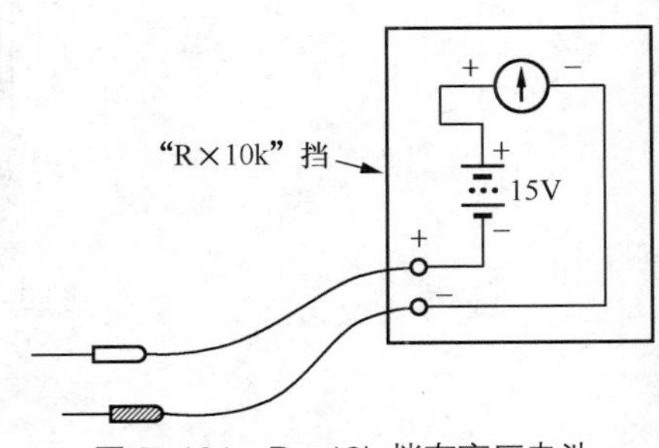

图 8-101 R × 10k 挡有高压电池

8.10.1 检测一般发光二极管

检测时，万用表黑表笔（表内电池正极）接 LED 正极，红表笔（表内电池负极）接 LED 负极，这时发光二极管为正向接入，表针应偏转过半，同时 LED 中有一发光亮点，如图 8-102 所示。

再将万用表两表笔对调后与发光二极管相接，这时为反向接入，表针应不动，LED 无发光亮点，如图 8-103 所示。如果无论正向接入还是反向接入，表针都偏转到头或都不动，则说明该发光二极管已损坏。

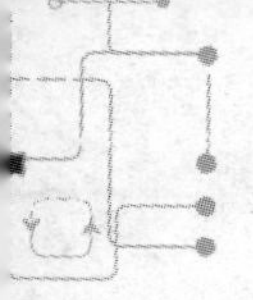

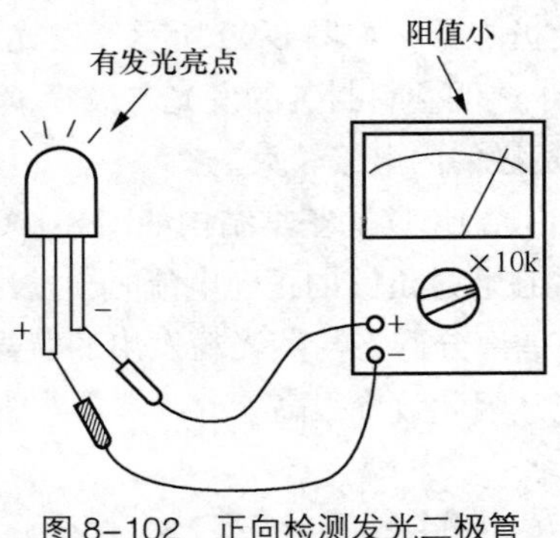

图 8-102　正向检测发光二极管

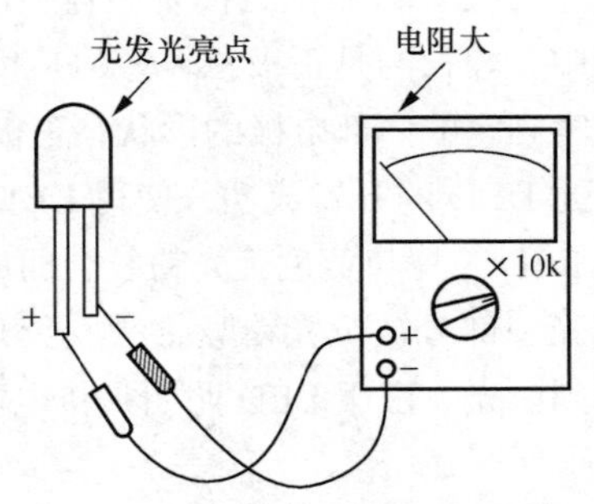

图 8-103　反向检测发光二极管

8.10.2　检测双色发光二极管

双色发光二极管内部由两个不同颜色的管芯反向并接在一起，所以检测双色发光二极管时，万用表表笔对调前后测量的都是 LED 的正向电阻，表针指示的阻值都较小，如图 8-104 所示。但两次测量的不是同一个管芯，LED 中的发光亮点应分别为两种不同的颜色。

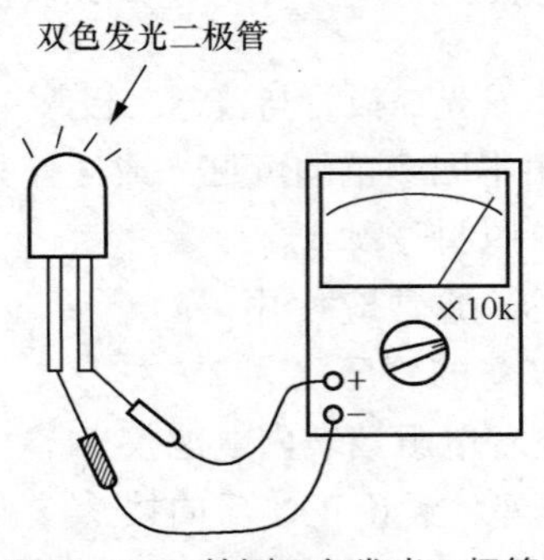

图 8-104　检测双色发光二极管

8.10.3　检测变色发光二极管

变色发光二极管分为共阴极和共阳极两种。检测共阴极三管脚变色发光二极管的方法如图 8-105 所示，万用表红表笔接变色发光二极管的中间管脚（公共负极），黑表笔分别接左右两管脚，变色发光二极管应分别有不同颜色的发光亮点，同时表针指示管芯的正向电阻（阻值较小）。

检测共阳极三管脚变色发光二极管时，万用表黑表笔接变色发光二极管的中间管脚（公共正极），红表笔分别接左右两管脚，变色发光二极管应分别有不同颜色的发光亮点，同时表针指示管芯的正向电阻（阻值较小），如图 8-106 所示。

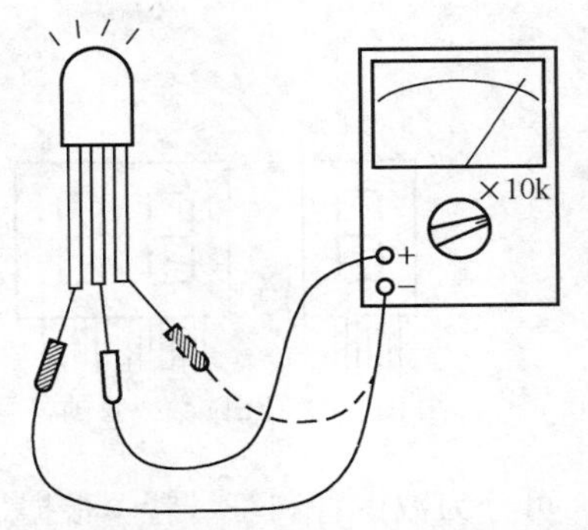

图 8-105　检测共阴极变色发光二极管

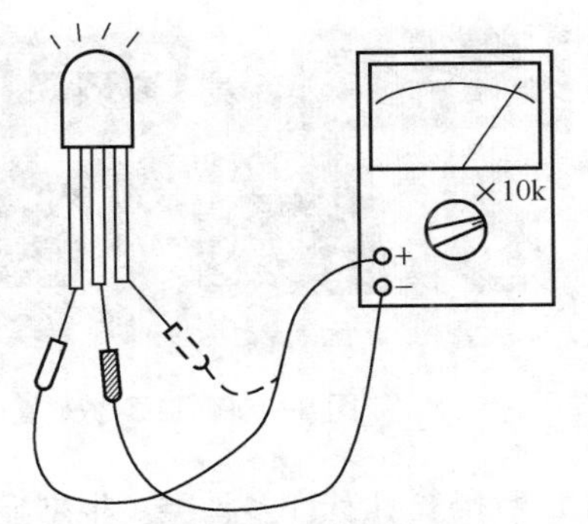

图 8-106　检测共阳极变色发光二极管

8.10.4　检测三色发光二极管

检测共阴极四管脚三色发光二极管的方法如图 8-107 所示。万用表红表笔接三色发光二极管的公共负极第 3 脚，黑表笔分别接其余三个管脚，发光二极管应分别有不同颜色的发光亮点，同时万用表表针分别指示相应管芯的正向电阻。

检测共阳极四管脚三色发光二极管时，如图 8-108 所示，万用表黑表笔接三色发光二极管的公共正极第 3 脚，红表笔分别接其余三个管脚，发光二极管应分别有不同颜色的发光亮点，同时万用表表针分别指示相应管芯的正向电阻。

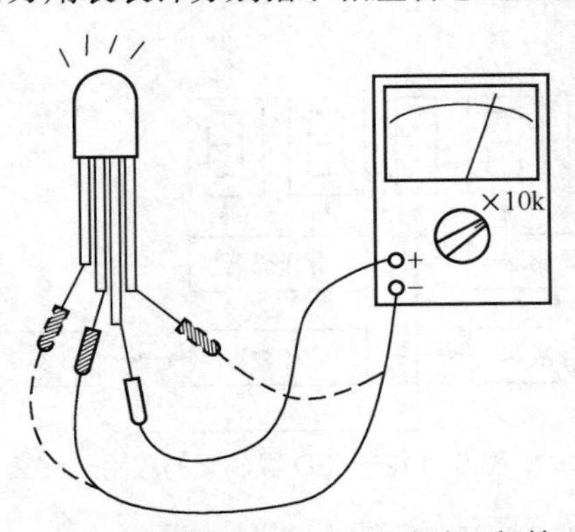

图 8-107　检测共阴极三色发光二极管

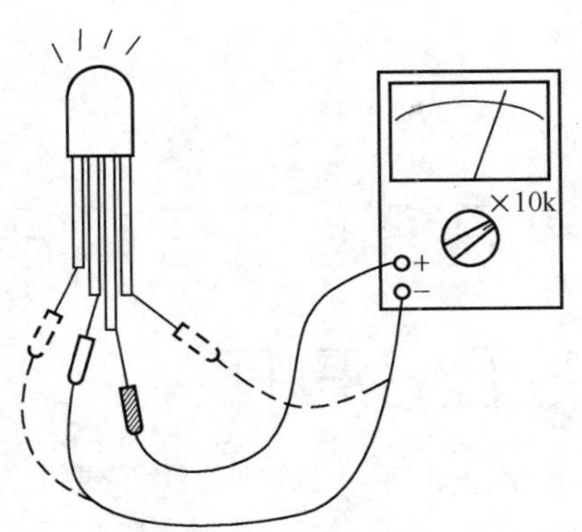

图 8-108　检测共阳极三色发光二极管

8.11 LED 数码管检测

LED 数码管就是由发光二极管组成的数码管，是最常用的一种字符显示器件，它是将若干发光二极管按一定图形组合在一起构成的，如图 8-109 所示。LED 数码管的图形符号如图 8-110 所示。

图 8-109　LED 数码管

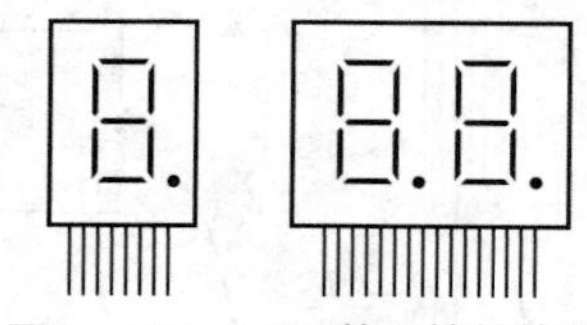

图 8-110　LED 数码管的符号

LED 数码管具有许多种类。根据显示字形的不同，可分为数字管和符号管。根据显示位数的不同，可分为一位、双位和多位数码管。根据内部连接方式的不同，可分为共阴极数码管和共阳极数码管两类。根据字符颜色的不同，可分为红色、绿色、黄色、橙色等。

七段数码管是应用较多的一种数码管，它采用七个笔画段组成“8”字形，能够显示“0 ～ 9”10 个数字和“A ～ F”6 个字母，如图 8-111 所示，可以用于二进制、十进制、十六进制数的显示。

LED 数码管的特点是发光亮度高、响应时间快、高频特性好、驱动电路简单，而且体积小、重量轻、耗电省、寿命长、耐冲击性能好。

LED 数码管的用途是显示字符。例如，在计数电路中显示数字，在测量电路中显示结果，在时钟电路中显示时间等，如图 8-112 所示。

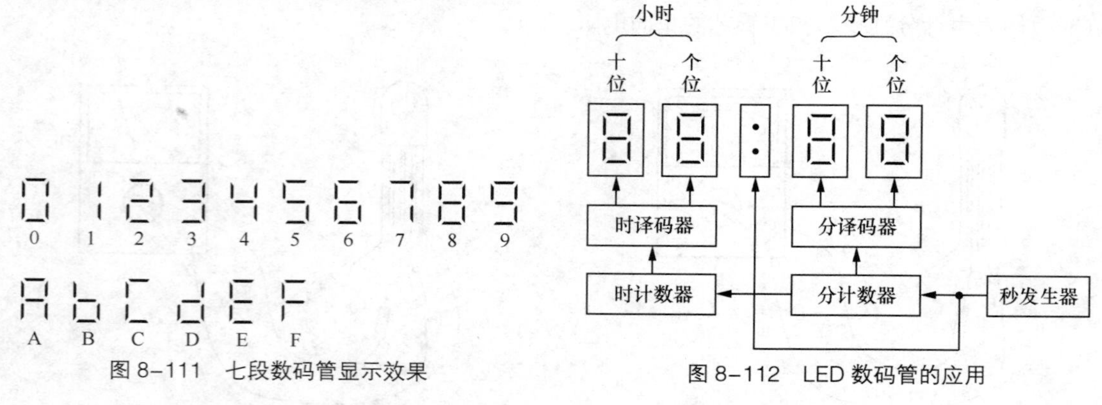

图 8-111　七段数码管显示效果

图 8-112　LED 数码管的应用

与发光二极管类似，LED 数码管可用万用表电阻挡进行检测。

8.11.1　检测共阴极 LED 数码管

共阴极 LED 数码管内部电路如图 8-113 所示，8 个发光二极管（7 个笔画段和 1 个小数点）的负极连接在一起作为公共负极。使用时，公共负极接地，译码电路按显示需要给不同笔画的发光二极管的正极加上正电压，使其显示出相应数字。

共阴极 LED 数码管具有 10 个引脚，如图 8-114 所示。10 个引脚中，上、下中间的引脚相连在一起作为公共阴极，其余 8 个引脚分别为七段笔画和一个小数点的引脚。

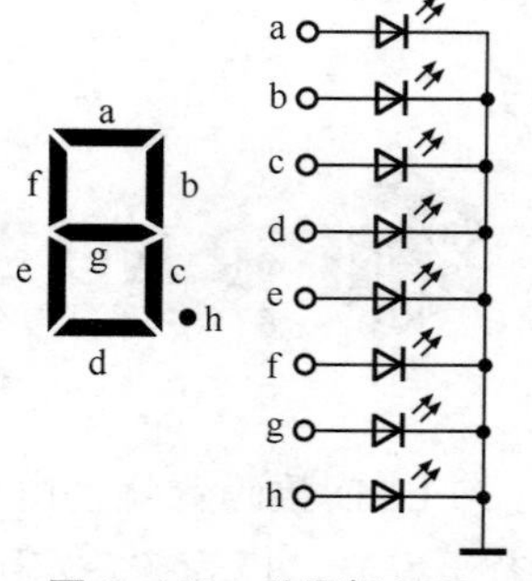

图 8-113　共阴极 LED 数码管内部电路

检测共阴极 LED 数码管时，万用表置于“R × 10k”挡，红表笔接公共阴极，黑表笔依次分别接各笔画和小数点引脚进行检测，相应的笔画或小数点应点亮，万用表表针指示相应管芯的正向电阻，如图 8-115 所示。

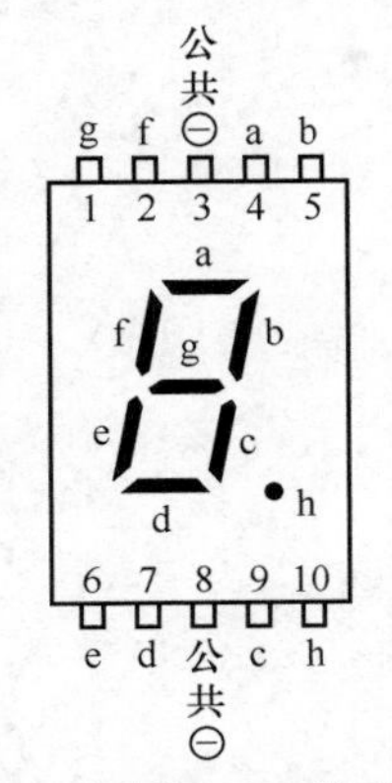

图 8–114　共阴极 LED 数码管的引脚

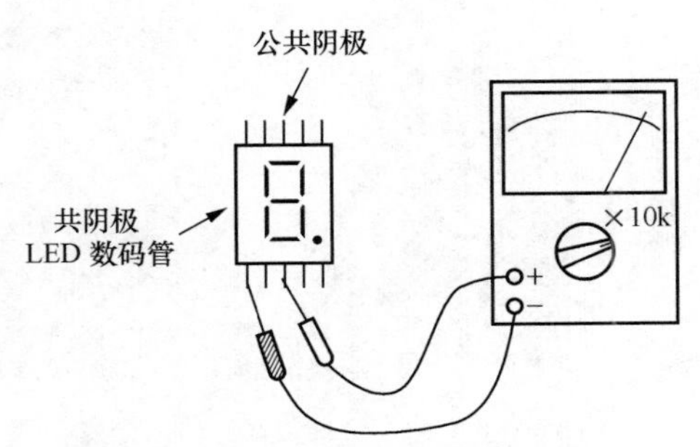

图 8–115　检测共阴极 LED 数码管

8.11.2　检测共阳极 LED 数码管

共阳极 LED 数码管内部电路如图 8-116 所示，8 个发光二极管（7 个笔画段和 1 个小数点）的正极连接在一起作为公共正极。使用时，公共正极接正电压，译码电路按显示需要使不同笔画的发光二极管的负极接地，使其显示出相应数字。

共阳极 LED 数码管也具有 10 个引脚，如图 8-117 所示。10 个引脚中，上、下中间的引脚相连在一起作为公共阳极，其余 8 个引脚分别为七段笔画和一个小数点的引脚。

检测共阳极 LED 数码管时，万用表置于“R × 10k”挡，黑表笔接公共阳极，红表笔依次分别接各笔画和小数点引脚进行检测，相应的笔画或小数点应点亮，万用表表针指示相应管芯的正向电阻，如图 8-118 所示。

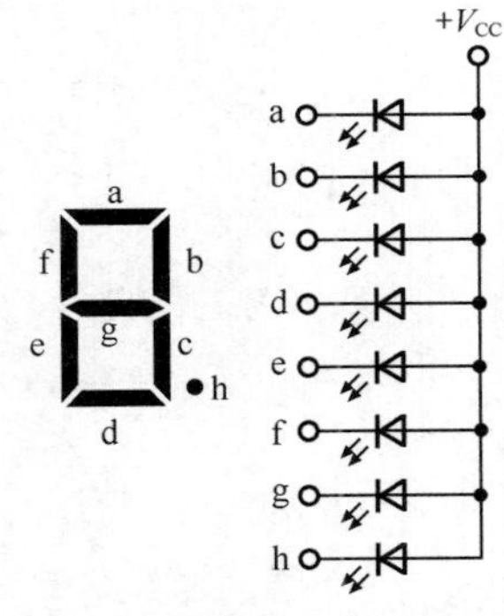

图 8–116　共阳极 LED 数码管内部电路

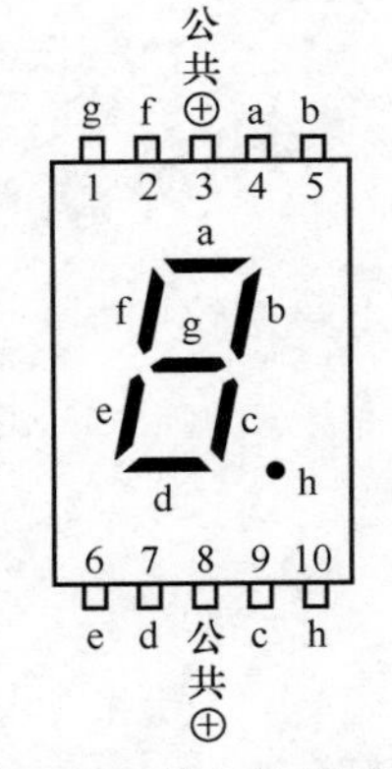

图 8–117　共阳极 LED 数码管的引脚

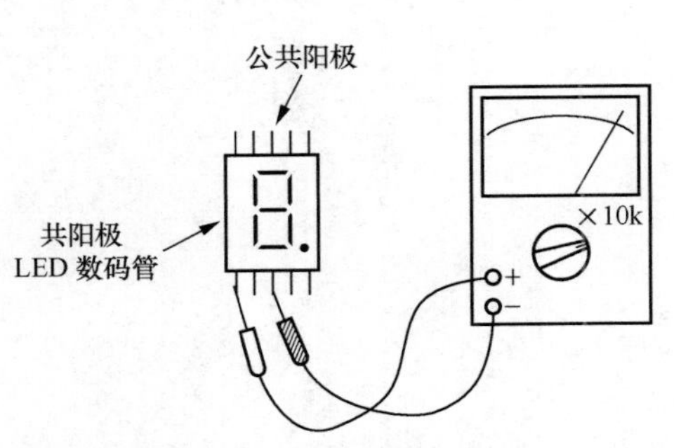

图 8–118　检测共阳极 LED 数码管

第9章 集成电路检测

集成电路是高度集成化的电子器件，具有集成度高、功能完整、可靠性高、体积小、重量轻和功耗低等显著特点，应用越来越广泛，已成为现代电子技术中最重要、最核心的元器件。各种集成电路，包括集成运算放大器、时基集成电路、集成稳压器、数字集成电路、音响集成电路、音乐与语音集成电路等，都可以用万用表进行检测。

9.1 检测集成电路的必备知识

集成电路是将成千上万个晶体管、电阻、电容等元器件集成在一块半导体芯片中，组成某一功能电路、某一单元电路甚至某一整机电路，极大地简化了电子设备的电路结构，缩小了电子设备的体积，提高了电子设备的可靠性。由于集成电路完全不同于传统的分立元器件，因此首先要对集成电路的特点、种类、封装和引脚识别等有充分的了解，才能够正确地用万用表进行检测。

9.1.1 集成电路的种类

集成电路种类繁多，可分为模拟集成电路和数字集成电路两大类，从功能上又可以分为通用集成电路和专用集成电路两类。

模拟集成电路是指传输和处理模拟信号的集成电路，包括通用模拟集成电路和专用模拟集成电路。通用模拟集成电路主要有集成运算放大器、时基集成电路、集成稳压器等。专用模拟集成电路包括收音机集成电路、音响集成电路、电视机集成电路、录像机集成电路等。

数字集成电路是指传输和处理数字信号的集成电路，包括通用数字集成电路和专用数字集成电路。通用数字集成电路主要有各种门电路、触发器、计数器、译码器、寄存器和移位寄存器等。专用数字集成电路包括数字仪表集成电路、电子钟表集成电路、电子琴集成电路、数码相机集成电路等。

9.1.2 集成电路的符号

集成电路的一般文字符号为“IC”，数字集成电路的文字符号为“D”，图形符号如图 9-1 所示，一般左边为输入端，右边为输出端。

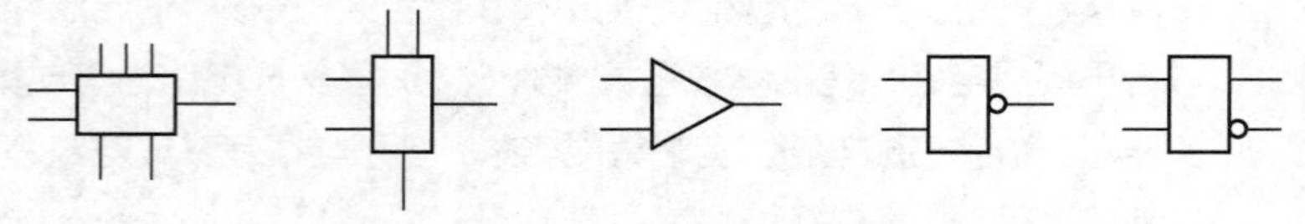

图 9–1 集成电路的符号

集成电路内部电路一般都很复杂，包含若干个单元电路和许多元器件，但在电路图中通常只将集成电路作为一个元器件来看待，因此，几乎所有电路图中都不画出集成电路的内部电路，而是用一个矩形或三角形的图框表示。

1. 三角形图框

集成运算放大器、电压比较器等习惯上用三角形图框表示，如图 9-2 所示。其左边有正、负两个输入端，其右边三角形顶点处为输出端，三角形图框的顶点方向即为信号流向。

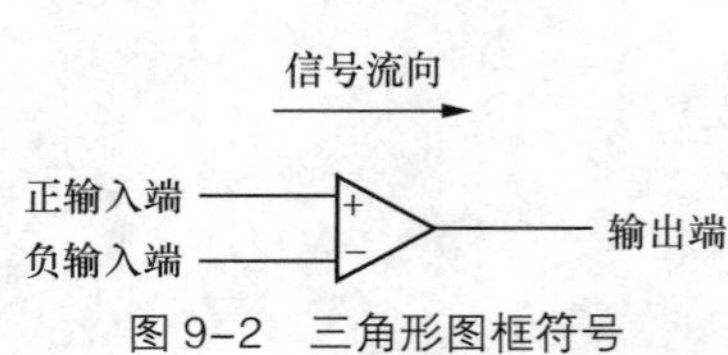

图 9–2 三角形图框符号

2. 矩形图框

集成稳压器、时基电路等习惯上用矩形图框表示，如图 9-3 所示，各引出端均标注有引脚编号。引脚编号可以标注在矩形图框外，也可以标注在矩形图框内，还可以标注在矩形图框上。矩形图框上的各个引脚可以按顺序排列，也可以根据绘图需要不按顺序排列。其他各类集成电路，绝大多数都采用这种矩形图框画法。

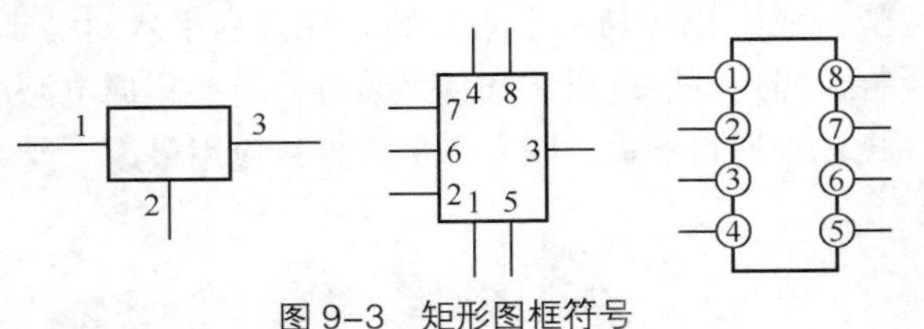

图 9-3 矩形图框符号

3. 两种画法

集成电压放大器、集成功率放大器等既有用三角形图框表示的，也有用矩形图框表示的。图 9-4 所示为集成功率放大器的两种画法，图 9-4（a）中集成功放 IC_1 采用三角形图框，图 9-4（b）中 IC_1 采用矩形图框，两者形式不同，实质一样。从看图的角度来说，放大器采用三角形图框表示，信号流向更加直观明了。

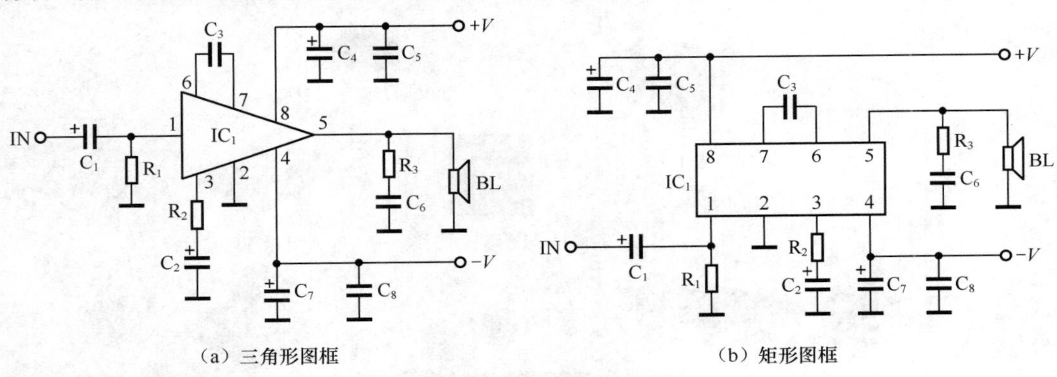

（a）三角形图框　（b）矩形图框

图 9-4 两种画法

4. 数字电路画法

数字集成电路一般直接用逻辑图形符号表示。门电路、触发器等，都采用这种画法，如图 9-5 所示。其他数字集成电路，目前仍有较多的采用矩形图框来表示，并在各引脚处标注出该引脚的逻辑功能文字符号，图 9-6 示出了一个 BCD 码 / 十进制码译码器的例子。

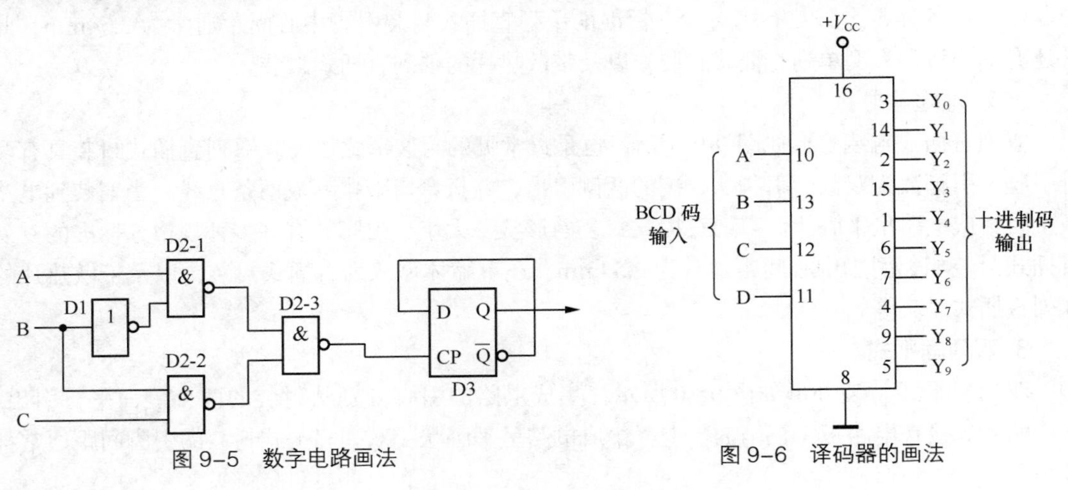

图 9-5 数字电路画法　图 9-6 译码器的画法

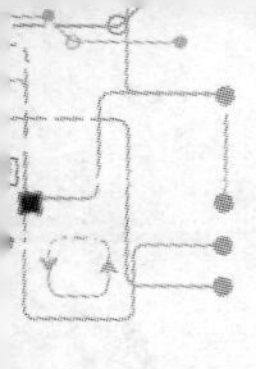

9.1.3 集成电路的封装形式

集成电路的封装有很多种形式，如图 9-7 所示，包括圆形金属壳封装、菱形金属壳封装、塑料或陶瓷双列扁平式封装、四方扁平式封装、塑料或陶瓷单列直插式封装、双列直插式封装、四列直插式封装和软封装等，有些集成电路还自带散热器。其中，单列直插式、双列直插式、双列扁平式、四方扁平式封装应用最为广泛。

图 9–7　集成电路的封装

1. 单列直插式

单列直插式封装是最常见的封装形式之一，外形如图 9-8 所示。集成电路的引脚从封装的一个侧面引出，排列成一条直线，当安装到电路板上时集成电路呈竖立状。单列直插式封装的形状和大小各异，引脚数有多有少，标准的单列直插式封装引脚中心间距通常为 2.54mm，此外还有缩小型和大型单列直插式封装，以及带散热片的单列直插式封装。

2. 双列直插式

双列直插式封装外形如图 9-9 所示，也是最常见的封装形式之一。双列直插式封装具有两排引脚，引脚数为双数，引脚从封装的两侧引出，并折弯向下排列成两条直线，当安装到电路板上时集成电路呈平卧状。双列直插式封装的形状、大小、引脚数有许多种规格，标准的双列直插式封装相邻引脚中心间距通常为 2.54mm，还有缩体型双列直插式封装，以及带散热片的双列直插式封装等。

3. 双列扁平式

双列扁平式封装外形如图 9-10 所示，集成电路的引脚分别从封装的两个侧面平行引出，直接贴装焊接在电路板（铜箔面）上，集成电路呈平卧状。双列扁平式封装的引脚间距通常都较小。

图 9-8 单列直插式封装　　图 9-9 双列直插式封装

4. 四方扁平式

四方扁平式封装外形如图 9-11 所示，集成电路的引脚从封装的四个侧面引出呈 L 状，安装时直接贴装焊接在电路板（铜箔面）上，集成电路呈平卧状。四方扁平式封装的引脚很细、引脚之间的距离很小，引脚数量往往很多。

图 9-10 双列扁平式封装　　图 9-11 四方扁平式封装

9.1.4 集成电路的引脚识别

集成电路的封装形式各异，引脚有多有少，最少的只有 3 个引脚，最多的可达数百个引脚，这些引脚都按一定的规律排列。使用和检测集成电路时，首先应正确识别其引脚。

1. 圆形金属封装集成电路的引脚

圆形金属封装集成电路的引脚如图 9-12 所示。识别时首先找出集成电路的定位标记，定位标记一般为管键、色点和定位孔等。然后将集成电路引脚朝上，从定位标记开始按顺时针方向依次为 1、2、3、……脚（将引脚朝下时即为按逆时针方向数）。

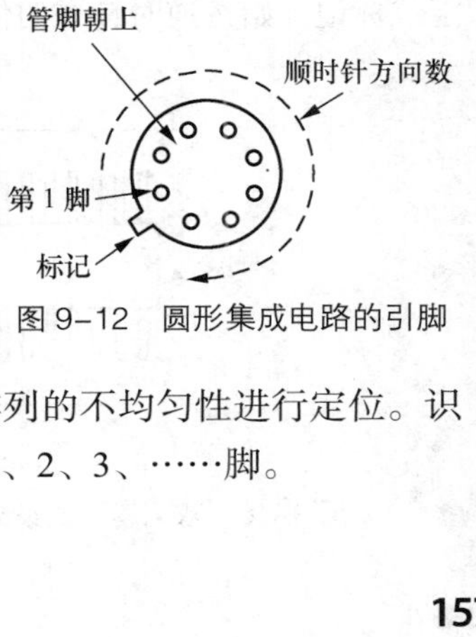

管脚朝上
顺时针方向数
第 1 脚
标记

图 9-12 圆形集成电路的引脚

2. 菱形金属封装集成电路的引脚

菱形金属封装集成电路的引脚如图 9-13 所示，依据其引脚排列的不均匀性进行定位。识别时将集成电路引脚朝上，从定位标记开始按顺时针方向依次为 1、2、3、……脚。

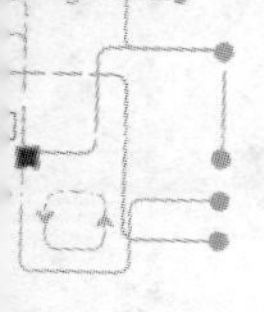

3. 单列直插式集成电路的引脚

单列直插式集成电路的引脚如图 9-14 所示。识别时面对集成电路印有商标的正面，并使其引脚向下。一般在集成电路的正面左边会有凹坑、色点、小孔或缺角等定位标记。定位标记左下方为第 1 脚，从左至右依次为 1、2、3、……脚（按逆时针方向数的一个特例）。

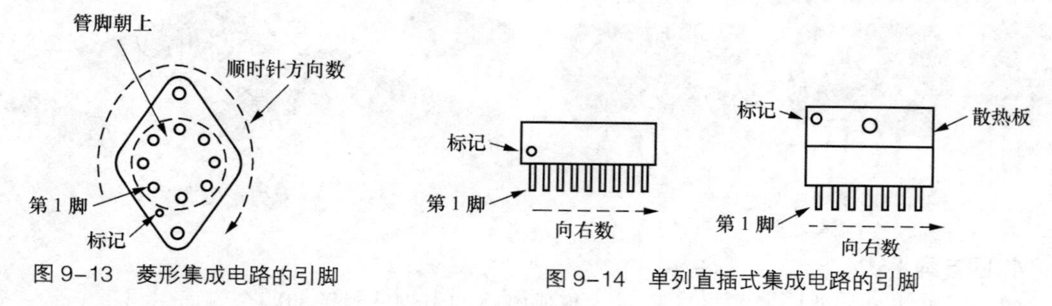

图 9-13　菱形集成电路的引脚　　图 9-14　单列直插式集成电路的引脚

4. 双列直插式集成电路的引脚

双列直插式集成电路的引脚如图 9-15 所示，其定位标记一般为缺口、凹坑、色点、小孔或凸起键等。识别时面对集成电路印有商标的正面，并使其定位标记位于左侧，则集成电路左下角为第 1 脚，从第 1 脚开始向右按逆时针方向依次为 1、2、3、……脚。

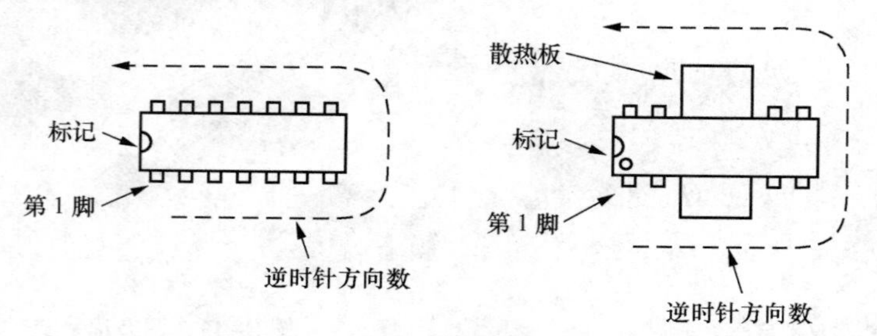

图 9-15　双列直插式集成电路的引脚

5. 双列扁平式集成电路的引脚

双列扁平式集成电路的引脚如图 9-16 所示，其引脚识别方法与双列直插式集成电路相同。

6. 四方扁平式集成电路的引脚

四方扁平式集成电路的引脚如图 9-17 所示，其定位标记一般为色点、凹坑、小孔、特形引脚或短脚等。识别时面对集成电路印有商标的正面，并使其定位标记位于左上角或上方。从定位标记开始按逆时针方向依次为 1、2、3、……脚。

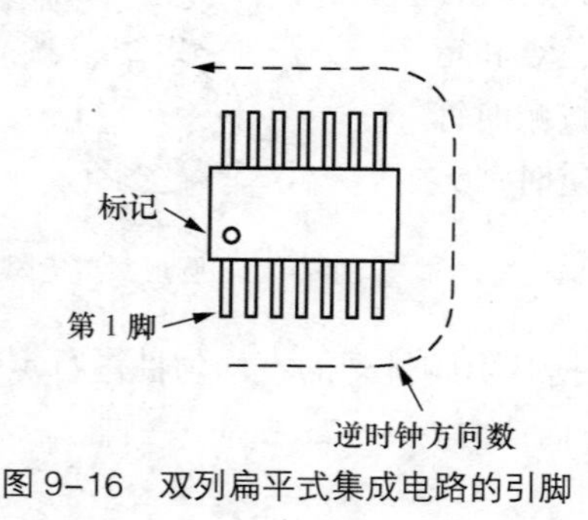

图 9-16　双列扁平式集成电路的引脚

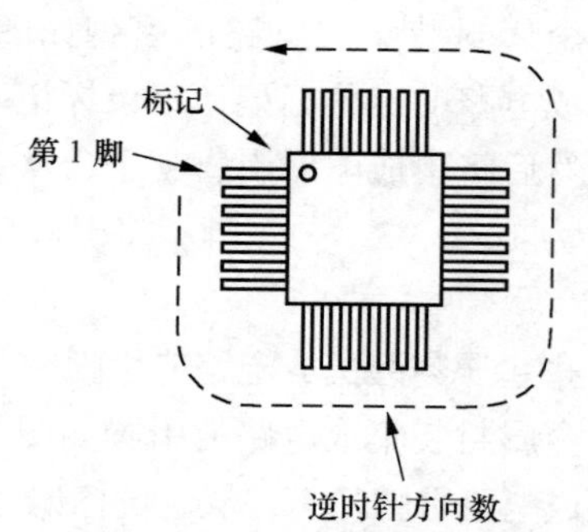

图 9-17　四方扁平式集成电路的引脚

9.2 检测集成电路的一般方法

用万用表检测集成电路的方法，可分为不在路检测和在路检测两类。不在路检测是指对未安装到电路中的集成电路进行检测，主要是检测集成电路各引脚间的正、反向电阻。

在路检测是指对已安装到电路板中的集成电路进行检测，又可分为断电检测和通电检测两种。断电检测主要检测在路集成电路的电阻值，通电检测包括检测在路集成电路的静态电压、电流和动态电压、电流。

归纳起来，万用表检测集成电路的一般方法主要是电阻法、电压法、电流法、信号法和逻辑状态法。

9.2.1 万用表表笔的改进

由于集成电路的引脚数量多、间距小，相对而言万用表的表笔就显得过粗、过大，检测中极易造成集成电路相邻引脚间的短路，既影响测量的准确性，又会造成集成电路的损坏，因此有必要对万用表表笔进行改进。

1. 表笔套绝缘套

最简单的办法是给万用表表笔套上绝缘套。如图 9-18 所示，取一截适当粗细和长度的绝缘套管（例如细塑料管、自行车气门芯橡皮管等），紧紧套在万用表表笔前端的金属部分上，使金属部分仅露出一点点即可。

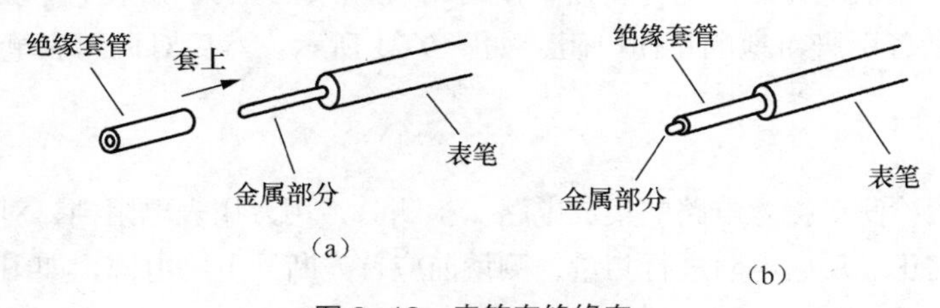

图 9–18 表笔套绝缘套

2. 表笔金属部分前端锉成尖细状

如仍觉表笔前端金属部分过大，可用锉刀将表笔金属部分前端锉成尖细状，再套上绝缘套管，仅露金属尖端，如图 9-19 所示。这样改进后的表笔特别适合检测扁平封装、引脚细而密的集成电路。

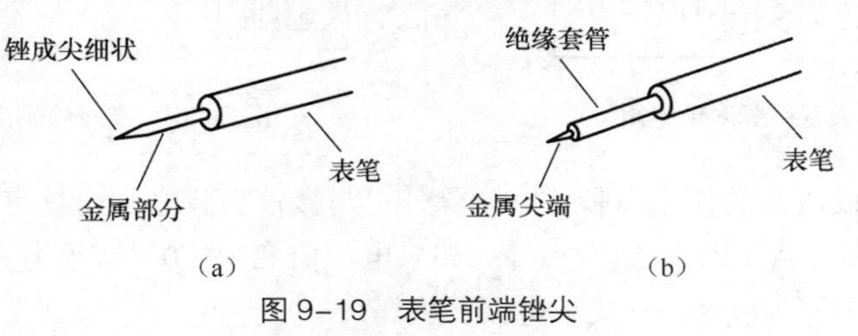

图 9–19 表笔前端锉尖

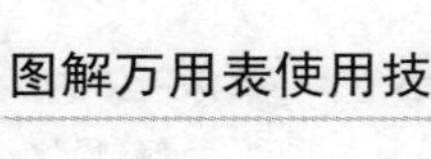

3. 鳄鱼夹固定接地表笔

在路检测集成电路时，往往是以电路的公共地端为参考点。为方便检测，可将万用表中接公共地端的表笔（大多数情况下是黑表笔）用鳄鱼夹连线直接固定连接至附近的接地点，如图 9-20 所示，这样会给测量操作带来很大的方便。

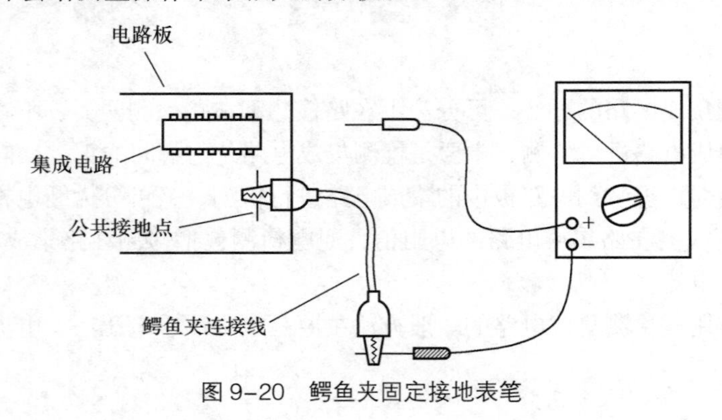

图 9–20　鳄鱼夹固定接地表笔

9.2.2　电阻法检测集成电路

电阻法检测是指用万用表电阻挡，测量集成电路各引脚对应于接地引脚之间的正、反向电阻值，以及各引脚之间的电阻值，并参照该集成电路的正常电阻值数据，以判断该集成电路的好坏。包括不在路检测和在路检测两种方法。

1. 不在路检测

不在路检测是指检测孤立的未接入电路的集成电路。检测时，万用表置于“R × 100”或“R × 1k”挡，先让红表笔（表内电池负极）接集成电路的接地脚，黑表笔（表内电池正极）分别接各引脚，测量各引脚对地的正向电阻，如图 9-21 所示。然后对调两表笔，再测量各引脚对地的反向电阻。

2. 在路检测

在路检测是指检测已接入电路的集成电路。检测时，用万用表电阻挡，对电路板上的集成电路各引脚的在路正、反向电阻进行测量，测量前应首先断开电路电源，如图 9-22 所示。

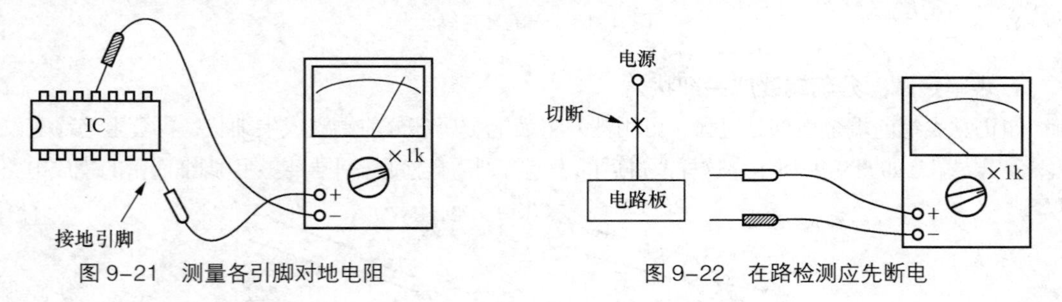

图 9–21　测量各引脚对地电阻

图 9–22　在路检测应先断电

一般来说，集成电路的任一引脚（空脚除外）与接地引脚之间应具有一定大小的电阻值，而且多数情况下其正、反向电阻值不相等。如果电阻值变为“0”或无穷大，则说明内部电路存在短路、开路或击穿等故障，该集成电路已损坏。

9.2.3 电压法检测集成电路

电压法检测是指用万用表直流电压挡，在通电情况下测量集成电路各引脚对地的直流电压值，如图 9-23 所示，并参照该集成电路的正常电压值数据，以判断该集成电路的好坏及工作是否正常。

电压法检测通常是测量集成电路各引脚的静态电压值，因此应断开电路的信号源，如图 9-24 所示。万用表的电压挡位应根据被测集成电路的正常电压值选择，“直流 10V”和“直流 50V”挡应用较多。

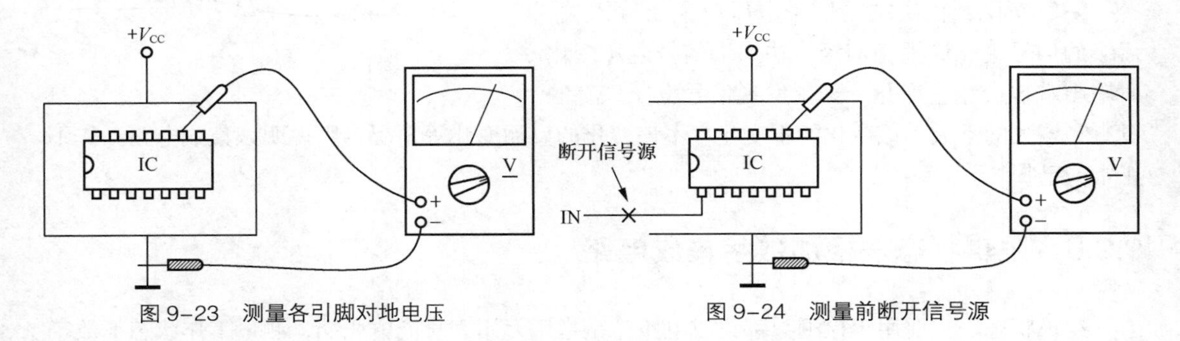

图 9-23 测量各引脚对地电压

图 9-24 测量前断开信号源

检测中如测得各引脚电压正常，则说明该集成电路是好的且基本工作正常。如测得某引脚电压与正常值不符时，应先检查有关的外围元件有无故障，如外围元件正常，则可说明该集成电路已损坏。

9.2.4 电流法检测集成电路

电流法检测是指用万用表直流电流挡，在通电情况下测量集成电路的总的静态工作电流，并参照该集成电路的正常工作电流数据，来判断该集成电路的好坏及工作是否正常。

检测时，断开电路的信号源，根据被测集成电路的正常工作电流值，将万用表置于适当的“直流电流”挡，串入被测集成电路的电源端或接地端进行测量，如图 9-25 所示。

也可用万用表直流电压挡测量电源通路中电阻上的电压降，如图 9-26 所示，并通过欧姆定律计算，间接测得工作电流。如果测得集成电路的总的静态工作电流偏离正常值较多，在外围元件正常的情况下，可以确定该集成电路已损坏。

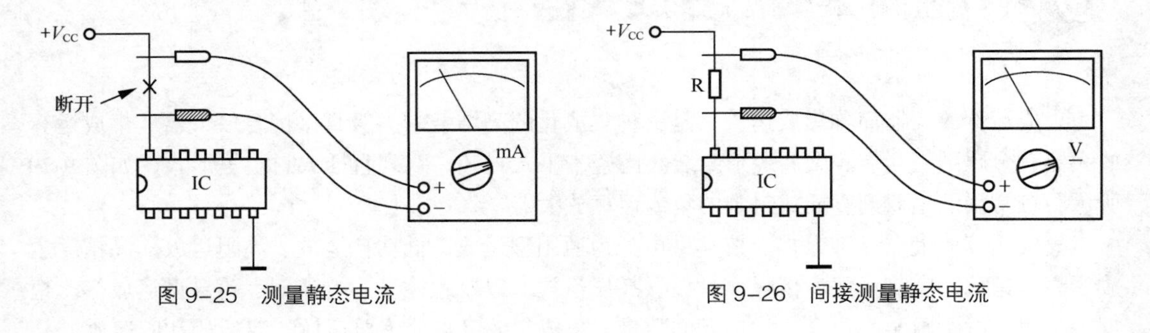

图 9-25 测量静态电流

图 9-26 间接测量静态电流

9.2.5 信号法检测集成电路

信号法检测是指用万用表交流电压挡，测量工作状态下集成电路各输入、输出端的信号电压，来分析判断该集成电路的好坏及工作是否正常。

检测时，万用表置于“交流电压”挡，黑表笔接地，红表笔串接一只0.1μF左右的隔直流电容后，分别测量集成电路各级的输入、输出信号电压，如图9-27所示。

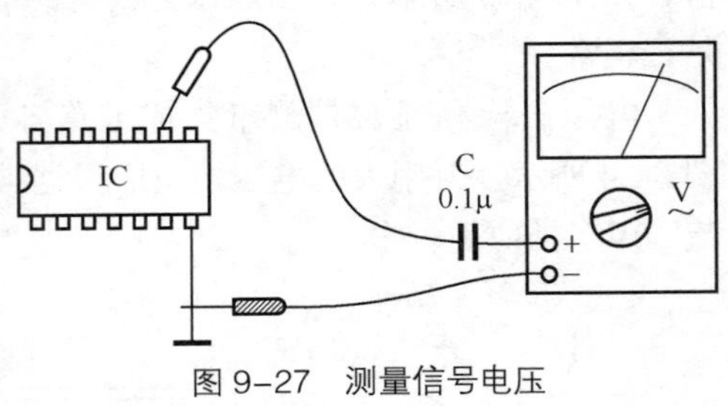

图9–27　测量信号电压

一般来说，输出端的信号电压应大于输入端，后级的信号电压应大于前级，输入端信号电压变化时输出端也会相应变化。如果发现信号电压该有的没有、该大的不大、该变化的不变化、不该变化的反而变化等情况，则说明该集成电路工作不正常或已损坏。

9.2.6 逻辑状态法检测数字集成电路

逻辑状态法主要用于检测数字集成电路，是指用万用表直流电压挡，测量工作状态下数字集成电路的输出电压，并通过改变其输入状态来检测该集成电路的逻辑状态是否正常。

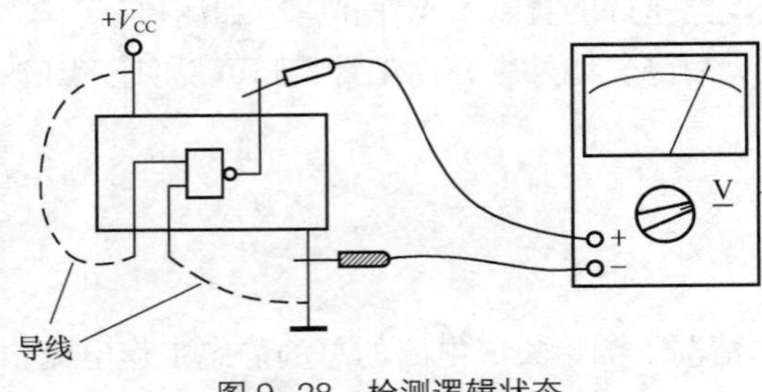

图9–28　检测逻辑状态

检测时，万用表置于“直流10V”挡，黑表笔接地，红表笔接逻辑电路的输出端，用一段导线先后将逻辑电路输入端接电源（置“1”）或接地（置“0”），观察输出端电压的变化是否符合该数字集成电路的逻辑关系，如图9-28所示。

如检测发现输出端的变化不符合逻辑关系，则该数字电路已损坏。有些数字集成电路中包含若干个互相独立的逻辑单元，某一单元损坏其他单元不一定损坏，应对每一个逻辑单元分别检测。

9.3 检测集成运算放大器

集成运算放大器简称集成运放，是一种集成化的高增益的多级直接耦合放大器。集成运算放大器有金属圆壳封装、金属菱形封装、陶瓷扁平式封装、双列直插式封装等形式，如图9-29所示。较常用的是双列直插式封装的集成运算放大器。

集成运算放大器品种繁多。按类型可分为通用型运放、低功耗运放、高阻运放、高精度运放、高速运放、宽带运放、低噪声运放、高压运放，以及程控型、电流型、跨导型运放等。根据一个集成电路封装内包含运放单元的数量，集成运放又可分为单运放、双运放和四运放。

集成运算放大器的文字符号为“IC”，图形符号如图 9-30 所示。集成运放一般具有两个输入端，即同相输入端 U_+ 和反相输入端 U_-；具有一个输出端 U_o。

图 9-29 集成运算放大器

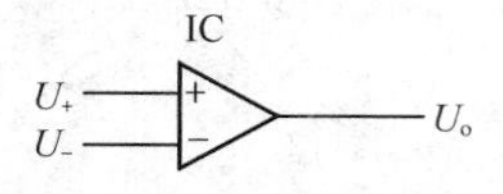

图 9-30 集成运放的符号

集成运算放大器内部电路结构如图 9-31 所示，由高阻抗输入级、中间放大级、低阻抗输出级和偏置电路等组成。输入信号由同相输入端 U_+ 或反相输入端 U_- 输入，经中间放大级放大后，通过低阻输出级输出。中间放大级由若干级直接耦合放大器组成，提供极大的开环电压增益（100dB 以上）。偏置电路为各级提供合适的工作点。

集成运算放大器能够组成反相放大器、同相放大器和差动放大器三种基本放大电路。反相放大器基本电路如图 9-32 所示，其输出电压 U_o 与输入电压 U_i 相位相反，即 $U_o=-AU_i$。

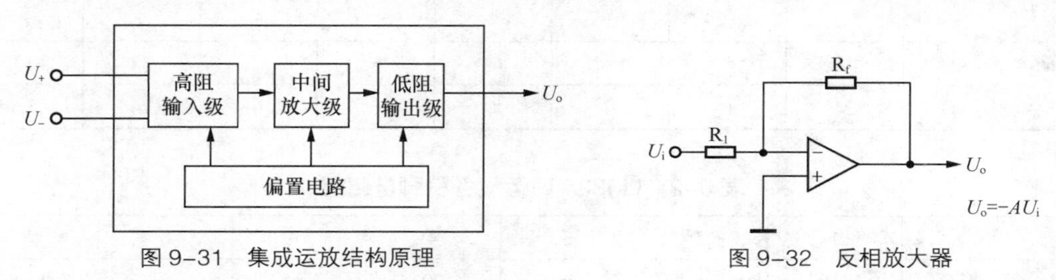

图 9-31 集成运放结构原理　　图 9-32 反相放大器

同相放大器基本电路如图 9-33 所示，其输出电压 U_o 与输入电压 U_i 相位相同，即 $U_o=AU_i$。

差动放大器基本电路如图 9-34 所示，用来放大两个输入电压 U_1 与 U_2 的差值，输出电压 $U_o=A(U_2-U_1)$。

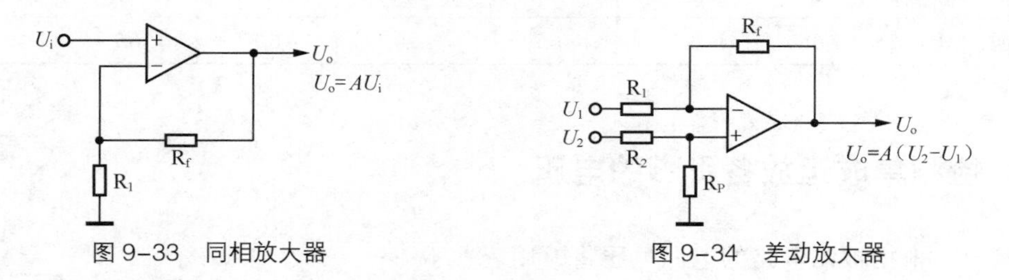

图 9-33 同相放大器　　图 9-34 差动放大器

集成运放的主要作用是放大和阻抗变换，在各种放大、振荡、有源滤波、精密整流以及运算电路中得到广泛的应用。

集成运算放大器可以用万用表进行检测。

9.3.1 检测集成运放各引脚的对地电阻

检测时，万用表置于“R×1k”挡，先是红表笔（表内电池负极）接集成运放的接地引脚，

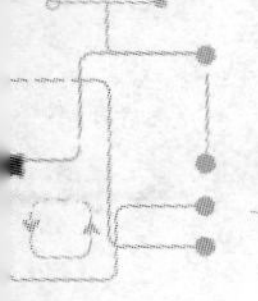

黑表笔（表内电池正极）接其余各引脚，测量各引脚对地的正向电阻。然后对调两表笔，测量各引脚对地的反向电阻，如图 9-35 所示。

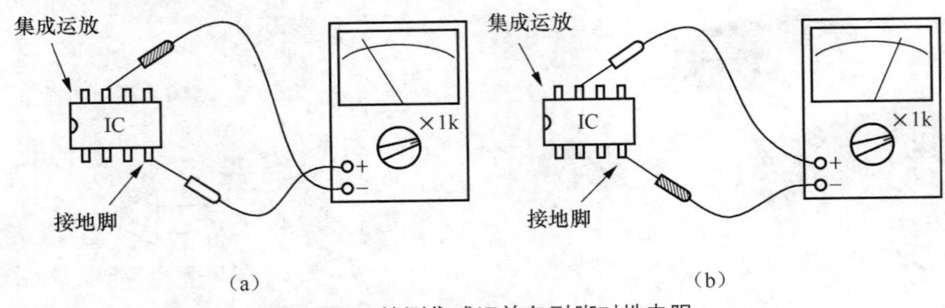

图 9-35　检测集成运放各引脚对地电阻

将测量结果与正常值相比较，以判断该集成运放的好坏。如果测量结果与正常值出入较大，特别是电源端对地阻值为“0”或无穷大，则说明该集成运放已损坏。部分集成运放各引脚对地的正、反向电阻值见表 9-1 和表 9-2。

表 9-1　TL082 双运放各引脚电阻值

引 脚	1	2	3	4	5	6	7	8
正向电阻（kΩ）	38	∞	∞	地	∞	∞	38	13
反向电阻（kΩ）	24	6	6	地	6	6	24	5.6

表 9-2　LM324 四运放各引脚电阻值

引 脚	1	2	3	4	5	6	7
正向电阻（kΩ）	150	∞	∞	20	∞	∞	150
反向电阻（kΩ）	7.6	6.7	6.7	5.9	6.7	6.7	7.6
引 脚	8	9	10	11	12	13	14
正向电阻（kΩ）	150	∞	∞	地	∞	∞	150
反向电阻（kΩ）	7.6	6.7	6.7	地	6.7	6.7	7.6

9.3.2　检测集成运放各引脚的电压

检测时，根据被测电路的电源电压将万用表置于适当的“直流电压”挡。例如，被测电路的电源电压为 5V，则万用表置于“直流 10V”挡，测量集成运放各引脚对地的静态电压值，如图 9-36 所示。

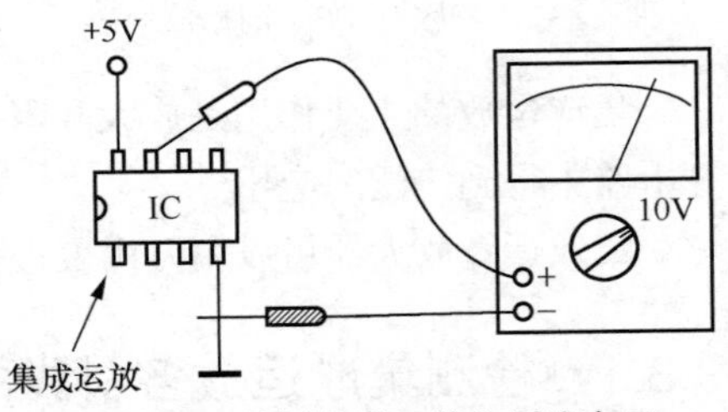

图 9-36　检测集成运放各引脚电压

将测量结果与各引脚电压的正常值相比较，即可判断该集成运放的工作是否正常。如果测量结果与正常值出入较大，而且外围元件正常，则说明该集成运放已损坏。某集成运放各引脚的电压值见表 9-3。

表 9-3 LM324 四运放各引脚电压值

引脚	1	2	3	4	5	6	7
功能	A 输出	A 反相输入	A 同相输入	电源	B 同相输入	B 反相输入	B 输出
电压（V）	3	2.7	2.8	5	2.8	2.7	3
引脚	8	9	10	11	12	13	14
功能	C 输出	C 反相输入	C 同相输入	地	D 同相输入	D 反相输入	D 输出
电压（V）	3	2.7	2.8	0	2.8	2.7	3

9.3.3 检测集成运放的静态电流

检测时，万用表置于“直流 mA”挡，串入被测集成运放的电源端或接地端，测量其静态工作电流。

1. 检测在路集成运放

对于在路的集成运放，可用小刀或断锯条在其电源引脚（或接地引脚）附近，将电路板上的铜箔线条切开一个断口，如图 9-37 所示，再将万用表串入电路进行测量。测量结束后应重新接通被切开的断口。

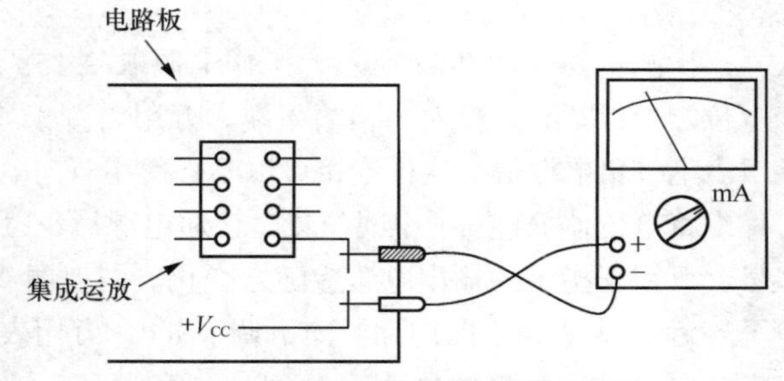

图 9-37 检测在路集成运放静态电流

2. 检测不在路集成运放

对于不在路的集成运放，可按图 9-38 所示搭建一个测试电路，万用表置于“直流 mA”挡测量其静态电流。

3. 利用限流电阻检测

如果被测集成运放的电源端或接地端具有外接限流电阻，则可将万用表置于“直流电压”挡，测量该电阻上的电压值，如图 9-39 所示，再通过欧姆定律计算得出静态电流值。这种间接测量的方法无需切断电路板上的铜箔线条，操作更方便。

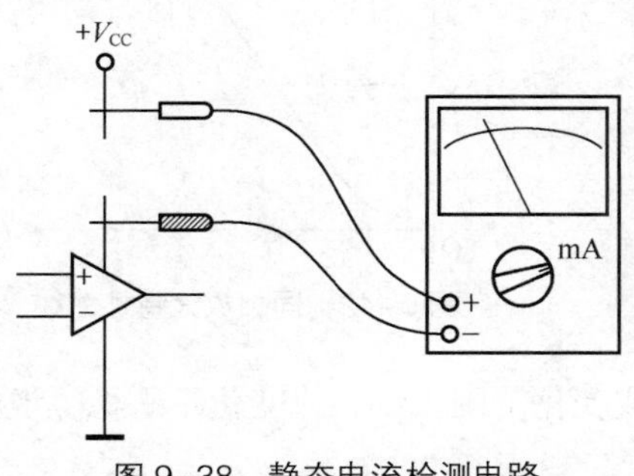

图 9-38 静态电流检测电路

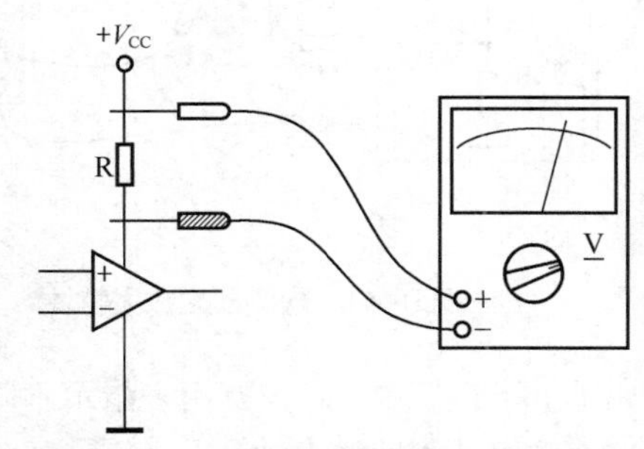

图 9-39 间接测量集成运放静态电流

通常集成运放的静态电流为 1mA 左右，双运放集成电路的总静态电流为 3mA 左右，四运放集成电路的总静态电流为 7mA 左右。如果测得静态电流远大于正常值，说明该集成运放性能不良或已损坏。

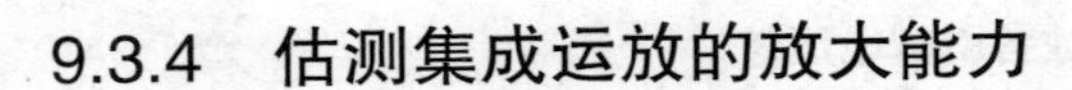

9.3.4 估测集成运放的放大能力

检测时，按图 9-40 所示给集成运放接上工作电源。为简便起见，可只使用单电源接在集成运放正、负电源端之间，电源电压可取 10～30V。万用表置于“直流电压”挡，测量集成运放输出端电压，应有一定数值。

用小螺丝刀分别触碰集成运放的同相输入端和反相输入端，万用表指针应有摆动，摆动越大说明集成运放开环增益越高。如果万用表指针摆动很小，说明该集成运放放大能力差。如果万用表指针不摆动，说明该集成运放已损坏。

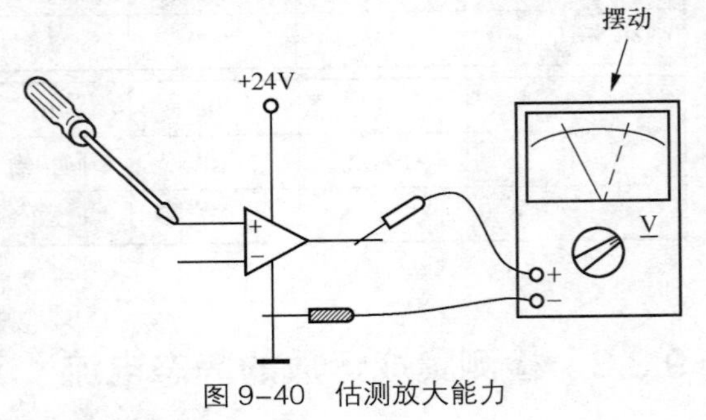

图 9–40 估测放大能力

9.3.5 检测集成运放的同相放大特性

检测电路如图 9-41 所示，工作电源取 ±15V，集成运放构成同相放大电路，输入信号由电位器 RP 提供并接入同相输入端。万用表置于“直流 50V”挡，红表笔接集成运放输出端，黑表笔接负电源端，这样连接可以不必使用双向电压表。

将电位器 RP 置于中间位置，接通电源后，万用表指示应为“15V”。调节 RP 改变输入信号，万用表指示的输出电压应随之变化。向上调节 RP，万用表指示应从 15V 起逐步上升，直至接近 30V 达到正向饱和。向下调节 RP，万用表指示应从 15V 起逐步下降，直至接近 0V 达到负向饱和，如图 9-42 所示。

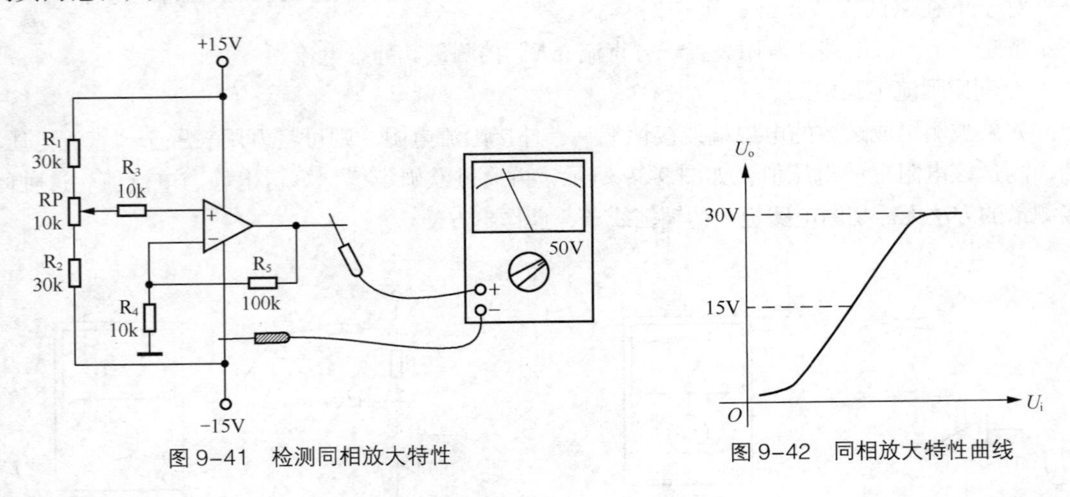

图 9–41 检测同相放大特性

图 9–42 同相放大特性曲线

如果上下调节 RP 时，万用表指示不随之变化，或变化范围太小，或变化不平稳，说明该集成运放已损坏或性能太差。

9.3.6 检测集成运放的反相放大特性

检测电路类似图 9-41，只是将电位器 RP 提供的输入信号由反相输入端接入，集成运放构成反相放大电路，如图 9-43 所示。万用表仍置于“直流 50V”挡，红表笔接集成运放输出端，黑表笔接负电源端。

将电位器 RP 置于中间位置，接通电源后，万用表指示应为“15V”。向上调节 RP，万用表指示应从 15V 起逐步下降，直至接近 0V 达到负向饱和。向下调节 RP，万用表指示应从 15V 起逐步上升，直至接近 30V 达到正向饱和，如图 9-44 所示。

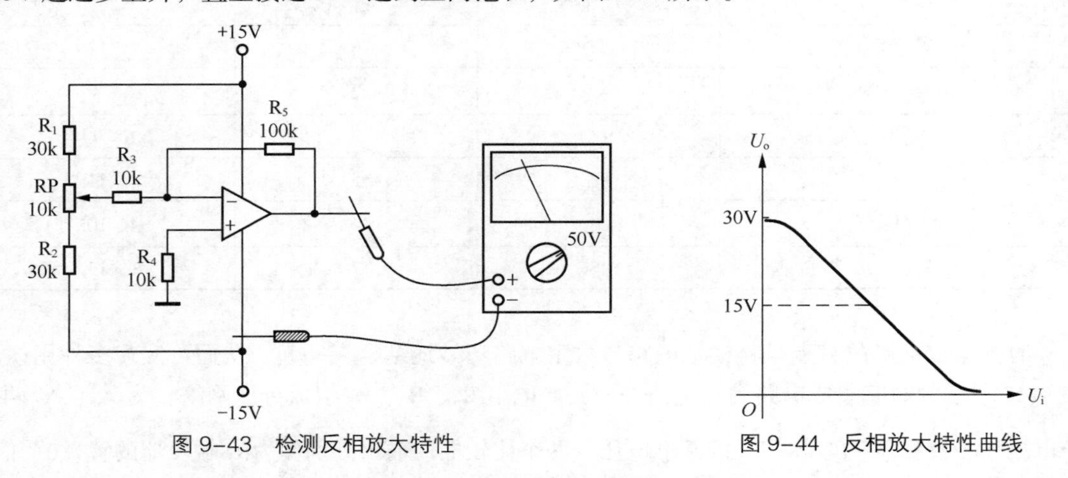

图 9–43 检测反相放大特性

图 9–44 反相放大特性曲线

如果上下调节 RP 时，万用表指示不随之变化，或变化范围太小，或变化不平稳，说明该集成运放已损坏或性能太差。

9.4 检测时基集成电路

时基集成电路简称时基电路，是一种能产生时间基准和能完成各种定时或延迟功能的非线性模拟集成电路，包括单时基电路、双时基电路、双极型时基电路和 CMOS 型时基电路等，如图 9-45 所示。

时基集成电路的文字符号为“IC”，图形符号如图 9-46 所示。单时基集成电路一般为 8 脚双列直插式封装，双时基集成电路一般为 14 脚双列直插式封装。时基集成电路各引脚功能见表 9-4。

图 9–45 时基集成电路

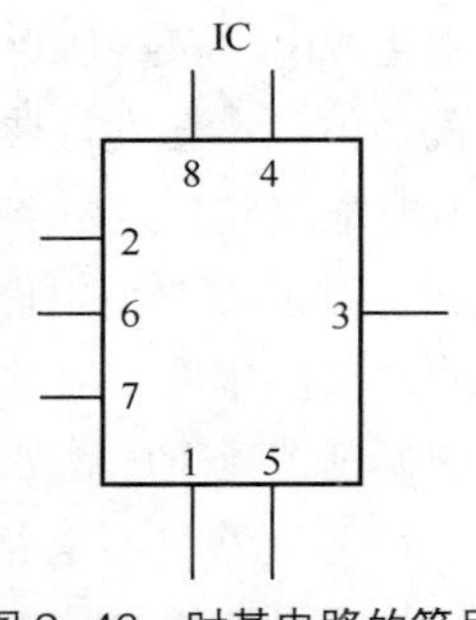

图 9–46 时基电路的符号

表 9-4　时基集成电路的引脚功能

功能	符号	引脚	
		单时基	双时基
正电源	V_{CC}	8	14
地	GND	1	7
置“0”	R	6	2、12
置“1”	$\overline{S}$	2	6、8
输出	U_o	3	5、9
控制	V_{CT}	5	3、11
复位	$\overline{MR}$	4	4、10
放电	DISC	7	1、13

时基集成电路的特点是将模拟电路与数字电路巧妙地结合在一起，从而可实现多种用途。图 9-47 所示为时基集成电路内部电路方框图。电阻 R_1、R_2、R_3 组成分压网络，为 A_1、A_2 两个电压比较器提供$\frac{2}{3}V_{CC}$和$\frac{1}{3}V_{CC}$的基准电压。两个比较器的输出分别作为RS触发器的置“0”信号和置“1”信号。输出驱动级和放电管VT受RS触发器控制。由于分压网络的三个电阻R_1、R_2、R_3均为5kΩ，所以该集成电路又称为555时基电路。

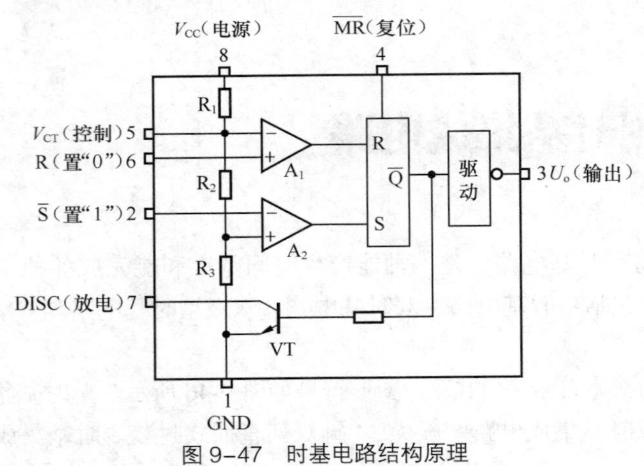

图 9-47　时基电路结构原理

时基集成电路可构成单稳态触发器、双稳态触发器、多谐振荡器和施密特触发器 4 种典型工作模式。单稳态触发器典型电路如图 9-48 所示，电路由负脉冲触发，输出为一正矩形脉冲，常用作定时电路和延迟电路。

双稳态触发器典型电路如图 9-49 所示，电路具有 RS 触发器特性，但 R 和 S 两个触发端触发脉冲的极性相反。

多谐振荡器典型电路如图 9-50 所示，输出信号为连续方波。

施密特触发器典型电路如图 9-51 所示，是常用的波形整形电路，可以将缓慢变化的模拟信号整形为边沿陡峭的数字信号。

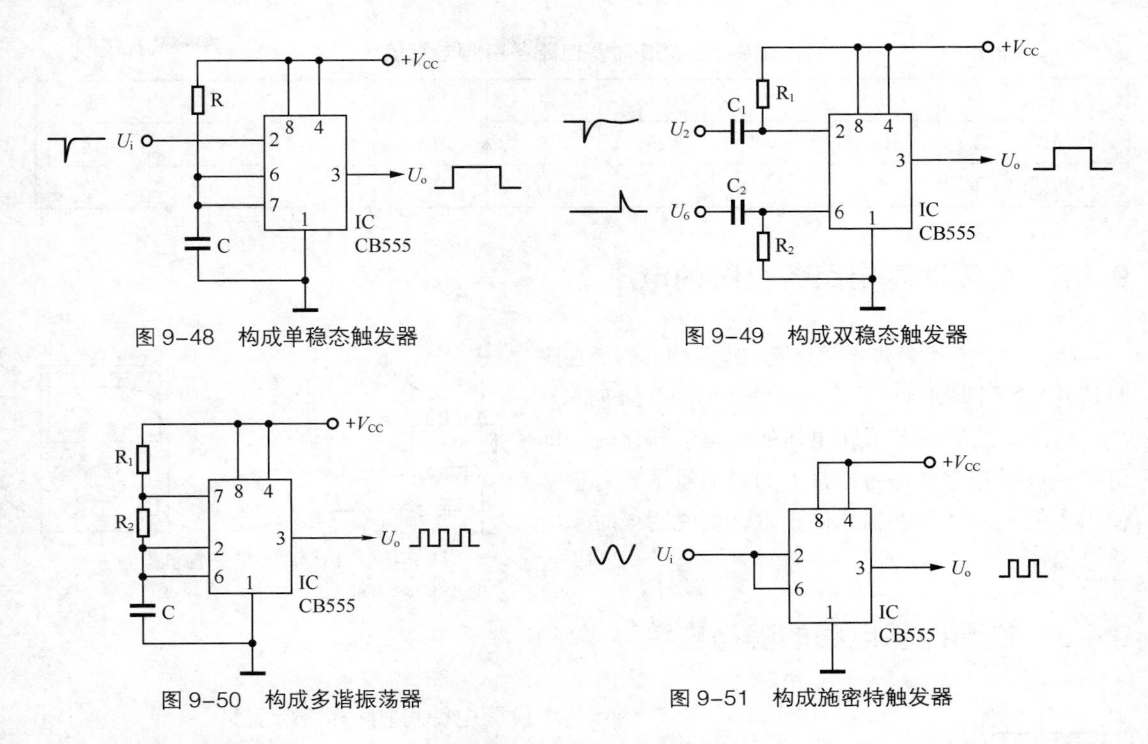

图 9-48　构成单稳态触发器

图 9-49　构成双稳态触发器

图 9-50　构成多谐振荡器

图 9-51　构成施密特触发器

时基集成电路能够为电子系统提供时间基准信号，以实现时间或时序上的控制。时基集成电路的主要作用是定时、振荡和整形，广泛应用在延时、定时、多谐振荡、脉冲检测、波形发生、波形整形、电平转换和自动控制等领域。

时基集成电路可以用万用表进行检测。

9.4.1　检测时基电路各引脚的正反向电阻

检测时，万用表置于“R × 1k”挡，红表笔（表内电池负极）接时基电路接地端（单时基电路为 1 脚，双时基电路为 7 脚），黑表笔（表内电池正极）依次分别接其余各引脚，测量时基电路各引脚对地的正向电阻，如图 9-52 所示。然后对调红、黑表笔，测量时基电路各引脚对地的反向电阻，如图 9-53 所示。

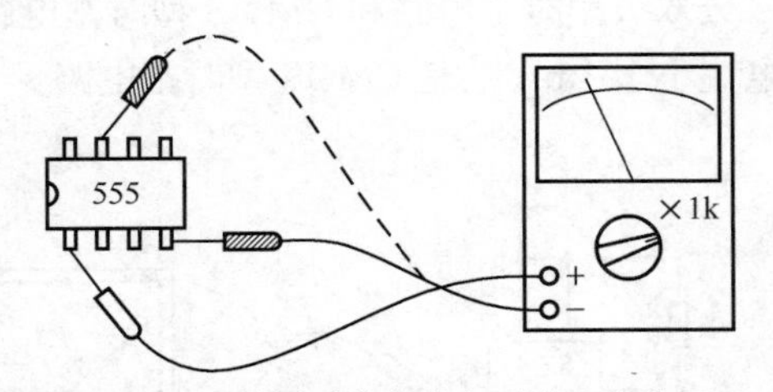

图 9-52　检测时基电路各引脚正向电阻

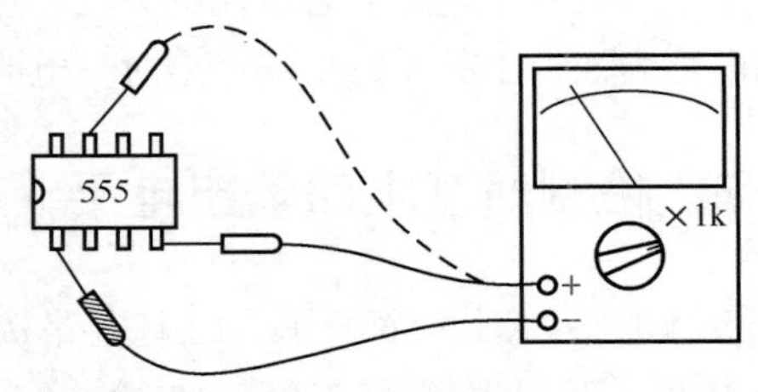

图 9-53　检测时基电路各引脚反向电阻

如果电源端（单时基电路为 8 脚，双时基电路为 14 脚）对地电阻为“0”或无穷大，则说明该时基电路已损坏。如果各引脚的对地正、反向电阻与正常值相差很大，也说明该时基电路已损坏。时基电路各引脚对地的正、反向电阻值见表 9-5。

表 9-5　555 时基电路各引脚电阻值

引脚	1	2	3	4	5	6	7	8
正向电阻（kΩ）	地	∞	26	∞	9.5	70	∞	14
反向电阻（kΩ）	地	11	9.5	11	9.4	∞	9.5	6.2

9.4.2　检测时基电路各引脚的电压

检测时，万用表置于“直流 10V”挡，测量在路时基电路各引脚对地的静态电压值，如图 9-54 所示。

将测量结果与各引脚电压的正常值相比较，即可判断该时基电路是否正常。如果测量结果与正常值出入较大，而且外围元件正常，则说明该时基电路已损坏。

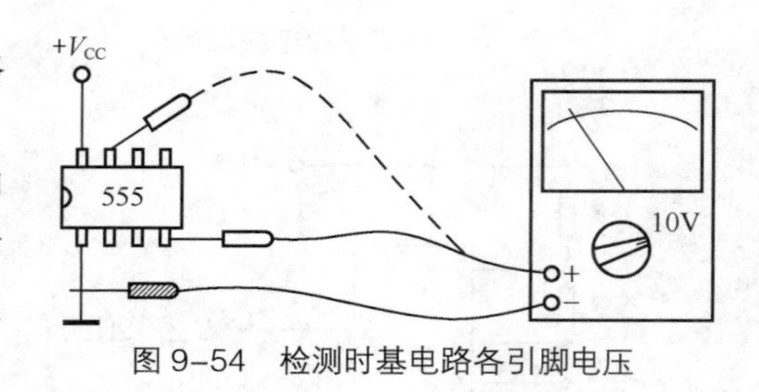

图 9-54　检测时基电路各引脚电压

9.4.3　检测时基电路的静态电流

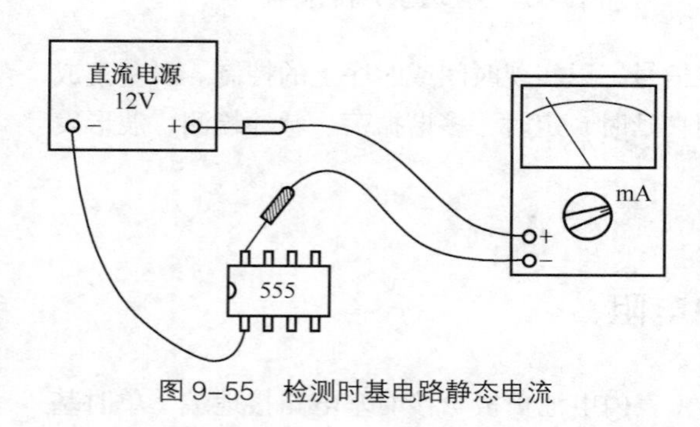

图 9-55　检测时基电路静态电流

检测电源可用一台直流稳压电源，输出电压 12V 或 15V。如用电池作电源，6V 或 9V 也可。万用表置于“直流 50mA”挡，红表笔接电源正极，黑表笔接时基电路电源端，时基电路接地端接电源负极，如图 9-55 所示。接通电源，万用表即指示出时基电路的静态电流。

正常情况下，时基电路的静态电流不超过 10mA。如果测得静态电流远大于 10mA，说明该时基电路性能不良或已损坏。

9.4.4　区分双极型和 CMOS 时基电路

上述检测时基电路静态电流的方法，还可用于区分双极型时基电路和 CMOS 型时基电路。静态电流为 8 ～ 10mA 的是双极型时基电路，静态电流小于 1mA 的是 CMOS 型时基电路。

9.4.5　检测时基电路输出电平

检测电路如图 9-56 所示，时基电路接成施密特触发器，万用表置于“直流 10V”挡，监测时基电路输出电平。

接通电源后，由于两个触发端（2 脚和 6 脚）均通过 R 接正电源，输出端（3 脚）为“0”，万用表指示应为“0V”。当用导线将两个触发端接地

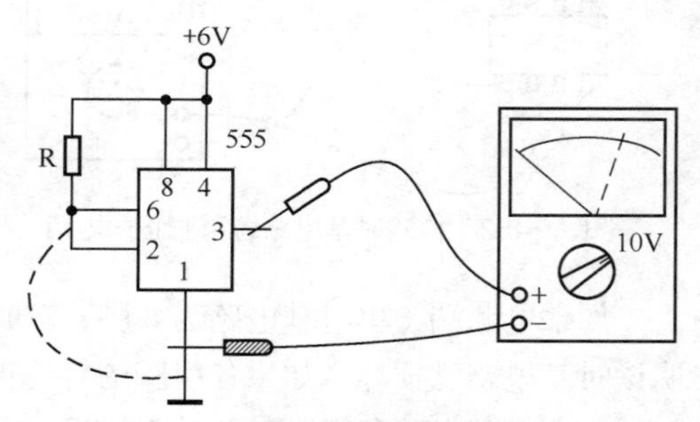

图 9-56　检测时基电路输出电平

时，输出端变为“1”，万用表指示应为“6V”。检测情况如不符合上述状态，说明该时基电路已损坏。

9.4.6 动态检测时基电路

检测电路如图 9-57 所示，时基电路接成多谐振荡器，万用表置于“直流 10V”挡，监测时基电路输出电平。

该电路振荡频率约为 1Hz，因此可用万用表看到输出电平的变化情况。接通电源后，万用表指针应以 1Hz 左右的频率在 0 ～ 6V 摆动，说明该时基电路是好的。如果万用表指针不摆动，说明该时基电路已损坏。

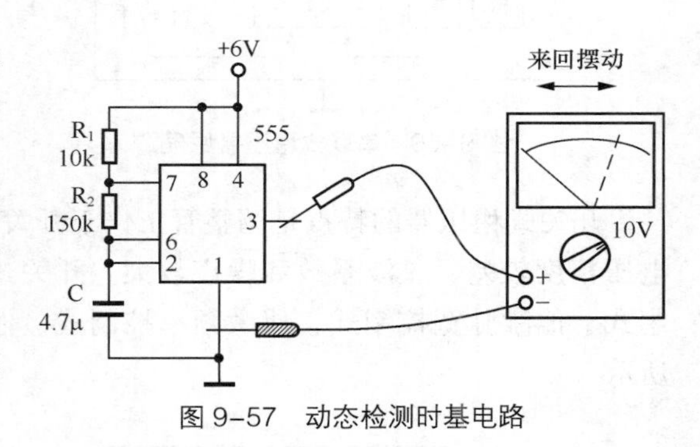

图 9-57 动态检测时基电路

9.5 检测集成稳压器

集成稳压器是指将不稳定的直流电压变为稳定的直流电压的集成电路，常见的集成稳压器有金属圆形封装、金属菱形封装、塑料封装、带散热板塑封、扁平式封装、单列封装和双列直插式封装等多种形式，如图 9-58 所示。

集成稳压器的文字符号采用集成电路的通用符号“IC”，图形符号如图 9-59 所示。

图 9-58 集成稳压器

图 9-59 集成稳压器的符号

集成稳压器种类较多，按输出电压的正负可分为正输出稳压器、负输出稳压器和正负对称输出稳压器；按输出电压是否可调可分为固定输出稳压器和可调输出稳压器，固定输出稳压器具有多种输出电压规格；按引脚数可分为三端稳压器和多端稳压器；按工作原理可分为线性稳压器、开关稳压器、电压变换器和电压基准源等。

线性稳压器分为串联式和并联式两种。串联式稳压器的特点是调整管与负载串联并工作在线性区域，电路原理如图 9-60 所示。串联式稳压器电压调整率高、负载能力强、纹波抑制能力强、电路结构简单，绝大多数集成稳压器都是串联式稳压器。

并联式稳压器的特点是调整管与负载并联并工作在线性区域，电路原理如图 9-61 所示。并联式稳压器负载短路能力强，但电压、电流调整率差，通常作为电流源运用。

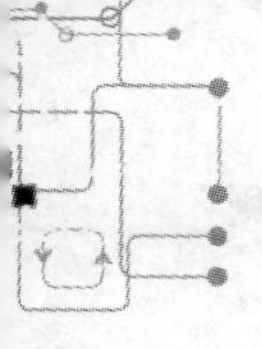

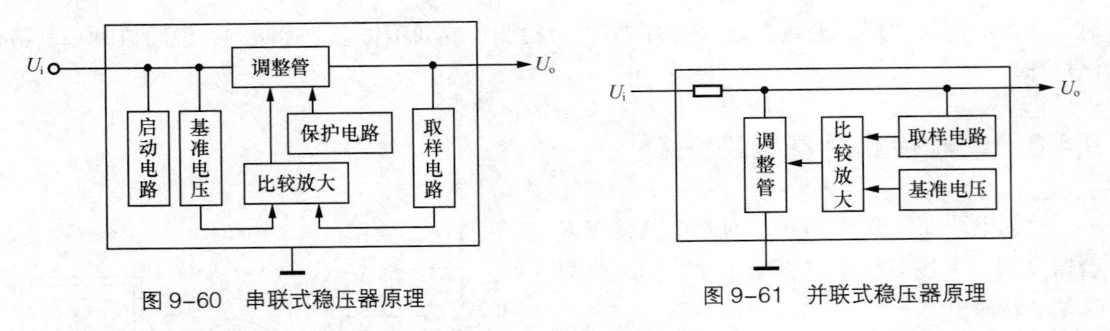

图 9-60　串联式稳压器原理　　　　图 9-61　并联式稳压器原理

开关式稳压器的特点是调整管工作于开关状态，因此效率高、自身功耗低。缺点是输出电压精度较差、纹波系数和噪声较大。开关式稳压器可分为自激串联控制式、自激并联控制式、他激脉宽控制式、他激频率控制式、他激脉宽和频率控制式等，电路原理如图 9-62 所示。

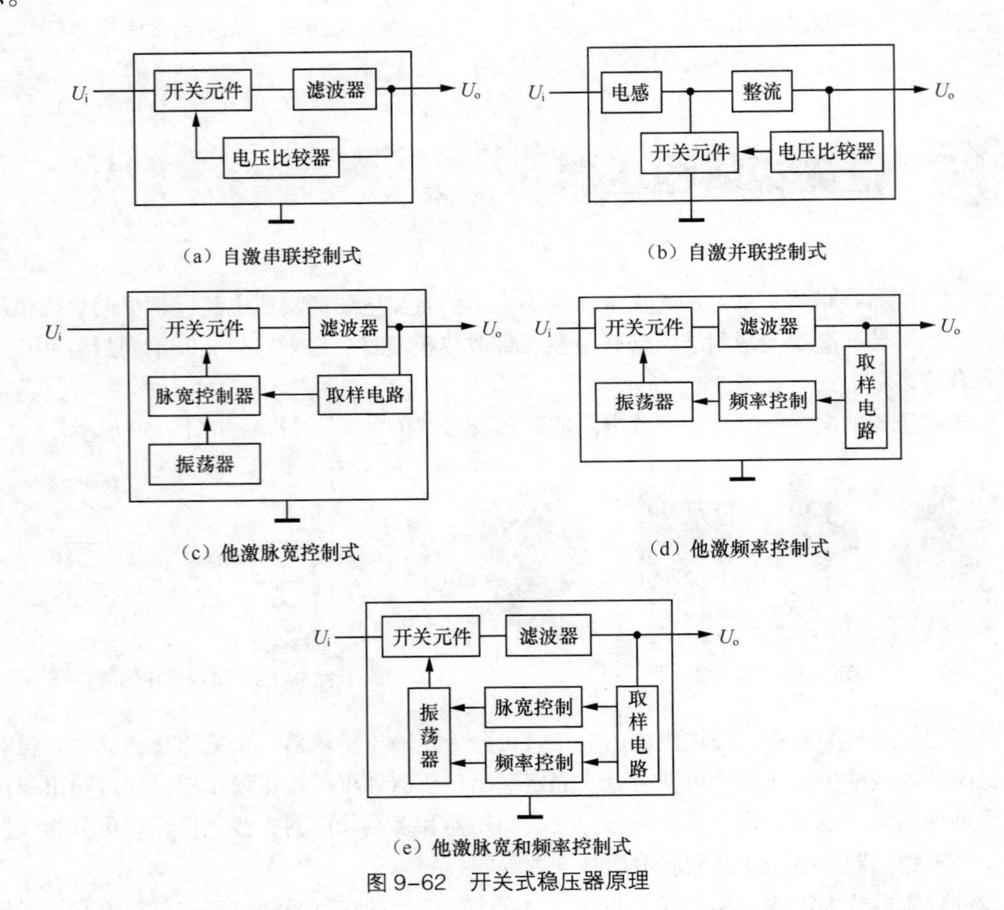

图 9-62　开关式稳压器原理

集成稳压器的主要作用是稳压，还可以用作恒流源。具有稳压精度高、工作稳定可靠、外围电路简单、体积小、重量轻等显著特点，在各种电源电路中得到了越来越普遍的应用。应用最广泛的是串联式集成稳压器，特别是三端固定输出稳压器。

集成稳压器可以用万用表进行检测。

9.5.1 检测集成稳压器静态电流

静态电流是指集成稳压器空载时自身电路工作所需的电流。检测时，万用表置于“直流50mA”挡，串接于电源与集成稳压器之间，如图9-63所示。大多数集成稳压器静态电流为3～8 mA，如果测量结果远大于正常值，说明该集成稳压器已损坏。

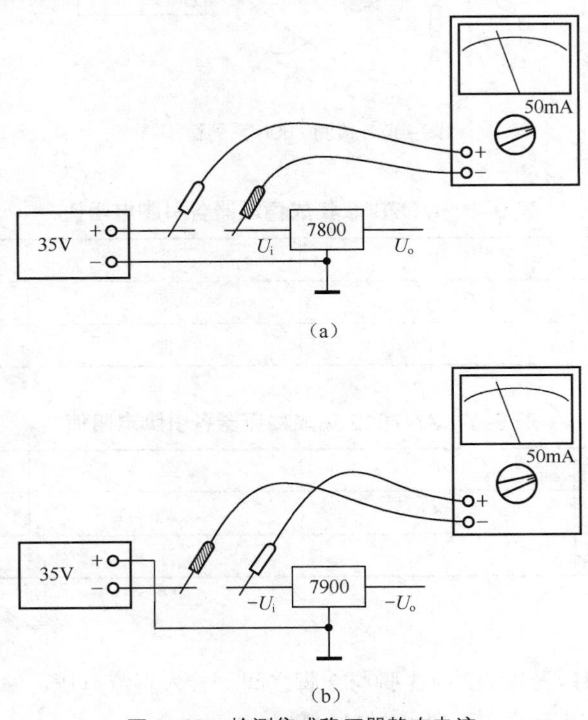

图 9–63 检测集成稳压器静态电流

9.5.2 检测7800系列集成稳压器

7800系列集成稳压器是常用的固定正输出电压的集成稳压器，输出电压具有5V、6V、9V、12V、15V、18V、24V等多种规格，其常见外形及电路符号如图9-64所示。7800系列集成稳压器为三端器件，1脚为非稳压电压 U_i 输入端，2脚为接地端，3脚为稳压电压 U_o 输出端，使用十分方便。

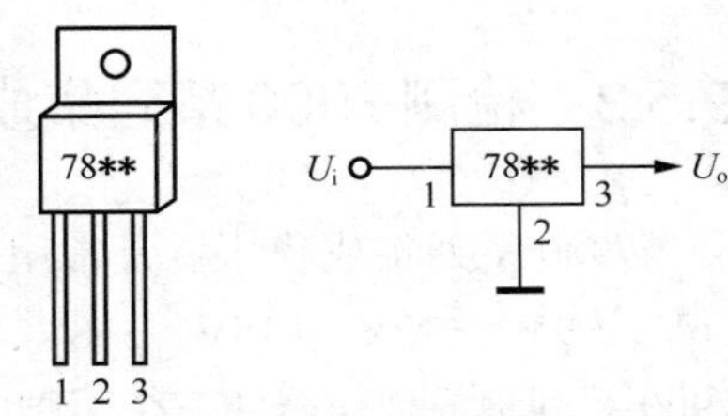

图 9–64 7800 系列集成稳压器

1. 检测各引脚正反向电阻

万用表置于“R × 1k”挡，分别测量各引脚与接地引脚之间的正、反向电阻，如图9-65所示。如测量结果与正常值出入很大，则该集成稳压器已损坏。部分7800系列集成稳压器各引脚对地电阻值见表9-6和表9-7。

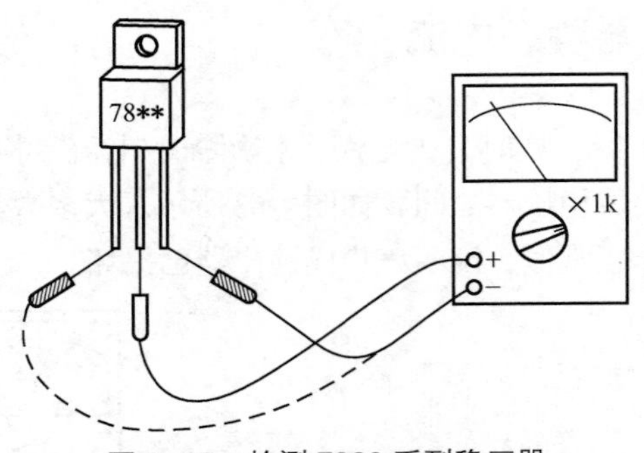

图 9-65　检测 7800 系列稳压器

表 9-6　MC7805 集成稳压器各引脚电阻值

引脚	1	2	3
正向电阻（kΩ）	26	地	5
反向电阻（kΩ）	4.7	地	4.8

表 9-7　AN7812 集成稳压器各引脚电阻值

引脚	1	2	3
正向电阻（kΩ）	29	地	15.6
反向电阻（kΩ）	5.5	地	6.9

2. 检测稳压性能

检测时，给集成稳压器输入端（1 脚与 2 脚之间）接入直流电压，输入直流电压应大于集成稳压器输出电压 2V 以上并且不超过 35V。万用表置于“直流电压”挡，测量集成稳压器的输出电压（3 脚与 2 脚之间），如图 9-66 所示。测量结果与标称输出电压一致，说明该集成稳压器是好的。测量结果与标称输出电压严重不符，说明该集成稳压器已损坏。

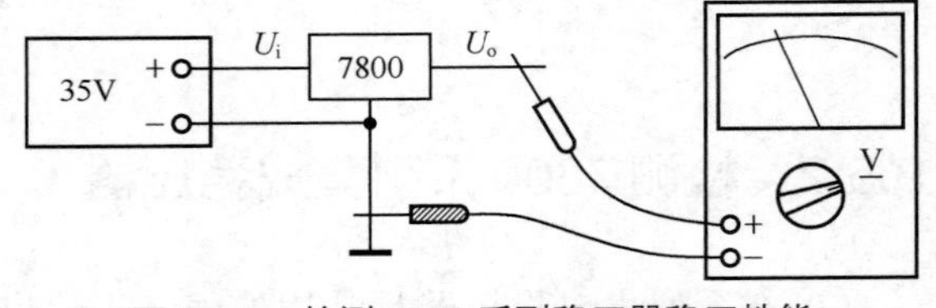

图 9-66　检测 7800 系列稳压器稳压性能

9.5.3　检测 7900 系列集成稳压器

7900 系列集成稳压器是常用的固定负输出电压的三端集成稳压器，输出电压具有 −5V、−6V、−9V、−12V、−15V、−18V、−24V 等多种规格，其常见外形及电路符号如图 9-67 所示。7900 系列集成稳压器的三个引脚中，1 脚为接地端，2 脚为非稳压电压 $-U_i$ 输入端，3 脚为稳压电压 $-U_o$ 输出端。

1. 检测各引脚正反向电阻

万用表置于“R × 1k”挡，分别测量各引脚与接地引脚之间的正、反向电阻，如图 9-68 所示。如测量结果与正常值出入很大，则该集成稳压器已损坏。部分 7900 系列集成稳压器各引脚对地电阻值见表 9-8 和表 9-9。

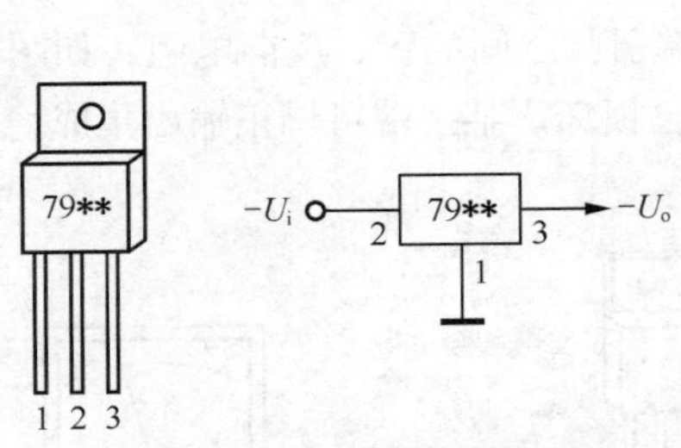

图 9-67 7900 系列集成稳压器

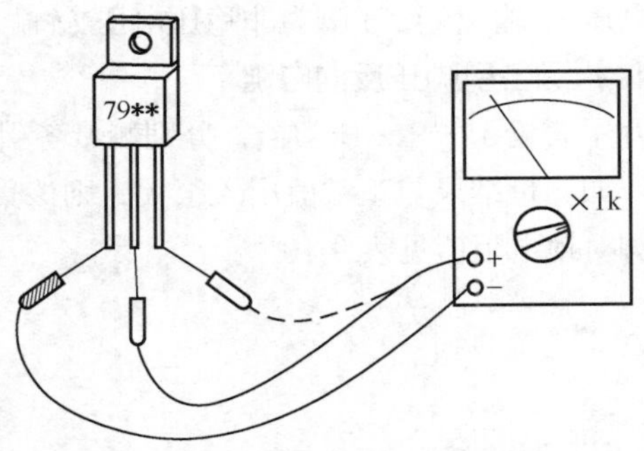

图 9-68 检测 7900 系列稳压器

表 9-8 AN7905T 集成稳压器各引脚电阻值

引脚	1	2	3
正向电阻（kΩ）	地	5.2	6.5
反向电阻（kΩ）	地	24.5	6.5

表 9-9 LM7912CT 集成稳压器各引脚电阻值

引脚	1	2	3
正向电阻（kΩ）	地	5.3	6.8
反向电阻（kΩ）	地	120	13.9

2. 检测稳压性能

检测时，给集成稳压器输入端接入负直流电压（2 脚接负，1 脚接正），输入直流电压的绝对值应大于集成稳压器输出电压的绝对值 2V 以上并且不超过 -35V。万用表置于“直流电压”挡，红表笔接地（1 脚），黑表笔接集成稳压器的输出端（3 脚）测量其输出电压，如图 9-69 所示。测量结果与标称输出电压一致，说明该集成稳压器是好的。测量结果与标称输出电压严重不符，说明该集成稳压器已损坏。

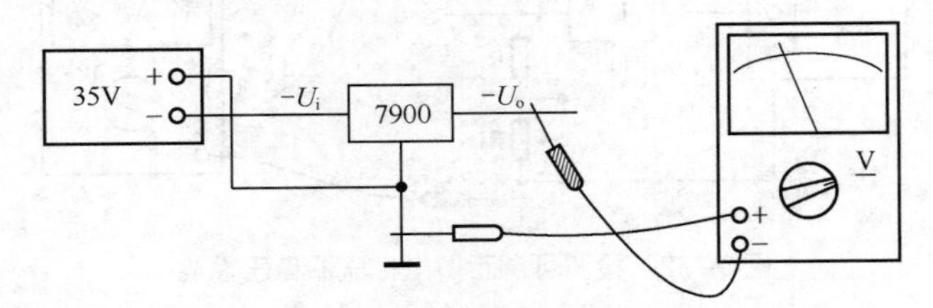

图 9-69 检测 7900 系列稳压器稳压性能

9.5.4 检测三端可调正输出集成稳压器

117、217、317 系列为常用的三端可调正输出集成稳压器，输出电压可调范围为 1.2 ～

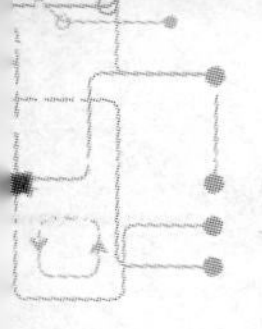

37V，输出电流可达 1.5 A。图 9-70 所示为其常见外形及电路符号，其 1 脚为调整端，2 脚为稳压电压 U_o输出端，3 脚为非稳压电压 U_i输入端。

1. 检测各引脚正反向电阻

万用表置于“R × 1k”挡，分别测量各引脚与调整端引脚之间的正、反向电阻，如图 9-71 所示。如测量结果与正常值出入很大，则该集成稳压器已损坏。某三端可调正输出集成稳压器各引脚对地电阻值见表 9-10。

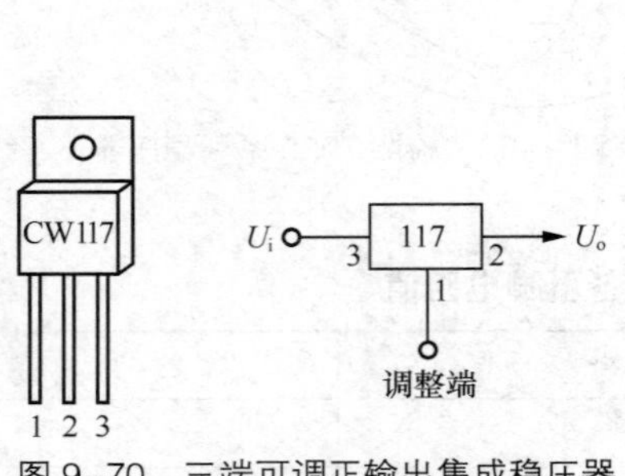

图 9-70　三端可调正输出集成稳压器

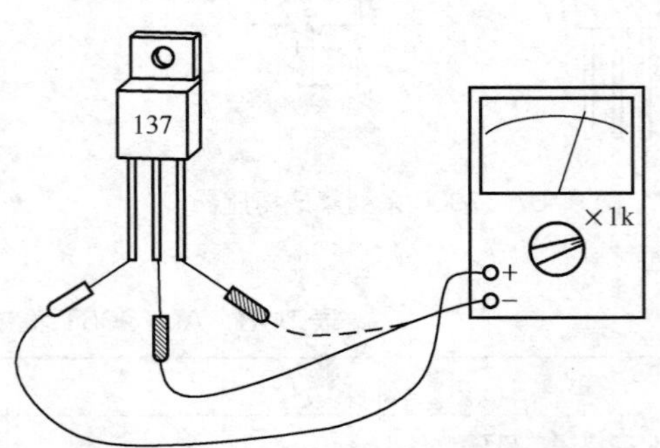

图 9-71　检测三端可调正输出稳压器

表 9-10　CW317K 集成稳压器各引脚电阻值

引脚	1	2	3
正向电阻（kΩ）	地	6.7	∞
反向电阻（kΩ）	地	4.1	26

2. 检测稳压性能

检测电路如图 9-72 所示，给集成稳压器输入端（3 脚）接入 40V 直流电压，万用表置于“直流 50V”挡，监测集成稳压器输出端（2 脚）的输出电压。R_1 与 RP 组成调压电阻网络，调节电位器 RP 即可改变输出电压。RP 动臂向上移动时输出电压应随之增大，RP 动臂向下移动时输出电压应随之减小，否则为该集成稳压器损坏。

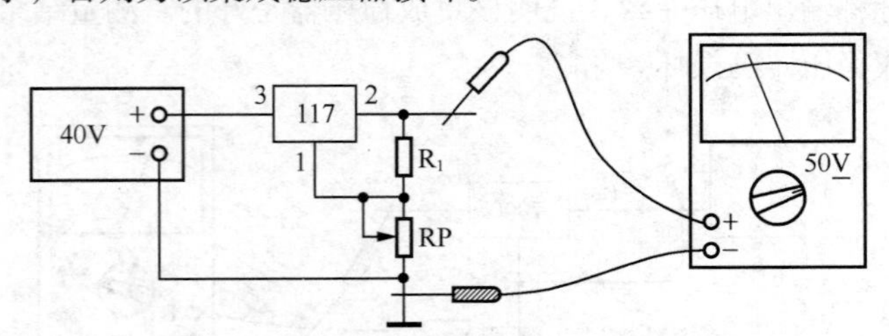

图 9-72　检测可调正输出稳压器稳压性能

9.5.5　检测三端可调负输出集成稳压器

137、237、337 系列为常用的三端可调负输出集成稳压器，输出电压可调范围为 –1.2 ～ –37V。图 9-73 所示为其常见外形及电路符号，其 1 脚为调整端，2 脚为输入端，3 脚为输出端。

1. 检测各引脚正反向电阻

万用表置于“R × 1k”挡，分别测量各引脚与调整端引脚之间的正、反向电阻，如图 9-74 所示。如测量结果与正常值出入很大，则该集成稳压器已损坏。某三端可调负输出集成稳压器各引脚对地电阻值见表 9-11。

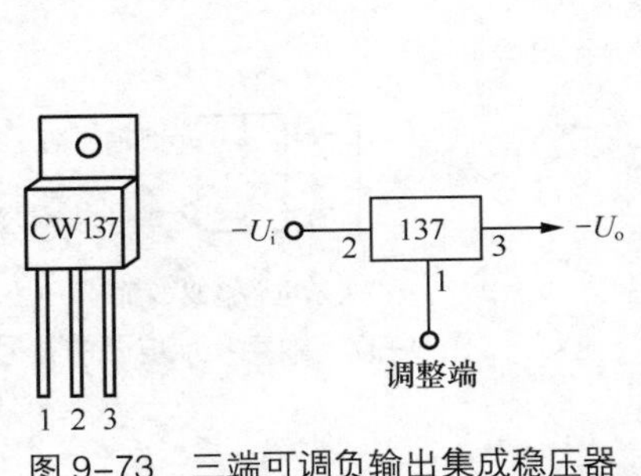

图 9–73 三端可调负输出集成稳压器

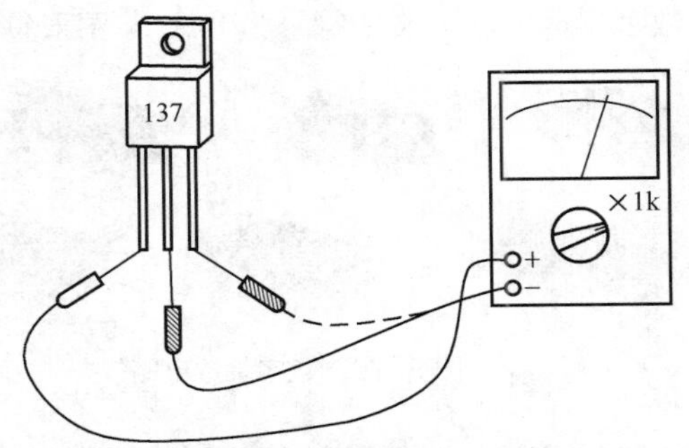

图 9–74 检测三端可调负输出稳压器

表 9–11 CW337K 集成稳压器各引脚电阻值

引脚	1	2	3
正向电阻（kΩ）	地	6.7	160
反向电阻（kΩ）	地	4.2	5.1

2. 检测稳压性能

检测电路如图 9-75 所示，40V 直流电压正极接地，负极接集成稳压器输入端（2 脚）。万用表置于“直流 50V”挡，红表笔接地，黑表笔接集成稳压器输出端（3 脚）监测其输出电压。R_1 与 RP 组成调压电阻网络，调节电位器 RP 可改变输出负电压绝对值的大小。RP 动臂向上移动时输出负电压的绝对值应随之增大，RP 动臂向下移动时输出负电压的绝对值应随之减小，否则为该集成稳压器损坏。

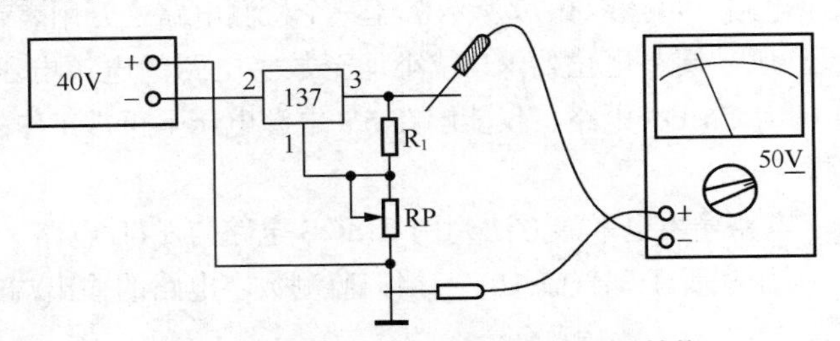

图 9–75 检测可调负输出稳压器稳压性能

9.6 检测数字集成电路

数字集成电路简称数字电路，是指传输和处理数字信号的集成电路。数字信号往往采用二进制数表示，数字电路的工作状态则用“1”和“0”表示，其特点是工作于开关状态。数字集成电路基本上都采用双列直插式封装，如图 9-76 所示。

数字集成电路种类很多，包括门电路、触发器、计数器、译码器、寄存器和移位寄存器、模拟开关和数据选择器、运算电路等。

数字集成电路的文字符号为“D”，图形符号如图 9-77 所示。

图 9-76　数字集成电路

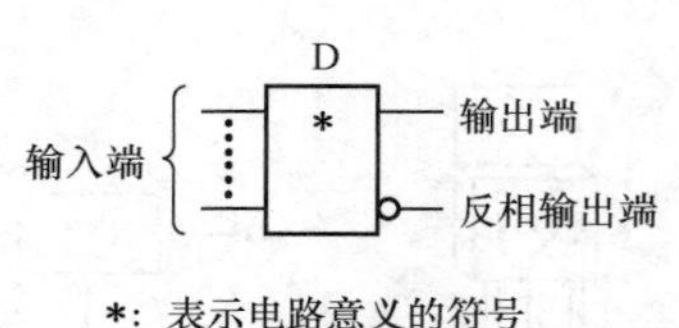

图 9-77　数字集成电路的符号

各种数字集成电路可以用万用表进行检测。

9.6.1　判别 CMOS 电路与 TTL 电路

CMOS 电路与 TTL 电路的显著区别之一，就是电源电压的范围不同。CMOS 电路的电源电压范围为 3 ～ 18V，而 TTL 电路的电源电压固定为 5V，因此可用测量电源电压的方法判别 CMOS 电路与 TTL 电路。

1. 判别在路数字电路

对于在路的数字电路，在正常工作状态下，用万用表“直流电压”挡测量其电源端与接地端之间的电源电压，如图 9-78 所示，电源电压大于 5V 或小于 5V 的均为 CMOS 电路。

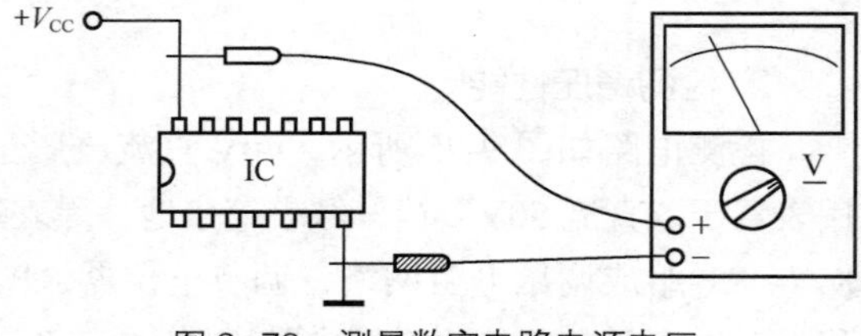

图 9-78　测量数字电路电源电压

2. 判别不在路数字电路

对于不在路的数字电路，可按图 9-79 所示搭建一个检测电路，万用表置于“直流 10V”挡，监测数字电路的电源电压。调节电位器 RP 减小加至数字电路的电源电压，电源电压在 3 ～ 4.5V 时仍能正常工作的为 CMOS 电路，仅能够在 5V 电源电压下正常工作的为 TTL 电路。

3. 测量输出电平

也可通过测量数字电路输出电平的方法判别 CMOS 电路与 TTL 电路。如图 9-80 所示，电路的电源电压为 5V，万用表置于“直流 10V”挡，监测数字电路的输出端电压。

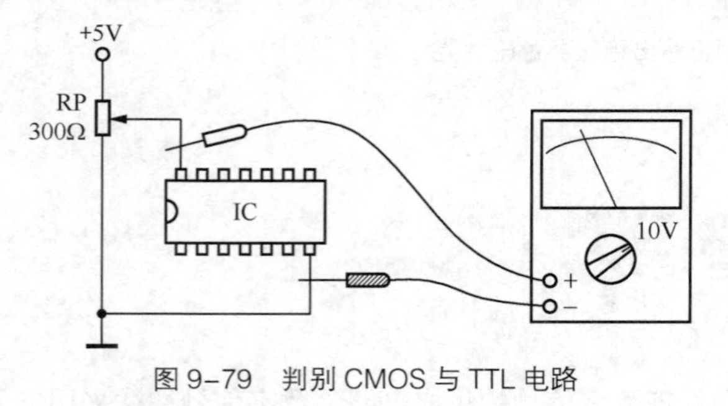

图 9-79　判别 CMOS 与 TTL 电路

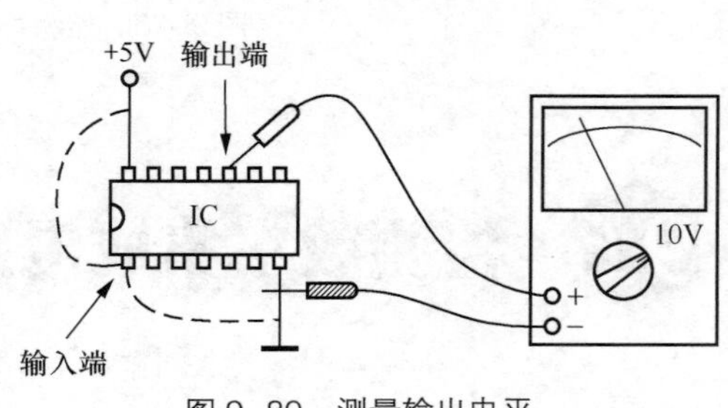

图 9-80　测量输出电平

改变数字电路的输入状态，使输出端分别为高电平“1”和低电平“0”，记录下万用表测得的高电平和低电平数值。高电平与低电平的电压差约为 5V 的是 CMOS 电路，电压差约为 3.5V 的是 TTL 电路。

9.6.2 检测数字电路空载电流

首先识别接地引脚。数字电路电源引脚与接地引脚的安排有两种形式，应用较多的一种是左上角为电源引脚、右下角为接地引脚，还有一种是上边中间为电源引脚、下边中间为接地引脚，如图 9-81 所示。

检测时，采用 5V 电源电压，万用表置于“直流 50mA”挡，串接于数字电路供电回路中，如图 9-82 所示，测量其空载电流。通常 TTL 电路的空载电流不超过 30mA，CMOS 电路的空载电流则更小（小于 1mA）。如果空载电流远大于 30mA，则该数字电路已损坏。

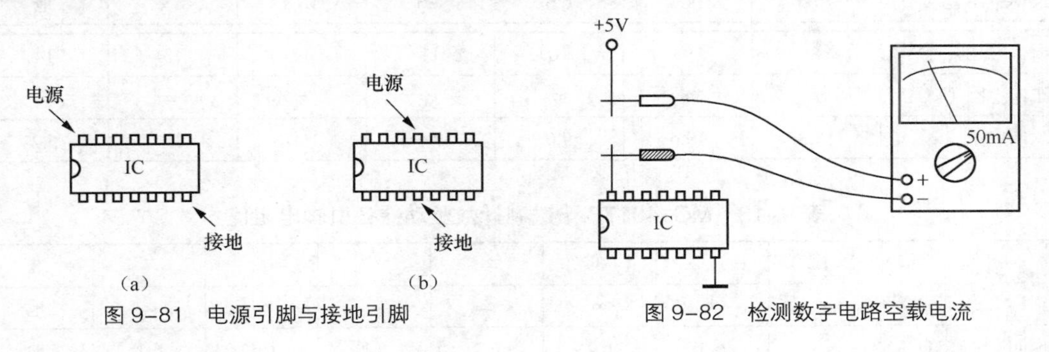

图 9-81 电源引脚与接地引脚

图 9-82 检测数字电路空载电流

9.6.3 检测 TTL 电路各引脚对地的正反向电阻

检测时，万用表置于“R × 1k”挡，红表笔（表内电池负极）接 TTL 电路接地引脚，黑表笔（表内电池正极）依次分别接其余各引脚，测量各引脚对地正向电阻，应为 3 ～ 10kΩ，如图 9-83 所示。然后对调红、黑表笔，依上法测量各引脚对地反向电阻，应大于 40kΩ。

如果测量结果与上述正常值不符，电阻值为“0”或无穷大，或正、反向电阻值没有明显差别，说明该 TTL 电路已损坏。

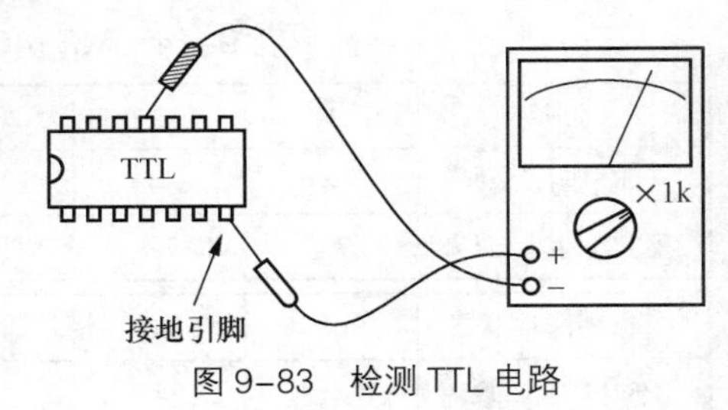

图 9-83 检测 TTL 电路

9.6.4 检测 CMOS 电路各引脚对地的正反向电阻

检测时，万用表置于“R × 1k”挡，测量 CMOS 电路各引脚对地的正、反向电阻，如图 9-84 所示，并与其正常值相比较。如果测量结果与正常值严重不符，说明该 CMOS 电路已损坏。部分 CMOS 电路各引脚对地电阻值见表 9-12 至表 9-14。

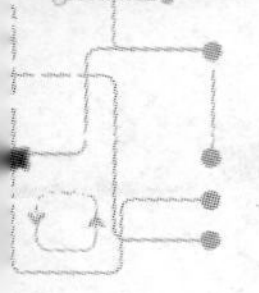

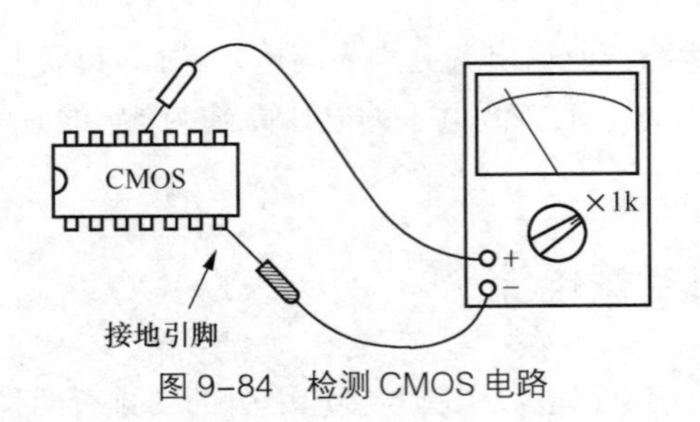

图 9-84　检测 CMOS 电路

表 9-12　LC4001B 四组 2 输入端或非门各引脚电阻值

引脚	1	2	3	4	5	6	7
正向电阻（kΩ）	∞	∞	∞	∞	∞	∞	地
反向电阻（kΩ）	15.3	19.6	6.6	6.6	16.8	15	地

引脚	8	9	10	11	12	13	14
正向电阻（kΩ）	∞	∞	∞	∞	∞	∞	∞
反向电阻（kΩ）	15.3	19.6	9.6	9.6	16.7	15	5.2

表 9-13　MC14017B 十进制计数驱动器各引脚电阻值

引脚	1	2	3	4	5	6	7	8
正向电阻（kΩ）	∞	∞	∞	∞	∞	∞	∞	地
反向电阻（kΩ）	6.3	6.3	6.2	6.2	6.1	6.1	6.1	地

引脚	9	10	11	12	13	14	15	16
正向电阻（kΩ）	∞	∞	∞	∞	∞	∞	∞	∞
反向电阻（kΩ）	6.1	6.1	6.1	6.2	9	9	9	4.5

表 9-14　MC14027B 双 JK 触发器各引脚电阻值

引脚	1	2	3	4	5	6	7	8
正向电阻（kΩ）	∞	∞	∞	∞	∞	∞	∞	地
反向电阻（kΩ）	7.4	7.4	11.5	11.5	11.5	11.5	11.5	地

引脚	9	10	11	12	13	14	15	16
正向电阻（kΩ）	∞	∞	∞	∞	∞	∞	∞	∞
反向电阻（kΩ）	11.5	11.5	11.5	11.5	11.5	7.4	7.4	5.8

9.6.5　检测门电路

能够实现各种基本逻辑关系的电路统称为门电路。门电路是构成组合逻辑网络的基本部件，也是构成时序逻辑电路的组成部件之一。门电路具有广泛的用途，最主要的是用作逻辑控制以及组成振荡器、触发器等，还可以用作模拟放大器。

基本的门电路包括与门、或门、非门、与非门、或非门等。

1. 与门

与门的电路符号如图 9-85 所示，A、B 为输入端，Y 为输出端。与门的逻辑关系为 $Y=AB$，即只有当输入端 A 和 B 均为“1”时，输出端 Y 才为“1”；否则 Y 为“0”。

2. 或门

或门的电路符号如图 9-86 所示，A、B 为输入端，Y 为输出端。或门的逻辑关系为 $Y=A+B$，即只要输入端 A 和 B 中有一个为“1”时，Y 即为“1”；所有输入端 A 和 B 均为“0”时，Y 才为“0”。

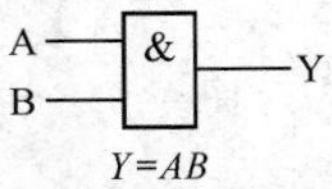

$Y=AB$

图 9–85　与门的符号

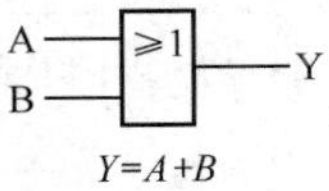

$Y=A+B$

图 9–86　或门的符号

3. 非门

非门的电路符号如图 9-87 所示。非门又叫反相器，A 为输入端，Y 为输出端，其逻辑关系为 $Y=\overline{A}$，即输出端 Y 总是与输入端 A 相反。

4. 与非门

与非门的电路符号如图 9-88 所示，A、B 为输入端，Y 为输出端。与非门的逻辑关系为 $Y=\overline{AB}$，即只有当所有输入端 A 和 B 均为“1”时，输出端 Y 才为“0”；否则 Y 为“1”。

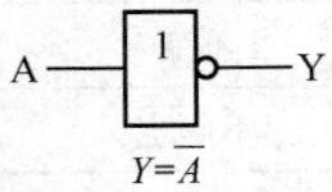

图 9–87　非门的符号 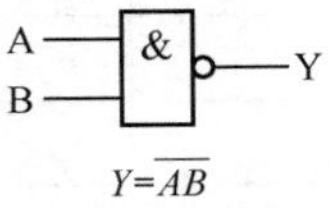　　图 9–88　与非门的符号

5. 或非门

或非门的电路符号如图 9-89 所示，A、B 为输入端，Y 为输出端。或非门的逻辑关系为 $Y=\overline{A+B}$，即只要输入端 A 和 B 中有一个为“1”时，Y 即为“0”；所有输入端 A 和 B 均为“0”时，Y 才为“1”。

检测门电路，主要是检测其输入端与输出端之间的逻辑关系是否存在及是否正常。检测时，给被测门电路加上规定的电源电压，万用表置于“直流电压”挡，监测门电路输出端的电压变化，如图 9-90 所示。

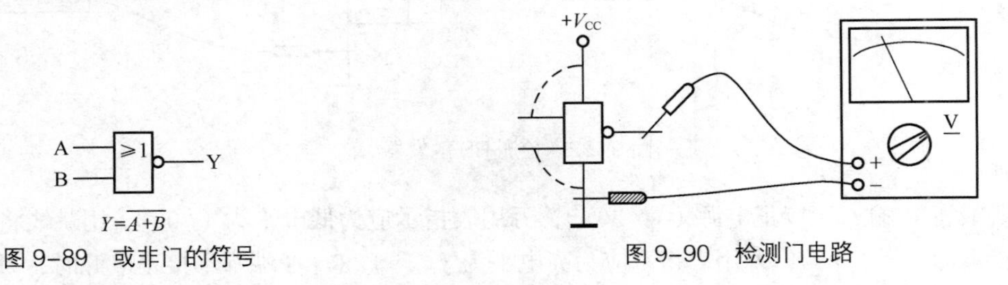

图 9–89　或非门的符号　　图 9–90　检测门电路

用跳线将门电路的输入端接正电源（置“1”）或接地（置“0”），看万用表指示的电平值（高

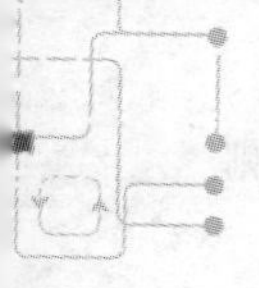

电平为“1”，低电平为“0”）是否符合该门电路的逻辑关系，如符合则说明该门电路是好的，如不符合则说明该门电路已损坏。数字集成电路中往往包含若干个门电路，需逐个检测。

9.6.6 检测RS触发器

触发器是时序电路的基本单元，在数字信号的产生、变换、存储、控制等方面应用广泛。按结构和工作方式不同，触发器可分为RS触发器、D触发器、单稳态触发器和施密特触发器等。

RS触发器即复位-置位触发器，是最简单的最基本的触发器，常用于单脉冲产生、状态控制等电路中。RS触发器的电路符号如图9-91所示，S为置“1”输入端、R为置“0”输入端，Q为输出端，$\overline{Q}$为反相输出端。

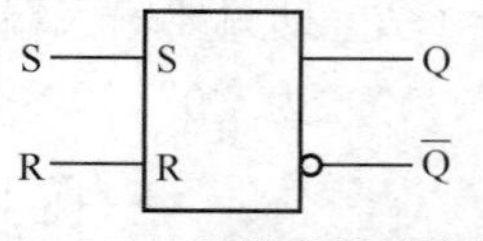

图9-91 RS触发器的符号

RS触发器的特点是，R输入端只能使触发器处于Q = 0的状态，S输入端只能使触发器处于Q = 1的状态，表9-15为RS触发器真值表。

表9-15 RS触发器真值表

输入		输出	
R	S	Q	$\overline{Q}$
1	0	0	1
0	1	1	0
0	0	不变	
1	1	不确定	

检测电路如图9-92所示，万用表置于“直流10V”挡，黑表笔接地，红表笔接RS触发器的Q输出端，监测其电压变化。

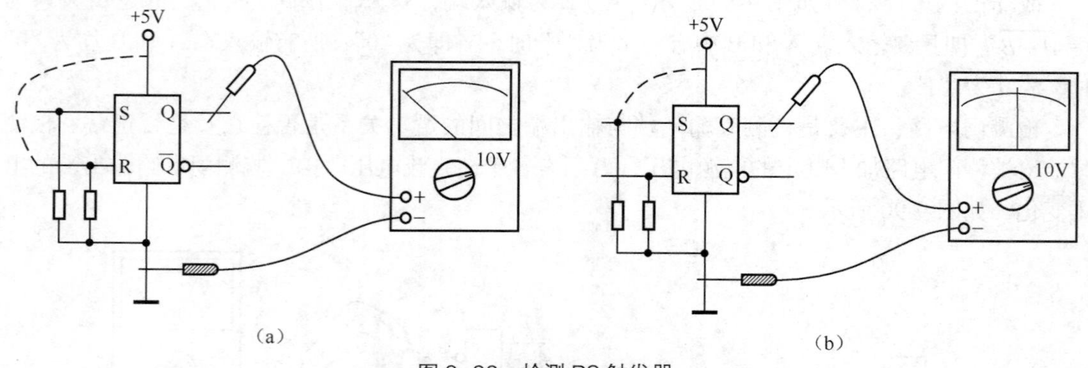

图9-92 检测RS触发器

用跳线将R输入端接正电源（置“0”），万用表指示应为低电平为（“0”）。用跳线将S输入端接正电源（置“1”），万用表指示应为高电平为（“1”）。R、S端都不接正电源时，万用表指示应不变（保持“1”或保持“0”）。否则说明该RS触发器已损坏。

9.6.7 检测D触发器

D 触发器又称为延迟触发器，具有数据输入端 D、时钟输入端 CP、输出端 Q 和反相输出端 $\overline{Q}$，其电路符号如图 9-93 所示。

D 触发器输出状态的改变依赖于时钟脉冲 CP 的触发，即在时钟脉冲边沿的触发下，数据由输入端 D 传输到输出端 Q。没有触发信号时触发器中的数据则保持不变。上升沿触发 D 触发器和下降沿触发 D 触发器的真值表分别见表 9-16 和表 9-17。D 触发器常用于数据锁存、计数、分频等电路中。

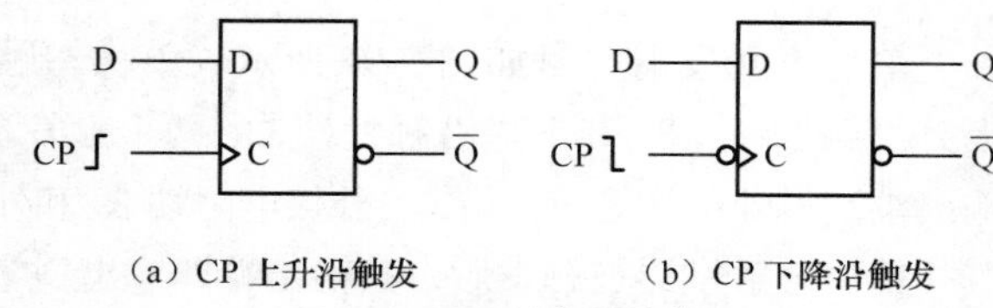

（a）CP 上升沿触发 （b）CP 下降沿触发

图 9-93 D 触发器的符号

表 9-16 上升沿触发 D 触发器真值表

输入		输出	
CP	D	Q	$\overline{Q}$
⎾	0	0	1
⎾	1	1	0
⎿	任意	不变	

表 9-17 下降沿触发 D 触发器真值表

输入		输出	
CP	D	Q	$\overline{Q}$
⎿	0	0	1
⎿	1	1	0
⎾	任意	不变	

上升沿触发 D 触发器检测电路如图 9-94 所示，下降沿触发 D 触发器检测电路如图 9-95 所示，D 触发器的反相输出端 $\overline{Q}$ 与自身的数据输入端 D 相连接，构成 2 分频电路。万用表置于“直流电压”挡，监测 Q 输出端的电压变化。

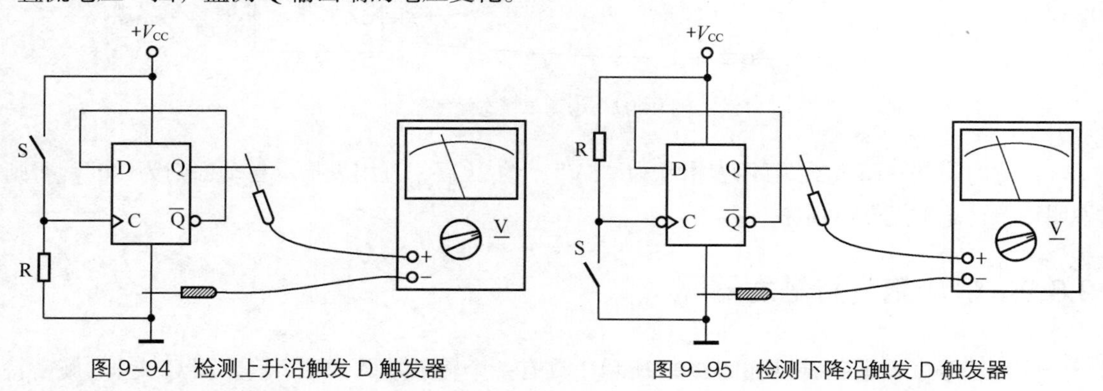

图 9-94 检测上升沿触发 D 触发器　　图 9-95 检测下降沿触发 D 触发器

CP 脉冲由微动开关 S 控制，按一下 S 产生一个 CP 脉冲，D 触发器 Q 输出端的电压就变

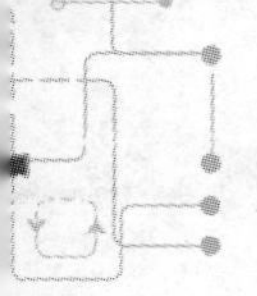

化一次（在“1”与“0”之间来回变换）。如不能按上述规律变化，则说明该D触发器已损坏。

9.6.8 检测单稳态触发器

单稳态触发器符号如图9-96所示。单稳态触发器一般具有上升沿触发端TR_+和下降沿触发端$\overline{TR_-}$两个触发端，Q和$\overline{Q}$两个输出端。另外还具有清零端$\overline{R}$，外接电阻端R_e和外接电容端C_e。

单稳态触发器被触发后，其输出端即输出一个恒定宽度的矩形脉冲，表9-18为单稳态触发器真值表。单稳态触发器主要应用于延迟电路、定时器、振荡器、数字滤波器等。

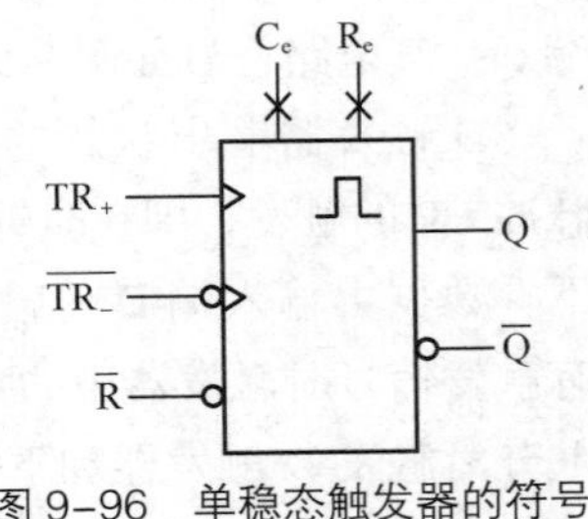

图9-96 单稳态触发器的符号

表9-18 单稳态触发器真值表

输入			输出	
$\overline{R}$	TR_+	$\overline{TR_-}$	Q	$\overline{Q}$
1	↑	1	⊓	⊔
1	0	↓	⊓	⊔
1	↑	0	不触发	
1	1	↓	不触发	
0	任意	任意	0	1

单稳态触发器检测电路如图9-97所示，这是一个2s定时器电路，采用TR_+输入端触发，触发脉冲由按钮开关SB控制，万用表置于“直流10V”挡，监测Q输出端的电压变化。

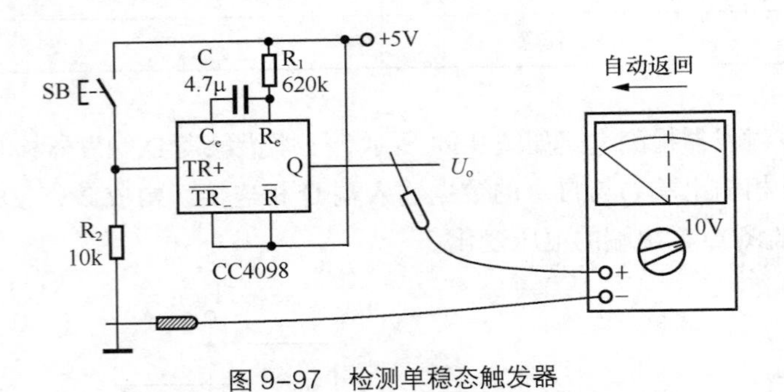

图9-97 检测单稳态触发器

检测时，按一下SB，万用表指示为“5V”，约2s后，万用表指示自动回归为“0”。否则说明该单稳态触发器已损坏。

9.6.9 检测施密特触发器

施密特触发器电路符号如图9-98所示，具有一个输入端A，一个输出端Q或$\overline{Q}$。施密特触发器的特点是，可将缓慢变化的电压信号转变为边沿陡峭的矩形脉冲，如图9-99所示，常用于脉冲整形、电压幅度鉴别、模 / 数转换、多谐振荡器等。

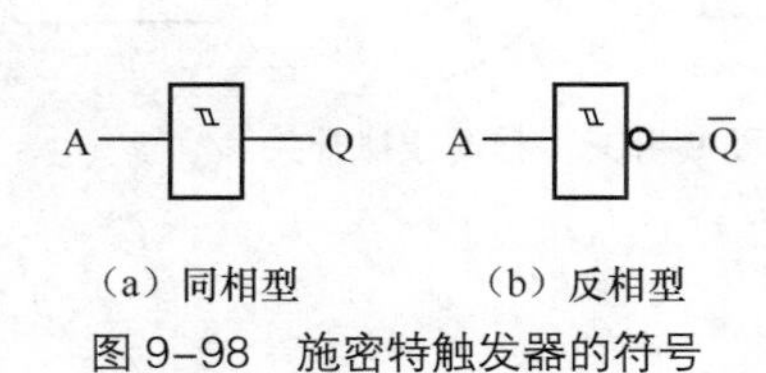

图 9-98　施密特触发器的符号

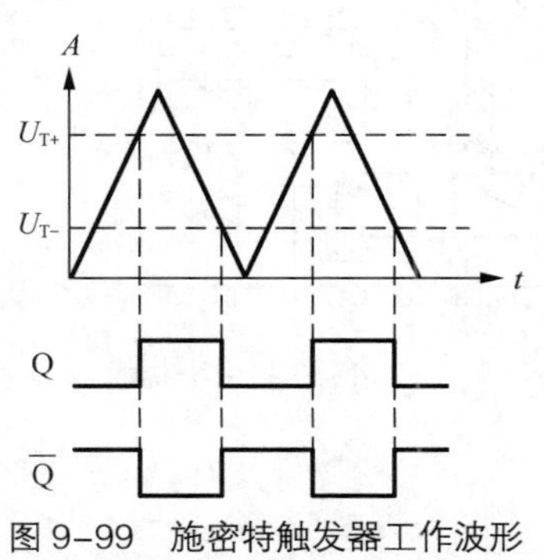

图 9-99　施密特触发器工作波形

施密特触发器检测电路如图 9-100 所示，电位器 RP 用于改变输入电压，万用表置于“直流 10V”挡，监测施密特触发器输出端的电压变化。

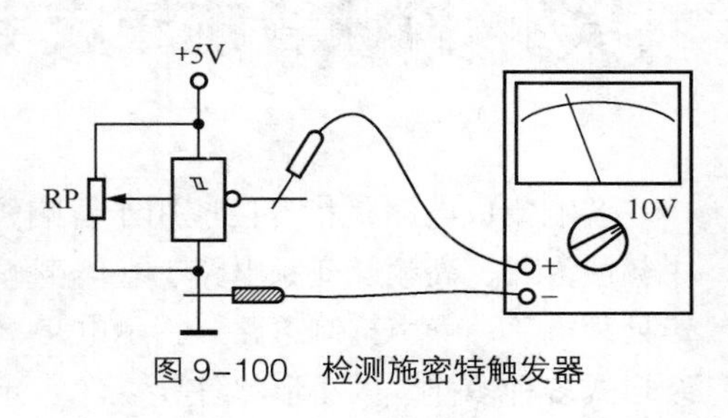

图 9-100　检测施密特触发器

检测时，调节 RP 逐步提高施密特触发器的输入端电压，当输入电压上升到某一值时，万用表指示应变为“0”。调节 RP 逐步降低施密特触发器的输入端电压，当输入电压下降到某一值时，万用表指示应变为“5V”。否则说明该施密特触发器已损坏。

9.6.10　检测模拟开关集成电路

模拟开关是用 CMOS 电子电路模拟开关的通断，由数字信号进行控制，起到接通信号或断开信号的作用。由于模拟开关具有功耗低、速度快、体积小、无机械触点、使用寿命长等特点，在模拟或数字信号控制与选择、模 / 数或数 / 模转换、以及数控电路等领域得到越来越多的应用。

模拟开关有常开型和常闭型两类，它们的电路符号如图 9-101 所示。A 和 B 为信号端，既可作输入端也可作输出端，使用时一个作为输入端，另一个作为输出端即可。e 为控制端，由数字信号（“1” 或 “0”）控制 A 与 B 之间的通断。

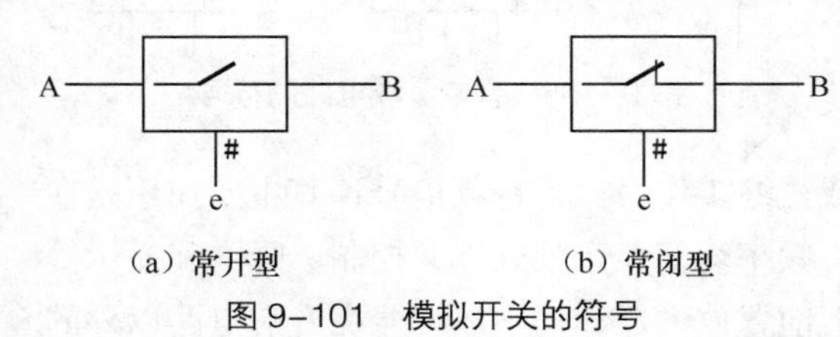

图 9-101　模拟开关的符号

当控制端为“1”时，A 与 B 之间导通，允许信号双向传输。当控制端为“0”时，A 与 B 之间截止，切断信号的传输。模拟开关集成电路 CC4066 各引脚功能如图 9-102 所示。

检测时，接上规定的工作电源，万用表置于“R × 1k”挡，监测 A 与 B 之间的通断，如图 9-103 所示。

当将控制端接至正电源时（置“1”），万用表指示导通。当将控制端接地时（置“0”），万用表指示不通。否则说明该模拟开关损坏。一个集成电路中往往包含若干个模拟开关，应逐个检测。

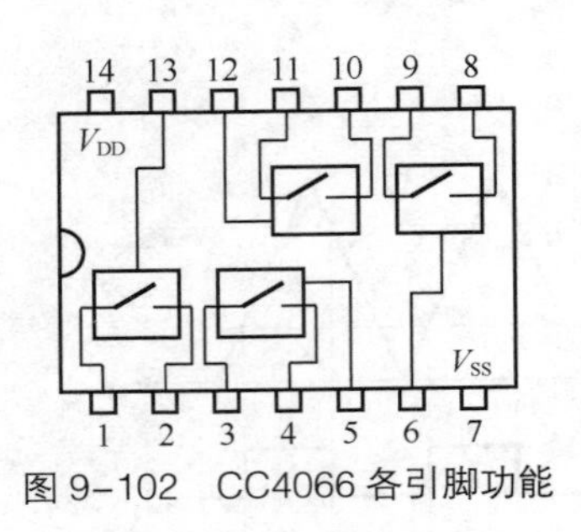

图 9-102 CC4066 各引脚功能

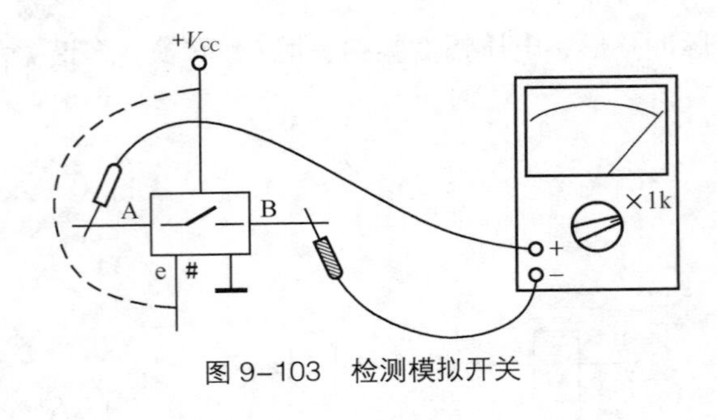

图 9-103 检测模拟开关

9.7 检测音响集成电路

音响集成电路是指专门应用于音响领域的集成电路，包括音频前置放大器、功率放大器、中频放大器、高频及变频电路、立体声解码器、频率均衡电路、音量音调平衡控制电路、环绕声处理电路、噪声抑制电路、指示电路、单片收音机或录音机集成电路等。音响集成电路的封装形式多种多样，大小形状各异，许多音响集成电路自带散热板，如图 9-104 所示。

音响集成电路的文字符号为"IC"，图形符号如图 9-105 所示。

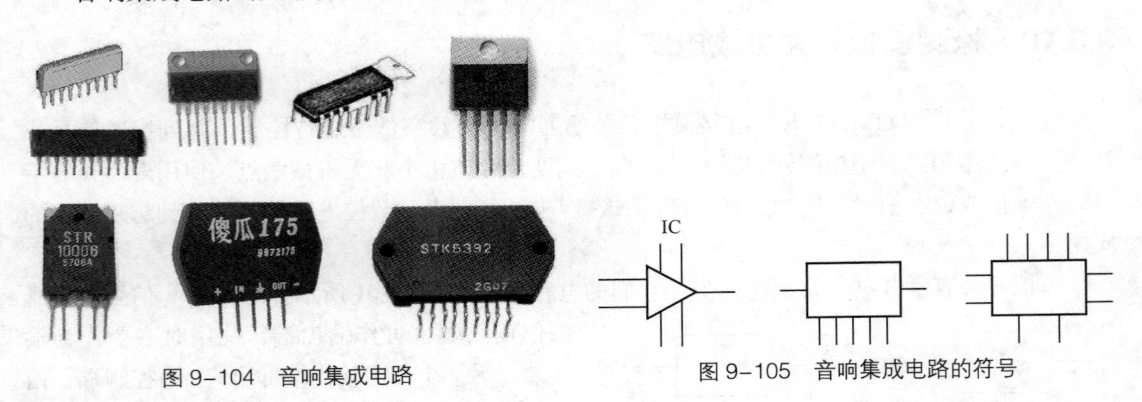

图 9-104 音响集成电路

图 9-105 音响集成电路的符号

音响集成电路的特点是主要工作于音频范围或最终工作目标是音频信号，其主要作用是在音响系统中完成放大、变频、检波、鉴频、解码、频率均衡、音频处理、控制、降噪和显示等任务。音响集成电路大多数属于专用集成电路，但前置放大器和功率放大器在音响电路以外的场合也能够应用，具有一定的通用性。

9.7.1 检测集成功率放大器

集成功率放大器的功能是对音频信号进行功率放大，其最大特点是具有较大的输出功率，能够推动扬声器等负载。集成功率放大器品种规格众多，可分为单声道集成功放、双声道集成功放、OTL 功率放大器、OCL 功率放大器和 BTL 功率放大器等，并具有多种封装形式。

集成功率放大器内部通常包含差分输入级、推动级和功放级，如图 9-106 所示。OTL、OCL 和 BTL 的区别主要是功放级电路形式不同。可以通过检测集成功率放大器各引脚的正、反向电阻来确定其好坏。

检测时，万用表置于“R × 1k”挡，测量集成功率放大器各引脚对地的正、反向电阻，并将测量结果与其正常值相比较，如图 9-107 所示。

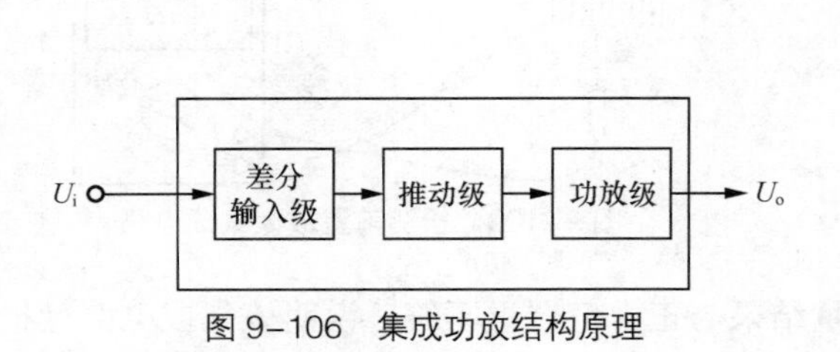

图 9-106　集成功放结构原理

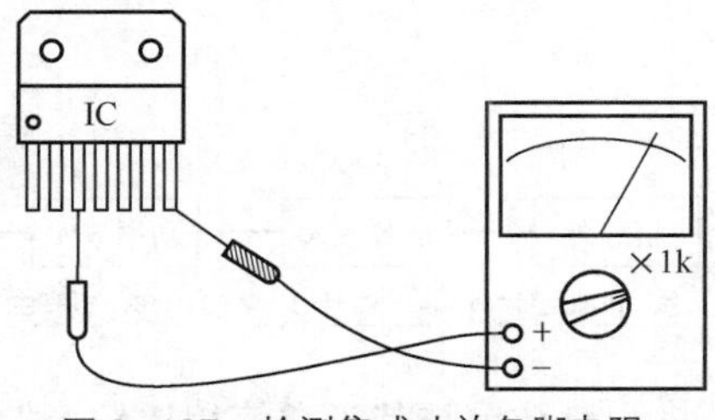

图 9-107　检测集成功放各脚电阻

如果测量结果与正常值严重不符，说明该集成电路已损坏。部分集成功率放大器各引脚对地电阻值见表 9-19、表 9-20 和表 9-21，可供参考。

表 9-19　傻瓜 275 双功率放大器各引脚电阻值

引脚	1	2	3	4	5	6	7
正向电阻（kΩ）	63	200	∞	地	∞	63	63
反向电阻（kΩ）	58	17	∞	地	∞	52	55

表 9-20　LA4112 功率放大器各引脚电阻值

引脚	1	2	3	4	5	6	7
正向电阻（kΩ）	0.86	∞	地	32	5.2	7.5	∞
反向电阻（kΩ）	0.55	∞	地	5.5	4.9	21	∞

引脚	8	9	10	11	12	13	14
正向电阻（kΩ）	5.1	7.7	8.5	∞	5.6	30	5.9
反向电阻（kΩ）	5.8	35	5.7	5.1	4.1	5.2	4.1

表 9-21　TDA2005 双功率放大器各引脚电阻值

引脚	1	2	3	4	5	6	7	8	9	10	11
正向电阻（kΩ）	32	300	45	300	32	地	24	100	24	100	24
反向电阻（kΩ）	18	6.5	12	6.5	18	地	4.8	4.7	4.7	4.7	4.8

9.7.2　检测集成前置放大器

前置放大集成电路的主要功能，是将收音调谐器、磁头、话筒、激光头等信号源提供的微弱的音频信号进行电压放大，并输出一定电平的音频信号至功率放大器等后续电路，如图

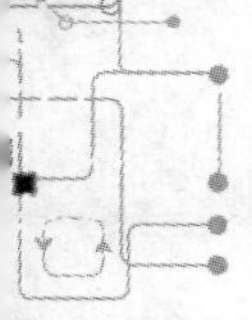

9-108 所示。由于前置放大集成电路位于整个音频通道的最前端，因此其性能的好差对整机性能有着决定性的影响。

可以通过检测前置放大集成电路的正、反向电阻来确定其好坏。检测时，万用表置于“R×1k”挡，测量前置放大集成电路各引脚对地的正、反向电阻，如图 9-109 所示。

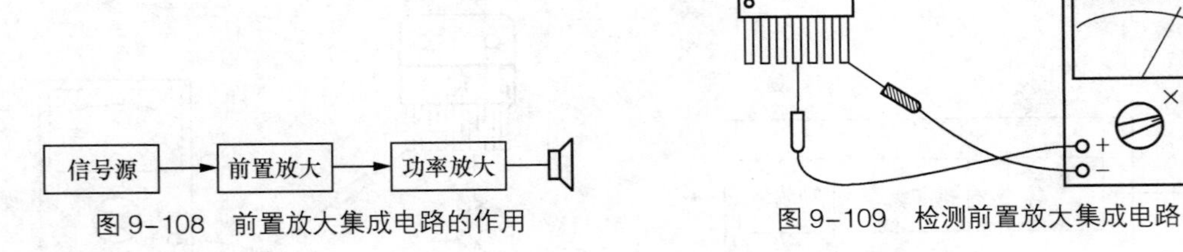

图 9-108　前置放大集成电路的作用

图 9-109　检测前置放大集成电路

将测量结果与其正常值相比较，如果测量结果与正常值严重不符，说明该集成电路已损坏。部分前置放大集成电路各引脚对地电阻值见表 9-22、表 9-23 和表 9-24，可供比较。

表 9-22　AN360 前置放大电路各引脚电阻值

引脚	1	2	3	4	5	6	7
正向电阻（kΩ）	10	36	∞	地	4.6	∞	∞
反向电阻（kΩ）	6.2	6.3	6.8	地	4.6	6.5	5.8

表 9-23　LA3160 双通道前置放大电路各引脚电阻值

引脚	1	2	3	4	5	6	7	8
正向电阻（kΩ）	110	∞	3	1000	地	3	∞	110
反向电阻（kΩ）	35	6.9	3	5.4	地	3	6.9	35

表 9-24　TA7668P 具有 ALC 的双通道前置放大电路各引脚电阻值

引脚	1	2	3	4	5	6	7	8
正向电阻（kΩ）	地	70	∞	34	8.4	32	38	40
反向电阻（kΩ）	地	6.3	∞	6.7	6.2	∞	6	7

引脚	9	10	11	12	13	14	15	16
正向电阻（kΩ）	0.022	38	32	8.4	35	∞	9.2	70
反向电阻（kΩ）	0.022	6.1	∞	6	6.7	∞	∞	6.4

9.7.3　检测调幅高中频集成电路

高频集成电路的作用是接受和处理高频信号。高频集成电路一般包括高放、本振、混频或变频等电路，集成电路外围电路中具有调谐回路和调谐元件，用以完成高频调谐功能，如图 9-110 所示。

中频放大集成电路的功能是对中频信号进行放大。中频放大电路属于选频放大器，集成电路外围电路中有谐振回路或晶体滤波器等选频元件，它们谐振于中频频率，如图 9-111 所示。调频电路和调幅电路具有不同的中频频率。

高中频集成电路的种类很多，主要分为调幅集成电路和调频集成电路两大类。有些集成电路将高频电路和中频电路集成到一起，可以完成从天线输入到解调输出之间的全部功能。甚至将整个收音机电路集成到一起，构成单片收音机集成电路。

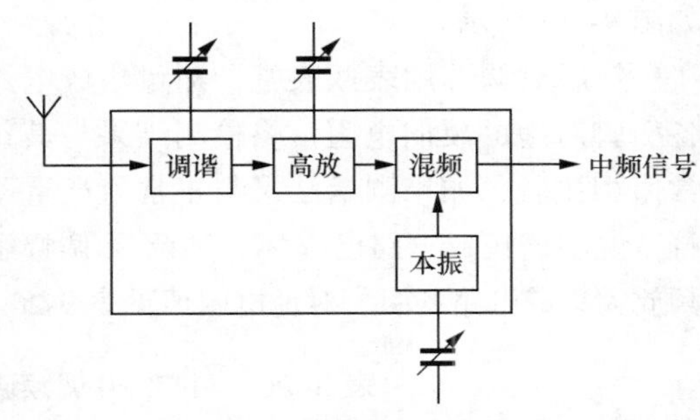

图 9-110　高频集成电路结构原理

调幅高中频集成电路是指应用于高频与中频调幅电路中的集成电路，可以通过检测集成电路各引脚电阻的方法来确定其好坏。检测时，万用表置于“R × 1k”挡，测量调幅高中频集成电路各引脚对地的正、反向电阻，如图 9-112 所示。

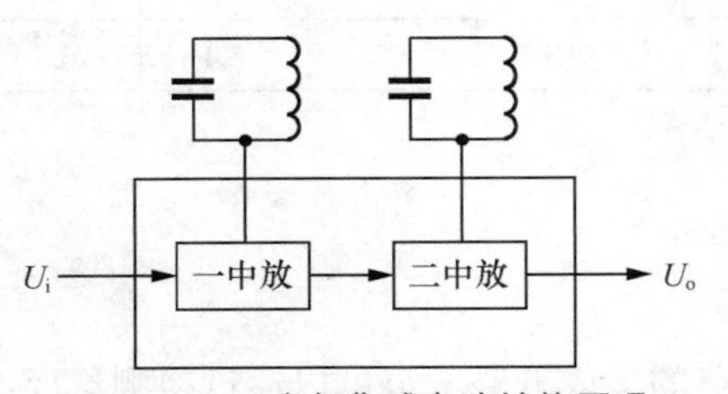

图 9-111　中频集成电路结构原理

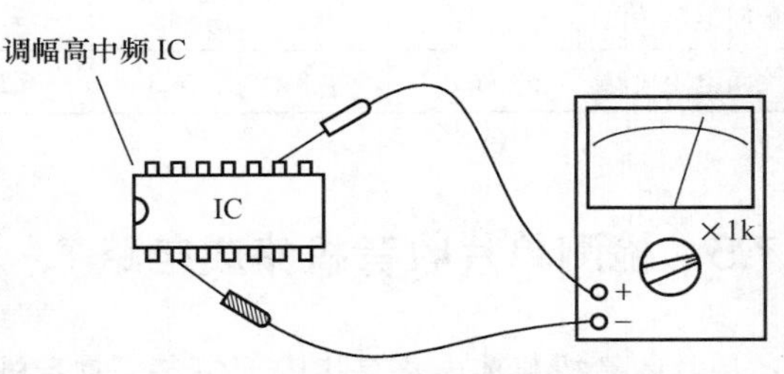

图 9-112　检测调幅高中频集成电路

将检测结果与其正常值相比较，如果测量结果与正常值严重不符，说明该集成电路已损坏。某调幅高中频集成电路各引脚对地电阻值见表 9-25。

表 9-25　LA1240 调幅高中频电路各引脚电阻值

引脚	1	2	3	4	5	6	7	8
正向电阻（kΩ）	8.2	6.9	48	∞	∞	6.8	7.9	7.7
反向电阻（kΩ）	6.4	76	4.9	6.1	6.1	6.7	24	11.5
引脚	9	10	11	12	13	14	15	16
正向电阻（kΩ）	9.7	地	22	5.9	6.7	9.4	1.1	∞
反向电阻（kΩ）	6.7	地	4.8	5.7	8.5	∞	1	6.2

9.7.4　检测调频/调幅中频放大集成电路

调频/调幅中频放大集成电路是指应用于调频和调幅中频电路中的集成电路，同样可以通过检测集成电路各引脚电阻的方法来确定其好坏。检测时，万用表置于“R × 1k”挡，红表笔（表内电池负极）接调频/调幅中频放大集成电路的接地引脚，黑表笔（表内电池正极）分别接其余各引脚，测量各引脚对地的正向电阻，如图 9-113 所示。

然后对调万用表两表笔，测量集成电路各引脚对地的反向电阻。将检测结果与其正常值相比较，如果测量结果与正常值严重不符，说明该集成电路已损坏。某调频/调幅中频放大集成电路各引脚对地电阻值见表 9-26。

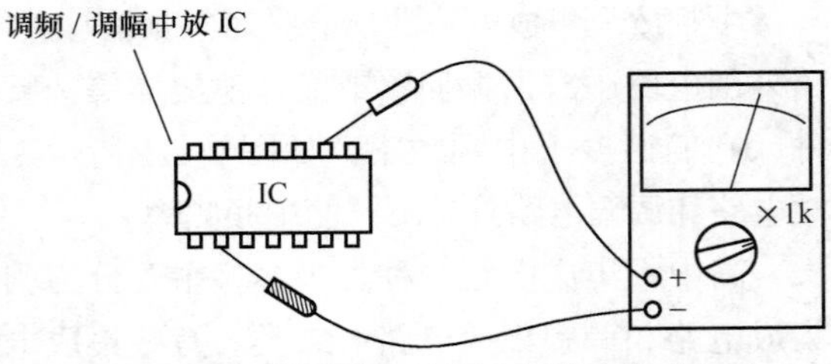

图 9–113　检测调频 / 调幅中频放大集成电路

表 9–26　AN7220 调频调幅中频放大电路各引脚电阻值

引脚	1	2	3	4	5	6	7	8	9
正向电阻（kΩ）	37	∞	32	38	38	38.5	39	地	27
反向电阻（kΩ）	∞	6.2	5.1	9.7	12	10.2	46	地	16.2
引 脚	10	11	12	13	14	15	16	17	18
正向电阻（kΩ）	19	9.2	46	∞	∞	7.8	42	43	72.6
反向电阻（kΩ）	6.8	4.8	6.3	6.2	6.7	9.7	7.2	6.4	6.3

9.7.5　检测单片收音机集成电路

单片收音机集成电路是指内部包含了收音机全部电路的集成电路，也可以通过检测集成电路各引脚电阻的方法来确定其好坏。检测时，万用表置于“R×1k”挡，红表笔（表内电池负极）接集成电路的接地引脚，黑表笔（表内电池正极）分别接其余各引脚，测量各引脚对地的正向电阻，如图 9-114 所示。

然后对调万用表两表笔，测量集成电路各引脚对地的反向电阻。将检测结果与其正常值相比较，如果测量结果与正常值严重不符，说明该集成电路已损坏。某单片收音机集成电路各引脚对地电阻值见表 9-27。

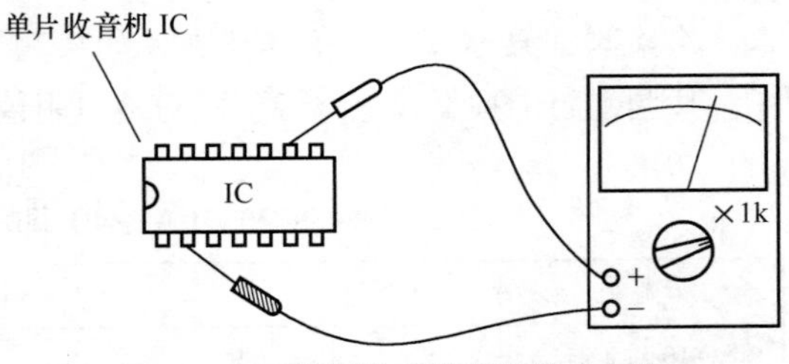

图 9–114　检测单片收音机集成电路

表 9–27　TDA1220 单片调频调幅收音机电路各引脚电阻值

引脚	1	2	3	4	5	6	7	8
正向电阻（kΩ）	37	42	∞	3.5	6.2	47	49	3.5
反向电阻（kΩ）	7	23	6.5	3.5	6.4	30	6.9	3.5
引脚	9	10	11	12	13	14	15	16
正向电阻（kΩ）	4	9.3	地	9.2	8.3	18	18.5	36
反向电阻（kΩ）	4	5.2	地	6.9	6.5	12.8	13	∞

9.7.6 检测调频立体声解码集成电路

音响电路中的解码与控制集成电路主要有立体声解码电路，频率均衡电路，音量、音调、平衡控制电路，环绕声处理电路，噪声抑制电路和电平指示电路等。

立体声解码集成电路的作用是从复合信号中解码还原出立体声信号。由于立体声广播基本上都是调频广播，因此立体声解码电路主要是指调频立体声解码电路。

调频立体声解码电路可以通过检测各引脚电阻的方法来确定其好坏。检测时，万用表置于“R × 1k”挡，测量集成电路各引脚对地的正、反向电阻，如图 9-115 所示。

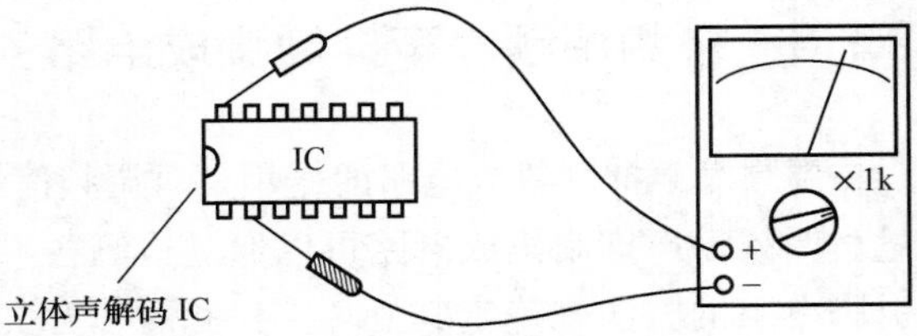

图 9-115 检测调频立体声解码电路

将检测结果与其正常值相比较，如果测量结果与正常值严重不符，说明该集成电路已损坏。某调频立体声解码集成电路各引脚对地电阻值见表 9-28。

表 9-28 TA7343 调频立体声解码电路各引脚电阻值

引脚	1	2	3	4	5	6	7	8	9
正向电阻（kΩ）	16.5	10	13.6	22.5	地	∞	22	27	24.5
反向电阻（kΩ）	6.3	6	4.1	6	地	5.5	6	∞	∞

9.7.7 检测音量音调控制集成电路

音量、音调控制集成电路的作用是对音频信号进行音量、音调和左、右声道的平衡控制。通过该集成电路可以实现用直流电压对音量、音调与平衡进行控制，使得整机结构布局简单方便，并可实现远程遥控和智能控制。

音量、音调控制集成电路可以通过检测各引脚电阻的方法来确定其好坏。检测时，万用表置于“R × 1k”挡，测量集成电路各引脚对地的正、反向电阻，如图 9-116 所示。

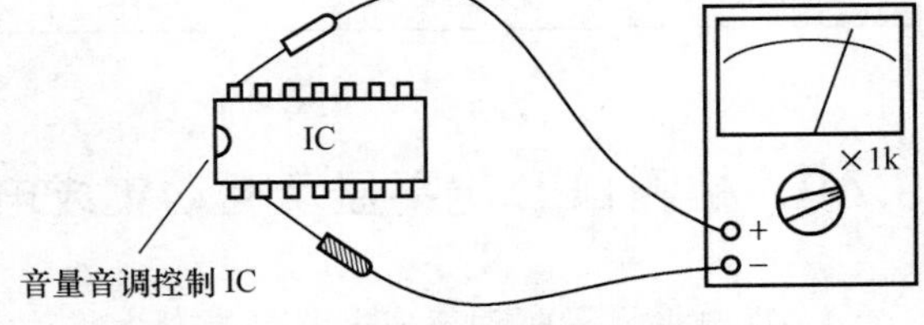

图 9-116 检测音量音调控制集成电路

将检测结果与其正常值相比较，如果测量结果与正常值严重不符，说明该集成电路已损坏。某音量音调控制集成电路各引脚对地电阻值见表 9-29。

表 9-29 TDA1524 立体声音调音量控制电路各引脚电阻值

引脚	1	2	3	4	5	6	7	8	9
正向电阻（kΩ）	12.8	82	82	10	9.2	7.4	150	9.2	11.7
反向电阻（kΩ）	7.2	6.2	4.8	6.9	6.8	6.5	7.3	19.5	7.3

续表

引脚	10	11	12	13	14	15	16	17	18
正向电阻（kΩ）	∞	7.8	120	7.6	9.2	9.2	∞	5	地
反向电阻（kΩ）	7.2	19.5	7.3	6.5	6.8	6.9	7.2	4.9	地

9.7.8 检测调频噪声抑制集成电路

调频噪声抑制集成电路的作用是对调频信号接收中特有的噪声进行抑制，以提高音频质量。调频噪声抑制集成电路可以通过检测各引脚电阻的方法来确定其好坏。检测时，万用表置于“R × 1k”挡，红表笔（表内电池负极）接集成电路的接地引脚，黑表笔（表内电池正极）分别接其余各引脚，测量各引脚对地的正向电阻，如图 9-117 所示。

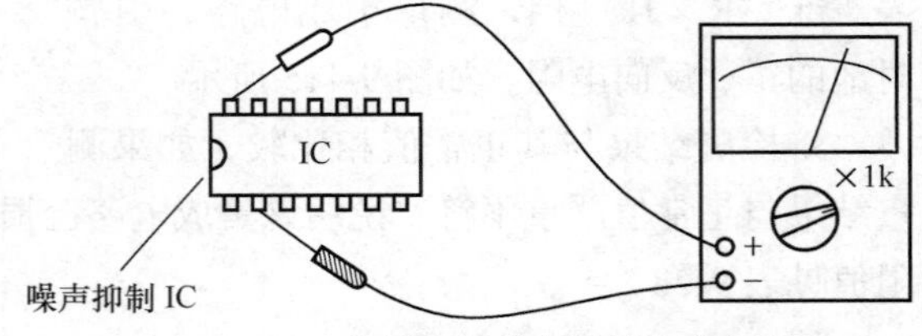

图 9–117 检测调频噪声抑制集成电路

然后对调万用表两表笔，测量集成电路各引脚对地的反向电阻。将检测结果与其正常值相比较，如果测量结果与正常值严重不符，说明该集成电路已损坏。某调频噪声抑制集成电路各引脚对地电阻值见表 9-30。

表 9–30 HA11219 调频噪声抑制电路各引脚电阻值

引脚	1	2	3	4	5	6	7	8
正向电阻（kΩ）	11.2	5.7	7.9	4.9	33	5.6	33	31
反向电阻（kΩ）	∞	5.6	∞	4.6	17.2	5.9	6	5.8
引脚	9	10	11	12	13	14	15	16
正向电阻（kΩ）	9.7	16.5	17.5	43	8.6	6.4	7.8	地
反向电阻（kΩ）	4.1	18.5	21	6.9	8.4	6.4	∞	地

9.7.9 检测LED电平显示驱动集成电路

LED 电平显示驱动集成电路是指专为驱动发光二极管设计的集成电路，它可与若干个发光二极管一起构成 LED 电平表，以点亮的发光二极管的多少来显示电平的高低。

LED 电平显示驱动集成电路可以通过检测各引脚电阻的方法来确定其好坏。检测时，万用表置于“R × 1k”挡，红表笔（表内电池负极）接集成电路的接地引脚，黑表笔（表内电池正极）分别接其余各引脚，测量各引脚对地的正向电阻，如图 9-118 所示。

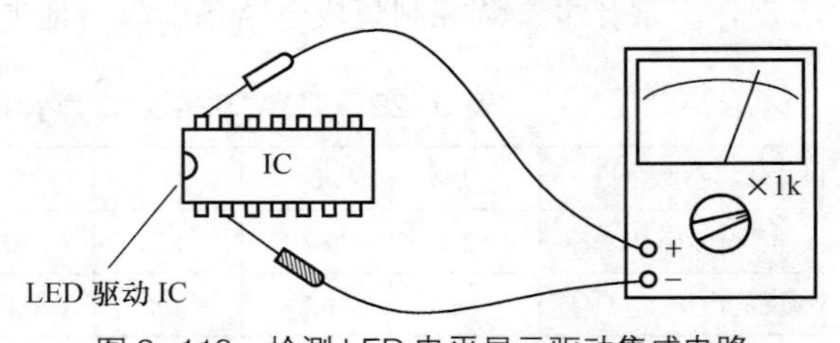

图 9–118 检测 LED 电平显示驱动集成电路

然后对调万用表两表笔，测量集成电路各引脚对地的反向电阻。将检测结果与其正常值相比较，如果测量结果与正常值严重不符，说明该集成电路已损坏。某 LED 电平显示驱动集成电路各引脚对地电阻值见表 9-31。

表 9-31 LB1403 发光二极管电平显示驱动电路各引脚电阻值

引脚	1	2	3	4	5	6	7	8	9
正向电阻（kΩ）	∞	∞	∞	∞	地	∞	70	∞	13.8
反向电阻（kΩ）	5.9	5.9	5.9	5.9	地	5.9	5.9	8.1	5.3

9.8 检测音乐与语音集成电路

音乐与语音集成电路是指能够发出音乐或语言声音的集成电路，包括音乐集成电路、模拟声音集成电路和语言集成电路等，种类繁多，主要有单曲音乐集成电路、多曲音乐集成电路、单声模拟声音集成电路、多声模拟声音集成电路、单段语音集成电路、多段语音集成电路以及光控、声控和闪光音乐与语音集成电路等。

音乐与语音集成电路有三极管式塑封、双列直插式和小印板软封装等多种封装形式，如图 9-119 所示，最常见的是小印板软封装形式。音乐与语音集成电路的文字符号为“IC”，图形符号如图 9-120 所示。

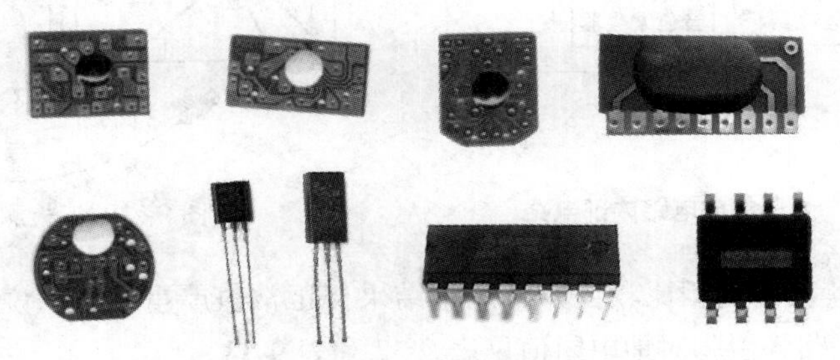

图 9-119 音乐与语音集成电路

音乐与语音集成电路的特点是内部存储有音乐或语音信息。音乐与语音集成电路内部包括时钟振荡器、只读存储器（ROM）、控制器和电压放大器等单元电路，如图 9-121 所示。音乐或语音信息以固化的方式储存在集成电路里，可以是一段或多段存储，在控制信号的触发下一次或分段播放。

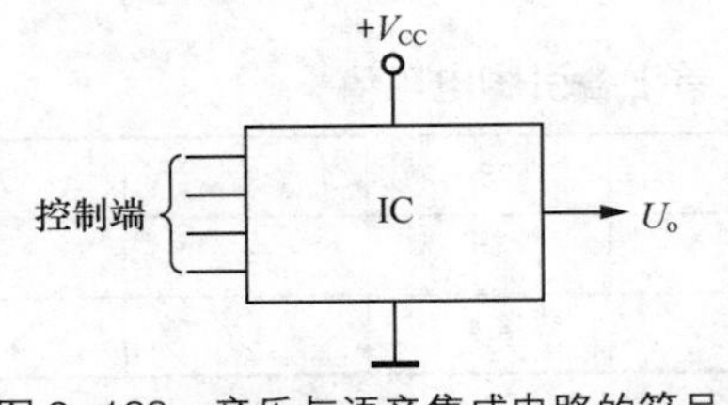

图 9-120 音乐与语音集成电路的符号

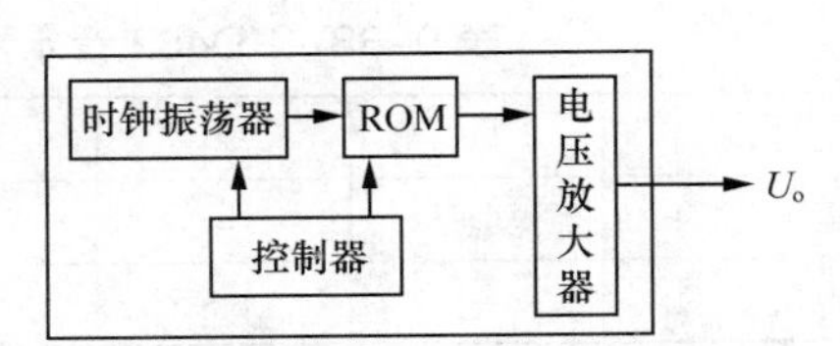

图 9-121 音乐与语音集成电路原理

音乐与语音集成电路的主要作用是作为信号源，广泛应用在电子玩具、音乐贺卡、电子门铃、电子钟表、电话机、电子定时器、提示报警器、信号发生器等家用电器和智能仪表领域，以及其他一切需要音乐或语音信号的场合。

9.8.1 检测音乐集成电路

音乐集成电路品种繁多，包含各种著名乐曲。典型的音乐集成电路结构原理如图 9-122 所示，由时钟振荡器、只读存储器（ROM）、节拍发生器、音阶发生器、音色发生器、控制器、调制器和电压放大器等电路组成。只读存储器（ROM）中固化有代表音乐乐曲的音调、节拍等信息。节拍发生器、音阶发生器和音色发生器分别产生乐曲的节拍、基音信号和包络信号。它们在控制器控制下工作，并由调制器合成乐曲信号，经电压放大器放大后输出。

可以通过检测音乐集成电路的正、反向电阻来确定其好坏。检测时，万用表置于“R×1k”挡，测量音乐集成电路各引脚对地的正、反向电阻，如图 9-123 所示。

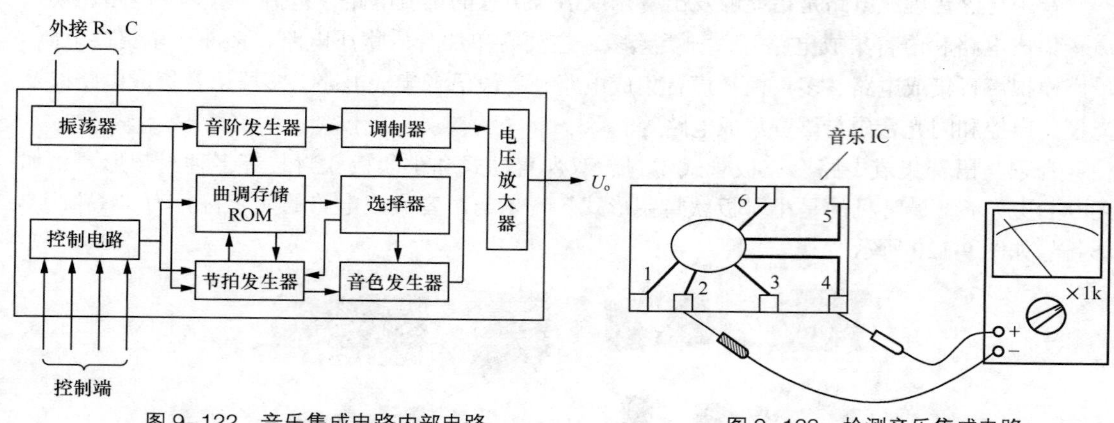

图 9-122 音乐集成电路内部电路

图 9-123 检测音乐集成电路

将检测结果与其正常值相比较，如果测量结果与正常值严重不符，说明该集成电路已损坏。部分音乐集成电路各引脚对地电阻值见表 9-32 和表 9-33。

表 9-32 KD15 系列音乐集成电路各引脚电阻值

引脚	1	2	3	4	5	6
正向电阻（kΩ）	∞	200	10	地	∞	∞
反向电阻（kΩ）	5.1	7.8	6	地	∞	∞

表 9-33 KD482 音乐集成电路（12 首）各引脚电阻值

引脚	1	2	3	4	5	6	7
正向电阻（kΩ）	地	∞	∞	13	17	∞	∞
反向电阻（kΩ）	地	6.8	7.1	6.3	6.5	4.7	6.8

9.8.2 检测模拟声音与语音集成电路

模拟声音与语音集成电路也有许多品种，例如，常用的各种动物叫声、枪声、救护车声以及“倒车，请注意”“请随手关门”“你好，欢迎光临”等。模拟声音与语音集成电路的基本电路结构如图 9-124 所示，由时钟振荡器、只读存储器（ROM）、声音合成器、电压放大器和控制器等组成。模拟声音与语音的基本音节固化在只读存储器中，当有触发脉冲作用于控制器时，只读存储器中的基本音节被读出，并在声音合成器中合成所需要的模拟声音或语音，经电压放大器放大后输出。

时钟振荡器为整个电路提供时钟脉冲，时钟脉冲的频率高低决定了模拟声音与语音的节奏快慢。时钟振荡器往往外接 R、C 元件，可以通过调节外接 R、C 来改变时钟脉冲的频率，达到调节模拟声音与语音节奏的效果。

可以通过检测模拟声音与语音集成电路的正、反向电阻来确定其好坏。检测时，万用表置于“R × 1k”挡，测量模拟声音与语音集成电路各引脚对地的正、反向电阻，如图 9-125 所示。

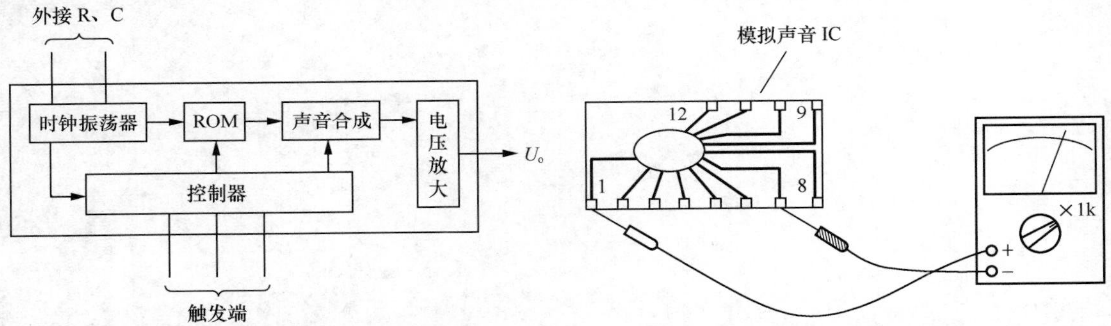

图 9-124 模拟声音与语音集成电路内部电路

图 9-125 检测模拟声音与语音集成电路

将检测结果与其正常值相比较，如果测量结果与正常值严重不符，说明该集成电路已损坏。部分模拟声音与语音集成电路各引脚对地电阻值见表 9-34 和表 9-35。

表 9-34 KD5600 系列模拟声音集成电路各引脚电阻值

引脚	1	2	3	4	5	6
正向电阻（kΩ）	地	∞	∞	∞	∞	∞
反向电阻（kΩ）	地	5.6	6.5	6.5	6.5	8

表 9-35 KD9562 模拟枪声集成电路各引脚电阻值

引脚	1	2	3	4	5	6	7	8	9	10	11	12
正向电阻（kΩ）	地	6.3	7	4.6	4.9	7.2	7.2	7.2	7.2	7.2	7.2	7.2
反向电阻（kΩ）	地	300	15	∞	∞	23	23	24	24	24	24	24

第10章 低压电器检测

低压电器通常是指交流 1000V 以下或直流 1200V 以下电路中的电器。熔断器、断路器、继电器、互感器、接触器、电磁铁与电磁阀等常用低压电器，都可以用万用表进行检测。

10.1 检测熔断器与断路器

熔断器、保险丝、自动断路器、漏电保护器等，是家庭用电的安全保障，也是户内配电板上的重要设备，它们的状态是否正常直接关系到用电是否安全。熔断器、断路器等可用万用表进行检测。

10.1.1 检测保险丝管

保险丝是一种常用的一次性保护器件，主要用来对用电设备和电路进行过载或短路保护。常用保险丝主要有玻璃管保险丝、陶瓷管密封保险丝等，如图 10-1 所示，它们应用在各种不同的场合。保险丝和熔断器的文字符号为“FU”，图形符号如图 10-2 所示。

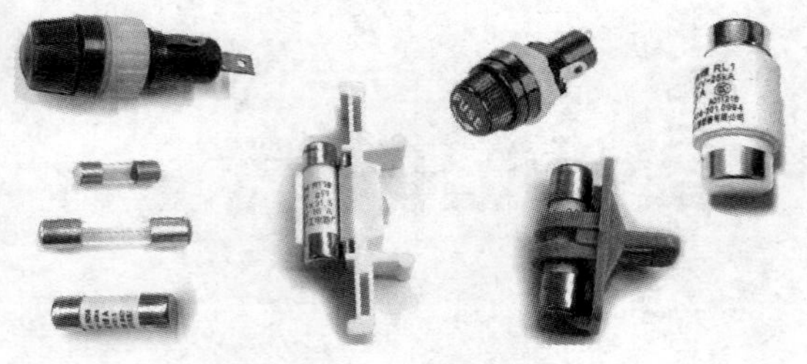

图 10-1 保险丝

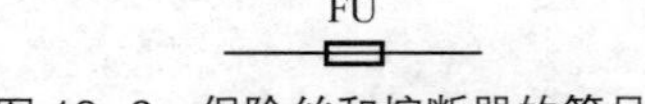

图 10-2 保险丝和熔断器的符号

保险丝和熔断器的特点是当电流过大时能够迅速熔断，从而起到对用电设备或电路的短路和过载进行保护的作用。保险丝或熔断器应串接在被保护的电路中，并应接在电源相线输入端，如图 10-3 所示。

玻璃管保险丝也叫做玻璃熔丝管，是电子电路中常用的保险器件。玻璃熔丝管的两端固定有金属帽，熔丝置于玻璃管中并与两端的金属帽相连，如图 10-4 所示。玻璃熔丝管的额定电流从 0.1A 到 10A 具有很多规格，尺寸也有 18mm、20mm、22mm 等不同长度。

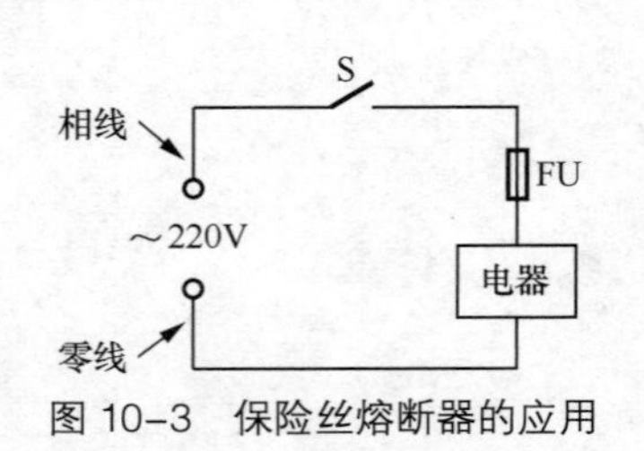

图 10-3 保险丝熔断器的应用

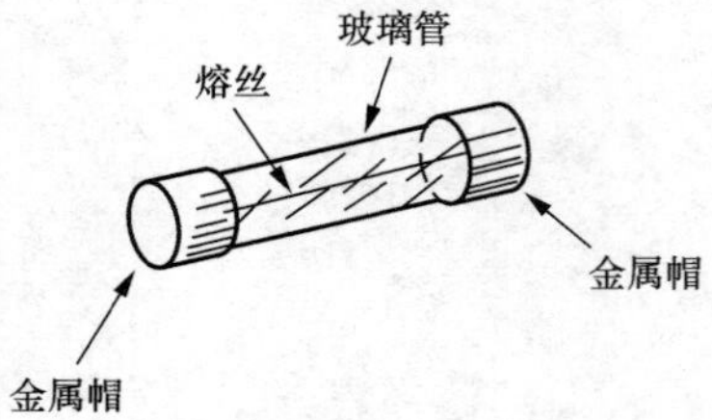

玻璃管
熔丝
金属帽
金属帽

图 10-4 玻璃熔丝管

玻璃熔丝管通常配合金属固定架使用。金属固定架固定在电路板上并接入电路，同时也是玻璃熔丝管两端的电气连接点，如图 10-5 所示。使用与更换时熔丝管可以很快地卡上或取下，透过玻璃管可以用肉眼直接观察到熔丝熔断与否，使用非常方便。

保险丝管的好坏可用万用表的电阻挡进行检测。检测时，万用表置于“R×1”或“R×10”挡，两表笔（不分正、负）分别与被测保险丝管两端的金属帽相接，其阻值应为“0Ω”，如图 10-6 所示。

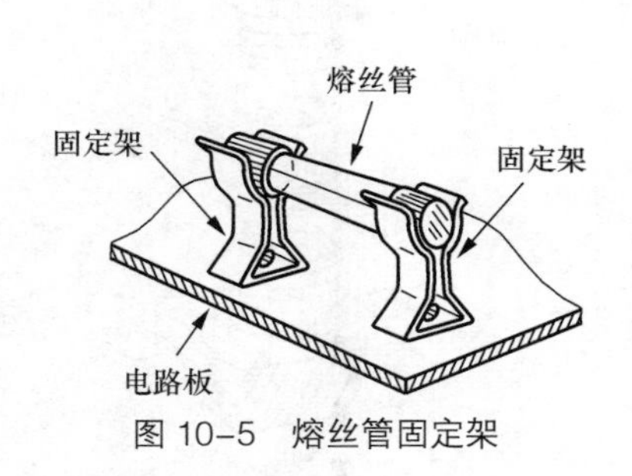

图 10-5 熔丝管固定架

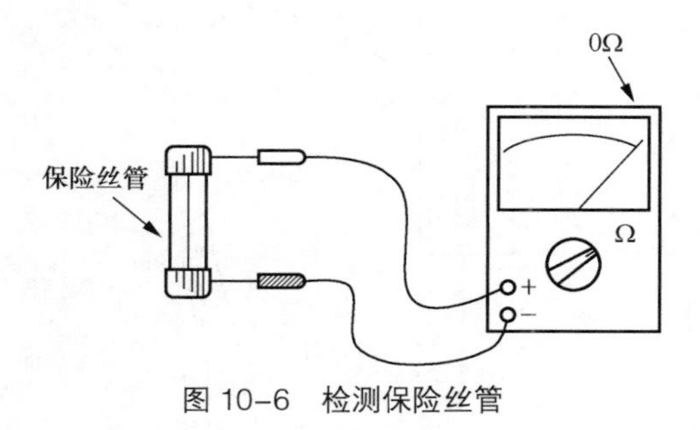

图 10-6 检测保险丝管

如果阻值为无穷大（万用表表针不动），说明该保险丝管已熔断。如有较大阻值或万用表表针指示不稳定，说明该保险丝管性能不良。

10.1.2 检测熔断器

熔断器是一种常用的一次性保护器件，主要用来对用电设备和电路进行过载或短路保护。熔断器的种类较多，外形各异。熔断器按形式可分为开启式、半封闭式、封闭式三大类。按结构可分为插式熔断器、螺旋式熔断器等。按熔断特性可分为普通熔断器、快速熔断器、延迟熔断器、温度熔断器、熔断电阻、可恢复熔断器等。常见熔断器如图 10-7 所示。

熔断器中的熔丝是由金属或合金材料制成，在电路或电器设备工作正常时，熔丝相当于一截导线，对电路无影响。当电路或电器设备发生短路或过载时，流过熔丝的电流剧增，超过熔丝的额定电流，致使熔丝急剧发热而熔断，切断了电源，从而达到保护电路和电器设备、防止故障扩大的目的。

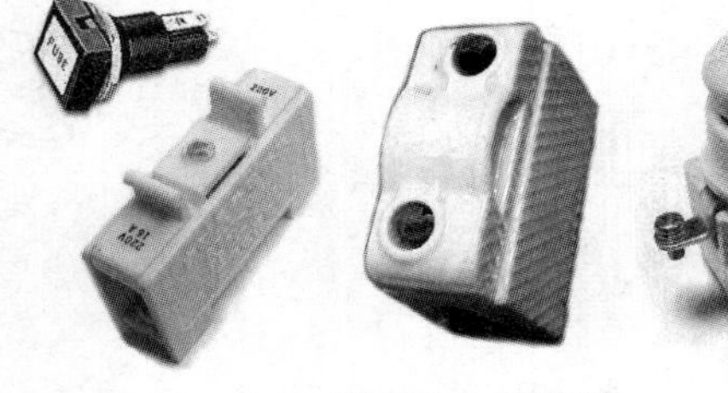
图 10-7 熔断器

一般熔丝的保护作用是一次性的，一旦熔断即失去作用，应在故障排除后更换新的相同规格的熔丝。

陶瓷管密封熔断器包括固定底座、陶瓷密封熔丝管及其安装架等部分，如图 10-8 所示。在绝缘材料制成的固定底座中有两个金属弹性连接卡，分别通过导线与电路相连接。安装架也是由绝缘材料制成，它的作用是方便陶瓷密封熔丝管的安装，使用时将陶瓷密封熔丝管卡在安装架上，再将安装架插入固定底座中。

螺旋式熔断器由瓷底座、熔丝管、瓷帽等部分组成，如图 10-9 所示。瓷底座两侧分别有上、下接线端，用于连接电路。接线时应将下接线端连接到电源进线，这样更换熔丝管时更安全。

螺旋式熔断器中的熔丝管是一瓷管，两端各有一个金属端盖，熔丝管内的熔丝与两端盖相连，如图 10-10 所示。熔丝管上端盖中央有一熔断指示器，熔丝熔断后即会改变颜色作出指示。瓷帽顶部的中央是一个透明的观察窗，用以观察熔断指示器。

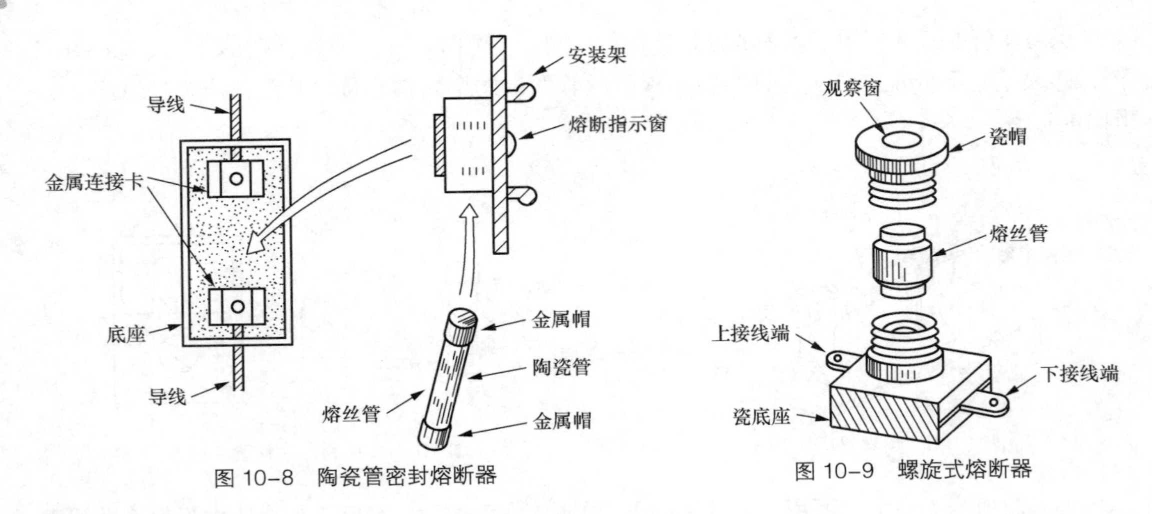

图 10-8　陶瓷管密封熔断器

图 10-9　螺旋式熔断器

使用时将熔丝管放入瓷帽中，再将瓷帽旋入瓷底座即可。安装时应注意将熔丝管上的熔断指示器朝向瓷帽上的观察窗，以便随时查看。螺旋式熔断器主要应用在大中型电器设备中。

检测熔断器时，万用表置于“R × 1k”挡，用两表笔（不分正、负）去检测熔断器的各个连接点是否接触良好、两端接点间是否有短路现象等，如图 10-11 所示。同时检查熔断器底座和上盖（安装架、瓷帽）等有无裂缝等缺陷、熔丝管装入熔断器后有无松动现象等。

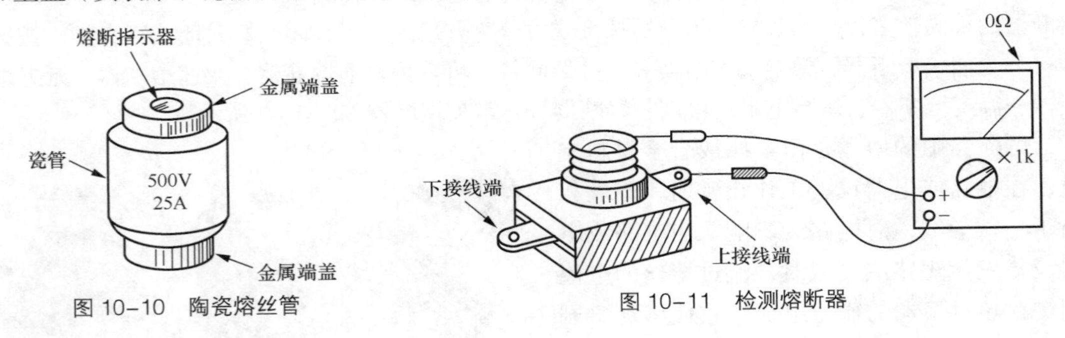

图 10-10　陶瓷熔丝管

图 10-11　检测熔断器

10.1.3　检测熔断指示电路

有些熔断器中带有熔丝熔断指示电路，由氖泡和降压电阻 R 组成，并接在熔丝 FU 两端，如图 10-12 所示。

熔丝未熔断时氖泡无电压不发光。一旦熔丝熔断后，全部电压便加在氖泡和 R 两端，使氖泡发光，指示该熔丝已熔断。使用中可以很方便地透过安装架上的熔断指示窗观察到氖泡是否发光，这使得在具有多个熔断器的配电板上可以很快找到熔断的熔丝并及时排除故障。如果熔断指示电路损坏，熔断器仍可继续使用，但失去熔断指示功能。

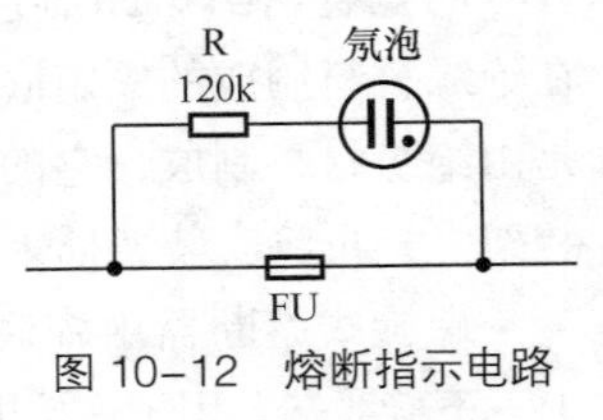

图 10-12　熔断指示电路

检测熔断指示电路时，万用表置于“R × 1k”挡，分别检测降压电阻 R 和氖泡。测量降压电阻 R 的阻值应为 100 ～ 200kΩ，如图 10-13 所示。测量氖泡的阻值应为无穷大（万用表表针不动），如图 10-14 所示。否则该熔断指示电路已损坏。

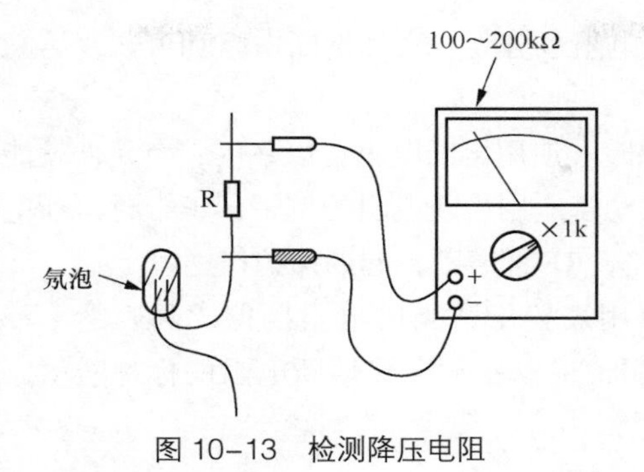

图 10-13 检测降压电阻

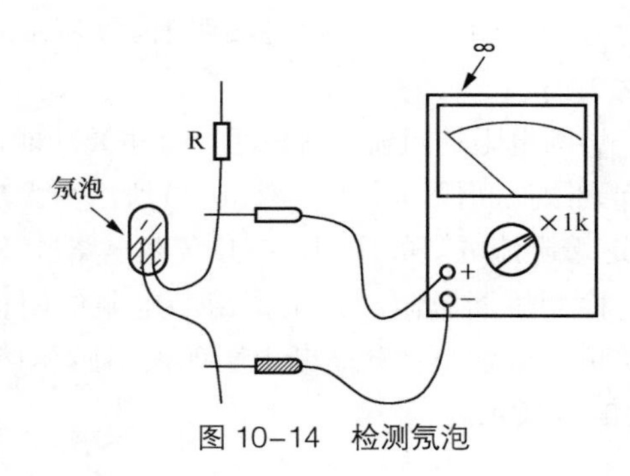

图 10-14 检测氖泡

10.1.4 检测可恢复保险丝

一般的保险丝熔断后即失去使用价值，必须更换新的。可恢复保险丝可以重复使用，它实际上是一种限流型保护器件，如图 10-15 所示。可恢复保险丝由正温度系数的 PTC 高分子材料制成，使用时串联在被保护电路中，如图 10-16 所示。

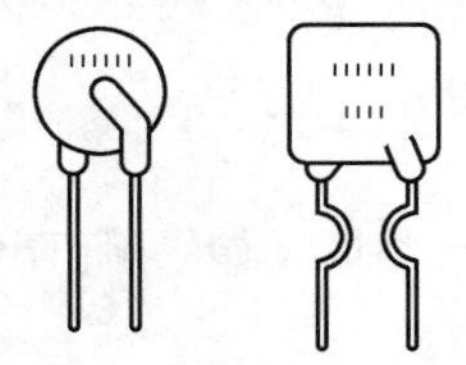
图 10-15 可恢复保险丝

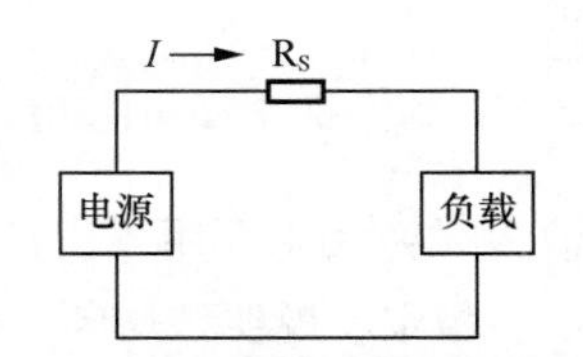

图 10-16 可恢复保险丝的应用

可恢复保险丝在常温下其阻值极小，对电路无影响。当负载电路出现过流或短路故障时，由于通过可恢复保险丝 R_S 的电流剧增，导致其迅速进入高阻状态，切断电路中的电流，保护负载不致损坏。故障消失、可恢复保险丝 R_S 冷却后又自动恢复为微阻导通状态，电路恢复正常工作。图 10-17 所示为可恢复保险丝的阻值 - 温度曲线。

检测可恢复保险丝时，万用表置于“R × 1”或“R × 10”挡，两表笔（不分正、负）分别与可恢复保险丝的两引脚相接，其阻值应接近为“0Ω”，如图 10-18 所示。如阻值为无穷大、有较大阻值或万用表表针指示不稳定，说明该可恢复保险丝已损坏。

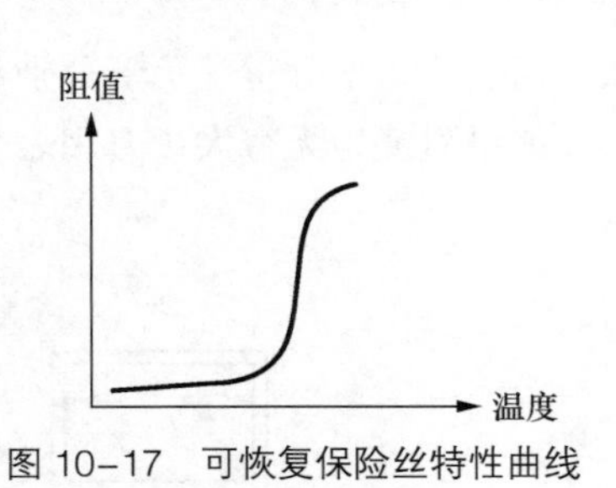

图 10-17 可恢复保险丝特性曲线

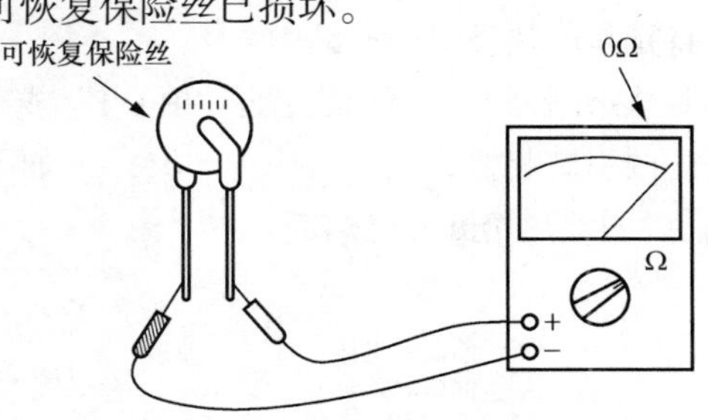

图 10-18 检测可恢复保险丝

10.1.5 检测熔断电阻

熔断电阻又称为保险电阻，是一种兼有电阻和保险丝双重功能的特殊元件。熔断电阻的文字符号为“RF”，图形符号如图 10-19 所示。熔断电阻也分为一次性熔断电阻和可恢复熔断电阻两大类。

熔断电阻的阻值一般较小，其主要功能还是保险。使用熔断电阻可以只用一个元件就能同时起到限流和保险作用。图 10-20 所示为大功率驱动管应用熔断电阻的例子，正常时熔断电阻 RF 起着限流电阻的作用，一旦负载电路过载或短路，RF 即熔断，起到保护作用。

检测熔断电阻时，根据熔断电阻的阻值将万用表置于适当的电阻挡位，两表笔（不分正、负）分别与被测熔断电阻的两引脚相接，其阻值应基本符合该熔断电阻的标称阻值，如图 10-21 所示。

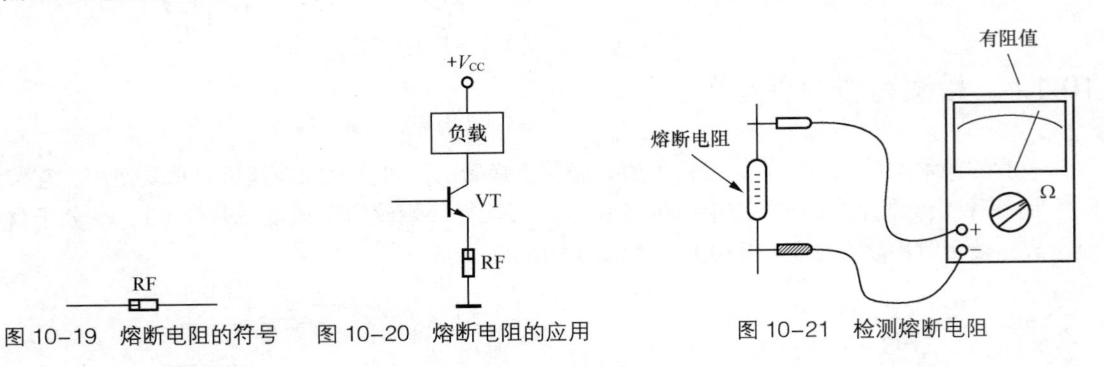

图 10-19 熔断电阻的符号　图 10-20 熔断电阻的应用　图 10-21 检测熔断电阻

如果阻值为无穷大（万用表表针不动），说明该熔断电阻已熔断。如果阻值出入过大或万用表表针指示不稳定，说明该熔断电阻性能不良。

10.1.6 检测热熔断器

热熔断器受环境温度控制而动作，是一种一次性的过热保护器件，其典型结构如图 10-22 所示。热熔断器外壳内连接两端引线的感温导电体由具有固定熔点的低熔点合金制成，正常情况下（未熔断时）热熔断器的电阻值为零。

当热熔断器所处环境温度达到其额定动作温度时，感温导电体快速熔断切断电路。热熔断器具有多种不同的额定动作温度，广泛应用在各种家用电器、照明灯具、工业电器设备和电动工具，特别是电热类电器产品中。

检测热熔断器时，万用表置于“R × 1”或“R × 10”挡，两表笔（不分正、负）分别与热熔断器的两引脚相接，其阻值应为“0 Ω”，如图 10-23 所示。如果阻值为无穷大（万用表表针不动），说明该热熔断器已熔断。

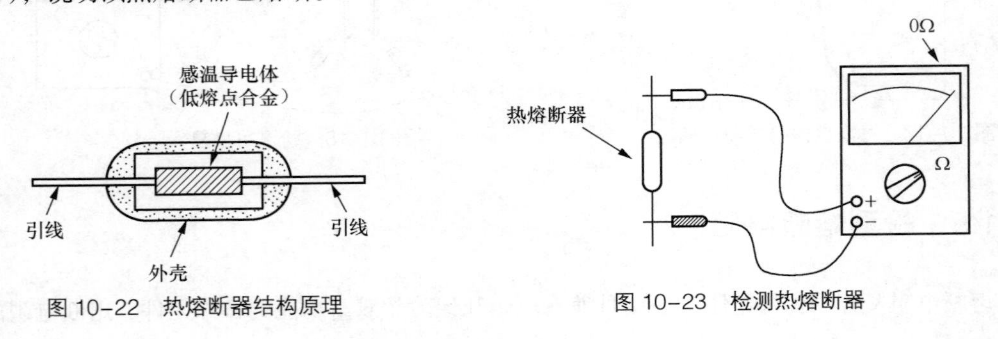

图 10-22 热熔断器结构原理　图 10-23 检测热熔断器

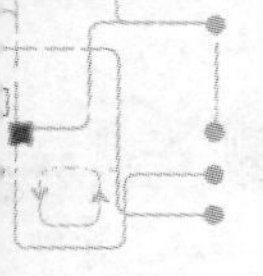

10.1.7 检测自动断路器

自动断路器也称为自动空气开关，是一种具有自动保护功能的开关器件。在正常情况下，自动断路器可以作为开关使用。在电路出现短路或过载时，它能够自动切断电路，有效地保护其后续电路和电器设备。

自动断路器的种类较多，包括电磁脱扣式、热脱扣式、欠压脱扣式、漏电脱扣式以及复合脱扣式等，如图 10-24 所示。自动断路器的文字符号为“Q”，图形符号如图 10-25 所示。

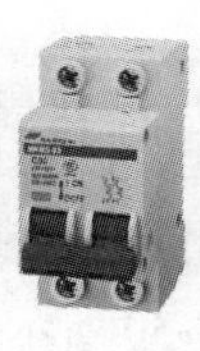
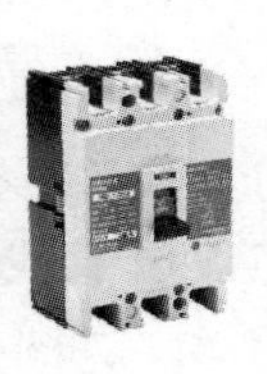

图 10-24 自动断路器

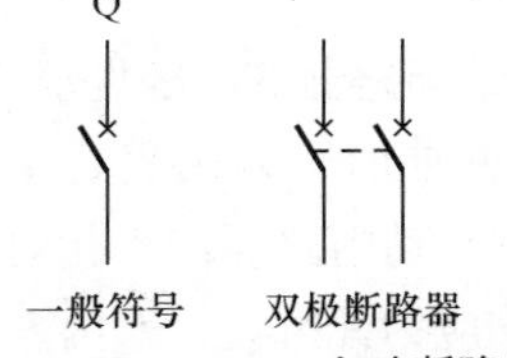

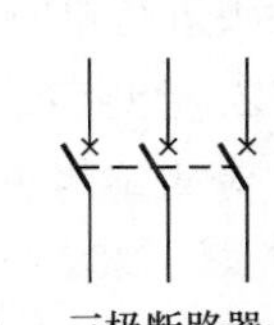

图 10-25 自动断路器的符号

图 10-26 所示为典型的三极断路器结构示意图。该断路器由主触头、接通按钮、切断按钮、电磁脱扣器、热脱扣器等部分组成，具有多重保护功能。三副主触头串接在被控电路中，当按下接通按钮时，主触头的动触头与静触头闭合并被机械锁扣锁住，断路器保持在接通状态，负载工作。

当负载发生短路时，极大的短路电流使电磁脱扣器瞬时动作，驱动机械锁扣脱扣，主触头弹起切断电路。当负载发生过载时，过载电流使热脱扣器过热动作，驱动机械锁扣脱扣切断电路。当按下切断按钮时，也会使机械锁扣脱扣，从而手动切断电路。图 10-27 所示为该型三极断路器的电路符号。

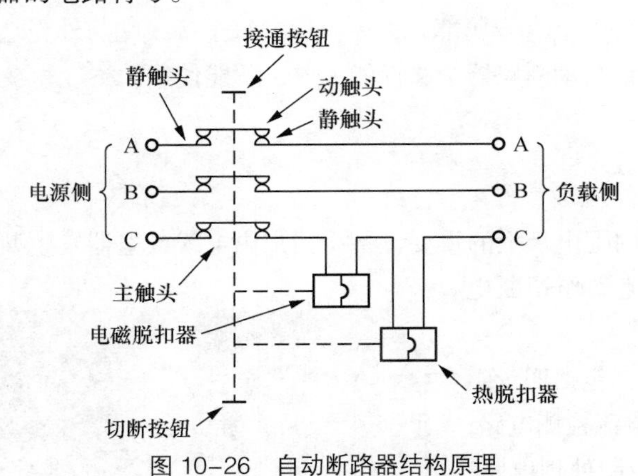

图 10-26 自动断路器结构原理

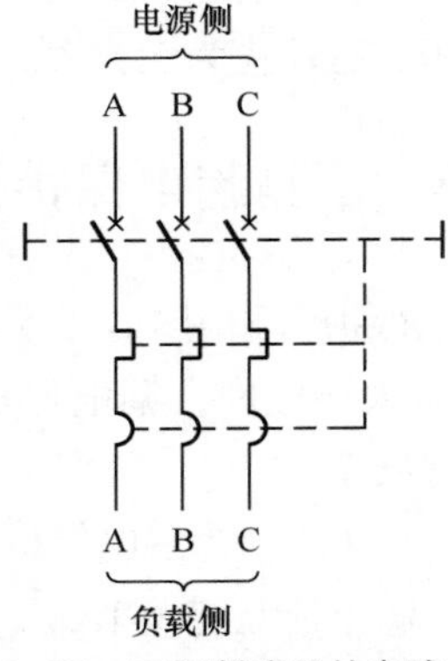

图 10-27 三极断路器的电路符号

自动断路器操作使用方便、工作稳定可靠、具有多种保护功能，并且保护动作后不需要像熔断器那样更换熔丝即可复位工作。自动断路器主要应用在低压配电电路、电动机控制电路和机床等电器设备的供电电路中，起短路保护、过载保护、欠压保护等作用，也可作为不频繁操作的手动开关。自动断路器可用万用表的电阻挡进行检测。

1. 检测自动断路器的主触头

检测时，将万用表置于“R × 100”或“R × 1k”挡，两表笔（不分正、负）分别接自动断

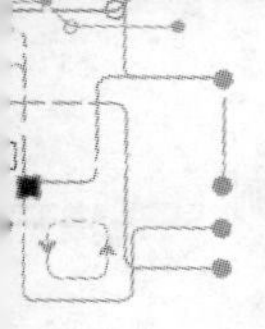

路器进出线相对应的两个接线端，检测主触头的通断是否良好。在接通状态时，自动断路器进出线相对应的两个接线端之间的阻值应为“0”，如图 10-28 所示。

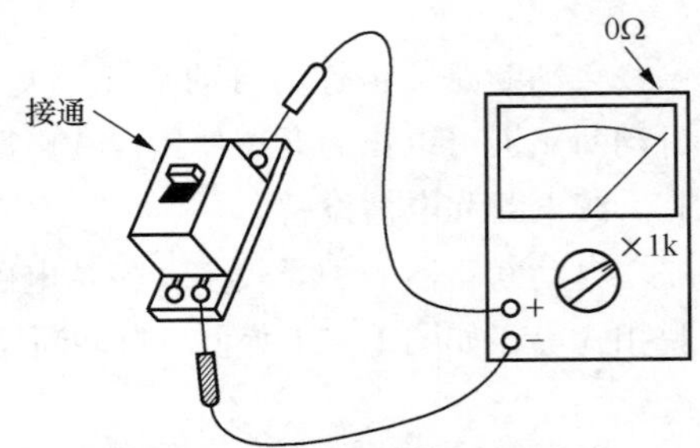

图 10-28　检测自动断路器通态

在切断状态时，自动断路器进出线相对应的两个接线端之间的阻值应为无穷大，万用表表针不动，如图 10-29 所示。否则说明该自动断路器已损坏。有些自动断路器除主触头外还有辅助触头，可用同样方法对辅助触头进行检测。

2. 检测自动断路器的绝缘性能

检测绝缘性能时，万用表置于“R × 1k”或“R × 10k”挡，检测自动断路器的不相对应的任意两个接线端间的绝缘电阻（接通状态和切断状态分别测量），均应为无穷大，万用表表针应不动，如图 10-30 所示。

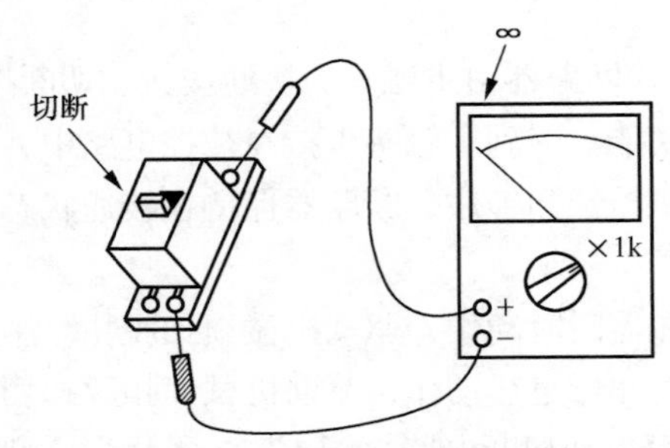

图 10-29　检测自动断路器断态

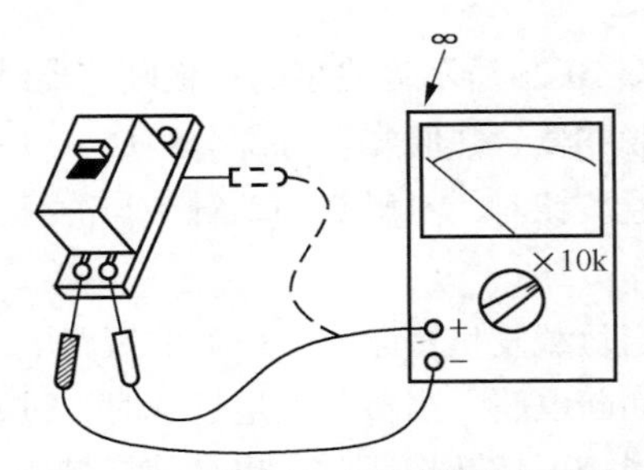

图 10-30　检测自动断路器绝缘性能

如果被测自动断路器是金属外壳或外壳上有金属部分，还应检测每个接线端与外壳之间的绝缘电阻，也均应为无穷大。否则说明该自动断路器绝缘性能太差，不能使用。

10.1.8　检测漏电保护器

漏电保护器如图 10-31 所示，是户内配电板上的重要设备，当户内电线或电器发生漏电以及万一有人触电时，漏电保护器会迅速动作切断电源，以保安全。

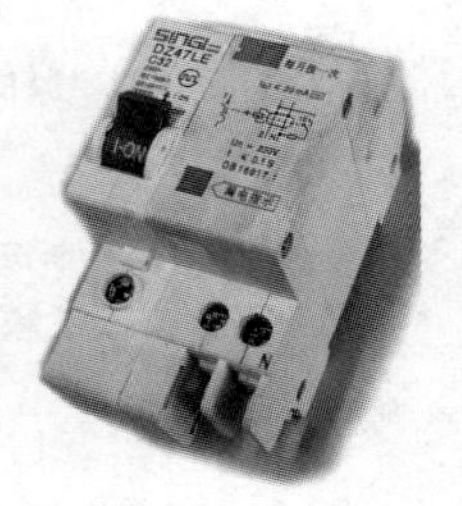

图 10-31　漏电保护器

图 10-32 所示为漏电保护器电路图，包括四个组成部分：①电流互感器 TA 构成的漏电电流检测电路；②集成电路 IC、晶闸管 VS 等构成的控制处理电路；③电磁断路器 Q_1 构成的执行保护电路；④按钮开关 SB 和电阻 R_1 构成的试验检测电路。

漏电保护器电路的工作原理是：交流 220V 电源经过电磁断路器 Q_1 接点和电流互感器 TA 后输出至负载。正常情况下，电源相线和零线的瞬时电流大小相等、方向相反，它们在电流互感器 TA 铁芯中所产生的磁通互相抵消，TA 的感应线圈上没有感应电压。

当漏电或触电发生时，相线和零线的瞬时电流大小不再相等，它们在电流互感器 TA 铁芯中所产生的磁通不能完全抵消，便产生一感应电压，输入到集成电路 IC 进行放大处理后，IC 的第 1 脚输出触发信号使晶闸管 VS 导通，电磁断路器 Q_1 得电动作，其接点瞬间断开而切断了 220V 电源，保证了线路和人身安全。

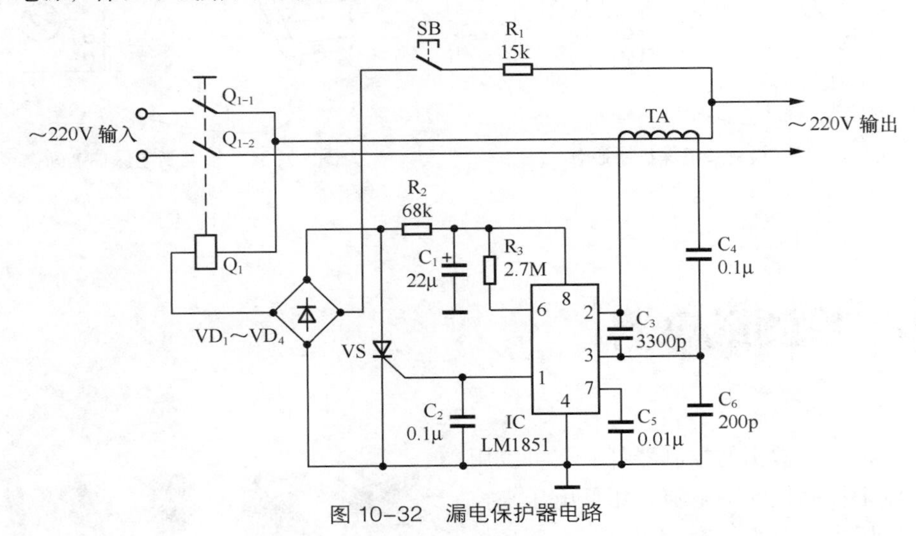

图 10-32　漏电保护器电路

电磁断路器 Q_1 的结构为手动接通、电磁驱动切断的脱扣开关，一旦动作便处于“断”状态，故障排除后需要手动合上。

电流互感器 TA 的结构原理如图 10-33 所示，交流 220V 电源的相线和零线穿过高导磁率的环形铁芯，感应线圈有 1500 ～ 2000 圈，因此可以检测出 mA 级的漏电电流。

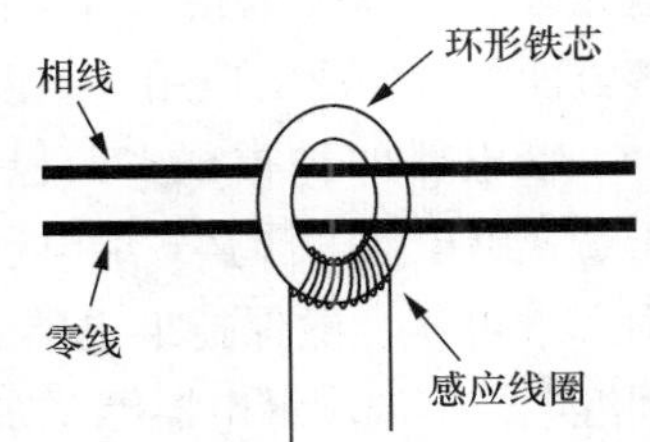

图 10-33　电流互感器结构原理

SB 为试验按钮，用于检测漏电保护器的保护功能是否正常可靠。按下 SB 后，相线与零线之间通过限流电阻 R_1 形成一电流，该电流回路的相线部分穿过了电流互感器 TA 的环形铁芯，而零线部分没有穿过 TA 的环形铁芯，这就人为地造成了环形铁芯中相线与零线电流的不平衡，模拟了漏电或触电的情况，使得电磁断路器 Q_1 动作。

二极管 VD_1 ～ VD_4 构成桥式整流电路，并通过 R_2、C_1 降压滤波后，为集成电路 IC 和电磁断路器 Q_1 的驱动线圈提供工作电源。

需要特别说明的是，漏电保护器是基于漏电或触电时相线与零线电流不平衡的原理工作的，所以，对于以下情况：①相线与零线之间漏电，②触电发生在相线与零线之间，此类漏电保护器不起保护作用。

检测漏电保护器时，万用表置于“R × 1k”挡，两表笔（不分正、负）分别接自动断路器进出线相对应的两个接线端，检测通断是否良好。在接通状态时，进出线相对应的两个接线端之间的阻值应为“0”，如图 10-34 所示。在切断状态时，进出线相对应的两个接线端之间的阻值应为无穷大，如图 10-35 所示。

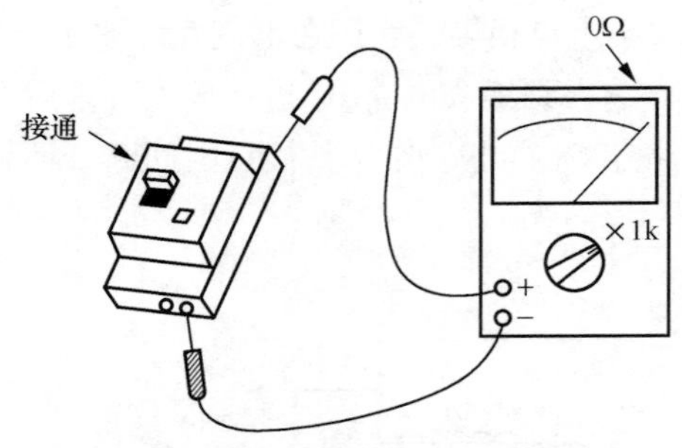

图 10-34 检测漏电保护器通态

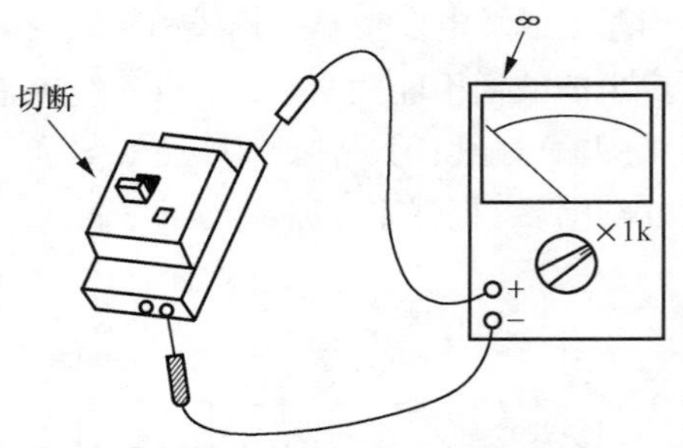

图 10-35 检测漏电保护器断态

10.2 检测继电器

继电器是一种常用的控制器件，它可以用较小的电流来控制较大的电流，用低电压来控制高电压，用直流电来控制交流电等，并且可实现控制电路与被控电路之间的完全隔离，在电路控制、保护电路、自动控制和远距离控制等方面得到广泛的应用。

图 10-36 继电器

继电器的种类很多，包括电磁式继电器、干簧式继电器、湿簧式继电器、压电式继电器、固态继电器、磁保持继电器、步进继电器、时间继电器、温度继电器等，如图 10-36 所示。继电器的文字符号为“K”，图形符号如图 10-37 所示。

继电器的接点形式分为常开接点（动合接点，简称 H 接点）、常闭接点（动断接点，简称 D 接点）、转换接点（简称 Z 接点）三种，如图 10-38 所示。

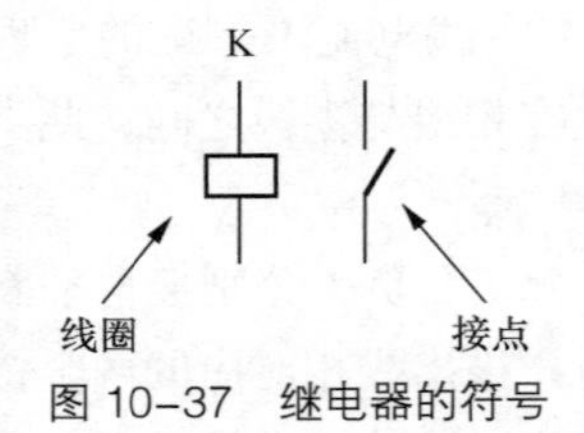

图 10-37 继电器的符号

常开接点 常闭接点 转换接点

图 10-38 继电器的接点

一个继电器可以有一组接点，也可以有若干组接点。这些接点可以是常开接点，也可以是常闭接点，还可以是转换接点。在继电器动作时，所有接点同时动作。

继电器可以用万用表电阻挡进行检测，包括检测继电器的线圈和接点。

10.2.1 检测继电器线圈

将万用表置于“R × 100”或“R × 1k”挡，两表笔（不分正、负）接继电器线圈的两个引脚，测量继电器线圈的直流电阻，万用表表针指示应与该继电器的线圈电阻基本相符，如图 10-39 所示。

如果表针指示阻值明显偏小，说明继电器线圈局部短路；如果表针指示阻值为“0”，说明继电器线圈两引脚间短路；如果表针指示阻值为无穷大，说明继电器线圈已断路；以上三种情况均说明该继电器已损坏。

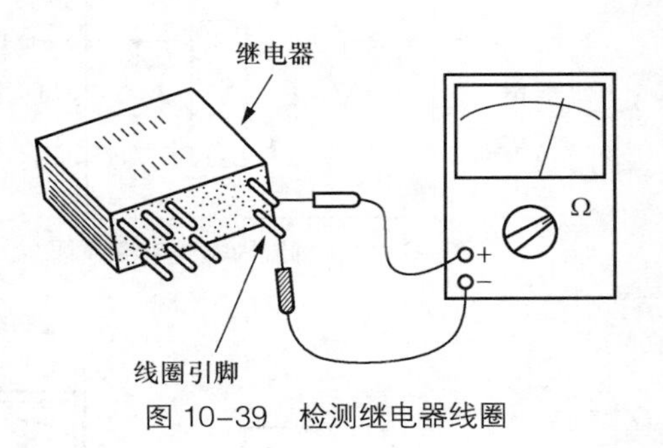

图 10-39 检测继电器线圈

10.2.2 检测继电器接点

给继电器线圈接上规定的工作电压，用万用表“R × 1k”挡检测接点的通断情况，如图 10-40 所示。

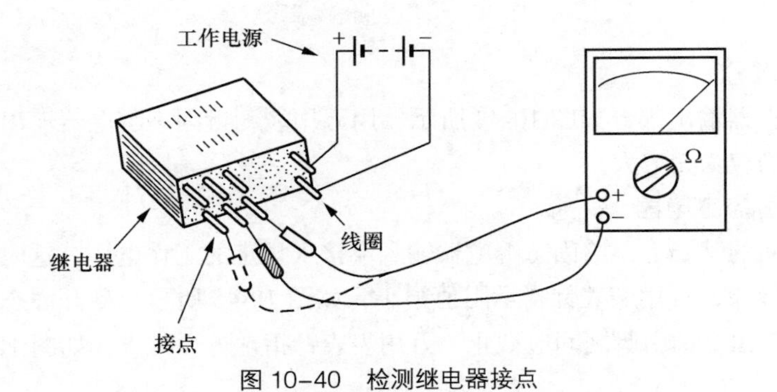

图 10-40 检测继电器接点

当未给继电器线圈加上工作电压时，常开接点应不通，常闭接点应导通。当加上工作电压时，应能听到继电器吸合声，这时，常开接点应导通，常闭接点应不通，转换接点应随之转换。否则说明该继电器损坏。对于多组接点继电器，如果部分接点损坏，其余接点动作正常则仍可使用。

10.2.3 检测固态继电器

固态继电器简称为 SSR，是一种新型的电子继电器，它采用电子电路实现继电器的功能，依靠光电耦合器实现控制电路与被控电路之间的隔离。固态继电器可分为直流式和交流式两大类。

直流式固态继电器电路原理如图 10-41 所示，其特点是驱动电路输出端有正、负极之分，适用于直流电路的控制。交流式固态继电器电路原理如图 10-42 所示，其特点是驱动电路输出端无正、负极之分，主要适用于交流电路的控制。

检测固态继电器时，将万用表置于“R × 1k”挡，分别检测其输入部分和输出部分。

1. 检测输入部分

检测固态继电器输入部分如图 10-43 所示，用万用表测量固态继电器输入端两引脚之间的正、反向电阻，其正向电阻应较小，反向电阻应较大。

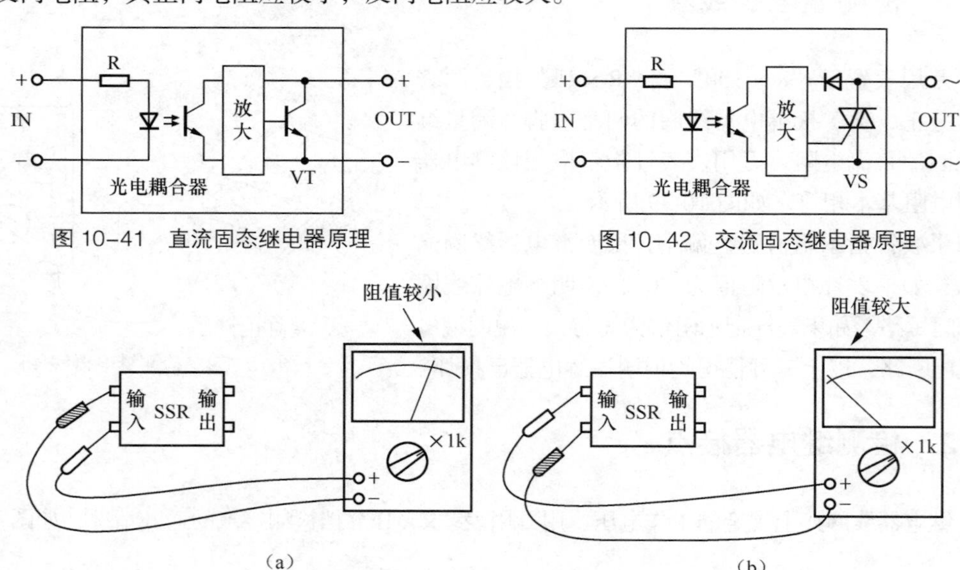

图 10-41　直流固态继电器原理　　图 10-42　交流固态继电器原理

图 10-43　检测输入部分

2. 检测输出部分

检测固态继电器输出部分如图 10-44 所示，用万用表测量固态继电器输出端两引脚之间的正、反向电阻，均应为无穷大。

3. 动态检测固态继电器

在上一步检测的基础上，给固态继电器输入端接入规定的工作电压，这时固态继电器输出端两引脚之间应导通，万用表表针指示阻值很小，如图 10-45 所示。断开固态继电器输入端的工作电压后，其输出端两引脚之间应截止，万用表表针指示为无穷大，如图 10-46 所示。

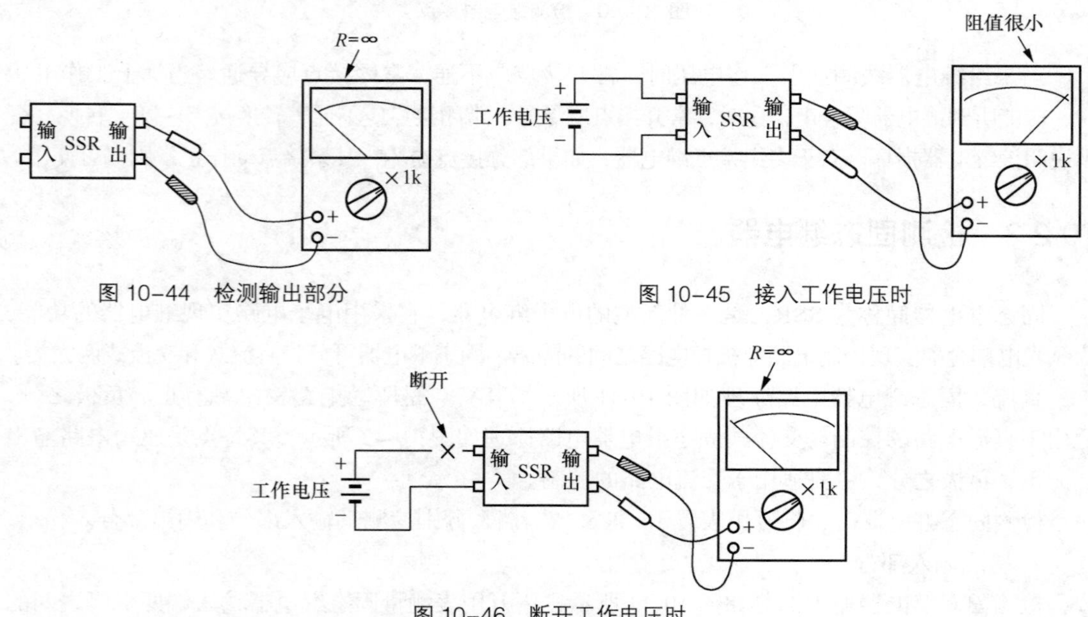

图 10-44　检测输出部分　　图 10-45　接入工作电压时

图 10-46　断开工作电压时

10.3 检测互感器

互感器是一种能够按比例变换交流电压或交流电流的特殊变压器，主要应用在电力电工领域的测量和保护系统中，分为电压互感器、电流互感器、测量用互感器和保护用互感器等，如图 10-47 所示。

互感器的基本功能是交流电压或电流的变换和电气隔离。互感器的基本结构和工作原理与一般变压器相同，也是利用电磁感应原理工作的，如图 10-48 所示。

图 10-47　互感器

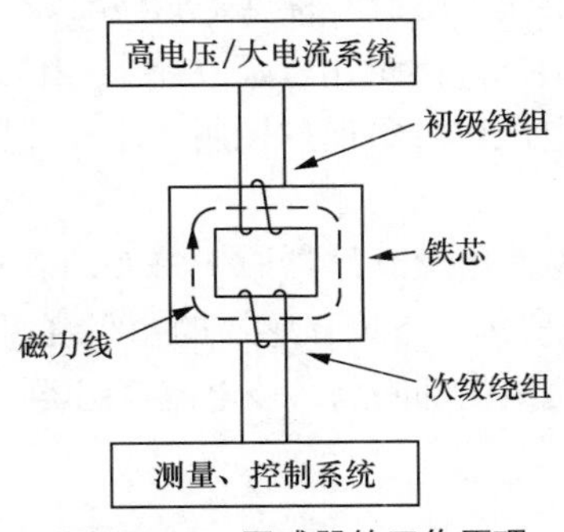

图 10-48　互感器的工作原理

高电压或大电流电路系统（一次系统）与测量控制系统（二次系统）之间通过互感器联系，互感器能够将交流电路的高电压或大电流按比例转换为较低的电压或较小的电流，以便于仪表测量、继电保护及自动控制。互感器同时还隔离了高电压或大电流电路系统与测量控制系统的电气联系，以保证人身和设备的安全。

10.3.1　检测电压互感器

电压互感器的特点是能够准确地按比例变换交流电压。电压互感器的主要用途是传递交流电压信息。测量用电压互感器是传递电压信息给测量指示电路和仪表，保护用电压互感器是传递电压信息给保护控制电路和装置。

电压互感器的文字符号为“TV”，图形符号如图 10-49 所示。

电压互感器可以用万用表进行检测。检测时，将万用表置于“R × 1”挡，测量电压互感器的各个绕组线圈，均应有一定的电阻值，如图 10-50 所示。如果万用表表针不动，说明该绕组内部断路；如果万用表表针指示为“0Ω”，说明该绕组内部短路；以上情况都说明被测电压互感器已损坏。

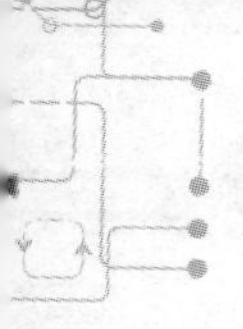

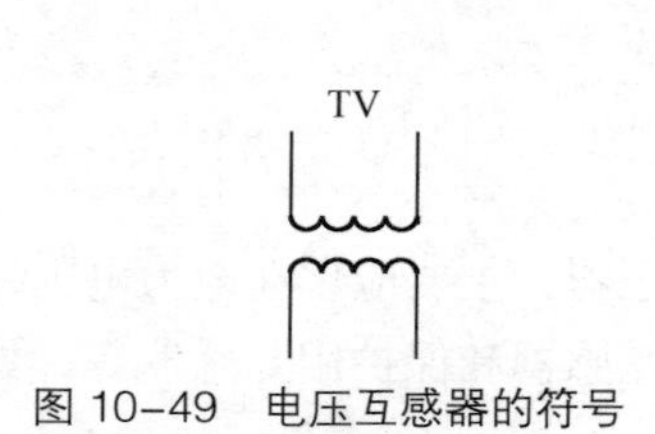

图 10-49　电压互感器的符号

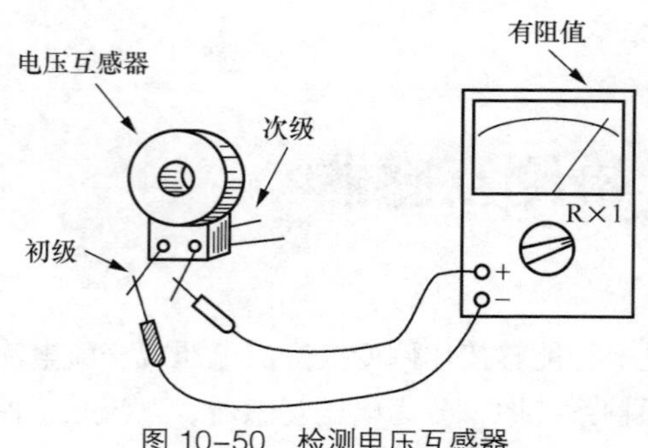

图 10-50　检测电压互感器

10.3.2　检测电流互感器

电流互感器的特点是能够准确地按比例变换交流电流。电流互感器的主要用途是传递交流电流信息。测量用电流互感器是传递电流信息给测量指示电路和仪表，保护用电流互感器是传递电流信息给保护控制电路和装置。电流互感器的文字符号为“TA”，图形符号如图 10-51 所示。

检测电流互感器时，将万用表置于“R × 1”挡，测量电流互感器的各个绕组线圈，如图 10-52 所示。电流互感器的初级绕组匝数很少，电阻值几乎为“0”。如果万用表表针不动，说明该绕组内部断路，该电流互感器已损坏。

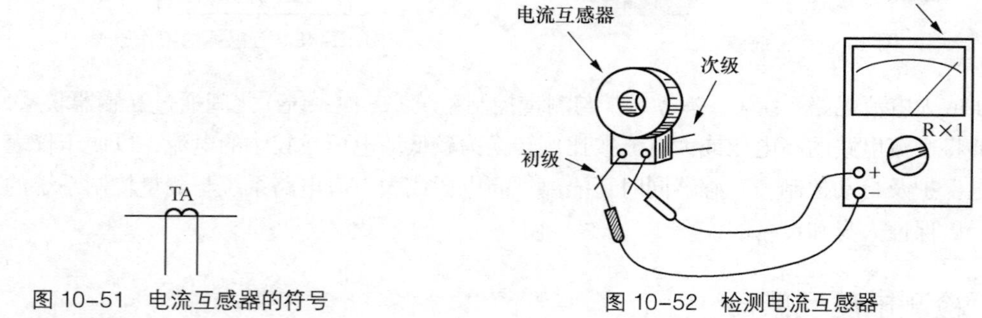

图 10-51　电流互感器的符号　　图 10-52　检测电流互感器

10.3.3　检测互感器绝缘性能

检测电压互感器或电流互感器的绝缘性能时，万用表置于“R × 1k”或“R × 10k”挡，两表笔不分正、负，去测量每两个绕组线圈之间的绝缘电阻，均应为无穷大，如图 10-53 所示。否则说明该互感器绝缘不良，不能使用。

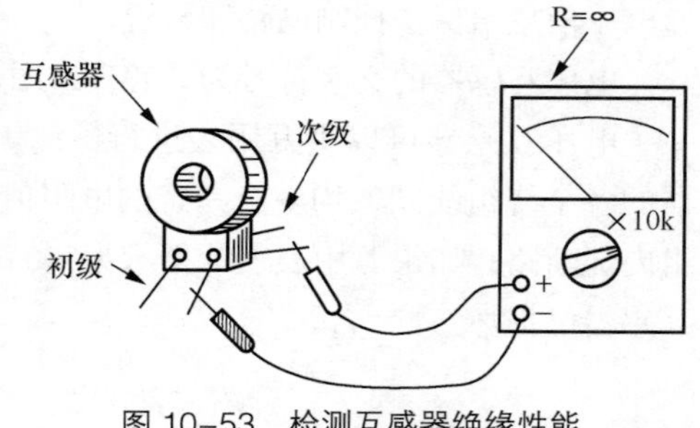

图 10-53　检测互感器绝缘性能

10.4 检测接触器

接触器是电气系统中常用的一种控制器件，具有频繁地接通和切断大电流电路的能力，并可以实现对配电系统和电力拖动系统的远距离控制。

按照工作电源的不同，接触器分为直流接触器和交流接触器两大类，如图 10-54 所示。每类接触器都有较多品种，具有多种电压、电流规格，其触点形式和数目也是多种多样，以满足不同电气设备的控制需要。接触器的文字符号为“KM”，图形符号如图 10-55 所示。

图 10−54 接触器

接触器是利用电磁铁原理工作的，结构如图 10-56 所示。当给线圈通以工作电流时，铁芯产生电磁力将衔铁吸下，带动各触点同步运动，控制负载电路工作。

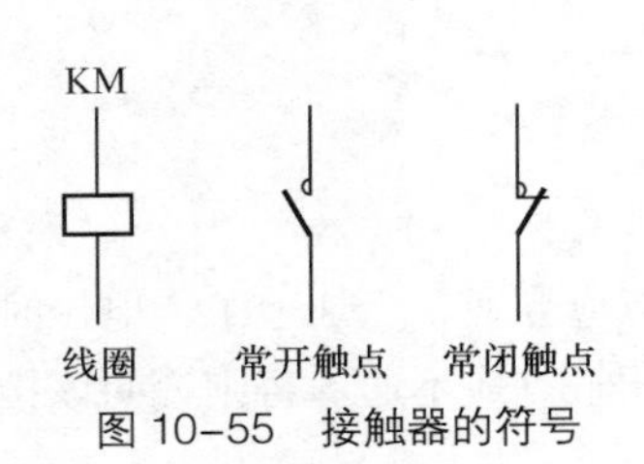

图 10−55 接触器的符号

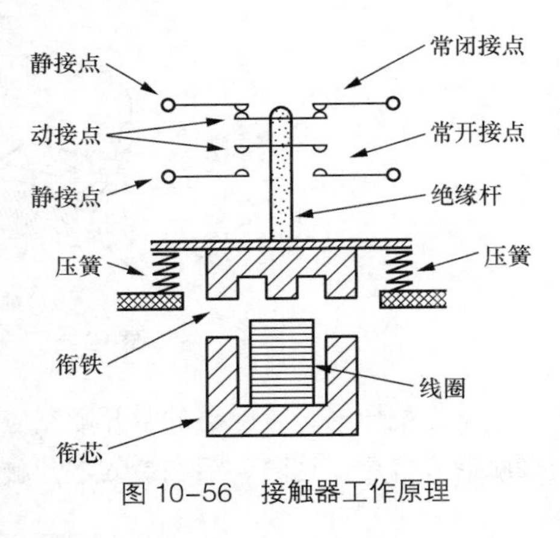

图 10−56 接触器工作原理

交流接触器由电磁驱动系统、触点系统和灭弧装置等部分组成，主要应用在交流电动机等设备的主电路和交流供电系统，作间接或远距离控制用。

直流接触器的结构和动作原理与交流接触器相似，但具有更强的灭弧功能。直流接触器具有吸合平稳、冲击小、噪声小和寿命长的特点，主要用于对直流电动机、电镀设备等直流负载的控制，特别是需要经常频繁起动、停止、换向和反接制动的场合。

交流接触器和直流接触器都可以用万用表进行检测。

10.4.1 检测接触器线圈

检测时，将万用表置于“R × 100”或“R × 1k”挡，两表笔（不分正、负）分别与接触器线圈的两接线端连接，万用表表针应有一定的阻值指示，如图 10-57 所示。

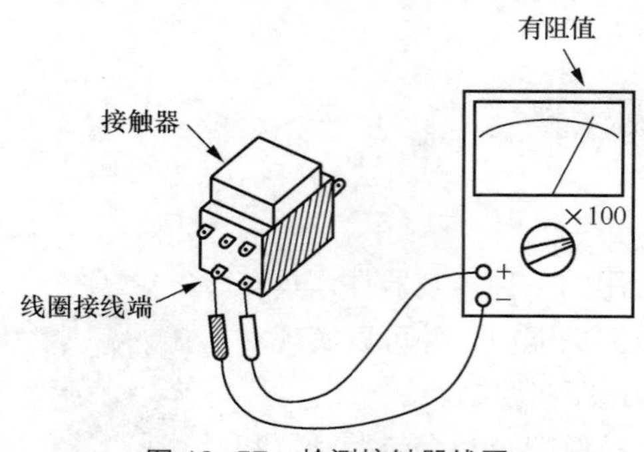

图 10-57　检测接触器线圈

如万用表表针指示阻值为“0”，说明该接触器线圈短路。如万用表表针指示阻值为无穷大，说明该接触器线圈已断路。以上两种情况均说明该接触器已损坏。

10.4.2　检测接触器触点

检测方法是，给接触器线圈接上规定的工作电压，用万用表“R × 1k”挡分别检测各对触点的通断情况，如图 10-58 所示。

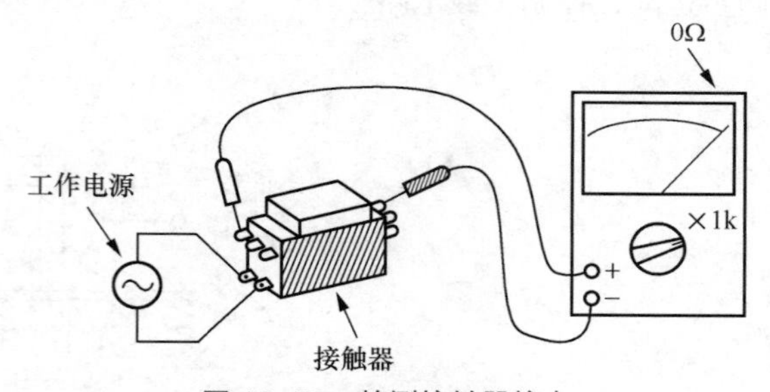

图 10-58　检测接触器接点

未加上工作电压时，接触器的常开触点应不通，常闭触点应导通。当加上工作电压时，应能听到接触器吸合声，这时，接触器的常开触点应导通，常闭触点应不通。否则说明该接触器已损坏。

对于主触点完好、部分辅助触点损坏的接触器，如果在电路中不使用已损坏的辅助触点，该接触器仍可使用。

10.4.3　检测接触器绝缘性能

用万用表“R × 1k”或“R × 10k”挡，测量接触器各对触点间的绝缘电阻（接通状态和切断状态分别测量）以及各触点与线圈接线端间的绝缘电阻，均应为无穷大，如图 10-59 所示。

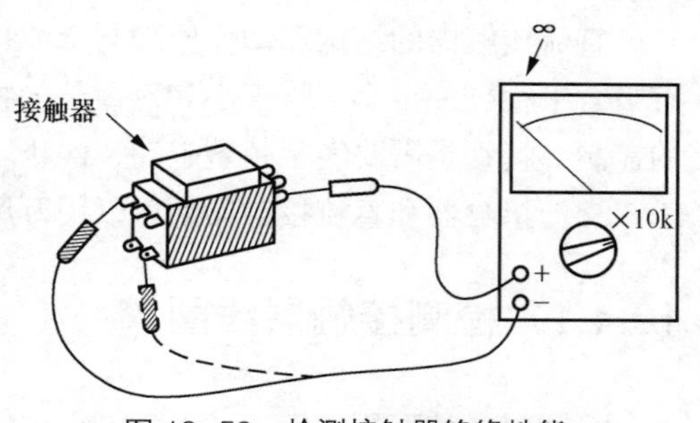

图 10-59　检测接触器绝缘性能

如果被测接触器具有金属外壳或外壳上有金

属部分，还应测量每个接线端与外壳之间的绝缘电阻，也均应为无穷大。否则说明该接触器绝缘性能太差，不能使用。

10.5 检测电磁铁与电磁阀

电磁铁是一种将电能转换为机械能的电控操作器件。电磁铁往往与开关、阀门、制动器、换向器、离合器等机械部件组装在一起，构成机电一体化的执行器件，主要应用在自动控制和远距离控制等领域。常见电磁铁与电磁阀如图 10-60 所示。

电磁铁的文字符号为“Y”，图形符号如图 10-61 所示，其中右图虚线连至电磁铁所操作的机械部件。

图 10-60 电磁铁

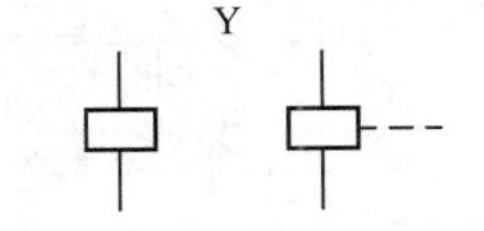

图 10-61 电磁铁的符号

电磁铁种类较多，按工作电源可分为直流电磁铁和交流电磁铁两大类。直流电磁铁的特点是体积小、换向冲击小、工作可靠、使用寿命较长，不会因衔铁卡住而烧坏线圈，但启动力比交流电磁铁小。对于直流电磁铁，因直流无磁滞损耗，铁芯本身损耗小，故可用易于加工的铸钢或铸铁制做。

交流电磁铁的特点是启动力较大、换向时间短，但换向冲击较大，当衔铁卡住时会因电流剧增而烧坏线圈，使用寿命较短。交流电磁铁的铁芯通常采用硅钢片绝缘叠装制成，这样可以减小交流励磁电流在铁芯中产生的磁滞损耗和涡流损耗，防止铁芯过热。

电磁铁的基本结构，由线圈、铁芯和衔铁等部分组成，按衔铁运动形式可分为直动型、回转型等，如图 10-62 所示。按衔铁行程可分为短行程电磁铁和长行程电磁铁，行程的概念如图 10-63 所示。

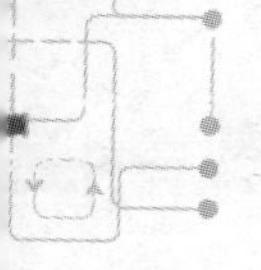

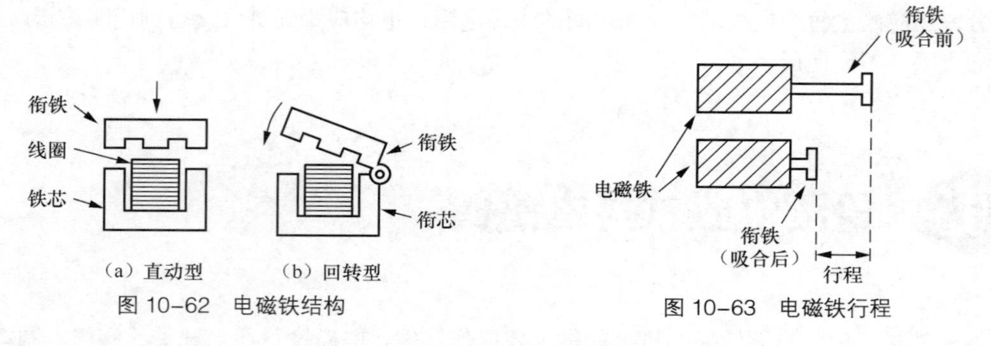

图 10-62　电磁铁结构

图 10-63　电磁铁行程

电磁铁是利用电磁力原理工作的。如图 10-64 所示，当给电磁铁线圈加上额定工作电压时，工作电流通过线圈使铁芯产生强大磁力吸引衔铁迅速向左运动，直至衔铁与铁芯完全吸合（气隙为零）。衔铁的运动同时牵引机械部件动作。只要维持线圈的工作电流，电磁铁就保持在吸合状态。电磁铁本身一般没有复位装置，而是依靠被牵引机械部件的复位功能，在线圈断电后衔铁向右复位。

交流电磁铁线圈工作电压为交流电压，当交流电压过零点时，励磁电流为“0”，此时电磁铁的吸力为“0”，过零点后励磁电流上升至足够大时电磁铁吸力恢复，如图 10-65 所示。50Hz 交流电每秒 100 次过零点，造成电磁铁衔铁振动。

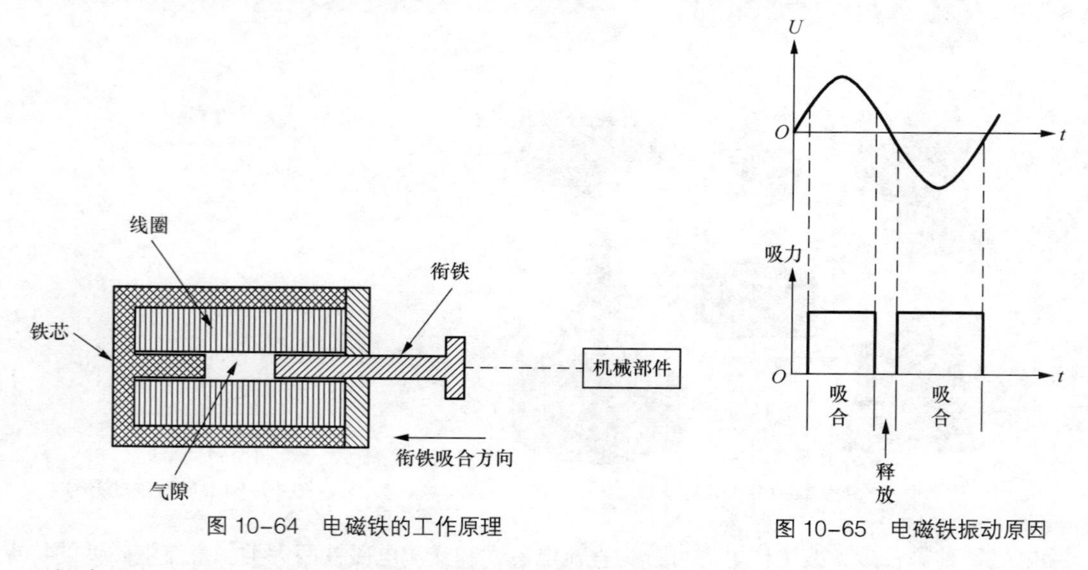

图 10-64　电磁铁的工作原理

图 10-65　电磁铁振动原因

解决的办法是在交流电磁铁的铁芯极面上部分嵌入铜质短路环，将铁芯极面分成两部分，如图 10-66 所示。由于短路环的电磁感应作用，被短路环包围的极面部分的磁通滞后于未被包围的极面部分的磁通，它们的合力使得铁芯极面的总吸力不会在电流过零时等于“0”，消除了衔铁的振动。

按电磁铁用途不同，还可分为牵引电磁铁、阀用电磁铁、制动电磁铁、起重电磁铁等。

牵引电磁铁是用于牵引机械装置的一种电磁铁，主要用于各种机械设备中，以实现远距离控制和自动控制。使用时，牵引电磁铁的铁芯固定在机械设备的静止部件上，衔铁则通过牵引杆与移动部件相连接。当接通电磁铁电源后，铁芯被磁化产生电磁力吸引衔铁，衔铁通过牵引杆使所控制的机械装置动作，如图 10-67 所示。为了适应不同控制对象的需要，牵引电磁铁有拉动式和推动式两种。

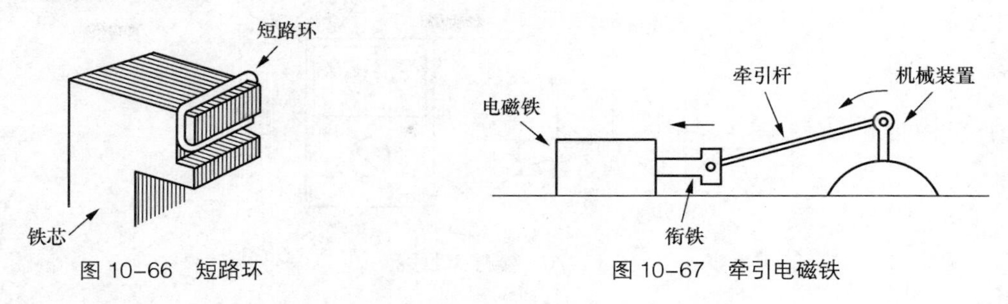

图 10-66 短路环

图 10-67 牵引电磁铁

阀用电磁铁是用于远距离操作各种液压阀门或气动阀门的电磁铁。阀用电磁铁一般与所控制的阀门组装在一起，如图 10-68 所示。当电磁铁线圈接通电源时，电磁吸力即克服弹簧阻力，通过推杆推动阀芯向右移动，将阀门开启。电磁铁线圈断电后，阀芯在复位弹簧的作用下向左复位，使阀门关闭。

制动电磁铁是用于操纵制动器以完成制动任务的电磁铁。制动电磁铁通常与制动器组装在一起，主要用于电气传动装置中对电动机进行机械制动，以达到迅速和准确停车的目的。制动电磁铁结构原理如图 10-69 所示，电磁铁线圈一般并联在电动机电源上。当电源接通时，在电动机转动的同时，电磁铁的衔铁被吸向铁芯，并通过推杆使左右闸瓦离开闸轮。切断电源后，电磁铁失去吸力，左右闸瓦在弹簧的拉力作用下紧抱闸轮将其刹住，实现电动机的迅速制动。

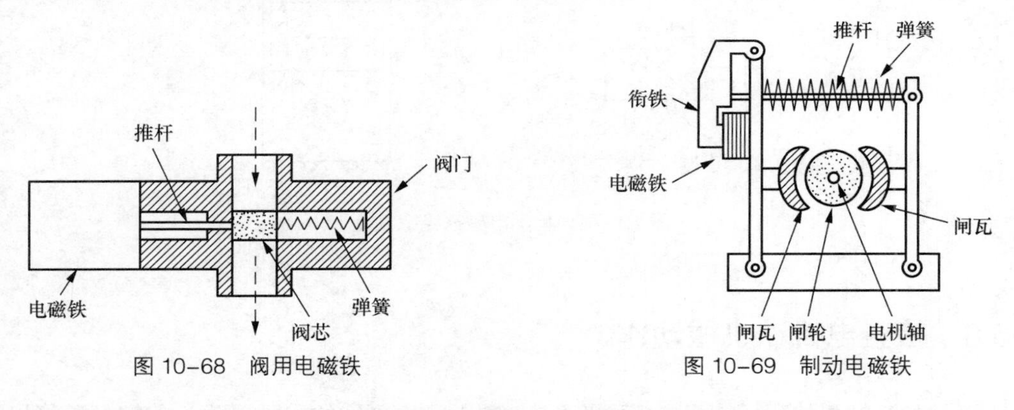

图 10-68 阀用电磁铁

图 10-69 制动电磁铁

起重电磁铁是用于吊运和装卸铁磁性物体的电磁铁，常用于吊运或装卸铁矿石、废钢铁、钢锭、钢轨以及各种钢材和铁质工件。起重电磁铁固定在吊车或行车上，通常做成圆盘形或矩形。当线圈通电后，电磁铁磁极被磁化，吸住铁磁性物件进行起吊装运，这时被吸住的铁磁性物件相当于电磁铁中的衔铁，形成一个闭合的磁路。移至目的地时，切断线圈电源，电磁铁失去吸力，被吊运的物件即可放下。

电磁铁可用万用表的电阻挡进行检测。

10.5.1 检测电磁铁驱动线圈

检测电磁铁的驱动线圈时，将万用表置于“R × 100”或“R × 1k”挡，两表笔（不分正、负）分别接触电磁铁线圈的两引脚，万用表表针指示应有一定阻值，如图 10-70 所示。

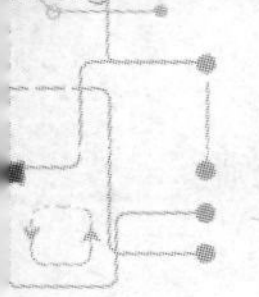

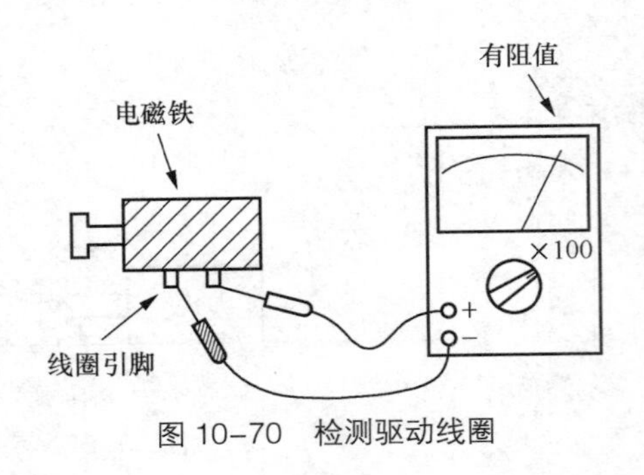

图 10-70　检测驱动线圈

如万用表表针指示阻值为“0”，说明电磁铁线圈短路。如万用表表针指示阻值为无穷大，说明电磁铁线圈已断路。以上情况均说明该电磁铁已损坏。

10.5.2　检测电磁铁绝缘性能

检测电磁铁的绝缘性能时，将万用表置于“R × 1k”或“R × 10k”挡，检测电磁铁线圈引脚与电磁铁金属部件之间的绝缘电阻，应为无穷大，如图 10-71 所示。如万用表表针指示不为无穷大，则说明该电磁铁绝缘性能不良，不宜使用。

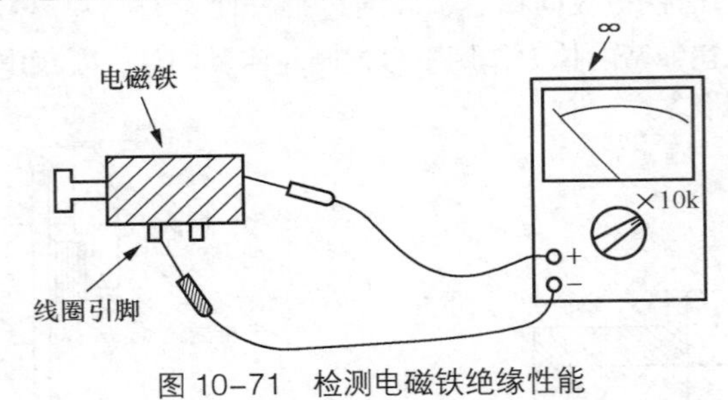

图 10-71　检测电磁铁绝缘性能

10.5.3　检查电磁铁机械动作

电磁铁的机械部件运行是否灵活和平稳，也是检测电磁铁的重要方面。检查电磁铁的机械动作时，如图 10-72 所示给电磁铁线圈接上规定的工作电压（直流电磁铁为直流电压，交流电磁铁为交流电压），并用万用表电压挡监测工作电压。

当接通工作电压时，电磁铁的衔铁应被迅速吸合，并可听到吸合声。当断开工作电压时，衔铁被释放并在自重作用下复位。对于与阀门等机械部件组合在一起的电磁阀等，接通和断开工作电压时，可观察到阀门的开启和关闭。

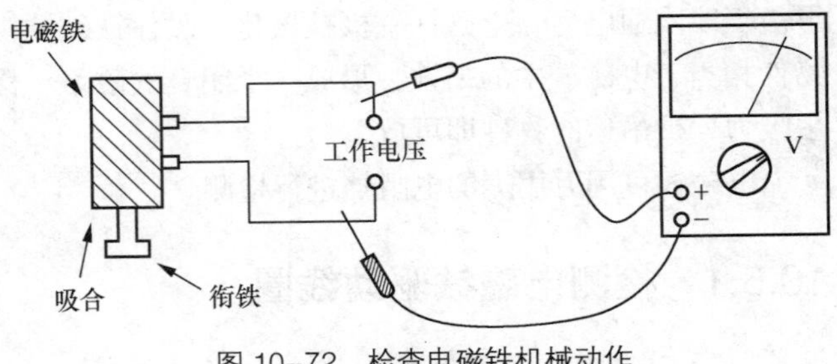

图 10-72　检查电磁铁机械动作

第11章 家电设备检测

现代家庭中家用电器和电气设备越来越多、越来越普及，在我们的生活和工作中起着不可或缺的作用，保证所有电器设备安全、有效地运行是非常重要的。万用表就是我们检测常用家电设备的有效工具。

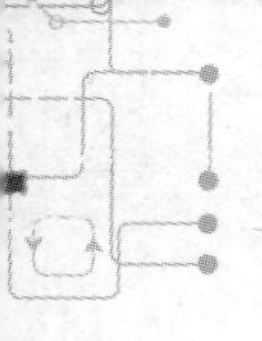

11.1 检测照明灯具

照明灯具是应用最广泛的电气设备，家家户户都必不可少。自从十九世纪爱迪生发明了电灯以来，电光源以其无可比拟的优越性，逐渐在大多数场合取代了其他光源。随着技术的不断进步，电光源和灯具品种越来越多。照明灯具和电光源都可以用万用表进行检测。

11.1.1 检测白炽灯泡

白炽灯泡简称灯泡，如图 11-1 所示，是最常见的使用量最多的电光源。白炽灯泡的文字符号为“EL”，图形符号如图 11-2 所示。白炽灯泡具有结构简单、使用方便、显色性好、可瞬间点亮、无频闪、可调光、价格便宜等优点，缺点是发光效率较低。

图 11-1 白炽灯泡

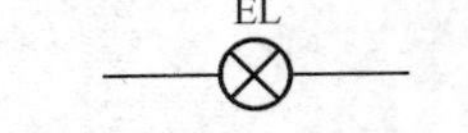

图 11-2 白炽灯泡的符号

普通白炽灯结构如图 11-3 所示，由灯头、接点、电源引线、灯丝、玻璃支架和玻璃泡壳等部分构成。白炽灯是靠电流加热灯丝（钨丝）至白炽状态而发光的。灯丝在将电能转换为可见光的同时，还会产生大量的红外辐射，大部分电能都变成热能散发掉了，因此白炽灯的发光效率较低。为延长灯丝寿命，玻壳内抽成真空并充有氮、氦、氩等惰性气体。

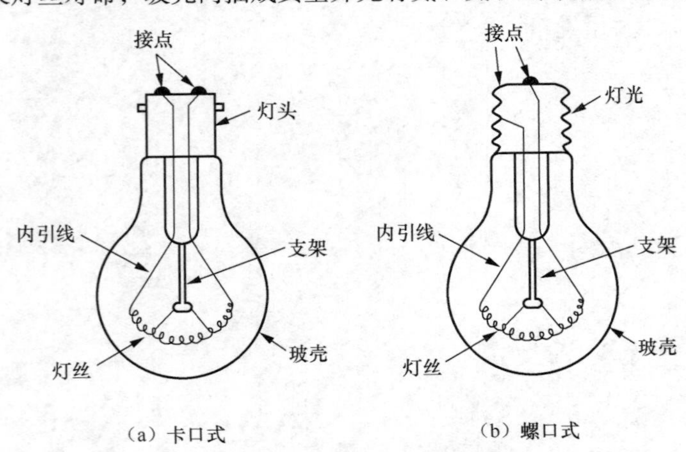

图 11-3 白炽灯泡的结构

白炽灯的灯头具有卡口和螺旋口两种形式，灯泡玻壳有普通透明型和磨砂型，以适应不同场合的照明需要。白炽灯的主要技术参数是额定电压和额定功率，它们一般都直接标注在灯泡玻壳上，如图 11-4 所示。

图 11-4　白炽灯参数的标示

额定电压是指灯泡的设计使用电源电压，灯泡只有在额定电压下工作，才能获得其特定的效果。如果实际工作的电源电压高于额定电压，灯泡发光强度变强，但寿命却大为缩短。如果电源电压低于额定电压，虽然灯泡寿命延长，但发光强度不足，光效率降低。图 11-5 所示为灯泡电源电压与其光效和寿命的关系曲线。在额定电源电压下工作，白炽灯的有效寿命一般为 1000 小时左右。

白炽灯泡的好坏可以用万用表的电阻挡进行检测。检测时，万用表置于“R × 1k”挡，两表笔（不分正、负）分别接触白炽灯泡灯头的两个接点，如图 11-6 所示，万用表表针指示应几乎为“0 Ω”（导通）。如果万用表表针不动，说明被测灯泡灯丝已断，灯泡已损坏。

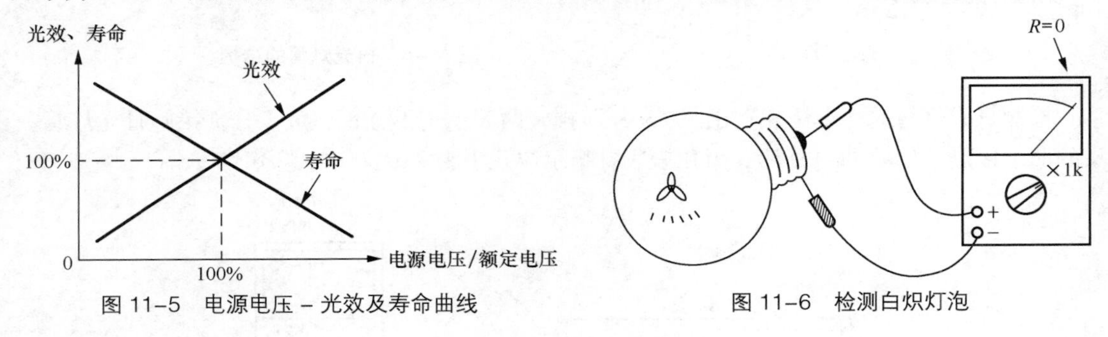

图 11-5　电源电压 - 光效及寿命曲线　　图 11-6　检测白炽灯泡

11.1.2　判别白炽灯泡的额定功率

对于标识模糊不清的白炽灯泡，还可以通过测量灯丝直流电阻（冷态电阻）的方法，判别其额定功率。方法是，将万用表置于“R × 1”或“R × 10”挡，如图 11-6 所示，测量出灯泡的直流电阻，并按照表 11-1 所列查出被测白炽灯泡的额定功率。

表 11-1　白炽灯泡冷态电阻与额定功率

额定功率（W）	冷态电阻（Ω）
15	380
25	150
40	100
60	60
100	30

11.1.3　检测日光灯管

荧光灯是一种气体放电发光的电光源，通常做成管状，如图 11-7 所示。日光色荧光灯是

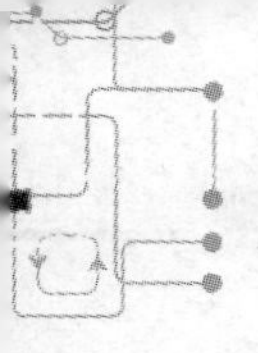

使用最普遍的荧光灯，因为光色接近于日光，所以也称为日光灯。与白炽灯相比，日光灯具有光色好、光线柔和、灯管温度较低、发光效率较高、使用寿命长的显著优点，其缺点是结构较复杂、不可瞬间点亮等。

日光灯管的结构如图 11-8 所示，由灯头、灯丝、玻璃灯管等部分构成。玻璃灯管的内壁涂覆有荧光粉涂层，灯管内还充有一定的惰性气体和汞（水银）。当灯管通电后，汞蒸气被电离产生弧光放电，其发出的紫外线激发荧光粉发出可见光，发光效率可达普通白炽灯的数倍。荧光灯管的使用寿命一般可达 3000 小时以上。

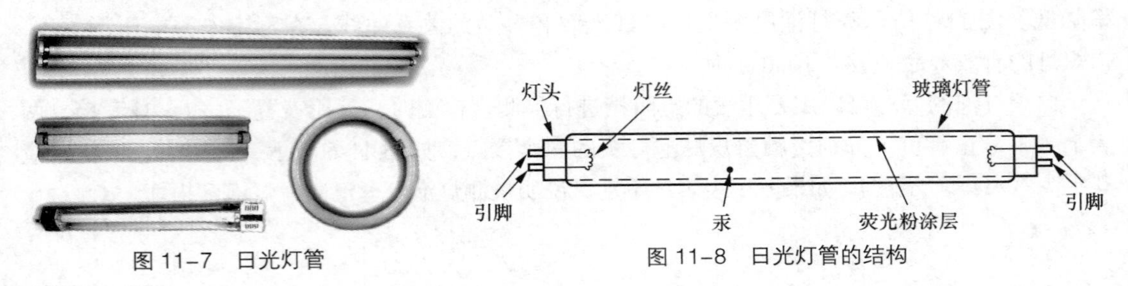

图 11-7　日光灯管　　图 11-8　日光灯管的结构

检测日光灯管时，万用表置于“R × 1k”挡，两表笔（不分正、负）分别接触日光灯管一头的两个接点，如图 11-9 所示，万用表表针指示应几乎为“0 Ω”（导通）。

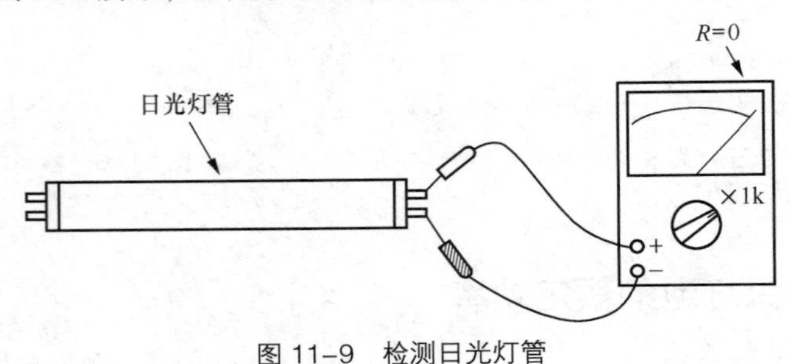

图 11-9　检测日光灯管

然后再将两表笔分别接触日光灯管另一头的两个接点，万用表表针指示也应几乎为“0 Ω”（导通）。如果万用表表针不动，说明被测日光灯管内的灯丝已断，日光灯管已损坏。

11.1.4　检测日光灯镇流器

日光灯管不可直接加电使用，需要配合以镇流器等附件一起工作。镇流器包括电感镇流器和电子镇流器两类。

1. 检测电感镇流器

图 11-10 所示为采用电感镇流器的日光灯接线图。镇流器 L 实际上是一个铁芯电感线圈，它具有两个作用，一是在日光灯启动时与启辉器配合产生瞬时高压使灯管内汞蒸气电离放电，二是在日光灯点亮后限制和稳定灯管的工作电流。

启辉器结构如图 11-11 所示，氖泡内有一双金属片构成的接点，它的作用是在日光灯启动时自动断续电路，配合镇流器产生瞬时高压点亮灯管。电容器 C 并接在氖泡两端，用于消除双金属片接点断开时的火花干扰。

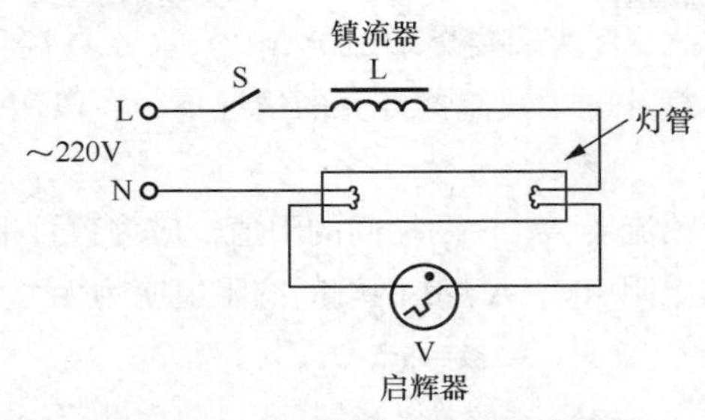

图 11-10 电感镇流器日光灯接线图

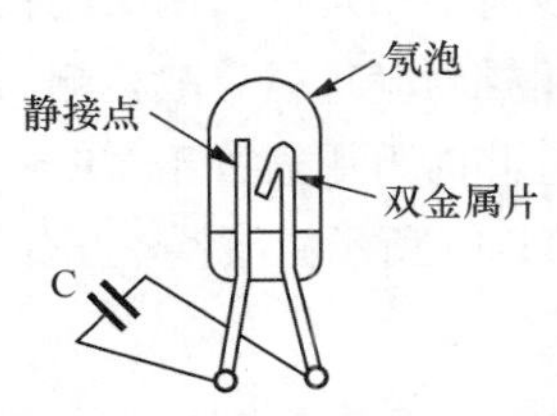

图 11-11 启辉器结构原理

采用电感镇流器的荧光灯，属于电感性负载，因此功率因数较低。由于直接由 50Hz 交流电供电，灯光存在频闪现象，特别是在观察周期性运动的物体时，频闪尤为明显。

检测电感镇流器时，万用表置于“R×100”或“R×1k”挡，两表笔（不分正、负）分别接触镇流器的两个引出线，表针应指示有一定的阻值，如图 11-12 所示。

如果测量阻值为“0Ω”，说明该镇流器内部短路。如果测量阻值为无穷大（表针不动），说明该镇流器已断路损坏。

2. 检测电子镇流器

采用电子电路和开关电源技术制成的电子镇流器，原理如图 11-13 所示，由高压整流电路、高频逆变电路和谐振启辉电路组成。电子镇流器使荧光灯管工作于高频状态，一方面可以有效地消除灯光的频闪现象，另一方面可以使灯管的发光效率提高 10% ~ 20%，同时因为取消了电感镇流器，还提高了荧光灯的功率因数。

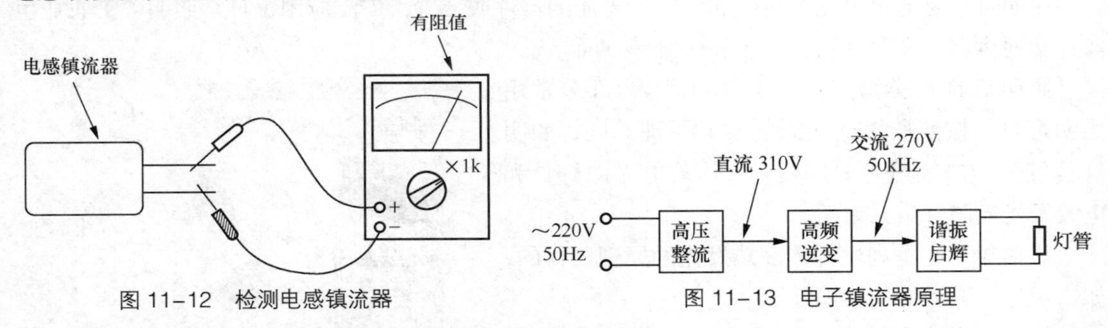

图 11-12 检测电感镇流器

图 11-13 电子镇流器原理

电子镇流器实际上是一个电源变换器，电路如图 11-14 所示。电子镇流器将 220V、50Hz 的交流电，通过直接整流和高频逆变，转换为 20 ~ 100kHz 的高频交流电作为荧光灯管的电源，并通过串联谐振电路产生瞬间高压使灯管启辉点亮。

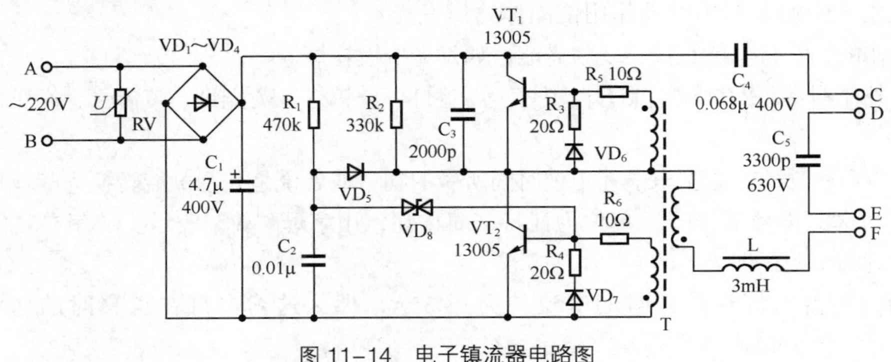

图 11-14 电子镇流器电路图

从电路图可知，电子镇流器共有 6 个接线端，A、B 两端接交流 220V 市电，C、D 端和 E、F 端分别接日光灯管两头的接点（即灯丝）。在不打开电子镇流器外壳的情况下，可以用万用表电阻挡对其进行一般检测。

检测时万用表置于“R × 1k”挡，先测量电子镇流器 A、B 两端间的阻值，应为数百千欧，如图 11-15 所示。有些电子镇流器输入端没有压敏电阻 RV，A、B 两端间的阻值应为无穷大。

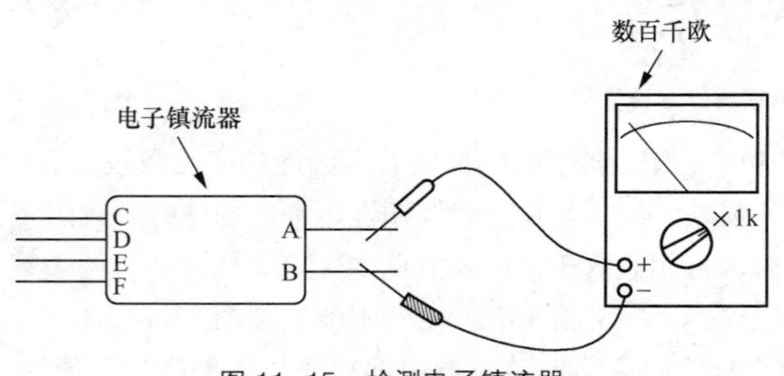

图 11-15　检测电子镇流器

接下来分别测量电子镇流器 C、D 两端间的阻值和 E、F 两端间的阻值，均应为无穷大。如果检测结果不符合上述情况，则说明被测电子镇流器已损坏。

11.1.5　检测照明灯具的实际功率

照明灯具是通过电光源将电能转换为光能的器件或装置，广泛应用于日常照明、工农业生产、交通运输、文化活动、国防和科研等方面。

照明灯具种类繁多，图 11-16 所示为部分常用照明灯具。按照所用电光源的发光原理不同，照明灯具可分为热辐射光源灯具、气体放电光源灯具和电致发光光源灯具三大类。

图 11-16　照明灯具

热辐射光源是利用物体高热发光的原理工作的，如白炽灯、碘钨灯、溴钨灯等。

气体放电光源是利用气体放电发光的原理工作的，如荧光灯、高压汞灯、高压钠灯、金属卤化物灯、霓虹灯、高频无极放电灯等。

电致发光光源是利用电场作用使固体物质发光的原理工作的，它将电能直接转变为光能，如发光二极管灯等。

室内外照明常用的灯具主要有白炽灯、石英灯、碘钨灯、荧光灯、节能灯、高压汞灯、高压钠灯等。

电功率简称功率，是指电能在单位时间所做的功，或者说是表示电能转换为其他形式能量的速率。功率的符号是“P”，单位为瓦特，简称瓦，用字母“W”表示。功率在数值上等于电压与电流的乘积，即 $P = UI$。

例如，某盏电灯在点亮时的电流约为 0.455A，那么这盏电灯在点亮时的功率为 $P = 220\text{V} \times 0.455\text{A} = 100\text{W}$，如图 11-17 所示。

对于在 220V 市电电路中使用的照明灯具，检测其点亮时的工作电流，即可计算出它的实际功率和耗电量。检测时，数字万用表置于适当的“交流电流”挡，如图 11-18 所示串入被测照明灯具的电源回路中，打开电灯开关即可测量其工作电流，然后再代入公式 $P = 220 \times I$ 计算出实际功率。

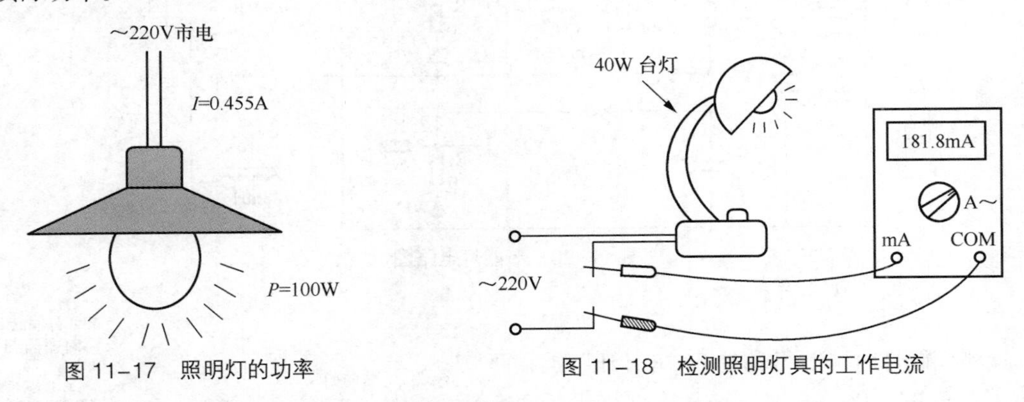

图 11–17 照明灯的功率

图 11–18 检测照明灯具的工作电流

例如，数字万用表显示被测台灯的工作电流为 181.8mA，则该台灯的实际功率 $P = 220 \times 0.1818 = 39.996$W。

11.1.6 检测电子节能灯

采用电子镇流器的紧凑型荧光灯，将灯管和电子镇流器紧密地结合为一个整体，并配上普通白炽灯头（螺口或卡口），可直接替换白炽灯，人们通俗地称之为节能灯。节能灯具有节电、明亮、易起动、无频闪、功率因数高、寿命长和使用方便等突出优点，得到了普遍的应用。图 11-19 所示为部分节能灯外形。

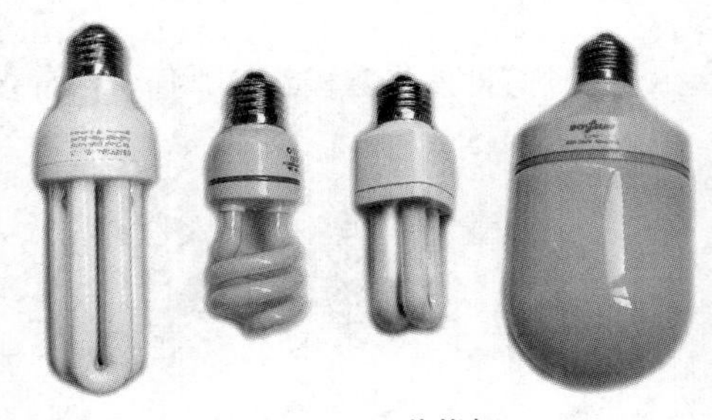

图 11–19 节能灯

节能灯包括节能荧光灯管和高效电子镇流器两个主要部分。节能荧光灯管采用三基色荧光粉制造，发光效率大大提高，是白炽灯的 5 ～ 6 倍，比普通日光灯提高 40% 左右。

高效电子镇流器采用开关电源技术和谐振启辉技术，将 50Hz 的 220V 市电变换为 30 ～ 60kHz 的高频交流电，再去点亮节能荧光灯管，不仅效率和功率因数进一步提高，而且消除了普通日光灯的频闪和“嗡嗡”噪声。

图 11-20 所示为一种较常见的节能灯的电路图，由整流电路、启动电路、逆变电路、谐振启辉电路等部分组成。

交流 220V 市电经 VD_1 ～ VD_4 桥式整流和 C_1 滤波后，成为 310V 左右的直流电压，再由功率开关管 VT_1、VT_2 和高频变压器 T 等组成的逆变电路变换为 50kHz、270V 的高频交流电压，作为节能荧光灯管的电源电压。

C_5 与 L 组成串联谐振电路，在谐振电容 C_5 两端产生一个 Q 倍于振荡电压的高电压（约 600V），将灯管内气体击穿而启辉。当灯管点亮后，其内阻急剧下降，该内阻并联于 C_5 两端，

使谐振电路 Q 值大大降低，故 C_5 两端（即灯管两端）的高启辉电压即下降为正常工作电压（约 80V），维持灯管稳定地正常发光。

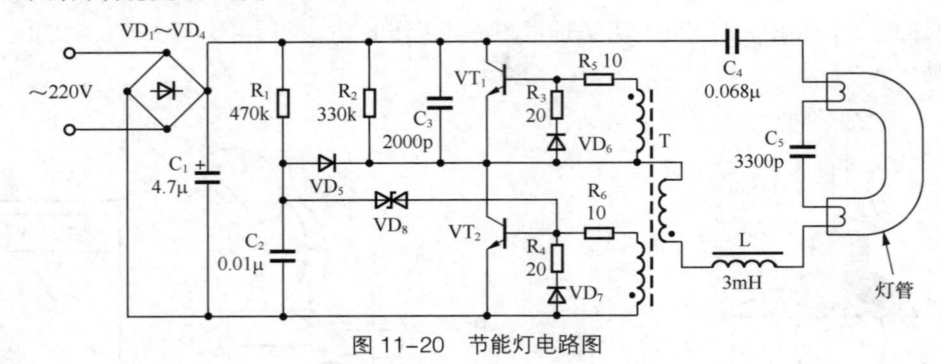

图 11-20　节能灯电路图

检测节能灯时，万用表置于“R×1k”挡，两表笔（不分正、负）分别接触节能灯灯头的两个接点。在刚接触的一瞬间，万用表表针应向右偏转，然后向左回归，如图 11-21 所示。间隔数秒后再测，表针应重复以上过程。如果万用表表针不动，或者指示为“0Ω”，说明该节能灯故障。

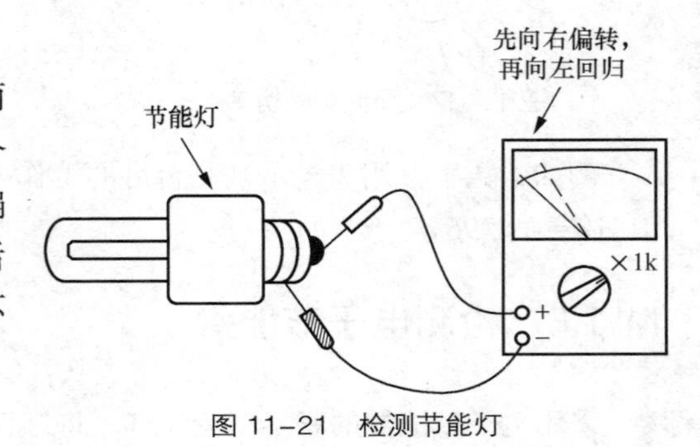

图 11-21　检测节能灯

11.1.7　检测 LED 灯

LED 灯即发光二极管灯，通常由许多白光 LED 组合在一起构成照明灯，如图 11-22 所示。LED 照明灯具有工作电压低、耗电量少、性能稳定、响应速度快（纳秒级）、抗冲击与耐振动性强、体积小、重量轻、应用灵活等特点。LED 照明灯的使用寿命可达 10 万小时以上，能够使用 25 ～ 30 年，比普通白炽灯泡长 100 倍，是一种绿色环保、节能高效的照明灯具。

图 11-22　LED 灯

LED（发光二极管）是一种将电能直接转换成光能的半导体器件。白光 LED 的开发成功，使得 LED 照明成为现实。白光 LED 的基本结构如图 11-23 所示，由蓝光 LED 芯片与黄色荧光粉复合而成。蓝光 LED 芯片在通过足够的正向电流时会发出蓝光，这些蓝光一部分被荧光粉吸收激发荧光粉发出黄光，另一部分蓝光与荧光粉发出的黄光混合，最终得到白光。

由于 LED 需要低压直流供电，因此 LED 照明灯内都包含有电源电路，将 220V 交流电降压整流为低压直流电，作为 LED 的工作电源。图 11-24 所示为 LED 台灯电路，电路中采用了 20 个高亮度白光 LED 组成发光阵列，照明效果良好。

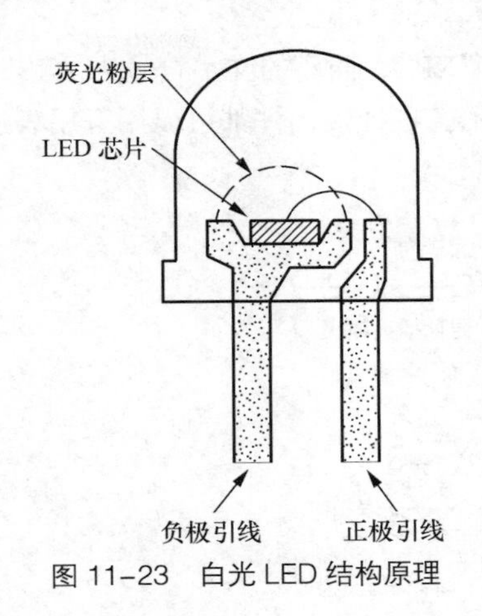

图 11-23 白光 LED 结构原理

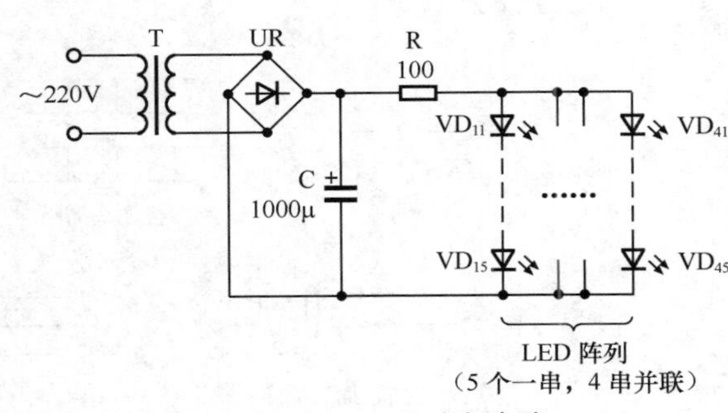

图 11-24 LED 台灯电路

电源变压器 T 和整流桥堆 UR 构成整流电路，将 220V 市电整流为 18V 直流电压，再经电容 C 滤波后作为照明电源。

20 个 LED 每 5 个串联成一串，共 4 串并联，组成台灯的照明阵列。这样安排的好处，一是 5 个 LED 串联的总电流与 1 个 LED 的电流相等，有利于降低总电流；二是 4 串 LED 并联，如果有 LED 损坏，不影响其他串 LED 继续照明。

检测 LED 台灯时，万用表置于"R × 1k"挡，两表笔（不分正、负）分别接触 LED 台灯电源插头的两个接点，在台灯电源开关未打开时万用表指示应为无穷大（表针不动），在台灯电源开关打开后万用表指示应有一定阻值，如图 11-25 所示。否则说明该 LED 台灯有故障。

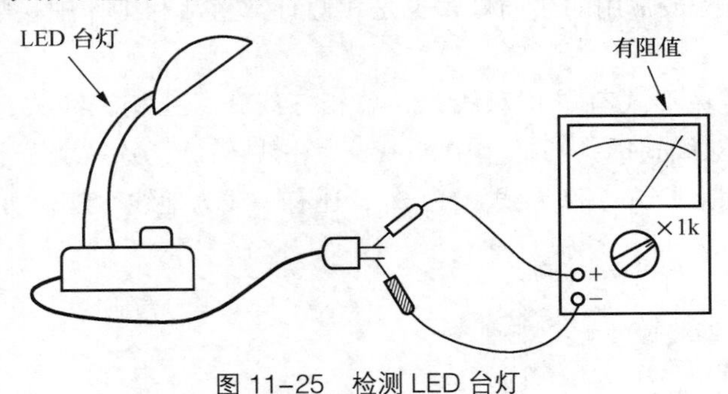

图 11-25 检测 LED 台灯

11.2 检测接插件

接插件是实现电子线路、电器设备、部件或组件之间可拆卸连接的连接器件。接插件的种类很多，包括电源插头插座、音频插头插座、视频插头插座、电话插头插座、网络插头插座、继电器插座、集成电路插座、管座、接线柱、接线端子、连接片和连接器等，有些接插件还带有开关或转换功能。

接插件的一般文字符号为“X”，其中插头的文字符号为“XP”，插座的文字符号为“XS”，连接片的文字符号为“XB”，它们的图形符号如图 11-26 所示。各种接插件都可以用万用表进行检测。

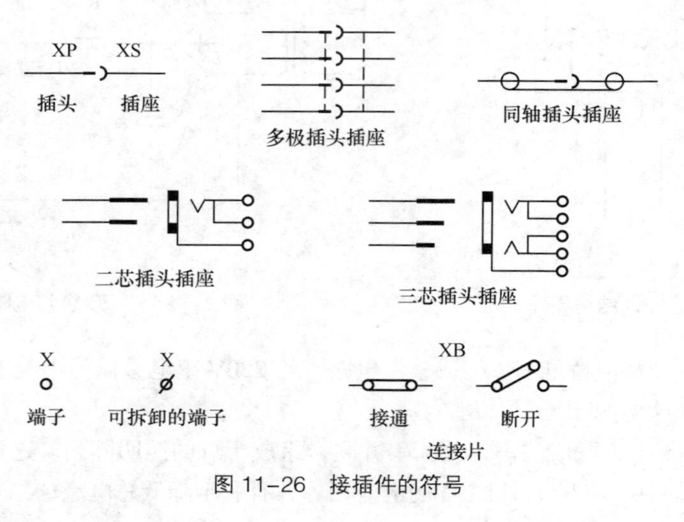

图 11-26　接插件的符号

11.2.1　检测电源插头插座

电源插头与插座是最常用的接插件，也是我们日常生活和工作中接触最多的接插件，如图 11-27 所示。

电源插头插座常用形式有单相双线式、单相三线式、三相三线式、三相四线式等，如图 11-28 所示。单相双线式插头与插座中，一线为相线（L），另一线为零线（N）。单相三线式插头与插座中，除相线（L）和零线（N）外，还有一线为地线（E），如图 11-29 所示。

图 11-27　电源插头插座

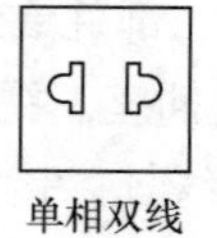

单相双线

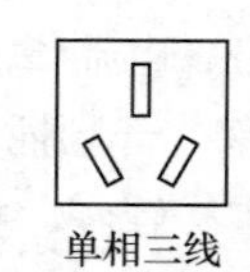

单相三线

三相三线

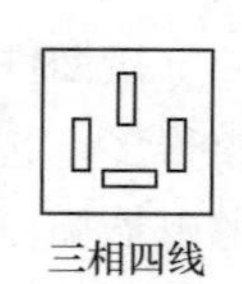

三相四线

图 11-28　电源插座的形式

检测电源插头插座，主要是检测插头、插座各引出端之间有无短路。检测时，万用表置于"R × 1k"或"R × 10k"挡，两表笔（不分正、负）测量插头或插座各引出端之间的阻值，均应为无穷大，否则说明该插头或插座已损坏。图 11-30 所示为检测电源插座的情景。

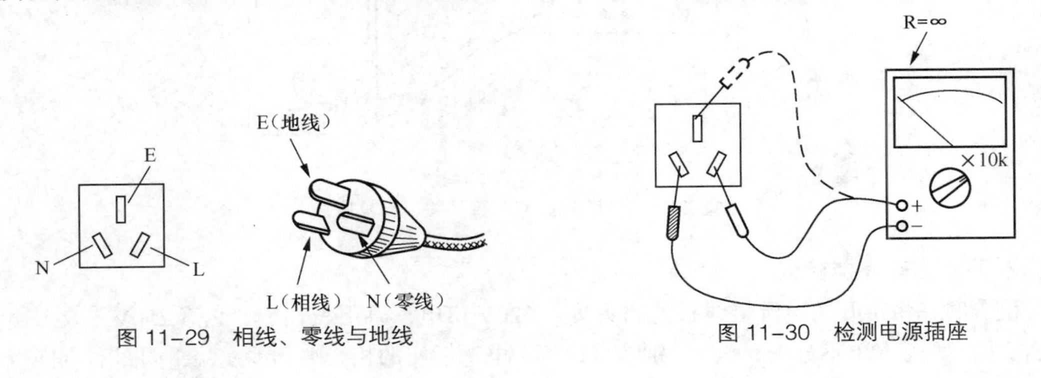

图 11-29 相线、零线与地线

图 11-30 检测电源插座

11.2.2 检测带开关电源插座

为了使用方便，现在许多电源接线板都将开关与插座组合到了一起，构成了带开关的电源插座，如图 11-31 所示。

带开关电源插座中，插座受开关的控制。有的是一个开关集中控制若干个插座，有的是每个插座都有一个开关控制，如图 11-32 所示。使用带开关电源插座，可以用开关控制用电器，免除了频繁插拔电源插头的麻烦。

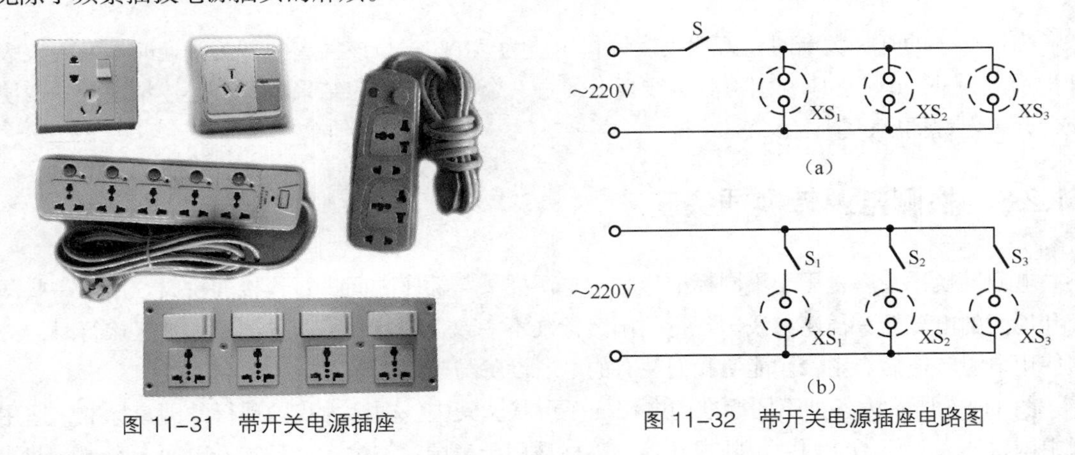

图 11-31 带开关电源插座

图 11-32 带开关电源插座电路图

可以用万用表电阻挡或电压挡检测带开关电源插座。

1. 万用表电阻挡检测

检测时，万用表置于"R × 1k"挡，两表笔不分正、负，一只表笔接带开关电源接线板的插头的相线端，另一表笔接接线板插座的相线端，如图 11-33 所示。

当该插座的开关关断时，万用表表针指示应为无穷大（表针不动）。当该插座的开关开通时，万用表表针指示应为"0Ω"。应分别检测接线板上的每一个插座。检测结果不符合上述情况的，说明该带开关电源插座已损坏。

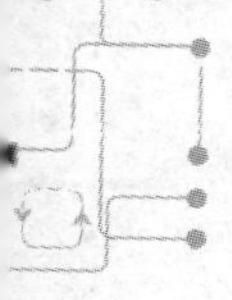

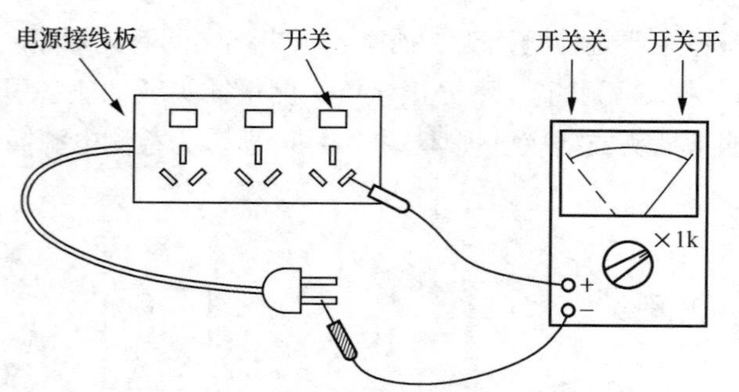

图 11-33　电阻挡检测带开关电源插座

2. 万用表电压挡检测

检测时，将带开关电源接线板的插头接入 220V 市电，万用表置于“交流 250V”或“交流 500V”挡，两表笔（不分正、负）分别接接线板上电源插座的相线端和零线端，如图 11-34 所示。

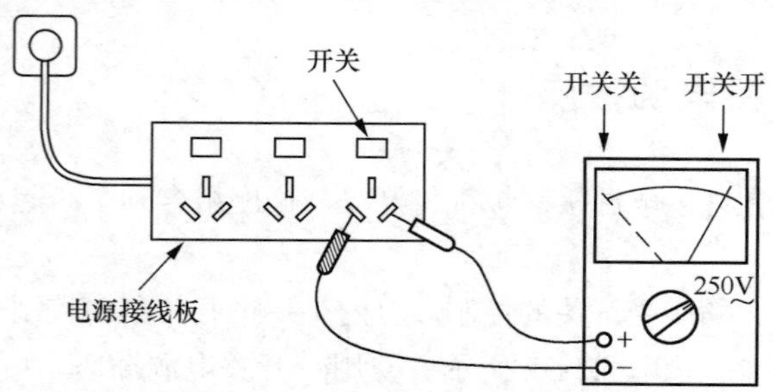

图 11-34　电压挡检测带开关电源插座

当该插座的开关关断时，万用表表针指示应为“0V”。当该插座的开关开通时，万用表表针指示应为“220V”。应分别检测接线板上的每一个插座。检测结果不符合上述情况的，说明该带开关电源插座已损坏。

11.2.3　检测电源转换插头座

电源转换插头座是用于不同标准形状的电源插头与插座之间进行连接的桥梁。由于一些国家和地区的电源插头插座与我国现行的国家标准不一致，因此到不同的国家和地区旅行时，必须使用电源转换插头座，才能使我们现有的电器设备与当地的电源插座顺利插接。

图 11-35 所示为各种不同标准的电源插座形状。其中，国标为我国现行的国家标准，适用于中国、澳大利亚、新西兰、阿根廷等。美标适用于美国、加拿大、日本、巴西、泰国、菲律宾以及中国台湾地区等。英标适用于英国、印度、巴基斯坦、新加坡、马来西亚以及中国香港地区等。欧标适用于德国、法国、丹麦、芬兰、挪威、瑞典、希腊、意大利、荷兰、奥地利、比利时、葡萄牙、西班牙、俄罗斯、捷克、波兰、韩国等。南非标适用于南非。

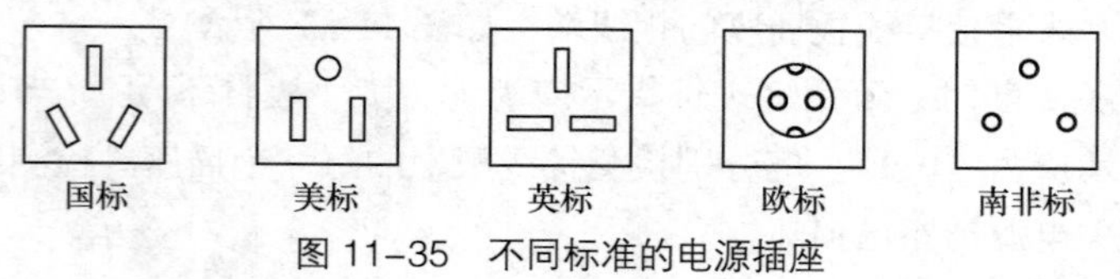

图 11-35　不同标准的电源插座

电源转换插头座包括插头和插座，如图 11-36 所示。其插头部分具有不同的形状，以适应不同国家和地区标准的电源插座。而其插座部分为万能插孔设计，可以插入国内外多种形式的插头。

检测电源转换插头座时，万用表置于“R × 1k”挡，两表笔（不分正、负）测量插头与插座各相对应端之间的阻值，均应为“0Ω”（导通），测量插头与插座不相对应端之间的阻值，均应为无穷大（不通），如图 11-37 所示。否则说明该电源转换插头座已损坏。

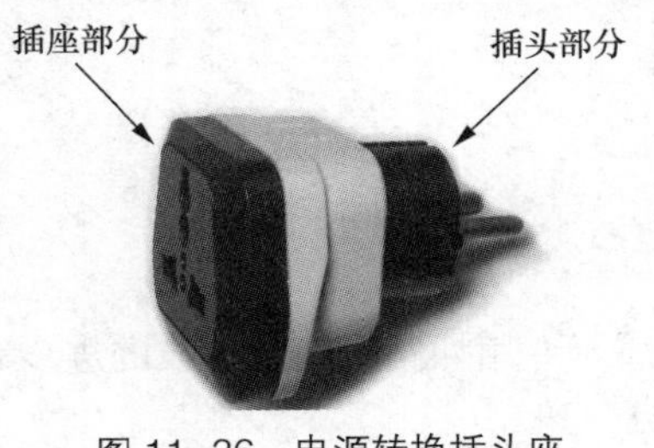

图 11–36　电源转换插头座

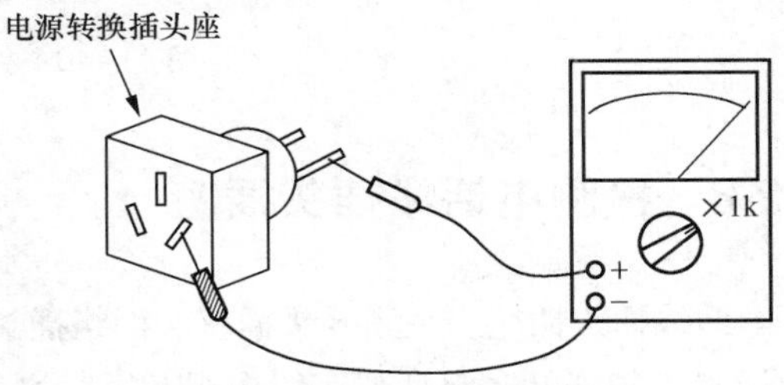

图 11–37　检测电源转换插头座

11.2.4　检测音频接插件

音频接插件是指用于音频领域的接插件，包括单芯插头插座、二芯插头插座、三芯插头插座、同轴插头插座和多极插头插座等，如图 11-38 所示。

检测音频接插件，主要是检测插头、插座各引出端之间有无短路。检测方法如图 11-39 所示，万用表置于“R × 1k”或“R × 10k”挡，分别检测接插件各个引出端之间的阻值，均应为无穷大（万用表表针不动），否则说明该接插件已损坏。

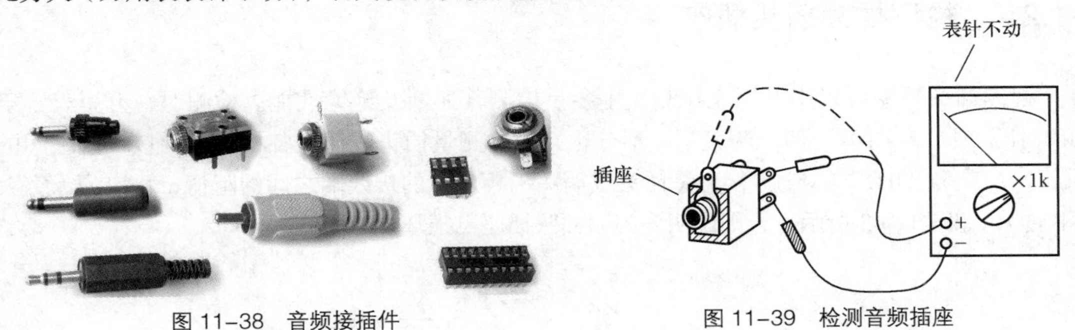

图 11–38　音频接插件

图 11–39　检测音频插座

11.2.5　检测音频转换插座

音频插头插座大都带有转换开关功能，主要应用于音频信号的连接和转接。其中三芯插头插座主要应用于立体声音频信号的连接和转接。

检测带转换开关功能的三芯插座时，如图 11-40 所示，万用表置于“R × 1k”或“R × 10k”挡，两表笔（不分正、负）分别接插座的 a 、b 引出端，其阻值应为“0Ω”（a 端与 b 端接通）。这时用一只未连线的空插头插入被测插座后，万用表表针指示应变为无穷大（a 端与 b 端断开）。再以同样的方法检测插座的 c、d 端。

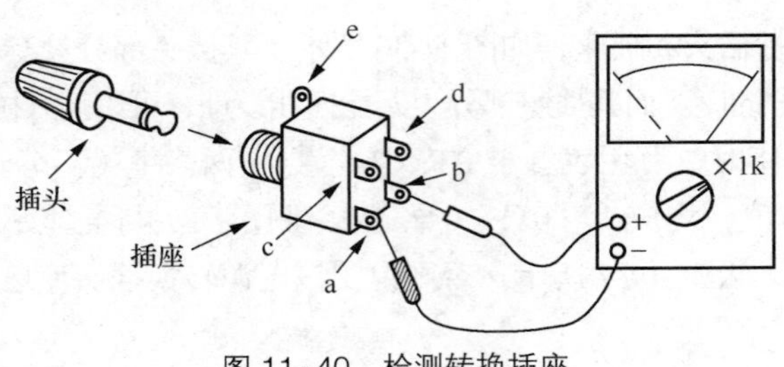

图 11–40　检测转换插座

11.2.6　检测电话线插头插座

电话线插头插座、视频插头插座和网络插头插座等都属于专用插座。随着科技的进步和人们生活水平的提高，电话、有线电视和宽带网络走进了千家万户，电话线插头插座、视频插头插座和网络插头插座的使用量也日益增多。

电话线插头插座可以用万用表检测。检测时，万用表置于“R × 1k”或“R × 10k”挡，两表笔（不分正、负）测量插头或插座各相对应的接线端之间的阻值，均应为“0 Ω”（导通），测量插头或插座不相对应的接线端之间的阻值，均应为无穷大（不通），如图 11-41 所示。否则说明该电话线插头插座已损坏。

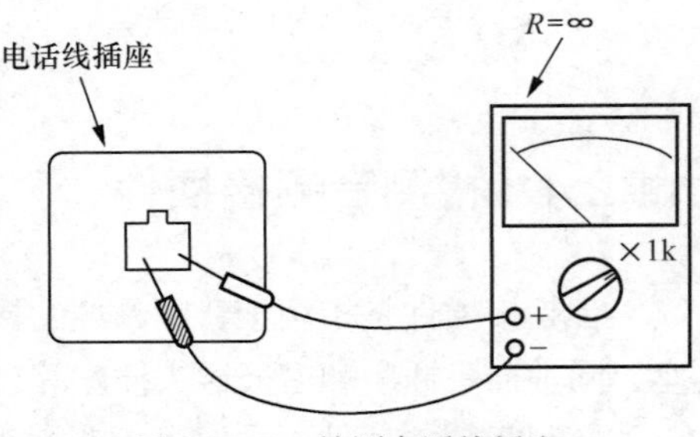

图 11–41　检测电话线插座

11.2.7　检测视频插头插座

视频插头插座可以用万用表检测，主要是检测其通断及绝缘性能。检测时，万用表置于“R × 1k”或“R × 10k”挡，两表笔（不分正、负）测量插头或插座各相对应的接线端之间的阻值，均应为“0 Ω”（导通），测量插头或插座不相对应的接线端之间的阻值，均应为无穷大（不通），如图 11-42 所示。否则说明该视频插头插座已损坏。

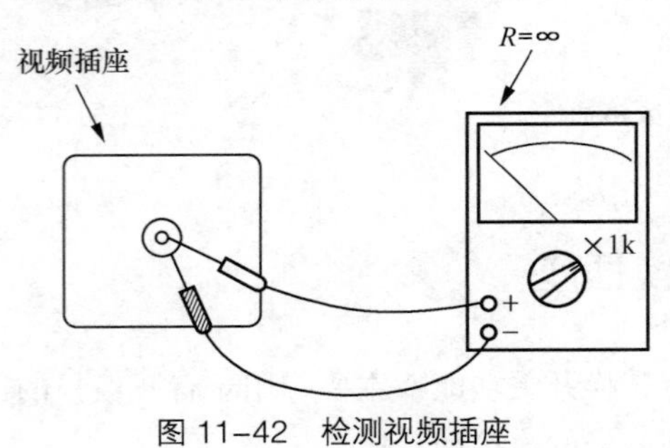

图 11–42　检测视频插座

11.2.8　检测网络插头插座

网络插头插座可以用万用表检测，主要是检测其有无断路、相邻接点间有无短路情况。检测时，万用表置于“R×1k”或“R×10k”挡，两表笔（不分正、负）测量插头或插座各相对应的接线端之间的阻值，均应为“0Ω”（导通），测量插头或插座不相对应的接线端之间的阻值，均应为无穷大（不通），如图 11-43 所示。否则说明该网络插头插座已损坏。

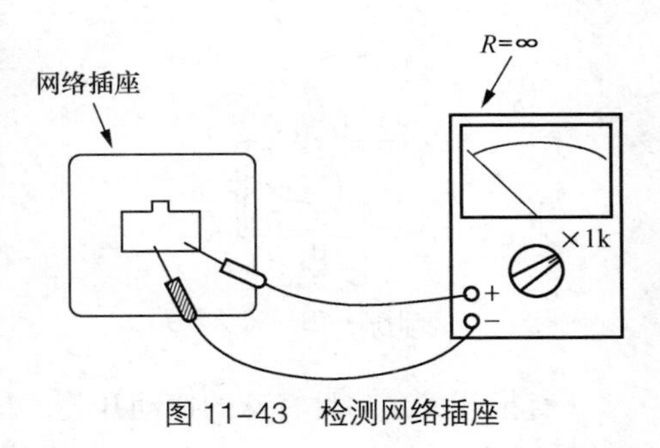

图 11-43　检测网络插座

11.3 检测开关

开关是一种应用广泛的控制器件，如图 11-44 所示，在配电电路和照明、家电、生产设备等电器电路中起着接通、切断、转换等控制作用。开关的种类繁多，按结构可分为拨动开关、钮子开关、跷板开关、船形开关、推拉开关、旋转开关、按钮开关、拨码开关、微动开关和薄膜开关等；按控制极位可分为单极单位开关、单极多位开关、多极单位开关和多极多位开关等；按接点形式可分为动合开关、动断开关和转换开关。

常用开关主要有拨动开关、旋转开关、按钮开关、微动开关、轻触开关和薄膜开关等。开关的文字符号为“S”，图形符号如图 11-45 所示。

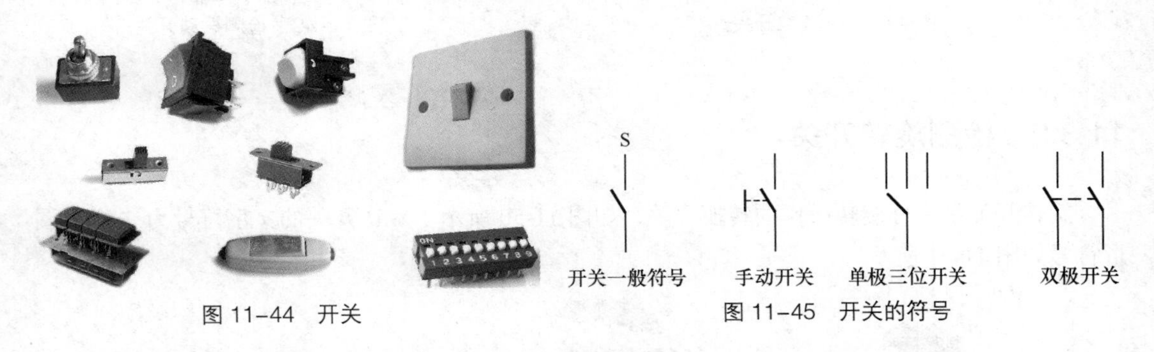

图 11-44　开关

图 11-45　开关的符号

开关可用万用表电阻挡进行检测，重点包括两方面：一是检测开关通断是否正常，二是检测开关绝缘是否良好。下面重点介绍几种常用开关的检测方法，大家可以举一反三推而广之。

11.3.1　检测拨动开关

拨动开关是指通过拨动操作的开关，如钮子开关、直拨开关和直推开关等。

图 11-46 所示为钮子开关结构示意图，图中位置为 b 端与 a 端接通。当将钮子状拨柄拨向左边时，b 端与 a 端断开而与 c 端接通。

图 11-47 所示为直拨开关结构示意图，图中位置为 b 端与 a 端接通。当将拨柄推向右边时，b 端与 a 端断开而与 c 端接通。直拨开关往往是多极多位开关，常用作波段开关或转换开关等。

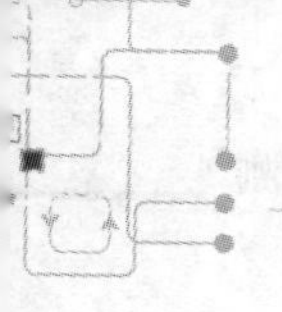

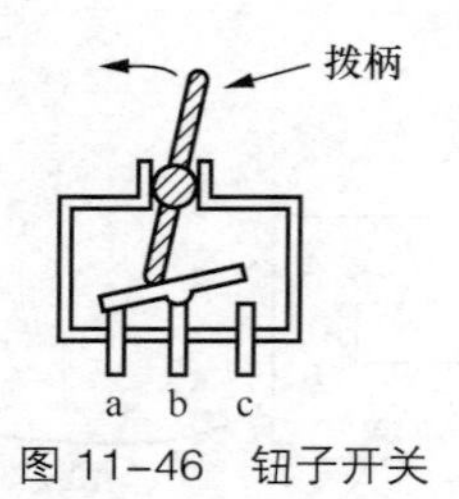

图 11-46　钮子开关

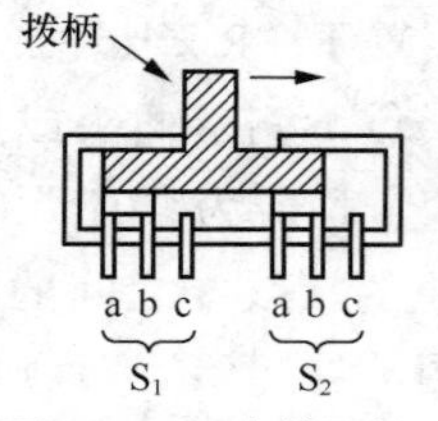

图 11-47　直拨开关

直推开关是一种特殊的拨动开关，其拨动部分的一端有一推柄，另一端有复位弹簧，如图 11-48 所示。直推开关一般是多极双位开关，主要用于电路功能的转换。当按下推柄时，b 端与 a 端断开而与 c 端接通。松开推柄后，开关在复位弹簧的作用下又恢复为原来状态。

检测拨动开关时，万用表置于“R × 1k”挡，用两表笔（不分正、负）去检测开关的两个接点间的通断，如图 11-49 所示。将开关拨向“关断”位置时，阻值应为无穷大（不通）。将开关拨向“接通”位置时，阻值应为“0”，否则说明该开关已损坏。对于多极或多位开关，应分别检测各对接点间的通断情况。

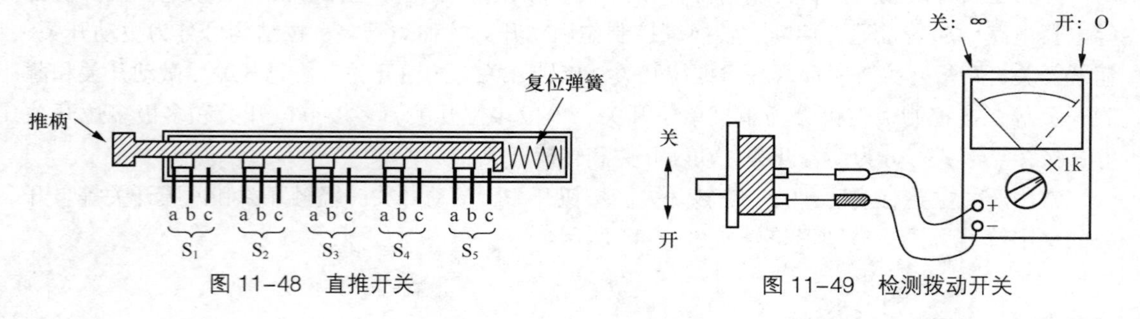

图 11-48　直推开关

图 11-49　检测拨动开关

11.3.2　检测旋转开关

旋转开关是一种旋转操作的转换开关，如图 11-50 所示。旋转开关的文字符号为“S”，图形符号如图 11-51 所示。

图 11-50　旋转开关

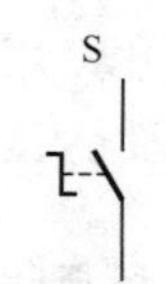

图 11-51　旋转开关的符号

旋转开关由转轴、接触片、动接点和静接点等组成。旋转开关可以是一层，也可以是两层、三层或更多层。每层中可以是一组开关，也可以有多组开关。当转动旋转开关的旋柄时，各层各组开关同时动作。

图 11-52 所示为双层旋转开关结构示意图，两层开关的接触片固定在同一个转轴上同步运动，构成二极 7 位开关，图 11-53 所示为其电路符号。

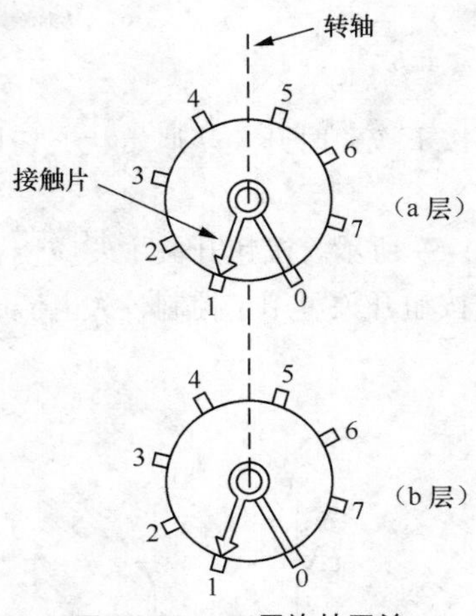

图 11-52 双层旋转开关

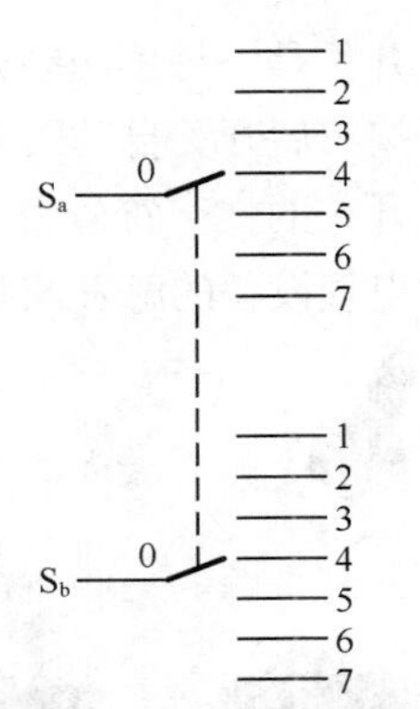

图 11-53 二极 7 位开关的符号

图 11-54 所示为单层三组旋转开关结构示意图，三组开关的接触片固定在一圆形绝缘物上同步转动，构成三极 3 位开关，图 11-55 所示为其电路符号。

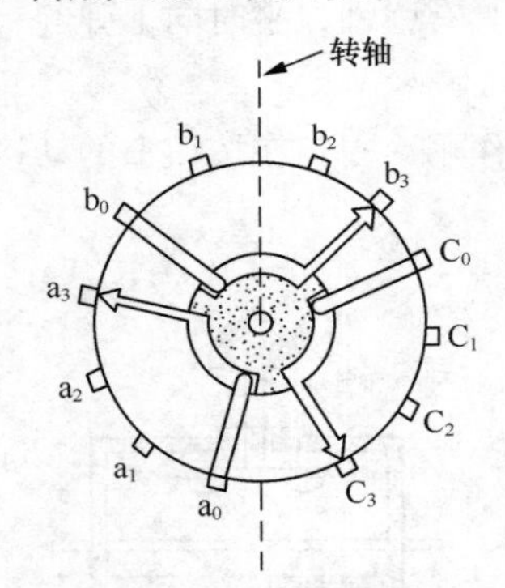

图 11-54 单层旋转开关

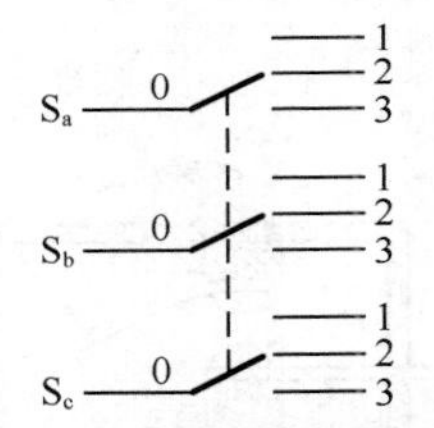

图 11-55 三极 3 位开关的符号

旋转开关常用作电路工作状态的切换，如收音机的波段开关、万用表的量程选择开关等。

检测旋转开关时，万用表置于“R × 1k”挡，测量开关的两个接点间的通断。如果旋钮在某位置时开关关断，则两接点间阻值应为无穷大，如图 11-56 所示。

转动旋钮使开关打开时，两接点间阻值应为“0”，如图 11-57 所示。否则说明该开关已损坏。检测时应分别检测每一层各相应接点间的通断情况。

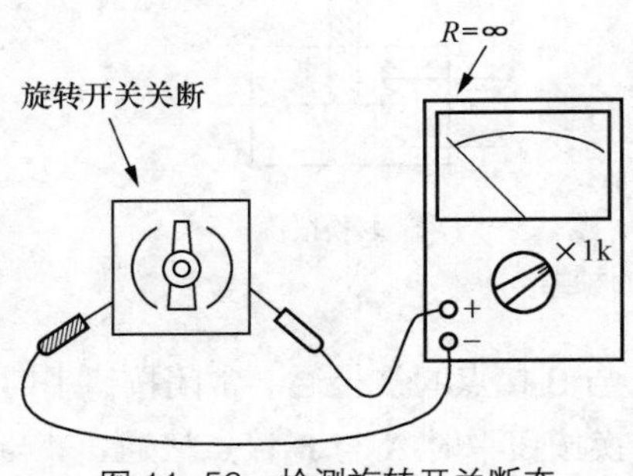

图 11-56 检测旋转开关断态

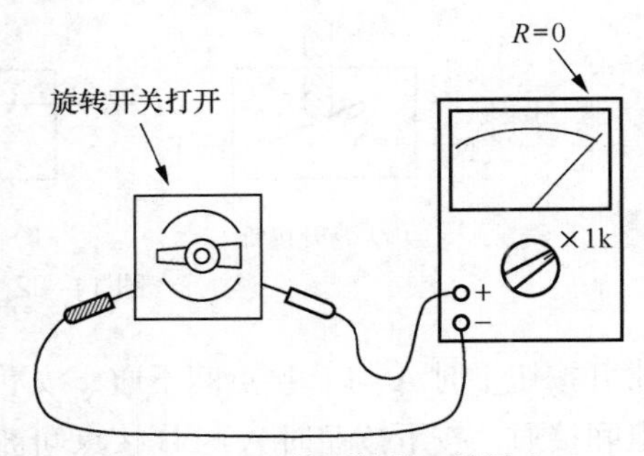

图 11-57 检测旋转开关通态

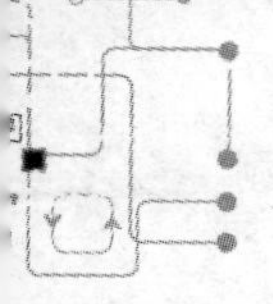

11.3.3 检测按钮开关

按钮开关是一种不闭锁开关，如图 11-58 所示。按下按钮时开关从原始状态切换到动作状态，松开按钮后开关自动回复为原始状态。

按钮开关的文字符号为“SB”，图形符号如图 11-59 所示。按钮开关主要应用在门铃、家用电器和电气设备的触发控制等方面，其中双断点式按钮开关可用于控制较大电流的场合。

图 11-58 按钮开关　　图 11-59 按钮开关的符号

图 11-60 所示为单断点式按钮开关结构，由于动接点具有弹性，平时向上弹起，只有按钮被按下时才使接点闭合。

图 11-61 所示为双断点式按钮开关结构，由于弹簧的作用，固定在按钮上的动接点平时向上弹起，只有按钮被按下时才接通左右静接点。

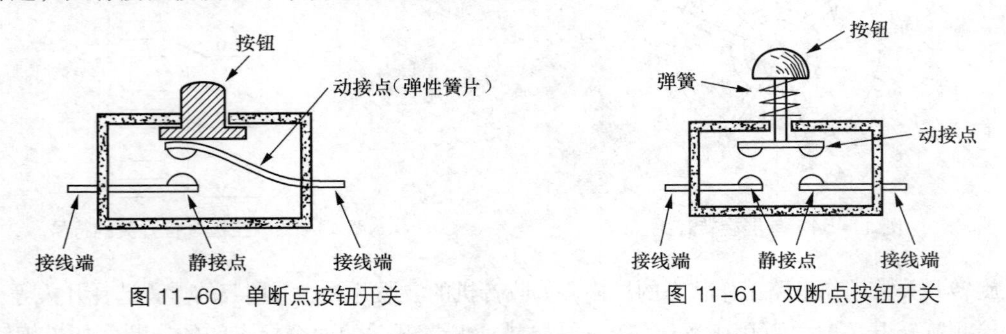

图 11-60 单断点按钮开关　　图 11-61 双断点按钮开关

由于接点形式的不同，按钮开关可分为常开按钮、常闭按钮和转换按钮 3 类，如图 11-62 所示。

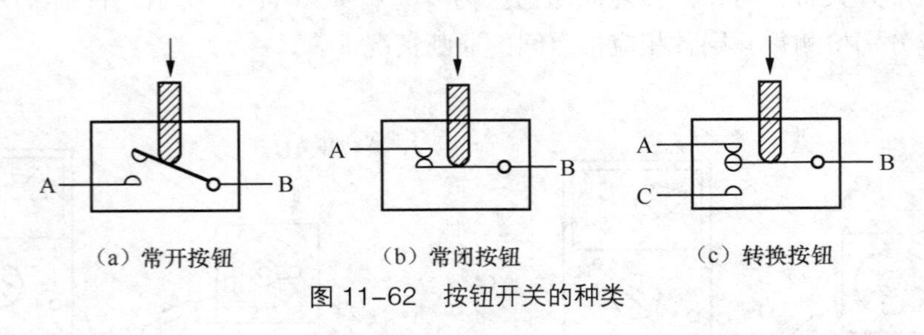

（a）常开按钮　（b）常闭按钮　（c）转换按钮

图 11-62 按钮开关的种类

常开按钮平时 A 与 B 接点间不通，按下按钮时 A 与 B 接点间被接通。常闭按钮平时 A 与 B 接点间接通，按下按钮时 A 与 B 接点间被切断。转换按钮平时 A 与 B 接点接通、C 与 B 接点断开，按下按钮时 A 与 B 接点断开而 C 与 B 接点接通。

检测按钮开关时，万用表置于“R×1k”挡，用两表笔（不分正、负）去检测按钮开关每一对接点的通断。按钮开关未按下时，其常开接点应断开，电阻为无穷大，如图 11-63 所示。当按下按钮时，其常开接点应接通，电阻为“0”，如图 11-64 所示。否则说明该按钮开关已损坏。

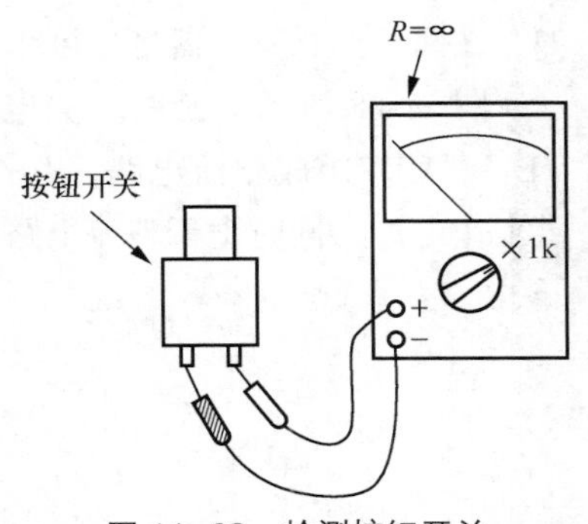

图 11-63 检测按钮开关

对于按钮开关的常闭接点，未按下时接点应接通，电阻为“0”。按下按钮时接点应断开，电阻为无穷大。否则说明该按钮开关已损坏。

对于按钮开关的转换接点，应分别检测其在按钮按下和未按下两种状态下，接点的通断情况，如图 11-65 所示。

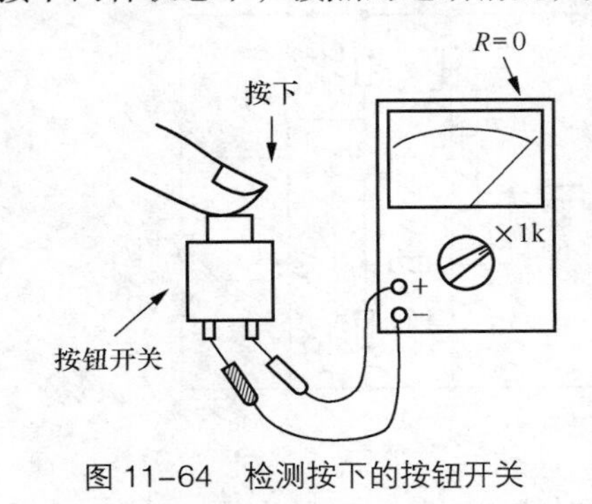

图 11-64 检测按下的按钮开关

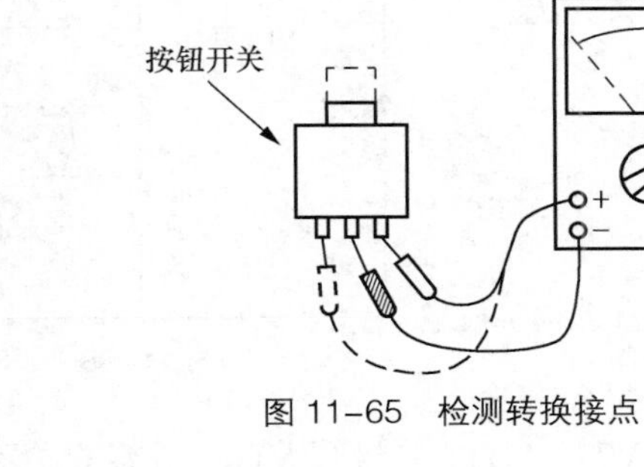

图 11-65 检测转换接点

11.3.4 检测开关的绝缘性能

开关的绝缘性能关系到开关的质量和使用安全。检测开关的绝缘性能时，万用表置于“R×1k”或“R×10k”挡，检测开关各对接点之间的绝缘电阻，均应为无穷大。如果是金属外壳的开关，还应检测每个接点与外壳之间的绝缘电阻，也均应为无穷大，如图 11-66 所示。否则说明该开关绝缘性能太差，不能使用。

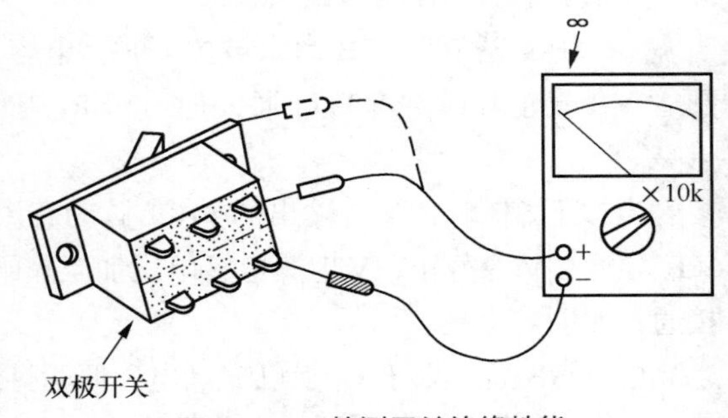

图 11-66 检测开关绝缘性能

11.3.5 检测延时开关

延时开关是一种具有延时关灯功能的自动开关，按一下延时开关上的按钮，照明灯立即点亮，延时数分钟后自动熄灭，特别适合作为门灯、楼道灯等公共部位照明灯的控制开关，既方便又节电。延时开关电路固定在标准开关板上，如图 11-67 所示，可以直接代换照明灯原来的开关。

图 11-67 延时开关

如需在两处控制同一盏灯，可将另一按钮接入 X_3、X_4 端子即可。

图 11-68 所示为延时开关电路图，由整流电路、延时控制电路、指示灯等组成。二极管 VD_1 ~ VD_4 组成整流电路，其作用是将 220V 交流电转换为脉动直流电，为延时控制电路提供工作电源。同时由于整流电路的极性转换作用，使用单向晶闸管即可控制交流回路照明灯的开关。

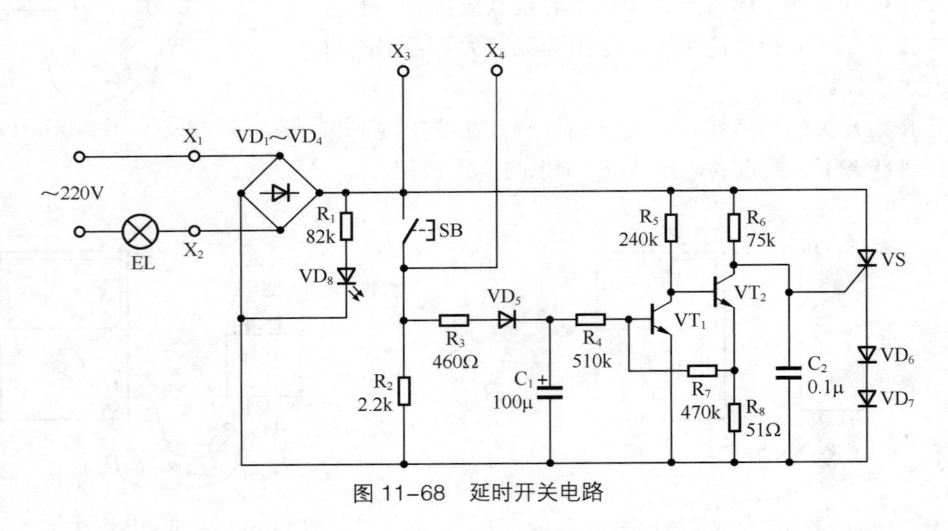

图 11-68　延时开关电路

晶体管 VT_1、VT_2、二极管 VD_5、电容 C_1 等组成延时控制电路，控制单向晶闸管 VS 的导通与截止，其控制特点是触发后瞬时接通、延时关断。

发光二极管 VD_8 构成指示灯，其作用是指示触发按钮的位置，以便在黑暗中易于找到。照明灯点亮后，指示灯 VD_8 熄灭。

SB 为触发按钮。SB 尚未被按下时，电容 C_1 上无电压，晶体管 VT_1 截止、VT_2 导通，晶闸管 VS 截止。虽然 VT_2 导通，但由于 R_6 阻值很大，导通电流仅几毫安，不足以使照明灯点亮。

当按下 SB 时，整流输出的 310V 脉动直流电压经 R_3、VD_5 使 C_1 迅速充满电，并经 R_4 使 VT_1 导通、VT_2 截止，VT_2 集电极电压加至晶闸管 VS 控制极，VS 导通使照明灯 EL 电源回路接通，照明灯点亮。

松开 SB 后，由于 C_1 上已充满电，照明灯继续维持点亮。随着 C_1 的放电，数分钟后，当 C_1 上电压下降到不足以维持 VT_1 导通时，VT_1 截止、VT_2 导通，VS 在脉动直流电压过零时截止，照明灯熄灭。

延时开关的好坏可用万用表进行检测。检测时，万用表置于"R × 1k"挡，先将两表笔（不分正、负）分别接延时开关的 X_1、X_2 接线端，在触发按钮 SB 未按下时万用表指示应为数百千欧，按下 SB 时万用表指示应为数十千欧，如图 11-69 所示。

再将万用表两表笔（不分正、负）分别接延时开关的 X_3、X_4 接线端，在触发按钮 SB 未按下时万用表指示应为数十千欧，按下 SB 时万用表指示应为"0Ω"，如图 11-70 所示。如检测结果与上述不符，说明该延时开关存在故障。

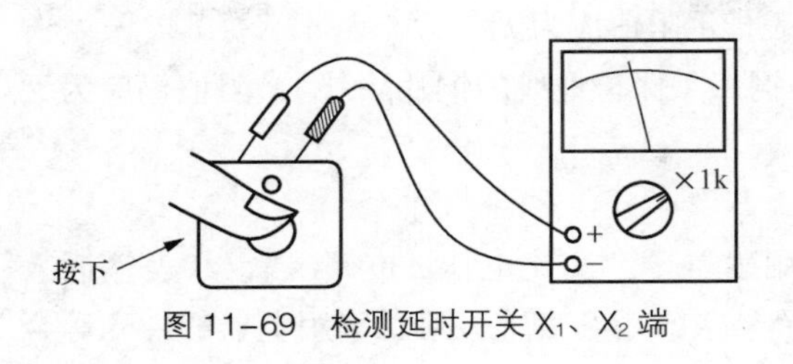

图 11-69 检测延时开关 X_1、X_2 端

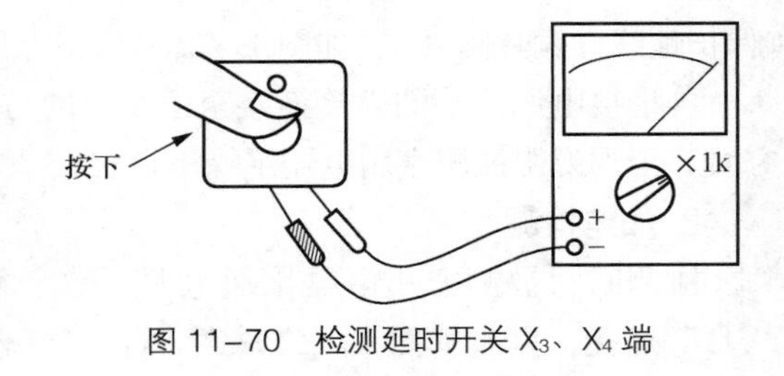

图 11-70 检测延时开关 X_3、X_4 端

11.4 其他家用电器检测

我们每家都有许多大大小小的家用电器，家用电器的正常运行关系到我们每一个人的生活与安全。家用电器的状态是否正常，可以用万用表进行检测。

11.4.1 检测家用电器的耗电量

通过检测家用电器的工作电流，即可计算出其耗电量。因为家用电器使用的是 220V 交流市电，当自己所用的万用表没有交流电流测量功能时，可以将万用表置于“交流电压”挡，用交流电压表间接测量交流电流。

如图 11-71 所示，在家用电器供电回路中串入一个取样电阻 R，万用表置于“交流电压”挡，测量取样电阻R上的电压，并根据$I=\frac{U}{R}$计算得出电流值。取样电阻一般取值为数欧，并应有足够的功率。

例如，检测某家用电冰箱，取样电阻 $R = 5.1\Omega$，测得取样电阻上的电压 $U = 3.2\text{V}$，则该电冰箱的工作电流$I=\frac{3.2}{5.1}\approx0.63\text{A}$，电功率$P = 220\times0.63=138.6\text{W}$。电冰箱的压缩机是间歇性地工作的，按每天累计工作8小时计算，该电冰箱一天的耗电量为138.6×8=1.1088kWh，即每天耗电约1.1度。

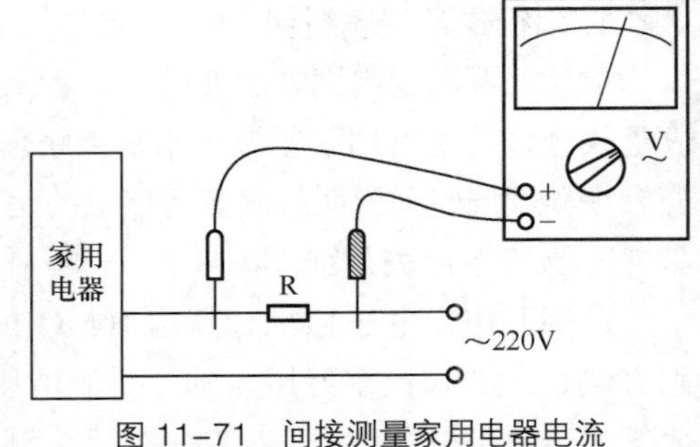

图 11-71 间接测量家用电器电流

11.4.2 检测家用电器的绝缘情况

家用电器使用日久后，有可能出现漏电的情况。为了保证使用安全，经常检测家用电器的绝缘情况是很有必要的。

1. 不加电检测

检测时，将被测家用电器的电源插头从供电插座中拔下来。万用表置于“R×10k”挡，两表笔不分正、负，一只表笔接家用电器的外壳等金属部件，另一表笔接其电源插头上的铜片

（保护地线的铜片除外），如图 11-72 所示，万用表指示阻值应为无穷大（表针不动）。

再将接电源插头的表笔换接至插头上的另一铜片（保护地线的铜片除外），阻值仍应为无穷大。否则说明被测家用电器绝缘不良。

2. 加电检测

检测时，被测家用电器接通电源。数字万用表置于“交流电压 200V”挡，红表笔插入“VΩ”插孔，黑表笔插入“COM”插孔。黑表笔悬空，用红表笔去接触家用电器的外壳等金属部件，如图 11-73 所示。

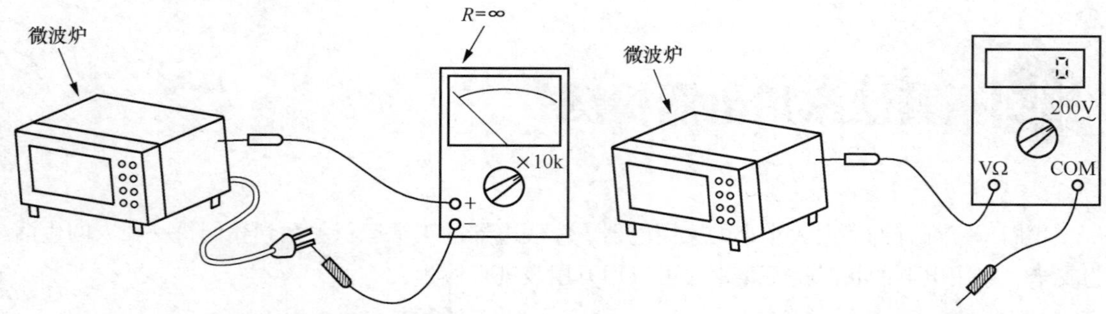

图 11–72　检测家用电器绝缘情况　　　图 11–73　加电检测家用电器绝缘情况

观察数字万用表的显示屏，如果显示值为“0”，说明被测家用电器的外壳等金属部件不带电，绝缘情况良好。如果显示值在“15V”以上，说明被测家用电器已漏电，绝缘情况不良，应及时检修。

11.4.3　判别 220V 市电的相线与零线

万用表可以用来判别交流 220V 市电的相线（即火线）与零线，起到类似于测电笔的作用。

1. 指针式万用表判别

指针式万用表判别方法如图 11-74 所示，万用表置于“交流电压 250V 或 500V”挡，将黑表笔线缠绕几道后用手紧握（不要接触表笔的金属部分），用红表笔去接触被测点。如果表针向右小幅度偏转，说明红表笔所接触的是 220V 市电的相线。

2. 数字万用表判别

数字万用表电压挡具有高达 10MΩ 的输入阻抗，更适合用来判别市电的相线与零线。判别方法是，选择数字万用表的“交流电压 200V 或 700V”挡，一手紧握黑表笔线（不要接触表笔的金属部分），用红表笔去接触被测点，如图 11-75 所示。如果显示屏有数十伏的电压数值显示，说明红表笔所接触的是 220V 市电的相线。

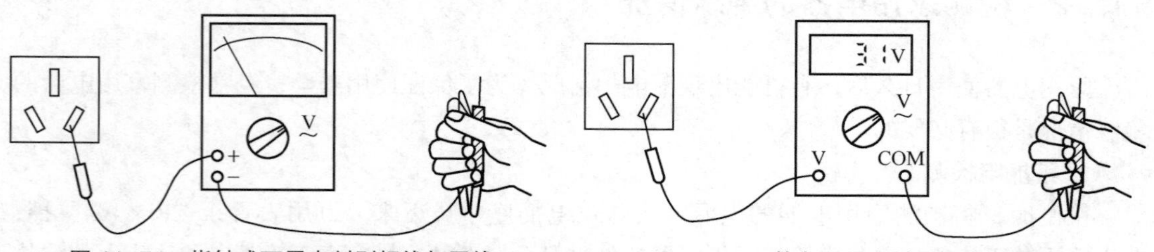

图 11–74　指针式万用表判别相线与零线　　　图 11–75　数字万用表判别相线与零线

11.4.4 检测电热类小家电

电熨斗、电饭煲、煮蛋器、电热杯、电热驱蚊器等小家电，是广大家庭普遍使用的日常电器。这些小家电的共同特点是都采用电加热方式工作，它们都可以用万用表进行检测。检测包括两方面，一是检测电热元件的好坏，二是检测绝缘性能。

1. 检测电热元件

电熨斗、电饭煲、煮蛋器、电热杯等小家电均采用电热丝加热。检测时，万用表置于“R × 10Ω”挡，两表笔不分正、负，分别接至被测小家电电源插头的相线和零线端，打开小家电上的电源开关，万用表表针即指示出电热丝的冷态电阻值，如图 11-76 所示。

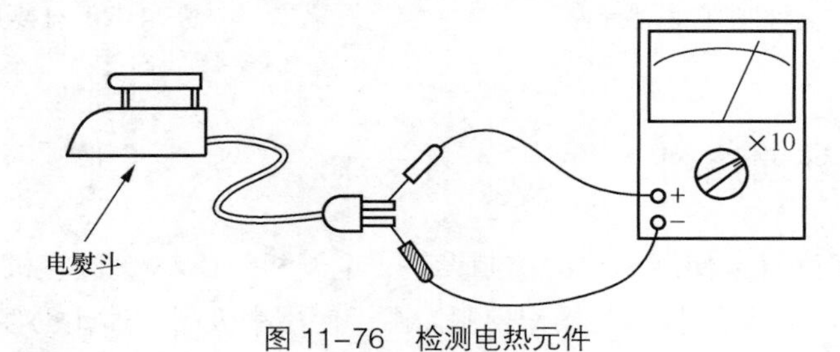

图 11–76 检测电热元件

将检测结果与正常值相比较，即可判断出被测小家电的好坏。如果万用表指示阻值为无穷大（表针不动），说明被测小家电电热丝已断路损坏。如果万用表指示阻值为“0Ω”或明显偏小，说明被测小家电电热丝已短路或局部短路。不同功率的小家电，其电热丝的冷态电阻的正常值见表 11-2。

表 11–2 小家电电热丝的冷态电阻值

额定功率（W）	冷态电阻（Ω）
100	450
200	230
300	150
400	115
500	90
750	60
1000	45

2. 检测 PTC 发热元件

电热驱蚊器采用 PTC 发热元件加热。检测时，万用表置于“R × 1k”挡，测量 PTC 发热元件的冷态电阻值，应为 2.5 ～ 4.5kΩ，如图 11-77 所示。电阻值过大或过小都说明被测 PTC 发热元件已老化或损坏。

3. 检测绝缘性能

检测小家电的绝缘性能时，万用表置于“R × 10k”挡，两表笔不分正、负，一只表笔接小家电电源插头上的铜片（保护地线的铜片除外），另一表笔接小家电的外壳等金属部件，如

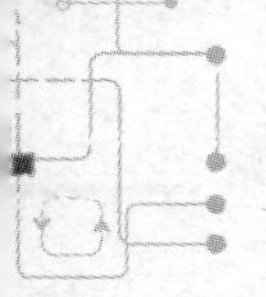

图 11-78 所示，万用表指示阻值应为无穷大（表针不动）。否则说明被测小家电绝缘不良，有漏电隐患。

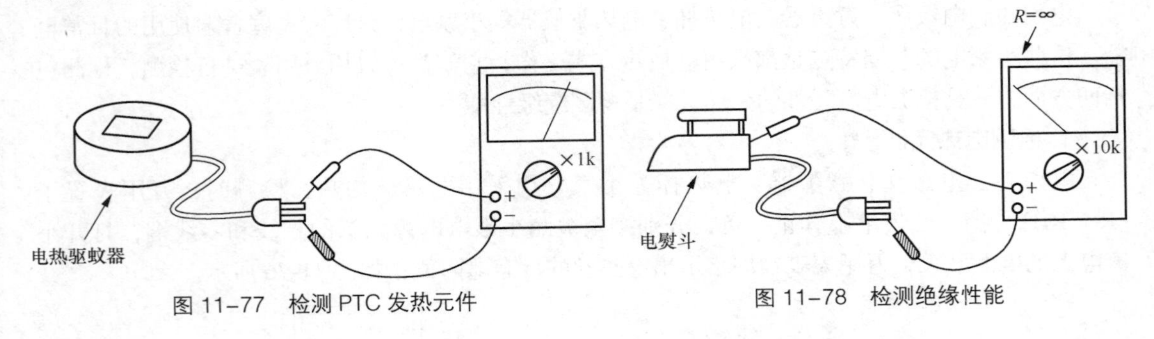

图 11–77　检测 PTC 发热元件　　图 11–78　检测绝缘性能

11.4.5　检测红外遥控器

红外遥控器是家庭日常使用最多的控制设备，电视机、DVD、数字机顶盒、家庭影院系统、空调等，都离不开红外遥控器的操作控制。由于使用率极高，因此也容易发生故障。万用表可以检测红外遥控器，以判断是遥控器故障还是设备主机故障。

1. 检测遥控器电路

检测时，打开遥控器后盖，万用表置于“直流 0.25V”或“直流 1V”挡，红表笔（正表笔）接红外发光二极管的正极，黑表笔（负表笔）接红外发光二极管的负极，如图 11-79 所示。

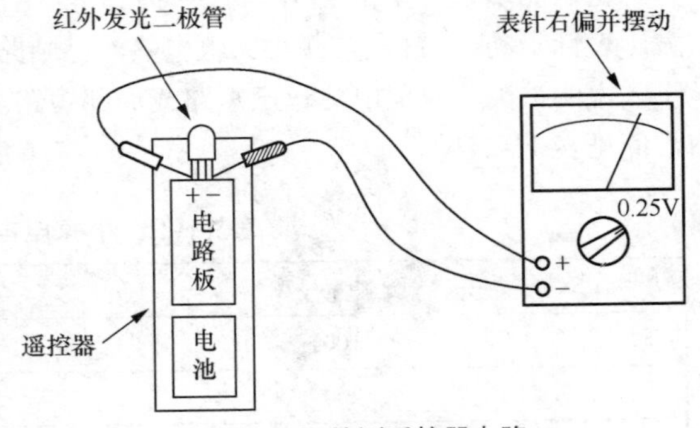

图 11–79　检测遥控器电路

此时按动遥控器的任一按键，万用表指针应向右偏转并大幅度摆动，否则说明被测遥控器没有起振或电路损坏。

2. 检测红外发光二极管

检测确定遥控器电路完好后，还需进一步检测红外发光二极管是否正常。检测时，取一光电二极管作为检测元件，万用表置于“R × 1k”挡，黑表笔（表内电池正极）接光电二极管负极，红表笔（表内电池负极）接光电二极管正极。将遥控器的红外发光二极管对准光电二极管，如图 11-80 所示。

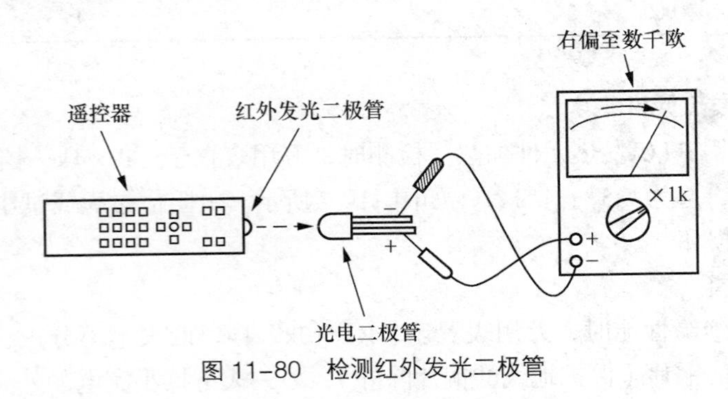

图 11–80　检测红外发光二极管

用黑纸片等遮光物将遥控器的红外发光二极管与检测用光电二极管一起遮住，以免受环境光的干扰。未按遥控器按键时，万用表指示应为无穷大（表针不动）。按下遥控器任一按键时，万用表表针应向右偏转至数千欧处并摆动。如果按下遥控器按键时万用表表针无反应，说明被测遥控器的红外发光二极管已损坏。

11.4.6 检测电池的电量

两节同样的电池，用万用表测量电压都是 1.5V，但是小手电用甲电池很亮，而用乙电池却发光暗淡，这是为什么呢？究其原因，是乙电池的电量已较小，虽然开路端电压仍为 1.5V，却不能提供较大电流。通过测量电池的电量，可以准确判断电池的新旧程度。

可以通过测量电池内阻的方法来检测电池的电量，内阻越大的电池其电量越小。测量电池内阻时，万用表置于“直流 2.5V”挡。如图 11-81 所示，红表笔接电池正极，黑表笔接电池负极，万用表的指示值即为电池的开路电压 U_1。

在上一步的基础上，用一只 1.5V、0.3A 的小电珠并接到电池上，如图 11-82 所示，小电珠应发光，万用表的指示值有所下降，这时万用表指示的即为电池的有载电压 U_2。

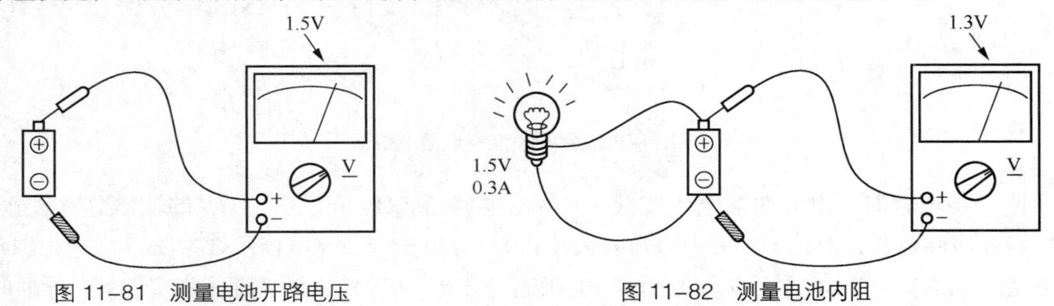

图 11-81 测量电池开路电压　　图 11-82 测量电池内阻

开路电压 U_1 与有载电压 U_2 之差，与负载电流 I 的比值，就是电池的内阻 R_o，即 $R_o=\frac{U_1-U_2}{I}$。例如，测量某电池，$U_1=1.5\text{V}$，$U_2=1.3\text{V}$，$I=0.3\text{A}$，则该电池的内阻$R_o=\frac{1.5-1.3}{0.3}\approx 0.67\Omega$。

11.4.7 检测手机充电器

随着手机的普及，手机充电器已成为现代家庭中最常用的电器之一。手机电池充电器电路如图 11-83 所示，包括开关电源和充电控制两部分。开关电源摒弃了笨重的电源变压器，减小了充电器的体积和重量，提高了电源效率。充电电路采用脉宽调制控制，可以对电池进行先大电流后涓流的智能快速充电，并由发光二极管予以指示。VD_9 为电源指示灯，VD_{10} 为充电指示灯。

电路图左半部分为开关电源电路。整流二极管 VD_1 ～ VD_4 将交流 220V 市电直接整流为 310V 直流电压，经开关管 VT_1、脉冲变压器 T、整流二极管 VD_8 等组成的直流变换电路后，输出 +12V 直流电压供给后续的充电电路。

电路图右半部分为充电控制电路，脉宽调制控制采用 PWM 专用集成电路 MB3759（IC_1），指示控制电路由集成运放（IC_2 ～ IC_4）构成。充电器接通电源后，电源指示灯 VD_9 点亮，

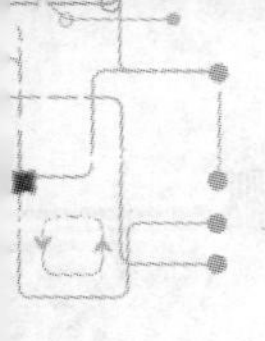

+12V 电压通过晶体管 VT_3 对手机电池进行充电。

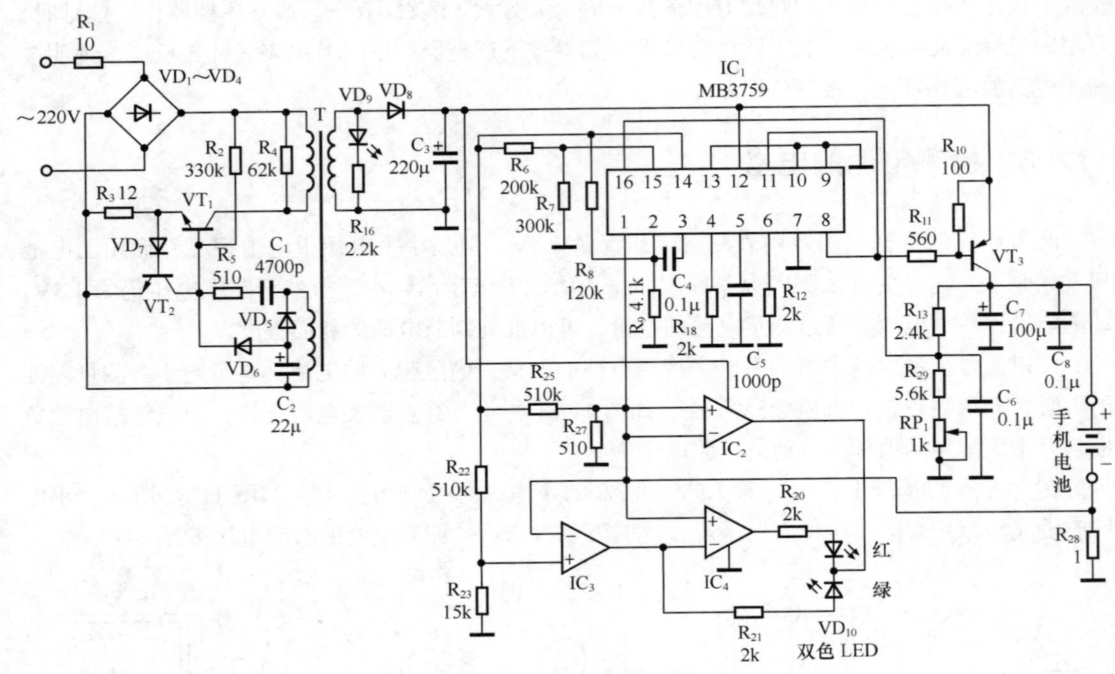

图 11–83　手机电池充电器电路

刚开始充电时，电池两端电压较低，经 R_{13} 与 R_{29} 和 RP_1 分压后使 IC_1 的输出脉宽较宽，VT_3 导通时间较长，对电池的充电电流较大（180 ～ 200mA），充电指示灯 VD_{10}（双色 LED）发红光。随着充电时间的推移，电池两端电压逐步升高，IC_1 输出脉宽逐步变窄，VT_3 导通时间逐步缩短，充电电流逐步减小。当电池电量充到 50% 时，VD_{10} 发橙色光。当电池电量充到 75% 后，VD_{10} 发绿光，进入充电电流 < 50mA 的涓流充电状态，直至充满。

R_{28} 是取样电阻，如果电池出现短路，R_{28} 上过高的取样电压还会使 IC_1 关断，保护 VT_3 不被损坏。

1. 检测手机电池充电器

检测时，万用表置于“R × 1k”挡，两表笔不分正、负，测量充电器 220V 交流电源输入端两引脚间的电阻值，应为数百千欧，如图 11-84 所示。再测量充电器连接手机电池的两输出端间的电阻值，应为数千欧，如图 11-85 所示。

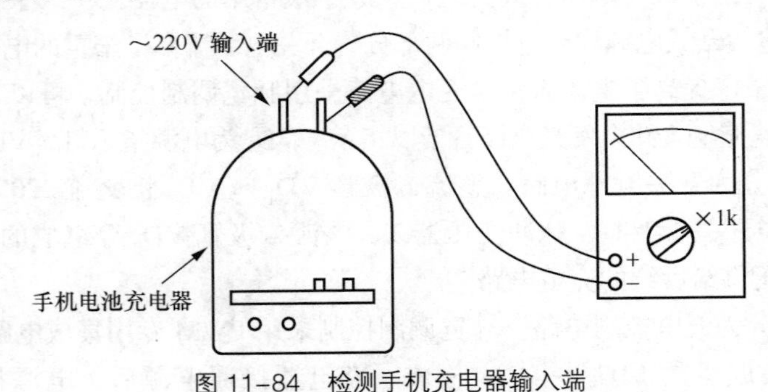

图 11–84　检测手机充电器输入端

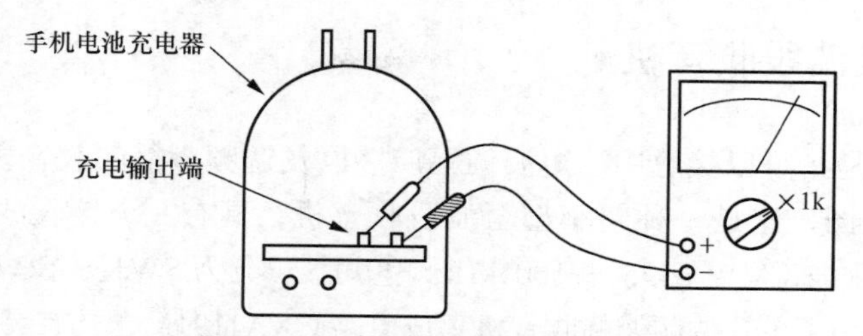

图 11-85　检测手机充电器输出端

检测中，如果万用表指示阻值为无穷大（表针不动），说明内部电路断路；如果万用表指示阻值为“0”，说明内部电路短路，被测手机充电器已损坏。

2. 检测手机在线充电器

在线充电器（线充）用于直接连接手机对其中的电池充电，其输入端接入交流 220V 市电，其输出端输出 +5V 直流电压。检测时，万用表置于“R×1k”挡，两表笔不分正、负，测量充电器 220V 交流电源输入端两引脚间的电阻值，应为数百千欧，如图 11-86 所示。

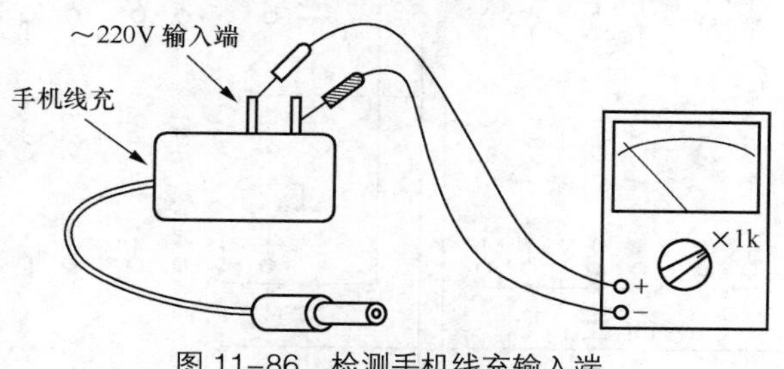

图 11-86　检测手机线充输入端

再测量充电器输出端正、负极之间的电阻值，当红表笔接正极、黑表笔接负极时，阻值应较小，对调两表笔后测量时阻值应较大，如图 11-87 所示。

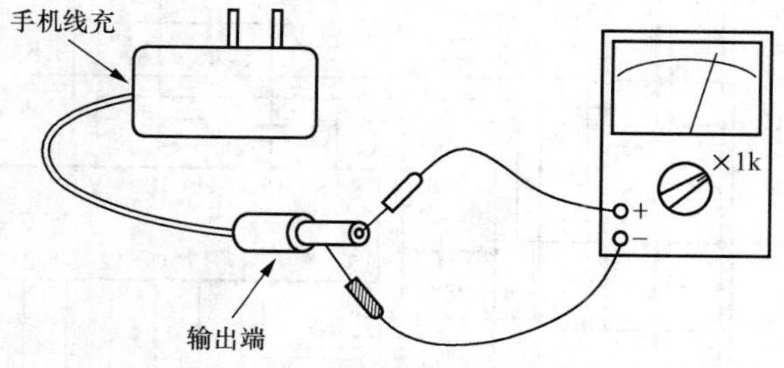

图 11-87　检测手机线充输出端

也可直接测量手机线充的输出电压。检测时将手机线充插入 220V 市电插座，万用表置于“直流 10V”挡，红表笔接线充输出端正极、黑表笔接输出端负极，万用表指示电压应为 5V，如图 11-88 所示。否则说明被测手机充电器故障。

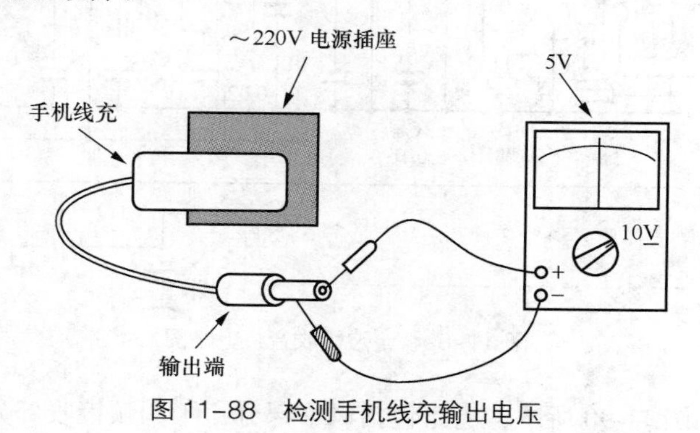

图 11-88　检测手机线充输出电压

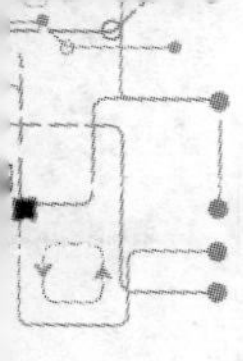

11.4.8 检测全波段收音机

全波段收音机是指可以接收中、短波调幅广播以及调频广播的收音机。图 11-89 所示为全波段收音机电路图，这是一种超小型全波段收音机，具有 8 个接收波段：①调频（FM）88 ～ 108MHz，②中波（MW）525 ～ 1605kHz，③短波（分为 SW1 ～ SW6 六个波段）5.80 ～ 18.00MHz。由于采用了单片调频调幅收音机集成电路 CXA1191M，具有灵敏度高、性能稳定、功能齐全、电路简洁的特点。S_1 为波段开关，S_2 为电源开关，C_1 为调谐可变电容器，VD 为调谐指示灯，RP 为音量电位器，L_5 为磁性天线，W 为拉杆天线，X 为耳机插座。

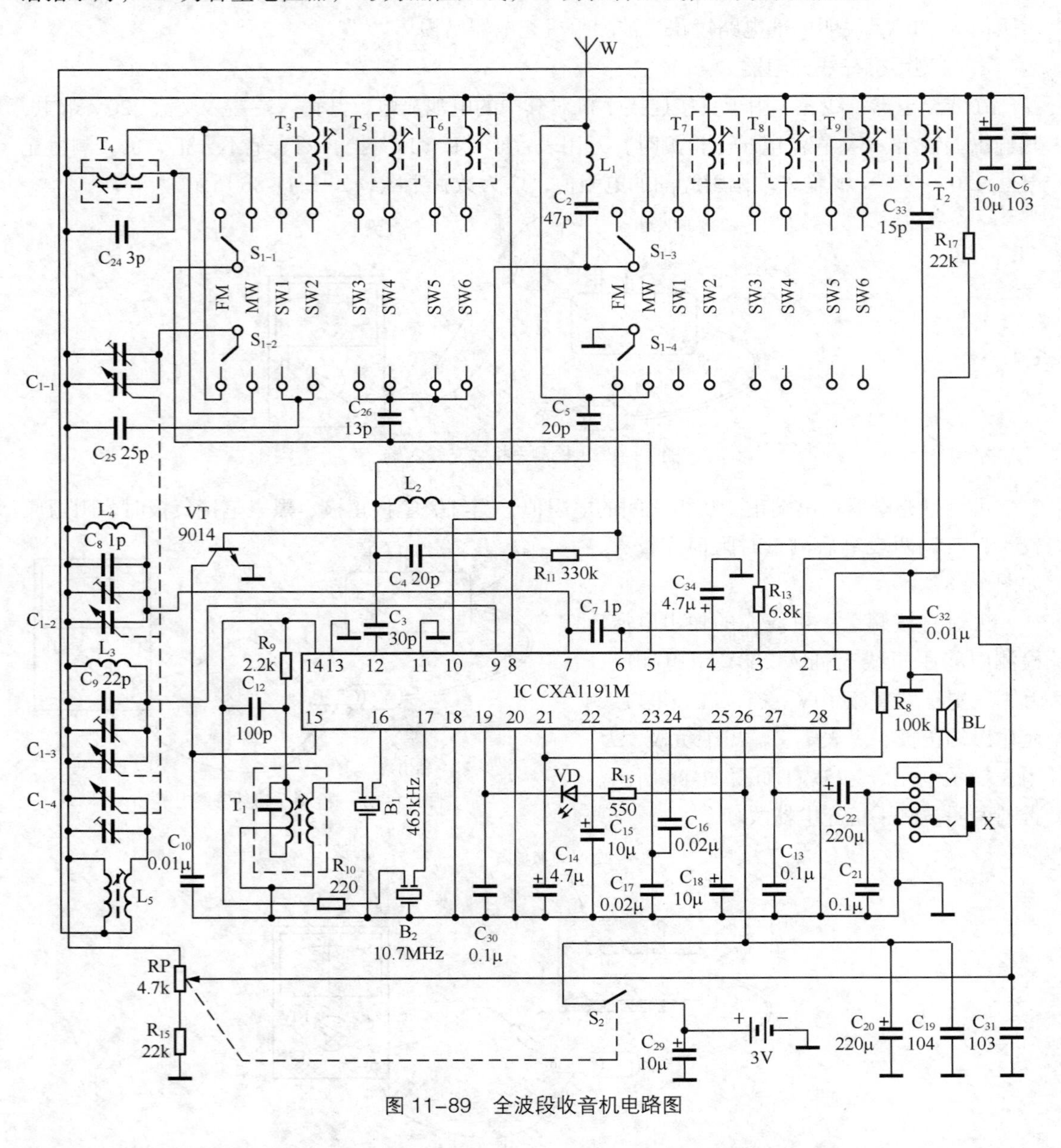

图 11-89　全波段收音机电路图

电路工作原理如图 11-90 所示，电路包括以下部分：①调频接收部分，包括高放、变频、中放、鉴频等电路，其功能是接收调频信号并解调出音频信号。②调幅接收部分，包括中、短波变频、中放、检波等电路，其功能是接收调幅信号并解调出音频信号。③音频功率放大部分，其功能是将音频信号放大后驱动扬声器发声。④操作控制部分，包括调谐、波段选择、音量控制等电路。

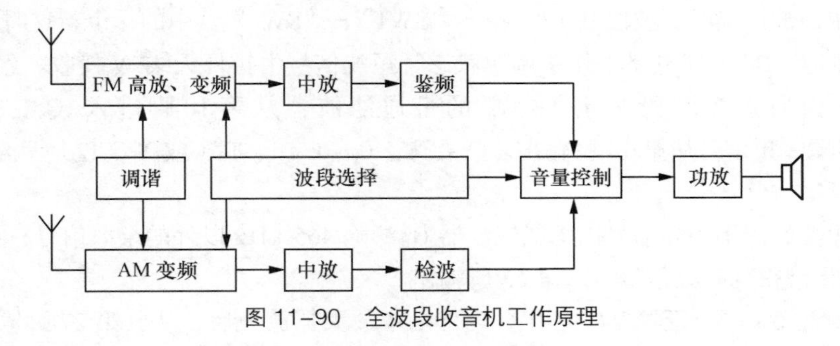

图 11-90 全波段收音机工作原理

整机电路几乎全部包含在单片调频调幅收音机集成电路 CXA1191M 中，其内部电路功能如图 11-91 所示。

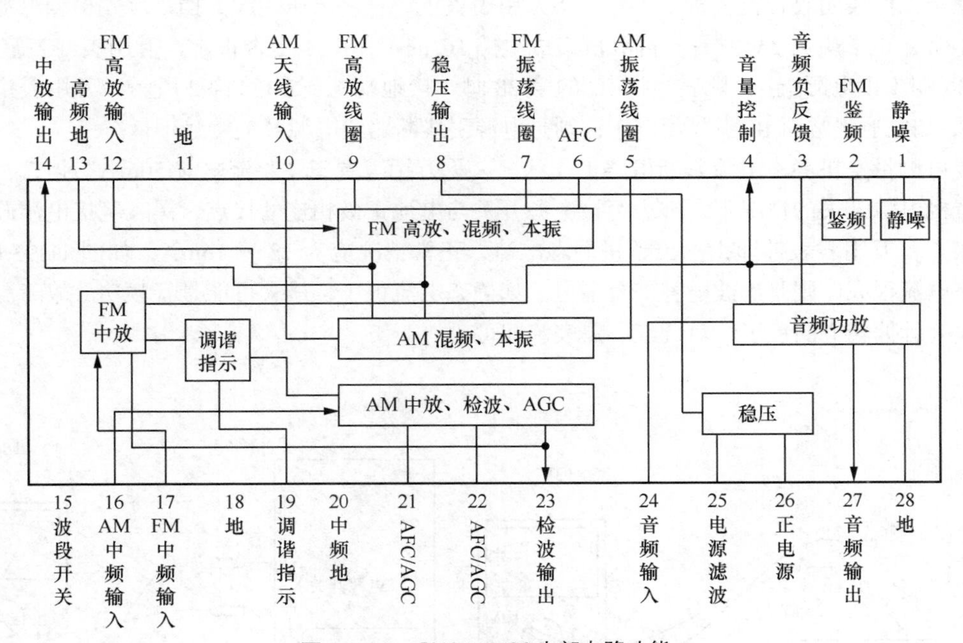

图 11-91 CXA1191M 内部电路功能

接收调频广播时，波段开关 S_1 指向“FM”，VT 截止，IC（CXA1191M）第 15 脚为高电平，IC 内部电路工作于调频状态。拉杆天线 W 接收到的 FM 高频信号经 C_5、L_2、C_4、C_3 带通滤波器从第 12 脚进入 IC，带通滤波器的作用是滤除 88 ～ 108MHz 以外的杂散信号。L_4、$C_{1\text{-}2}$、C_8 等构成 FM 本振回路，L_3、$C_{1\text{-}3}$、C_9 等构成调谐回路，它们与 IC 内的相关电路一起，对由第 12 脚输入的 FM 高频信号进行选台、高放、混频后，产生 10.7MHz 的 FM 中频信号，从第 14 脚输出。FM 中频信号由陶瓷滤波器 B_2 滤除 10.7MHz 以外的杂散信号，再由第 17 脚进入 IC 内部鉴频得到音频信号，从第 23 脚输出。T_2、C_{33} 构成鉴频回路。

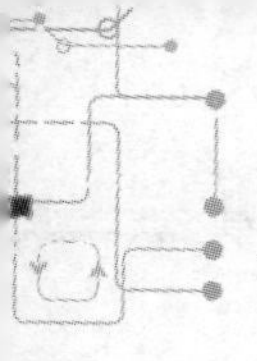

接收调幅中波广播时，波段开关 S_1 指向“MW”，VT 导通，IC 第 15 脚接地，IC 内部电路工作于调幅状态。磁性天线 L_5 与 C_{1-4} 构成中波调谐回路，T_4、C_{1-1}、C_{24} 等构成中波本振回路，它们与 IC 内的相关电路一起，对由第 10 脚输入的中波高频信号进行选台、混频后，产生 465 kHz 的调幅中频信号，从第 14 脚输出。

接收调幅短波广播时，波段开关 S_1 指向“SW1”～“SW6”其中的一个，这时 VT 均导通，IC 第 15 脚接地，IC 内部电路工作于调幅状态。短波信号由拉杆天线 W 接收，经 L_1、C_2、T_7（或 T_8、T_9，由所选短波段决定）组成的带通滤波器从第 10 脚进入 IC 混频后，产生 465kHz 的调幅中频信号从第 14 脚输出。C_{1-1}、C_{25}（或 C_{26}）、T_3（或 T_5、T_6）等构成短波本振回路。

中波或短波的调幅中频信号由陶瓷滤波器 B_1 滤除 465 kHz 以外的杂散信号，再由第 16 脚进入 IC 内部检波得到音频信号，从第 23 脚输出。

音频信号经 C_{16} 耦合至第 24 脚由 IC 内部功率放大器放大后，从其第 27 脚输出音频功率信号推动扬声器或耳机发声。C_{22} 为输出耦合电容。

1. 收音机无声的检测

完全无声表明收音机整机未工作。将万用表置于“直流电压 10V”挡，首先检测电池电压是否正常，正常应为 3V 左右。再测量集成电路 IC 的工作电压是否正常，万用表红表笔接 IC 的第 26 脚（正电源端），黑表笔接 IC 的第 28 脚（接地端），如图 11-92 所示，万用表指示应为 3V。如电池正常而 IC 引脚无电压，则是电源引线断路或电源开关接触不良。

也可测量整机静态电流判断电路工作状况。将万用表置于“直流电流 50mA”挡，在不打开收音机电源开关的情况下，红表笔接电源开关与电池正极相连的接点，黑表笔接电源开关的另一接点，万用表表针即指示出整机静态电流，正常情况应为 12 ～ 16mA，如图 11-93 所示。如静态电流很大，则是滤波电容严重漏电。如静态电流很小，最大可能是音频功放故障。如果万用表表针偏转方向反了，对调红、黑表笔即可。

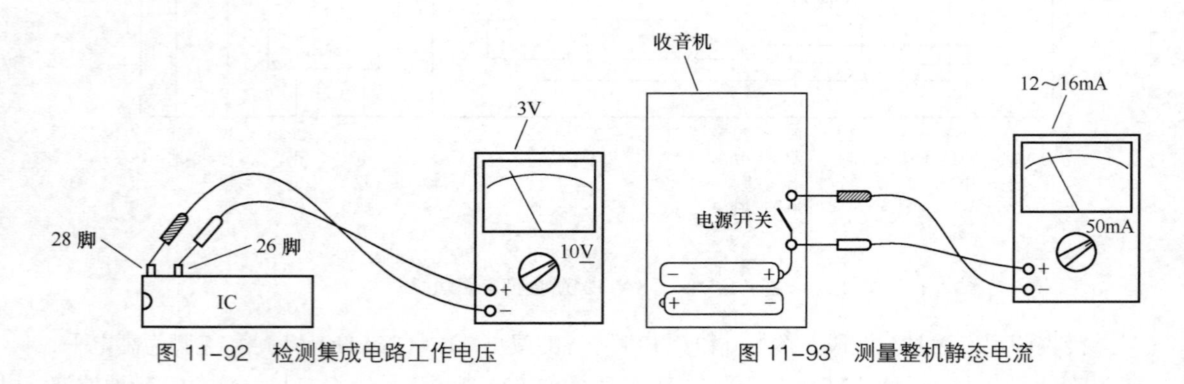

图 11-92　检测集成电路工作电压　　图 11-93　测量整机静态电流

2. 有噪声但收不到广播电台的检测

扬声器中有噪声但各波段均收不到广播电台，说明收音机前级电路故障。首先检测 IC 的第 8 脚有否 1.2V 左右的稳压输出。检测时，万用表置于“直流电压 2.5V”挡，红表笔接 IC 的第 8 脚，黑表笔接地，万用表指示应为 1.2V，如图 11-94 所示。如第 8 脚没有稳压输出说明 IC 内部稳压器损坏。如 1.2V 稳压输出正常，则检查波段开关公共端是否接触不良。

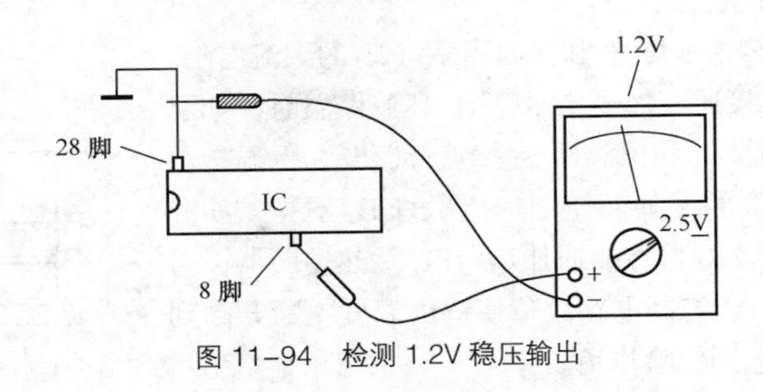

图 11-94 检测 1.2V 稳压输出

11.4.9 检测自动电饭煲

自动电饭煲是一种电热炊具，它不仅可以用来煮饭，还可以煲粥、蒸馒头、炖汤等，具有自动化程度高、操作简便、安全可靠的特点，是社会拥有量很大的家用电器。

图 11-95 所示为一种典型的自动电饭煲电路图，整个电路由热熔断器 FU、发热器、限温器 S_1、保温器 S_2、加热指示灯 H_1 和保温指示灯 H_2 等部分组成。接通电源按下煮饭按键后，电热发热器为内锅加热煮饭，饭煮好后限温器 S_1 自动切断发热器电源，电饭煲进入保温阶段，自动控制在 70℃左右。

限温器 S_1 的作用是将内锅的温度控制在 103℃以下，以保证既能煮熟饭又不会烧糊饭。限温器结构如图 11-96 所示，由感温磁钢、衔铁、杠杆和接点等构成。感温磁钢由特殊材料制成，居里点温度为 103℃。煮饭时按下煮饭按键，杠杆上抬使衔铁与感温磁钢接触并被吸住，接点接通发热器电源开始煮饭，由于水的沸点为 100℃，因此饭煮好前锅内保持 100℃温度。当米饭煮熟时水已干，锅内温度开始上升，当达到 103℃时，感温磁钢失去磁性，衔铁下落带动杠杆下落推动接点断开，切断发热器电源。感温磁钢一经制造出来其居里点温度即不会改变，因此感温磁钢式限温器既简单又可靠。

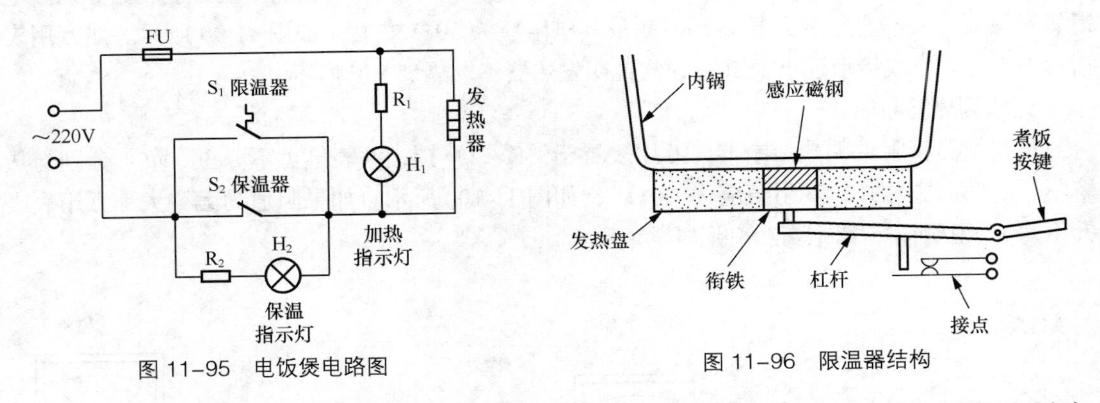

图 11-95 电饭煲电路图

图 11-96 限温器结构

保温器 S_2 的作用是将锅内温度保持在 70℃左右，其结构如图 11-97 所示，由双金属片、接点和调温螺钉等构成。双金属片的形状会随温度改变，温度越高越弯曲。保温器 S_2 安装在内锅下面，当温度高于 70℃时，双金属片向下弯曲，接点在自身弹性作用下断开；当温度低于 70℃时，双金属片几乎恢复平直，向上推动接点闭合使发热器加热。调节调温螺钉可使保温温度在 60 ~ 80℃范围内改变。

R_1、R_2分别是加热指示灯H_1和保温指示灯H_2的限流电阻。煮饭时限温器S_1接点接通，加热指示灯H_1亮。保温时，如温度在70℃以上，限温器S_1和保温器S_2接点都断开，保温指示灯H_2亮，因R_2上较大的压降而使加热指示灯H_1不亮；如温度低于70℃，则保温器S_2接点接通加热。FU为热熔断器，熔点温度为150℃，当由于控制电路故障使锅内温度不断升高到150℃时，FU熔断，起到保险作用。

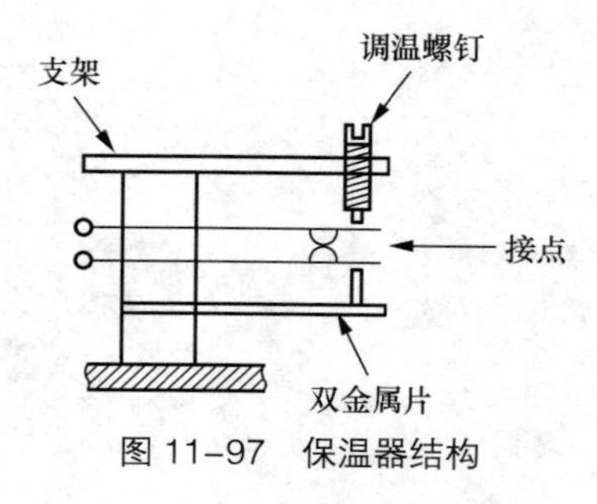

图11-97　保温器结构

1. 检测电饭煲电源输入端

可以通过检测电饭煲电路系统的电阻值来确定电饭煲的好坏。检测时，电饭煲断电，万用表置于“R×10Ω”电阻挡，两表笔（不分正负）分别接电饭煲电源插头的相线端与零线端，如图11-98所示，万用表指示应为50Ω左右。

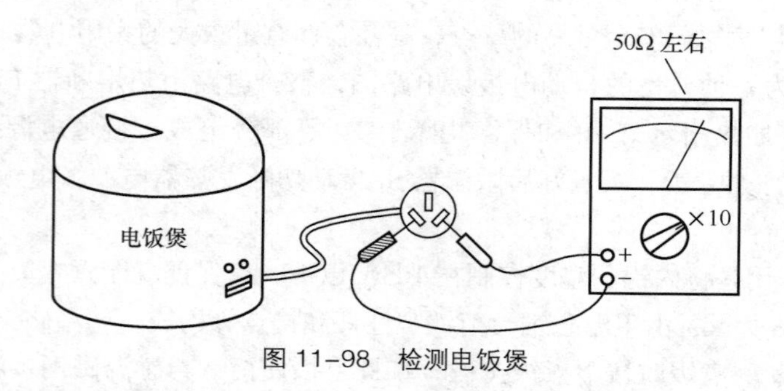

图11-98　检测电饭煲

如果万用表指针不动，可按下煮饭按键，这时如万用表指示50Ω左右，说明保温器故障。如万用表指针仍不动，则需进一步检测。

2. 检测发热器

断电状况下打开电饭煲底盖，万用表置于“R×10Ω”挡，两表笔（不分正负）分别接电饭煲发热器（发热盘）的两接线端，测量其电阻应为50Ω左右，如图11-99所示。如万用表指示为无穷大，或指示远小于50Ω，均说明发热器（发热盘）已损坏。

3. 检测热熔断器

找到发热盘附近的热熔断器，万用表置于“R×1”挡，两表笔（不分正、负）分别与热熔断器的两引脚相接，其阻值应为“0Ω”，如图11-100所示。如果阻值为无穷大（万用表表针不动），说明该热熔断器已熔断，需换新。

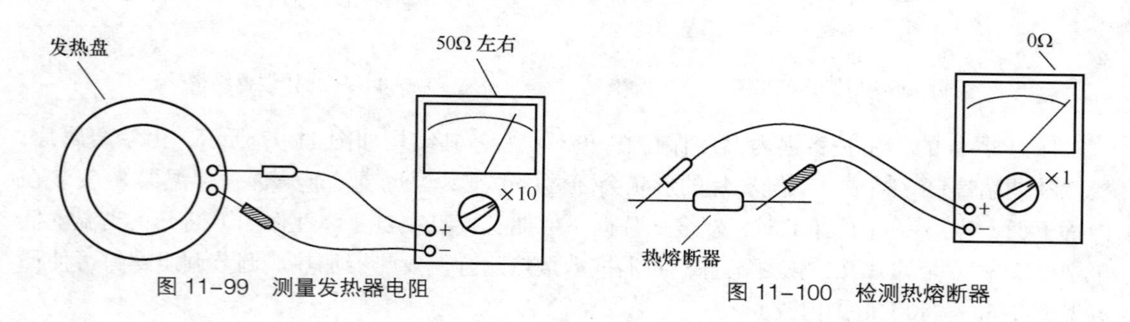

图11-99　测量发热器电阻

图11-100　检测热熔断器

4. 检测限温器

万用表置于“R×1”挡，两表笔（不分正、负）分别接限温器接点两端，如图 11-101 所示。煮饭按键未按下时，万用表指示阻值应为无穷大（表针不动）。煮饭按键按下时，万用表指示阻值应为“0Ω”。否则为限温器失灵，可拨动接点簧片使其恢复正常。如果接点已粘连在一起无法断开，限温器需换新。

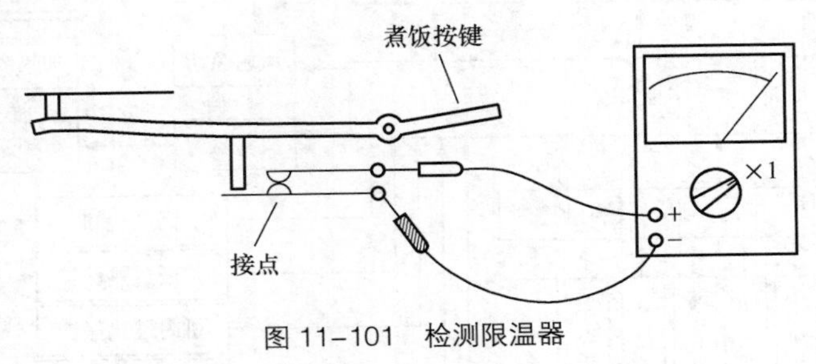

图 11–101 检测限温器

5. 检测保温器

万用表置于“R×1”挡，两表笔（不分正、负）分别接保温器接点两端，如图 11-102 所示。冷态时，万用表指示应为“0Ω”。将双金属片轻轻向下弯曲（模拟温度 70℃以上），万用表指针应回到阻值无穷大。否则可通过调节调温螺钉进行适当调整。

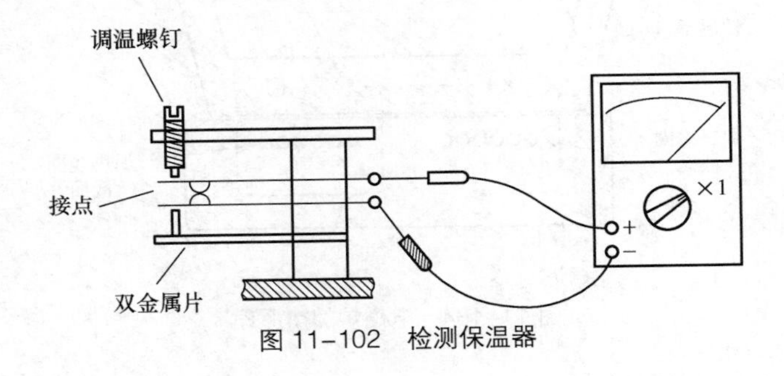

图 11–102 检测保温器

11.4.10 检测电磁炉

电磁炉是一种环保型的新式电热灶具，具有热效率高、无明火、无烟尘、无污染、操作简便、安全可靠的特点。智能电磁炉具有更高的自动化程度，会自动煮饭煲汤、自动诊断故障并显示故障代码，还具有多重安全保护功能。

电磁炉产品品牌和型号众多，但工作原理相同、控制电路大同小异。图 11-103 是一款智能电磁炉的电路原理方框图，主要包括以下组成部分：①微电脑构成的智能主控系统；②定时控制、手动控制和自动控制电路等构成的操作控制系统；③数码显示、功能指示灯和蜂鸣器等构成的指示系统；④调宽驱动、高频逆变、加热线圈及锅具等构成的加热系统；⑤锅具检知、过热和过压保护、电路异常保护等构成的保护系统；⑥散热风扇构成的散热系统。

电磁炉是运用电磁感应涡流加热原理进行工作的。我们知道，当交变磁力线通过铁磁性材料时会产生涡流，导致铁磁性材料发热，发热的程度与交变磁场的强度、频率以及铁磁性材料的厚度成正比。平铺于电磁炉炉面下的加热线圈被通以交流电流时即产生交变磁场，该磁场的磁力线通过铁质锅具的底部时可感应产生无数的涡流，使锅具本身自行快速发热，从而加热锅内的食物，如图 11-104 所示。为提高热效率，通常采用数十千赫兹的高频电流作为加热线圈的工作电流，该高频电流由 220V 市电直接整流逆变而来。

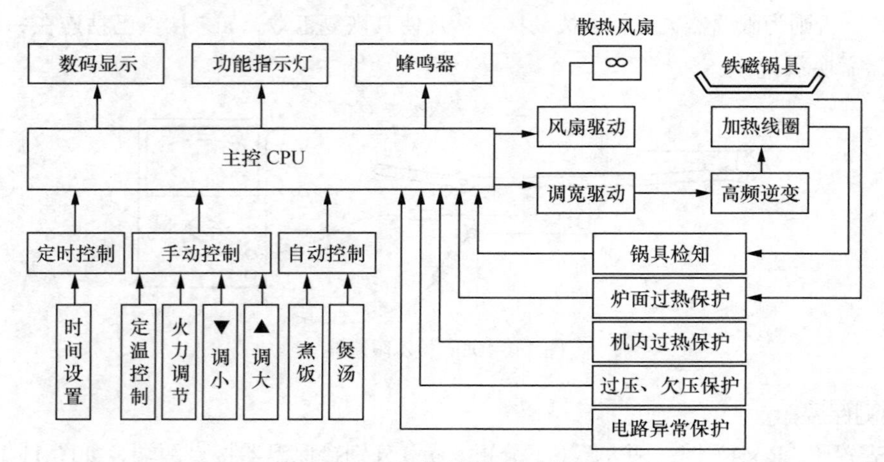

图 11-103 电磁炉原理方框图

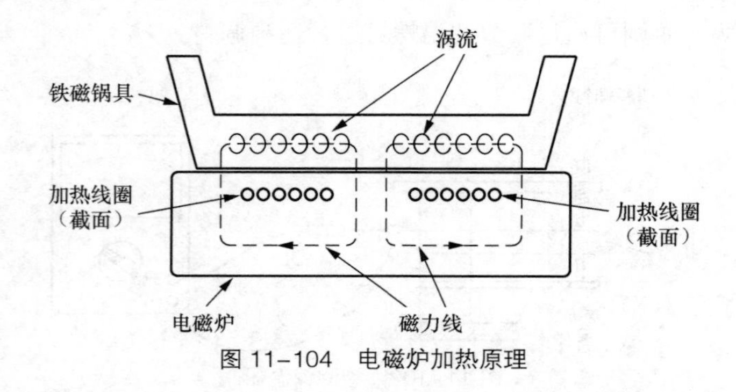

图 11-104 电磁炉加热原理

电磁炉的工作状态由微电脑控制。CPU 的控制信号经脉宽调制电路驱动高频逆变电路工作，驱动脉冲信号的高电平宽度越宽，电磁炉的火力就越大，如图 11-105 所示。

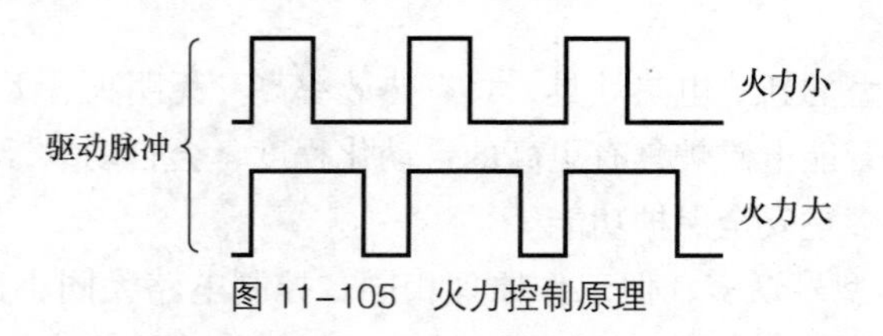

图 11-105 火力控制原理

1. 检测电磁炉电源输入端

通过检测电磁炉电源输入端的电阻值，可以快速判断电磁炉的好坏。电磁炉主控电路如图 11-106 所示，从电源输入端看进去，交流 220V 市电经 VD_1 ～ VD_4 桥式整流、L_1 与 C_1 滤波后成为 300V 左右的高压直流电。加热线圈 L_2 与谐振电容 C_2，在开关管 IGBT 控制下，将高压直流电逆变为数十千赫兹的高频交流电，加热线圈 L_2 的高频交变磁场使铁质锅具产生涡流而迅速发热。VD_5 为阻尼二极管。T 为降压变压器，为整个控制电路提供低压工作电源。

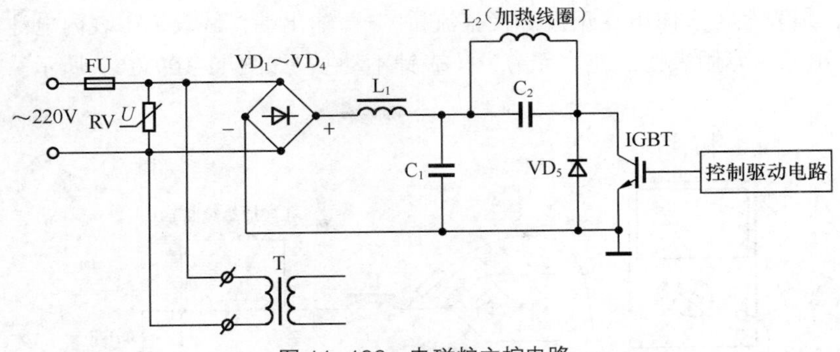

图 11-106 电磁炉主控电路

检测时，万用表置于“R × 10Ω”电阻挡，两表笔（不分正负）分别接电磁炉电源插头的相线端与零线端，如图 11-107 所示，万用表指示应为数百欧。从图 11-106 可见，这是降压变压器 T 的初级绕组阻值，同时说明保险丝 FU、压敏电阻 RV、整流桥 VD_1 ～ VD_4 等正常。

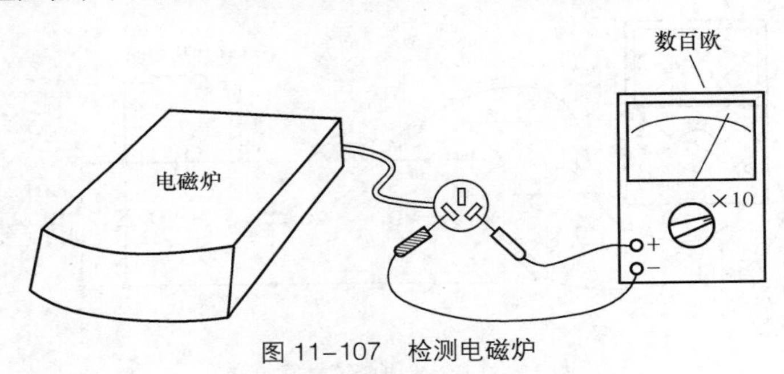

图 11-107 检测电磁炉

如果万用表指针不动（阻值无穷大），说明保险丝 FU 已烧断，后续电路可能存在严重短路过载故障。如果万用表指示为“0Ω”，说明压敏电阻 RV 或整流桥 VD_1 ～ VD_4 等击穿短路。

2. 检测整流桥

断电情况下打开电磁炉外壳，断开降压变压器 T 的初级绕组（一般为接插件连接，拔掉插头即可）。万用表置于“R × 1k”电阻挡，两表笔（不分正负）分别接整流桥的两个交流端，如图 11-108 所示，万用表指示应为数百千欧以上至无穷大。如果阻值为“0”，说明整流桥击穿短路。如果阻值为数千欧，说明整流桥某一桥臂击穿短路，均需更换整流桥。

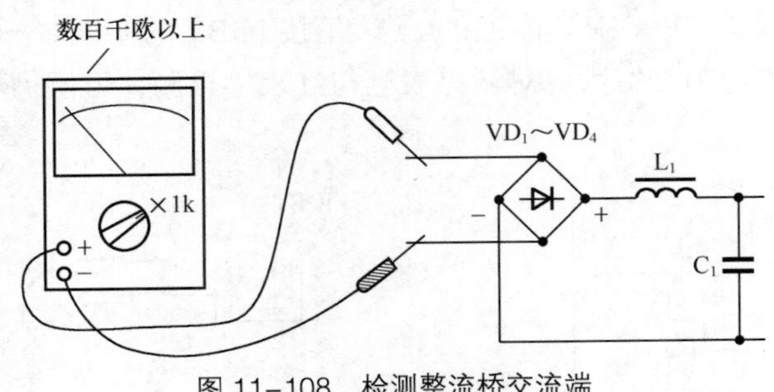

图 11-108 检测整流桥交流端

万用表仍置于“R × 1k”电阻挡，红表笔（表内电池负极）接整流桥“+”输出端，黑表笔（表内电池正极）接整流桥“-”输出端，万用表指示应为 5kΩ 左右，如图 11-109（a）所示。

对调两表笔，黑表笔（表内电池正极）接整流桥“+”输出端，红表笔（表内电池负极）接整流桥“-”输出端，万用表指示应为无穷大（表针不动），如图 11-109（b）所示。否则说明直流高压电路不正常。

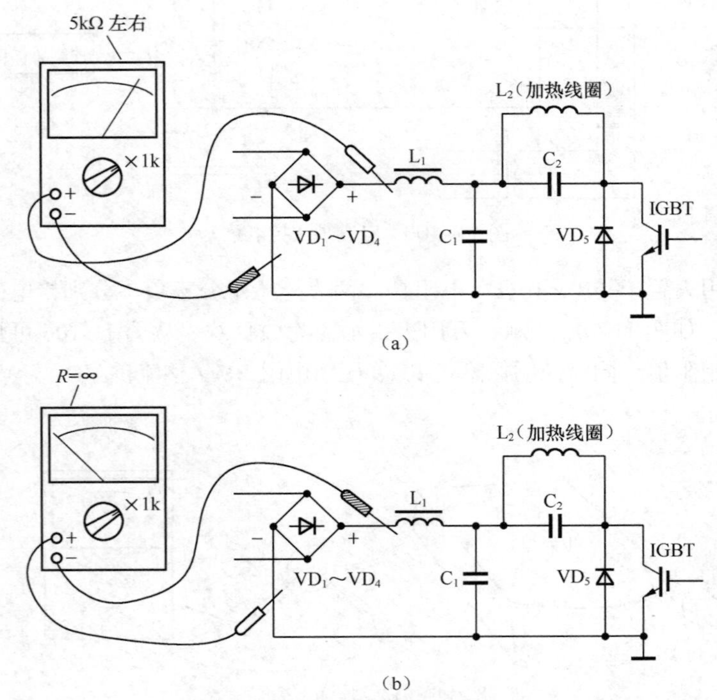

图 11-109　检测整流桥直流端

3. 检测主控开关管

电磁炉主控开关管通常采用绝缘栅双极型晶体管（简称 IGBT），它是由绝缘栅场效应管和双极型晶体管组成的复合型功率开关半导体器件，兼具场效应管的高输入阻抗和双极型晶体管的低导通压降优点，驱动功率很小，开关速度快，饱和压降低，非常适合用作较高频率的大、中功率开关器件。绝缘栅双极型晶体管 IGBT 具有三个管脚，分别是栅极 G、集电极 C 和发射极 E。有些 IGBT 内部还包含了阻尼二极管。图 11-110 所示为绝缘栅双极型晶体管 IGBT 的电路符号和等效电路。

检测时，万用表置于“R × 1k”电阻挡，黑表笔接 IGBT 的栅极 G，红表笔分别接集电极 C 和发射极 E，阻值均应为无穷大。对调黑表笔与红表笔再测，阻值仍然均应为无穷大，如图 11-111 所示。

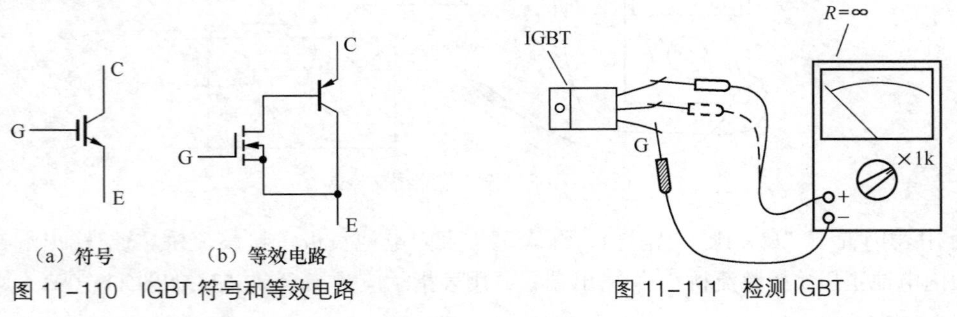

图 11-110　IGBT 符号和等效电路

图 11-111　检测 IGBT

将万用表改为“R × 10k”挡，黑表笔接 IGBT 的集电极 C，红表笔发射极 E，万用表指针应不动（阻值无穷大）。这时用手指同时触碰一下栅极 G 与集电极 C，IGBT 被触发导通，万用表指针应向右偏转至较小阻值，如图 11-112 所示。再用手指同时触碰一下栅极 G 与发射极 E，IGBT 被阻断，万用表指针应返回无穷大。符合上述情况说明绝缘栅双极型晶体管 IGBT 是好的。

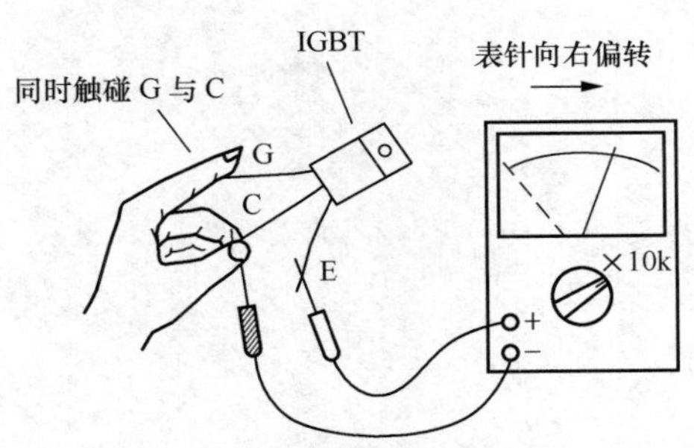

图 11-112　检测 IGBT 导通性能